· 中国工程院重点项目

有色冶金与环境保护

Nonferrous Metallurgy and Environmental Protection

主编　邱定蕃　柴立元

中南大学出版社
www.csupress.com.cn

内容简介

Introduction

　　环境、资源和能源成为影响中国有色金属工业发展的主要因素。环境保护是可持续发展的核心，是有色冶炼企业的生命线。提高自主创新能力，必须突破制约有色金属工业发展的关键技术和核心技术，重点是突破资源、能源、环境共性技术，解决影响产业发展的瓶颈问题。

　　本书以我国主要有色金属铝、铜、铅、锌、镁的冶金与环保为主线，系统介绍它们的矿产资源、冶金工艺、能源消耗、环境保护与技术发展。全书共分为6章，分别是有色金属冶金工业发展概况、有色金属矿产资源、有色金属冶金工艺、有色冶金科技进步、有色冶金过程能耗及有色冶金过程环境保护，并附有色冶金与环境保护的相关政策、规范及标准的名称。

　　本书可作为从事相关领域工作的广大科技人员、管理者、工程技术人员和高校师生的参考书。

中国工程院重点项目
"有色冶金(Al、Cu、Pb、Zn、Mg)
节能减排技术及潜力研究"项目组人员

高级顾问：张国成 院士　何季麟 院士

项目组长：邱定蕃 院士

项目副组长：柴立元 教授

铝、镁组负责人：刘风琴 教授　顾松青 教授

铜组负责人：张传福 教授　刘志宏 教授

铅、锌组负责人：王成彦 教授　陈永强 教授

综合组负责人：柴立元 教授

综合组成员：崔雅秋 会计师　陈永强 教授　王云燕 教授

项目总联络人：陈永强 教授

张文海院士、刘业翔院士、张懿院士、段宁院士、康义教授、姚世焕教授、蒋继穆教授、钮因健教授、杨显万教授、赵国权教授等对研究工作给予了指导。

前言 / Preface

中国有色冶金技术近十年来取得了巨大进步。在 20 世纪 70 年代开始引进国外先进技术和装备的基础上，中国的科技人员和企业职工进行了大量的科学研究和创新，政府给予了强有力的支持，企业家对技术创新也倾注了很高的热情。21 世纪初以来，中国有色冶金的科技进步已十分明显。现在，可以认为中国有色冶金的主流工艺和装备已经处于世界先进水平，其中不乏国人独创的技术，为中国有色金属工业的发展做出了十分重要的贡献。

但是，近年来国内环境污染事件显著增多，其中因铅、镉、汞、砷等有害元素引发的污染问题亟须我们高度重视。我国有色金属的产量和消费量均超过世界平均水平的 40%，虽然有色冶金技术的进步使单位产品的能耗和污染物排放已大大减少，但总量仍在增加。工业绿色化是大势所趋，中国有色冶金企业将面临更加严峻的挑战，环境保护已成为有色冶金企业的生命线。

回顾世界有色冶金的发展历程，我们不难得出这样一个重要的结论：环境保护与有色冶金的发展如影随形，环境污染事件的发生影响了有色冶金企业的发展，而每一次环境保护标准的提高又催生了一批有色冶金新工艺和新装备的诞生。

20 世纪 50—60 年代国外环境事件频发，如"伦敦烟雾事件""日本熊本水俣病""日本富山骨痛病"等，分别是 SO_2、汞、镉等污染物所致。随着人们环保意识的加强，一些国家逐步提高环保标准，许多有色冶金工厂受到了前所未有的压力，环境保护成为制约有色冶金发展的头号因素，那些达不到新标准的企业被迫关闭，只有那些通过技术创新达到新标准的企业才具有生命力，绝大多数取得重大进展的技术都是在环境压力加剧的背景中产生，又在环境保护方面取得突破后而告成功的。毫无疑问，人们还要不断地向社会提出让环境更加清洁的要求，因此，有远见的科学家和工程师，应该将自己的研究重点转移到少污染的冶金工艺上去，而那些负责任的政治家和企业家，则应该以自己的实力和行动支持清洁工艺的研究和采用，唯有如此，有色金属工业才能可持续向前发展。

本书的编写是在2015年4月结题的中国工程院重点项目"有色冶金(Al、Cu、Pb、Zn、Mg)节能减排技术及潜力研究"的研究报告基础上，增加了一些编者认为有参考价值的资料，重点是有关有色冶金环境保护方面的内容。这个项目的立项是由邱定蕃、张国成、何季麟三位院士提出，其初衷是为了总结十多年来中国有色冶金的科技进步和存在的问题，并向政府部门提出咨询建议。项目组成员花了大量精力搜集整理资料、走访有关企业、多次集体研讨并征询了国内许多专家的意见之后，才得以完成研究报告，目前已分送有关部门，希望得到他们的重视。而本书则主要是面向有色行业的科技人员、管理者、大专院校师生，也许对他们了解中国有色冶金的现状和发展趋势有所帮助。

本书铝镁部分由刘风琴教授和顾松青教授撰写，铜部分由张传福教授和刘志宏教授撰写，铅锌部分由王成彦教授和陈永强教授撰写；环境部分由柴立元教授和王云燕教授撰写。本书由柴立元教授和王云燕教授整理和编写，由邱定蕃院士和柴立元教授总编审。在项目研究过程中，众多专家给予了指导，他们是刘业翔院士、张文海院士、张懿院士、段宁院士、康义教授、姚世焕教授、钮因健教授、蒋继穆教授、杨显万教授、赵国权教授等，在此一并表示衷心感谢。

由于编者水平所限，书中错误之处在所难免，敬请读者批评指正。

编者

目录 /
Contents

绪　论

　　我国有色金属工业是以开发利用矿产资源为主的重要基础原材料产业，也是能源资源消耗和污染物排放的重点行业，其发展是拉动全球有色金属产业增长的主导因素，因此也是推动世界有色金属产业节能减排与环境保护的重要力量。

　　中国有色矿产资源总量大，但人均占有量低，是一个资源相对贫乏的国家；有色矿产数量很多，但总体上贫矿较多、富矿稀少，开发利用难度大；有色金属共生、伴生矿床多，单一矿床少，80% 左右的有色矿床中都有共伴生元素，尤其是铝、铜、铅、锌矿产。中国有色矿产资源分布范围广，但区域间不均衡。有色资源短缺的形势日益严峻，矿产资源的供需矛盾非常突出，对国外原料的依赖程度越来越大。

　　我国优势有色金属铝、铜、铅、锌、镁冶炼工业在规模、工艺技术与装备等方面总体居世界先进水平。氧化铝生产方法有拜耳法、烧结法和拜耳 – 烧结联合法，其中拜耳法产量占世界氧化铝总产量的 95% 以上；电解铝开发应用了大型预焙槽技术，槽型从 160 kA 到 500 kA，甚至已到 600 kA，主要采用低槽电压、低电流密度、低电耗的生产技术，能耗水平世界领先。铜冶炼技术主要为奥图泰(Outotec)闪速熔炼及浸没式顶吹，产能分别占 50%、25%，其他为富氧底吹和侧吹。铅冶炼主要有水口山法(SKS)、艾萨法(ISA)、卡尔多法(Kaldo)、基夫赛特法(Kivcet)、铅富氧闪速熔炼法等，其中水口山法及发展的"三段炉法"是我国自主研发的一种直接熔炼技术，其产能占我国铅总产能的 50% 以上。锌冶炼 80%采用湿法工艺，包括常规湿法工艺、富氧浸出工艺，密闭鼓风炉炼锌(ISP)是世界上最主要的，也几乎是唯一的火法炼锌方法。镁冶炼方法有热法和电解法，国外主要采用电解法处理光卤石，国内主要采用热法处理白云石生产金属镁。

　　近年来，通过政策引导、技术改造、结构调整，我国有色金属行业主要产品单位能耗及综合能耗大幅下降，主要技术经济指标接近或达到世界先进水平。2013 年，中国氧化铝综合能耗达到 527.8 kgce/t[①]，铝电解平均综合交流电耗已降到 13740 kW·h/t；铜冶炼综合能耗降至 316.4 kgce/t；铅冶炼综合能耗为 469.3 kgce/t；电解锌综合能耗降至 909.3 kgce/t；镁冶炼综合能耗为 7000 kgce/t

---

　　① 注：kgce 为煤当量千克，换算关系还没有国际统一的规定。一般为 1 kgce = 29.3 MJ(7000 kcal)(中、俄、日等)。

左右。

目前我国有色金属行业由"快速发展期"转入"转型调整期"，增速回落、产能过剩、竞争加剧、绿色发展、国际化经营将成为新常态，必须依靠自主创新与环境保护推动产业发展。我国通过自主创新、集成创新和引进消化再创新，已成功研发了一大批行业节能减排关键共性技术，并用于生产。我国自主研发了中低品位一水硬铝石矿生产氧化铝的世界独特的生产工艺技术，大大提高了我国氧化铝工业的竞争力，达到了世界领先技术水平。我国成功研发 500 kA、600 kA 等具有自主知识产权的大型预焙槽技术，新型阴极结构铝电解槽、低温高效铝电解等先进节能生产工艺技术，达到世界先进水平，已输出国外。我国首创了"白银炼铜法""双侧吹炼铜法"，在生产中成功应用。我国自主开发了闪速炼铅工艺，标志着我国直接炼铅技术达到国际先进水平。富氧高压或常压浸出炼锌技术通过引进再创新，在我国规模化应用。我国开发了赤泥干堆技术、重金属冶炼工业硫的高效捕集技术、重金属废水生物制剂深度净化技术，实现了"三废"污染物的大幅减排。

然而，我国有色冶金行业节能减排与环境保护仍存在一些突出问题：总体能耗和"三废"排放与国际先进水平仍有差距，企业间能耗水平相差悬殊，有害重金属污染问题较为突出，固体废物综合利用水平偏低，淘汰落后产能任务艰巨。我国《节能减排"十二五"规划》提出，铝锭综合交流电耗要从 2010 年的 14013 kW·h/t 降至 2015 年的 13300 kW·h/t，铜冶炼综合能耗要从 2010 年的 350 kgce/t 降至 2015 年的 300 kgce/t。2013 年 2 月 19 日，工信部发布《关于有色金属工业节能减排的指导意见》，明确到 2015 年年底，有色金属工业万元工业增加值能耗比 2010 年下降 18% 左右，累计节约标煤 750 万 t，SO_2 排放总量减少 10%。

我国对有色金属冶金节能减排与环境保护提出如下对策与措施：①严格执行行业准入条件和有色金属产品能耗限额标准，坚决淘汰高能耗、高污染的落后生产能力。②大力发展"铝电联营"和"煤铝电一体化"，全面解决中国铝产业面临电价不断上涨的制约。③开展有色冶炼行业重金属污染防治的战略研究，实施强制性推行有色冶炼行业清洁生产审核计划；建立完善的有色冶炼行业技术政策与标准体系；推行有色冶炼企业能源合同管理与污染治理第三方运营模式，实现节能减排。④开展有色冶金资源国际化战略研究，解决现行冶炼资源紧缺瓶颈问题，严格控制原料进口关，从源头节能减排。⑤加大有色金属(铝铜铅锌镁)冶金节能减排关键技术与共性技术的攻关力度，进一步完善节能减排技术创新体系，重点支持成熟的节能减排关键、共性技术与装备产业化示范。

第1章　有色金属冶金工业发展概况

　　有色金属与人类社会的文明史息息相关。物质世界的 110 种元素中，有色金属占了一半以上，它是人类社会赖以存在和发展的重要物质基础。随着社会进步和生产力的发展，有色金属应用的领域越来越广，已成为国民经济所必需的基础材料，具有重要的战略地位。有色金属所包括的范围，各个国家不尽相同。1985 年我国将 64 种元素(铝、镁、钾、钠、钙、钡、铜、铅、锌、锡、钴、镍、锑、汞、镉、铋、金、银、铂、钌、铑、钯、锇、铱、铍、锂、铷、铯、钛、锆、铪、钒、铌、钽、钨、钼、镓、铟、铊、锗、铼、镧、铈、镨、钕、钷、钐、铕、钆、铽、镝、钬、铒、铥、镱、镥、钪、钇、硅、硼、硒、碲、砷和钍)划归有色金属范畴。

　　从历史上看，铜器早于铁器进入人的生活，在人类社会的发展中起过重大作用。当今世界，从简单的生产、生活用具到航天、核能、微电子等新技术，都离不开有色金属。电力工业中，发电机、电动机、输变电等都要用大量的铜、铝金属，每装机 1 万千瓦就需要铜、铝约 800 t。交通工业中，飞机结构材料 90% 的重量是铝镁合金，火车、汽车、轮船制造业都需要大量的铜、铝、铅、锌和其他有色金属。冶金工业中，各种合金钢、高温合金、精密合金都不可缺少镍、钴、钨、钼、钛、钒、铌、稀土金属等元素。机械工业中，有色金属及其合金是各类机械制造必需的重要原材料。通讯工业中，通讯设备、电缆、电线使用大量铜、铝、铅、锌、锡、金、银等有色金属。电子工业中，铜、铝、锡、金、银、铂族金属、高纯硅、锗、镓、铟、砷、铍、钽、铌等都是主要材料。以集成电路为基础的微电子技术，主要依赖于半导体材料。航天工业、核工业中，大量使用铝、镁、锆、铪、铍、锂及其他有色金属合金。钛、钨、钽、铌、钼、钒及其合金是火箭、人造卫星、航天飞机的重要结构材料。在石油、化工、玻璃、陶瓷、皮革、纺织等工业中，稀土金属已得到广泛使用。在农业上，稀土金属化合物微量肥料在中国已推广使用。总之，有色金属在发展社会生产力中起着重要作用，有色金属消费水平是社会进步的重要标志。

　　有色金属是现代高新技术产业发展的关键支撑材料，也是提升国家综合实力和保障国家安全的关键性战略资源。有色金属工业是我国以开发利用矿产资源为主的重要基础原材料产业，产品种类多、关联度广、增值性强，也是能源资源消耗和污染物排放的重点行业。随着我国经济的迅猛发展，各行业对有色金属生产的要求和消费水平不断提高，对有色金属的需求量逐步增加，促使以铝、铜、铅、锌、镁为代表的有色金属工业产量也逐年增加。我国是有色金属生产第一大国，2013年氧化铝、原铝产量分别为4438万t、2196万t，占世界总产量的41.6%、40.7%；精炼铜、精铅、精锌产量分别为684万t、510万t和530万t，占世界总产量的33%、46%和40%；原镁产量77万t，占世界总产量的86%以上。2014年，我国十种有色金属产量为4417万t，同比增长7.2%，增速回落2.7%。其中，精炼铜、原铝、铅、锌产量分别为796万t、2438万t、422万t、583万t。当前，我国有色金属工业发展已经站在了一个新的历史起点上，是拉动全球有色金属产业增长的主导因素，也是推动世界有色金属产业节能减排和技术进步的重要力量。

1.1 有色金属冶金工业发展史

1.1.1 有色金属冶金工业发展史

中国是世界上最早生产有色金属的国家之一。铜冶炼可以追溯到公元前3000年左右。商周时代已大量冶铸青铜，创造过灿烂的"青铜时代"文化。之后，在相当长的历史时期，直至元、明乃至清初，铜、锡、铅、锌等有色金属的生产和技术一直处于世界前列。但是，由于帝国主义的侵略掠夺和封建制度的束缚，近代中国有色金属的生产停滞不前，设备简陋，技术落后，只能生产铜、铅、锌、锡、锑、汞、金、银、铝、镁等有色金属和一些钨砂。新中国建立前夕，有色金属工业的基础十分薄弱，生产厂矿有的濒于崩溃边缘，有的已沦为废墟。

中华人民共和国成立后，中共中央和中央人民政府十分重视发展有色金属工业。有色金属工业不断向深度和广度发展，品种不断增加，做到64种有色金属都能生产，为尖端科学和国防现代化提供了新型材料。

我国有色金属工业发展历程可分为改革开放前30年和改革开放后30多年两个阶段和不同的发展时期。①三年经济恢复和第一个五年计划时期（1949—1957）。三年恢复时期，我国东北地区的一批有色金属企业首先恢复了生产；云南、湖南、安徽及江西的有色金属矿山相继恢复了生产。到1952年，我国十种有色金属产量恢复到7.4万t，是1949年的5.5倍。第一个五年计划时期，我国有色金属工业开始大规模建设，新建、扩建了一批有色金属矿山、冶炼和加工企业，形成了独立完整的有色金属工业体系。1957年我国有色金属工业已初具规模，十种有色金属产量达21.5万t。②"大跃进"和调整时期（1958—1965）。我国有色金属工业虽然受到"大跃进"时期的影响，但在调整时期得到较快发展，一批骨干企业相继建设投产，使有色金属工业在起伏中发展。1961年我国十种有色金属产量降到1957年的水平，仅21.5万t，1965年恢复到46万t。③"文化大革命"及后期（1966—1977）。"文化大革命"十年中，我国有色金属工业在徘徊中前进，在曲折中发展。在当时"三线"建设的总体部署下，在西南、西北地区建设了一大批有色金属企业，改善了产业布局，加快了有色金属工业发展。1968 年我国十种有色金属产量降至 34 万 t，到 1977 年产量达 82 万 t。

改革开放 30 多年，我国有色金属工业大体上经历了三个发展阶段。①1983 年 4 月，经国务院批准中国有色金属工业总公司成立，从此我国有色金属工业步入了快速发展的轨道。制订了"优先发展铝，积极发展铅锌，有条件地发展铜，有选择地发展其他有色金属"的发展方针，加快建设了一批基建和技改项目，特别是从国外全套引进了大型预焙铝电解槽和铜闪速熔炼技术，极大地提高了我国有色金属工业技术装备水平，并为改造传统落后生产工艺提供了范例。这些项目建成投产后，迅速提高了我国有色金属产量，十种有色金属产品产量由 1978 年的 99.6 万 t，增加到 1992 年的 299.2 万 t。②从党的十四大到党的十六大，我国有色金属国有企业经历了三年改革脱困阶段。从 1996 年至 1998 年，有色企业出现了全行业亏损。国家及时采取了债转股、资源枯竭矿山实行政策性关闭和贴息技术改造三项措施，使一批企业走出困境，步入快速发展之路。同时，有 198 户企业先后实施政策性关闭破产，民营企业迅速发展，已成为有色金属工业重要组成部分。煤炭、电力、纺织等领域的有些企业开始大规模投资有色金属行业。我国有色金属工业管理体制发生了重大变化，1998 年，经国务院批准成立了国家有色金属工业局；2000 年，国务院决定将大部分中央所属有色金属企事业单位下放地方管理；2001 年 4 月，中国有色金属工业协会正式成立。2002 年，我国十种有色金属产量达到 1012 万 t，首次超过美国跃居世界第一。③党的十六大以来，一些大型国有企业实施战略重组，围绕做强做大主业，分离辅业，通过改制上市，形成了一批具有较强竞争力的大型有色企业集团。这一时期，是有色金属工业发展最快、经济效益最好、技术进步最明显、综合实力增强最为显著的发展阶段。

我国已建立了独立完整的有色金属工业体系，成功实现了由小到大的历史性跨越；实现了从计划经济体制到社会主义市场经济体制的转变；从封闭、半封闭到全方位开放的转变；从产品短缺到产量、消费量均居世界第一的转变；从主要技术依赖进口到高附加值产品出口和电解铝技术输出国外的转变。六十多年的历史跨越铸就了有色金属工业发展的辉煌，主要表现在：①最显著的成就是快速发展。新中国成立 60 多年，特别是改革开放 30 多年来，我国有色金属产量快速增长。我国十种有色金属产量从 1978 年的 99.6 万 t，1983 年的 133 万 t，迅速增加到 2012 年的 3696 万 t，2013 年的 4029 万 t 和 2014 年的 4417 万 t。无论在总体规模、发展水平，还是在科技进步、节能减排、人才培养、资源开发方面，有色金属行业都取得了令人骄傲的成绩，我国已成为当之无愧的世界有色金属第一大国。②最鲜明的标志是技术进步。有色金属工业依靠技术进步，通过自主创新、集成创新和引进消化再创新，成功研发了一大批行业共性、关键性技术并用于生产，显著提高了企业生产技术装备水平，缩小了与发达国家的技术差距，增强了我国有色金属工业的竞争力。我国铝工业，特别是铝冶炼技术进步最快，成功自主研发 280 kA、320 kA、350 kA、400 kA 具有自主知识产权的大型预焙槽技术，现已达到世界先进水平，且此项技术已输出国外。铜、铅闪速熔炼技术，铜、铅富氧熔池熔炼新技术，自主研发的"氧气底吹炼铅、炼铜新工艺"，这些具有世界先进水平的新技术、新工艺在生产中的应用，大大提升了我国重金属冶炼技术水平。铜、铝、铅、锌重大装备国产化取得了实质性突破。大型浮选设备、电解铝多功能天车机组、氧化铝的隔膜泵等重大关键设备基本上实现了国产化。我们首创了"白银炼铜法"；自主研发成功一水硬铝石烧结法生产氧化铝的世界独特生产工艺技术。③最突出的变化是产业结构调整取得成效。改革开放以来，特别是新世纪以来，有色金属工业结构调整取得了实质性进展。加大淘汰落后产能的力度，到2005 年，全国基本淘汰了落后的铝电解生产工艺。产品结构调整成效显著。近几年来，新建了一批由氧化铝、电解铝到铝加工产业链完善的铝联合企业，电解铝企业延长了产业链，形成了煤（水）、电、铝及铝加工一体化，提升了产业水平。铜冶炼企业普遍新建了铜材加工生产线，提高了产品附加值。产业布局更趋市场化，一些耗能高的企业向资源、能源比较丰富的中西部地区集聚，一些深加工企业向市场化程度高的东部地区集中。循环经济和再生有色金属产业发展迅速，现已成为有色金属工业的重要组成部分。循环经济和再生金属产业对资源回收利用和节能减排将发挥越来越重要的作用。④最主要的表现是企业实力明显增强。目前，从企业规模上看已有 7 家公司进入了世界 500 强，我国成为世界上特大铝厂最多的国家。⑤最重要的影响是在国际同行业中的地位明显提高。我国有色金属工业持续快速发展，整体实力不断增强，在国际上的影响力、竞争力日益提高。

再生有色金属工业是实现有色金属工业资源循环与可持续发展的重要途径。近年来，我国再生金属生产工艺得到了很大的发展，主要表现在：①再生铜领域，竖平炉和倾动炉的出现，使再生铜熔炼能源利用效率提高 15% ~30% 。紫杂铜直接制杆项目的建设和投产，带动杂铜制杆行业的技术装备和环保水平迅速提升，产品质量大幅度提高。②再生铝领域，再生铝组合式熔炼炉和节能潜力巨大的蓄热式燃烧炉在行业内得到广泛推广和应用。同时，通过自动控制和燃烧系统的改进，合理控制铝液温度，节能效率提高 15% ~20% ，使金属熔炼率进一步提高。③再生铅领域，豫光金铅 2.5 万 t 液态高铅渣直接还原新工艺通过专家鉴定并试产成功，攻克了国际铅冶炼行业的技术瓶颈。广东建航采用处方研发的再生铅"原料预处理—密闭离解脱硫—湿法固相电解还原"工艺，建设废旧铅酸蓄电池的再生项目。富氧熔池铅熔炼技术也应用于再生铅领域，极大地提升了我国再生铅冶炼工艺水平。

1.1.2　铝冶金发展史

中国铝工业是在新中国成立后逐步发展起来的。1949年全国铝产量仅10 t。改革开放以来，中国铝工业实现了持续快速发展，整体实力不断增强，在国际上的地位和影响力大大提高，为国民经济、国防工业、科技发展和满足人民生活日益增长的需要做出了重要贡献。

新中国成立至改革开放前30年铝工业的发展：①三年恢复和"一五"时期。1949年12月，召开的"全国有色金属会议"上决定建设山东氧化铝厂、抚顺电解铝厂和吉林碳素厂，并将其列为第一个五年计划的重点工程。1954年7月1日开采出了新中国第一批铝土矿，生产出了第一批氧化铝。1957年年底，我国已建立起了从教育、科研、设计到矿山开采、冶炼、加工的工艺体系雏形。当年，氧化铝产量9.07万 t，电解铝产量2.89万。②"大跃进"和调整时期（1958—1965）。1958年9月24日，中共中央、国务院颁布了《关于大力发展铜、铝工业的指示》，铝被确定为国民经济的第二大金属材料，中国的铝工业开始走上了发展轨道。1964年9月成立了中国铝业公司，主要负责组织恢复和发展我国铝工业。郑州铝厂于1966年建成了世界上第一个混联法氧化铝生产流程。③"文化大革命"及后期（1966—1978）。中国氧化铝研发、应用了混联法流程，完善了某些技术经济指标，氧化铝回收率和碱耗等达到了国际先进水平；烧结法流程也得到了改造和优化，开发了生料加煤排硫、粗液脱硅等技术，从而创造出具有中国特色的烧结法生产氧化铝新工艺。截至1978年年底，建立起了较为完整的铝工业体系，且初具规模，基本能满足国防和经济建设最低限度的迫切需要。当年，中国氧化铝产量77.87万 t，年均增长率为15.11%；电解铝产量29.61万 t，年均增长率为23.41%。

改革开放30多年铝工业的发展：

（1）改革开放初期（1978—1992）。1983年中国有色金属工业总公司成立以后，提出了"优先发展铝"的战略方针，使中国铝工业进入了一个崭新的发展时期。同时，在能源供应充裕地区，发展了一批中小型电解铝生产企业，中国铝工业新的发展格局开始形成。① 氧化铝方面，已建成的山东铝厂、郑州铝厂和贵州铝厂进一步扩建和完善了工艺流程，1985年合计生产氧化铝102.49万 t，首次突破100万 t。1995年平果铝厂建成投产，首次实现了采用纯拜耳法工艺高品位铝土矿生产氧化铝。②电解铝方面，1979年11月抚顺铝厂23台135 kA预焙阳极电解槽系列工业试验一次通电成功并投产，开启了我国大型预焙铝电解技术发展的新纪元。1992年贵州铝厂与贵阳铝镁设计研究院合作开发的186 kA大容量预焙槽获得成功，标志着中国铝工业自主创新工作新起点的诞生。1992年国内电解铝产量109.06万 t/a，首次突破100万 t/a，产业发展出现重大战略转折，跃上了新的台阶。

（2）改革开放中期（1992—2003）。中国铝工业的体制创新、制度创新跃上了新高度。1998—2002 年，国家共计安排了 17 个电解铝改造项目，淘汰了大量生产能力落后的自焙槽，使先进的大型预焙铝电解技术成为我国电解铝生产的主流技术。①氧化铝方面，1993 年山东铝业公司引进处理三水铝土矿的低温拜耳法生产线建成投产，开创了中国利用国外铝土矿资源的先河。中国氧化铝自主创新步伐明显加快，大批具有自主知识产权的核心技术得到了开发与产业化应用。管道化间接加热、停留罐强化溶出工程化技术、高温双流法强化溶出技术、处理低品位铝土矿的选矿拜耳法和石灰拜耳法新技术、强化烧结法和树脂吸附提取镓技术等的成功开发与应用为我国在 21 世纪氧化铝工业超常规的迅猛发展，奠定了坚实的技术基础。②电解铝方面，我国相继开发并产业化了 300 kA、320 kA 等一系列大型预焙阳极铝电解槽成套技术与装备。中国电解铝的发展速度跃居世界前列。仅 10 年，中国电解铝产量迅速达到 2002 年的 432.13 万 t。电解铝产量从 1991 年的世界第六位跃居为 2001 年的世界第一位，并首次由电解铝的净进口国转变为净出口国。铝厂规模日趋扩大。2002 年电解铝企业猛增至 138 家，产能 546 万 t，产量 432.13 万 t，极大地巩固了全球排名第一的地位。

（3）2003 年至今。①氧化铝方面，拜耳法产量大大超过烧结法，氧化铝生产能耗大幅下降。②电解铝方面，自 2002 年 4 月开始相继出台了一系列宏观调控政策，使我国铝电解工业逐步走向了优化结构、节能减排、技改增效和实施海外战略的可持续健康发展之路。此外，自进入 21 世纪以来，随着我国再生铝资源量积累越来越大，特别是部分发达国家和地区逐步放弃对低端再生铝资源的循环利用，促进了我国再生铝工业的快速发展。

进入 21 世纪以来，中国氧化铝、电解铝和铝加工材产量增速均大大超过同期世界平均增长速度，中国铝工业已成为拉动世界铝工业发展的主要力量。新中国成立 60 多年铸就了中国铝工业的辉煌。①建立了独立完整的现代化铝工业体系。改革开放 30 年特别是进入 21 世纪后，我国铝工业走过了发达国家近百年的发展道路，在世界上建立了仅有美国等少数发达国家具备的独立完整的铝工业体系，并实现了现代化，有力地支撑了我国现代化建设事业的发展，确保了我国战略安全的需要。②发展速度令世界瞩目，产业规模雄踞世界第一。新中国成立初期，中国氧化铝工业基本处于空白状态，直到 1954 年山东铝厂开采出了新中国第一批铝土矿、生产出了第一批氧化铝。中国于 2005 年年底在全球率先淘汰了落后的自焙槽铝电解生产技术和装备，在国际同行中引起积极反响。③技术创新成果丰硕，支撑了产业实现腾飞。中国铝工业紧紧依靠科技进步，通过自主创新、集成创新和引进消化再创新成功开发了一大批行业共性、关键性技术，实现了设备的"国产化、大型化、智能化"。如多功能天车等关键设备的国产化，使投资成本大幅下降，大大缩小了与发达国家的技术差距，明显增强了中国铝工业的竞争力。针对国内一水硬铝石铝硅比低的特点，国内自主开发了氧化铝强化烧结法工艺技术、烧结法间接加热和常压脱硅及深度脱硅技术、烧结法连续碳分生产砂状氧化铝技术、烧结法深度碳分及拜耳法溶出液后增浓技术等。特别是自主研究开发的选矿拜耳法氧化铝生产技术，为有效利用国内低铝硅比铝土矿资源开辟了新的途径。60 多年来，中国电解铝工业技术创新最突出的成果是在贵州铝厂引进160 kA 大型预备铝电解技术基础上，经过消化吸收和集成创新，自主研发成功了186 kA、280 kA、320 kA、350 kA、375 kA 和 400 kA 等具有自主知识产权的大型预焙铝电解槽生产工艺与技术装备，并达到了当前世界先进水平。2005 年 1 月 7日，由中国铝业公司提供的 320 kA 大型预焙铝电解槽技术输出并提供设备，新建的印度 25 万 t 电解铝厂正式投产，标志着中国铝电解技术和装备大规模走向世界的新局面。目前我国大型预焙槽电解工艺与成套装备已在国际竞争中先后输出哈萨克斯坦、印度等多个国家。④多种经济成分企业快速崛起，为产业的发展注入了强大的活力。经过改革开放 30 多年的发展，特别是近几年来，民营经济快速崛起，中国铝工业已经形成多种所有制企业协调发展的格局。⑤结构调整不断进行，产业实力明显增强。部分大中型企业通过兼并重组、合理延伸产业链、扩大产业规模、实施节能减排和循环经济等，显著提升了企业竞争力。⑥进出口规模不断扩大，结构不断优化，实现了由铝净进口国到净出口国的转变。改革开放前，中国铝工业远不能满足国民经济发展的需要，主要产品均需大量从国外进口。2002 年起，中国电解铝由净进口变为净出口。⑦形成了具有区域特色的产业群，在促进地方经济发展中发挥了重要作用。⑧境外资源开发取得新进展，可持续发展能力增强。为了突破资源制约瓶颈，中国铝企业积极实施走出去战略，充分利用国内外两种资源，境外资源开发取得积极进展。随着境外资源开发规模的不断扩大，中国铝工业的可持续发展能力将显著增强。⑨中国铝工业的国际地位明显提高。铝的生产应用水平已成为一个国家现代化的重要标志。经过 120 多年的发展，2013 年全球原铝消耗量增加 6% 至 5170 万 t，其中中国的消耗量增长13% 至 2550 万 t，约占全球消耗量的一半；中国仍是全球最大的铝市场。预计未来全球铝的需求量还将持续增长。

尽管中国已经成为世界铝工业大国，但并不是强国，资源、能源等瓶颈依然制约中国铝工业的发展。同时我们也看到，中国经济的快速发展为中国铝工业的发展提供了良好的市场前景。未来的发展中要坚持控制总量、淘汰落后、调整结构、产业升级原则，充分利用境内外两种资源，提高资源保障能力，实现可持续发展。

1.1.3　铜冶金发展史

铜是人类最早发现的古老金属之一。20 世纪 30 年代后期，我国在沈阳冶炼厂建立了一个炼铜车间,采用"烧结锅烧结焙烧—鼓风炉硫化熔炼—真空吹炼炉吹炼"工艺,生产规模为 2600 t/a。到 1949 年中国铜产量只有 2900 t。新中国成立后,中国铜工业开始得到长足的发展;尤其是改革开放后,中国铜工业进入迅速发展的阶段;21 世纪后,中国铜工业在世界上的地位已是举足轻重。在技术装备方面,通过不断地引进吸收再创新,我国铜工业的冶炼技术已处于世界领先水平,在能耗、环保及资源利用等方面均取得了很好的成绩。经过 60 多年的发展,目前我国铜工业整体已达世界先进水平,科技创新能力不断增强,已基本形成了产品品种齐全、技术先进、结构趋向合理、多种经济成分并存,从矿山、冶炼、加工到再生完整的工业体系。

中华人民共和国成立初期,国家将铜、铝列为有色金属工业发展重点,东北铜业基地的建设是中国铜工业恢复的起步标志。铜陵很快步入了新中国的经济发展轨道:新中国第一炉铜水、第一块铜锭出于铜陵,第一家集采、冶、炼为一体的大型有色金属企业建于铜陵,铜陵成为了我国重要的铜工业基地。我国铜工业先后恢复和扩建了沈阳、上海、重庆冶炼厂;新建了铜陵、白银、大冶、云南等大型冶炼厂,已经形成了一个完整的铜采、选、冶、加工生产体系。冶炼工艺不断完善,装备水平显著提高。20 世纪 50 年代初用带式烧结机代替烧结锅,用转炉代替真空吹炼炉,自力更生建设了铜官山冶炼厂;60 年代初建成了电炉、反射炉冶炼厂;70 年代研究成功了处理氧化铜矿的一段回转窑离析工艺;经过 15 年的研究、试验、攻关,我国自主创新的"白银炼铜法"正式投入工业生产,1980 年在白银有色金属公司取代了反射炉工艺。1979 年全套引进了闪速炉炼铜设备建设贵溪冶炼厂,1985 年建成投产,1986 年铜产量达 6 万 t,是当时我国生产规模最大、生产体系较齐全的现代化铜冶炼厂。铜的综合利用也有了很大进展,能从铜矿中回收金、银、铋、锌、铅、铟、硒、碲等多种有价元素。1997 年 1 月我国第一座中外合资的大型铜冶炼企业金隆铜业正式投产。2003—2008 年,随着国家对环保和节能减排的调控力度加大,国内骨干冶炼企业通过科技攻关和技术改造,逐步淘汰了污染严重的鼓风炉、电炉和反射炉粗铜冶炼技术。取而代之的是引进并消化自主创新的闪速熔炼法和诺兰达法、艾萨法、澳斯麦特法等富氧熔池熔炼新技术。云南铜业集团引进的艾萨熔炼技术,经过消化创新,低能耗和炉龄成为世界同类冶炼法的第一。到 2008 年年底,我国骨干铜冶炼企业已全部采用国际先进的冶炼工艺,产量占总产量的 95% 以上,标志着我国铜工业的经济技术指标和环保指标已达到国际先进水平。同时,我国的铜冶炼技术已输出到国外,在伊朗建设 8 万 t/a 粗铜的闪速铜冶炼厂,2004 年竣工投产。

经改革开放 30 多年的发展,中国铜矿山、铜冶炼、铜加工的装备水平、生产工艺和技术都已经进入世界先进行列,铜产业集中度持续提高,对国内需求的保障能力在逐渐提高,环境保护在不断改善。铜冶炼产业布局也逐渐转移到沿海、沿江、原料供应充足的地区，这种改变将提高中国铜冶炼的市场竞争力。预计"十二五"末，以江铜、铜陵为代表的 6 家铜生产企业产能将占全国精铜产能的50% 左右。

我国已发展成为全球最大的铜消费国、加工制造业基地和加工产品输出国，在世界铜行业起着举足轻重的作用。经过多年的建设和技术改造，我国骨干铜冶炼企业技术装备水平已经大大提高，有的已经达到国际先进水平。无论从技术装备还是市场需求来看，我国都具备了适度发展铜工业的基础。

铜工业的快速发展充分表明依靠科技进步，提高自主创新能力是实现铜工业由大变强的动力源泉。随着铜产能持续增长，矿产资源短缺的矛盾尤为突出，能源环境压力加大，节能减排任务艰巨。当前铜工业发展面临的资源、能源和环境制约因素越来越严峻，市场竞争愈加激烈、范围也更广泛，已进入到更加需要利用自主创新来推动行业发展的重要历史时期。60 多年来铜工业的快速发展同样表明，提高资源综合利用水平，促进循环经济的发展是我国铜工业发展的客观要求。近年来，我国铜工业积极顺应市场潮流，充分利用国内国外两个市场，大力开发海外矿产资源，在资源能源较丰富和靠近消费市场的地区投资开矿建厂，不仅缓解了我国资源和能源的矛盾，同时通过走出去，进一步开拓了国际市场。另外，再生铜产业的发展对缓解我国原生矿产资源的供需矛盾、资源综合利用和节能减排等起到了重要的作用。

1.1.4　铅锌冶金发展史

我国是世界上较早开发铅锌资源的国家，铅锌矿的开采和冶炼曾给古老的中国留下过辉煌的文明。新中国成立以来，作为世界最大的铅锌大国，我国铅锌行业在产品品种、产品质量、技术开发能力、对外贸易、工艺装备、环境治理、资源综合利用、现代企业制度建立等方面都有了巨大的发展。

新中国的铅锌工业在十分薄弱的基础上艰难起步，经过了 60 多年的发展，大体经历了以下五个阶段。①1949—1957 年，新中国三年经济恢复和"一五"建设时期，老企业恢复生产，技术革新，挖潜改扩建。1950 年，沈阳冶炼厂生产出我国第一批电锌，开创了我国湿法炼锌的新纪元。同一时期，该厂铅系统进行了大规模的改造和扩建，烧结、冶炼、电解都采用了当时比较先进的设备。铅锌生产的技术指标均达到或接近当时世界先进水平。1957 年葫芦岛锌厂试验飞溅冷凝器成功，并将一座多膛炉改造成我国第一座锌精矿沸腾焙烧炉。至此，铅锌企业由十多家迅速发展到五十多家，技术水平也有较大提高，初步形成了比较完整的铅锌生产工业体系。②1958—1976 年，"大跃进""三年调整"和"文化大革命"时期，尽管铅锌冶炼建设时断时续，但是形成了我国铅锌工业的四大基地，为我国铅锌工业的发展打下了坚实的基础。③1977—1991 年，改革开放之后，我国铅锌工业全面整顿，开始进入振兴时期。根据我国铅锌资源的状况，有色总公司对铅锌工业确定了"积极发展铅锌"的指导方针，采取了"进一步发展中南铅锌基地，加速建设西北铅锌基地，抓紧开发西南铅锌基地，放开沿海、巩固东北铅锌基地"的战略思想，开始调整铅锌工业的布局。④1992—2001年，随着改革开放的推进，铅锌工业呈现出多种所有制企业共同发展的格局，促进国内铅锌产量大幅增加，1992年我国超过加拿大成为世界上最大的锌生产国，2002年超过美国成为世界上最大的铅生产国。中国铅锌工业从20世纪80年代原料出口、产品进口发展到90年代原料进口、产品出口。⑤2002年至今，是我国铅锌工业发展最快、经济效益最好、技术进步最明显、综合实力增强最为显著的发展阶段。随着资源的开发，我国铅锌生产能力从东北、中南向资源更丰富的甘肃、陕西、云南、内蒙古等中西部转移。我国铅锌行业从利用两个市场、两种资源发展成为海外资源开发，开启了我国铅锌行业发展的新历程。我国铅锌产业集中度逐步提高，已形成了一批综合实力强的现代铅锌企业，目前世界铅锌生产量的增量主要来自中国。我国已是名副其实的铅锌生产大国。

铅锌工业的技术进步取得了巨大的成就。改革开放以来，通过大规模的技术改造和引进国外先进工艺，先后淘汰了一批落后生产工艺和设备，中国铅锌冶炼技术和装备已达到世界先进水平。我国铅锌矿中共生、伴生元素达到四十多种。铅锌企业资源综合利用技术创新已经成为增强市场竞争能力的突破点。

展望未来，我国铅锌工业发展仍面临诸多的机遇和挑战。铅锌产业结构不合理，企业间同质化竞争突出；资源短缺和环境污染是发展的瓶颈；铅锌工业伴生共生组分复杂，资源的综合利用和环境保护技术复杂，技术进步任重道远。未来我国铅锌行业发展的重点是循环经济，技术发展的重点是铅锌冶炼规模化、无污染。加大铅锌行业结构调整力度，培育有国际竞争能力的大型铅锌联合冶炼企业；引导铅锌行业向西部地区集中；继续支持优势企业实施改革、改组和改造，提高国际竞争力，加大国内铅锌资源的勘探和开发，提高铅锌原料的自给率。

1.1.5　镁冶金发展史

1943年10月我国在营口建成采用电解法生产、设计能力为800 t/a的镁工厂，到1945年8月，仅生产出691 t镁。1943年采用碳化钙还原氧化镁的热还原法，在抚顺铝厂建成年产300 t的试验厂，试产出少量镁。1949年之前，我国的金属镁生产几乎处于空白状态。

新中国金属镁生产从无到有。新中国成立后镁工业前30年发展缓慢，国内消费依靠进口。1954年，国家批准引进苏联菱镁矿氯化电解法炼镁技术，在抚顺铝厂建设年产3000 t电解镁项目，被列为国家"一五"期间156项工程之一。1957年年底电解镁项目投产，新中国第一块金属镁锭出炉，抚顺铝厂成为我国第一家电解法镁生产厂，翻开了新中国镁冶炼工业的新篇章。前 30 年(1949—1977)期间，开展了卤水炼镁和硅热法炼镁试验，是我国镁工业发展缓慢时期。至 1977 年全国累计生产镁 4.7 万 t，其中抚顺铝厂占 96%，采用盐湖卤水和热还原法生产的小厂产镁占 4%。当时镁产量还不能满足军工国防等国内需求，要进口，至 1977 年累计进口镁 3.1 万 t。20 世纪 60—70 年代卤水炼镁试验蓬勃兴起。卤水是沿海制盐工业副产的老卤或盐湖氯化镁，其中含 $MgCl_2$ 30% ~ 33%，是世界炼镁工业的主要原料之一。1959 年前后，我国已开始研究卤水脱水电解法炼镁的技术。20 世纪 60 年代后期又开展了硅热法炼镁试验。按还原炉的特点，硅热法有三种工艺：①皮江法(横罐外加热还原炉)炼镁，现称硅热法炼镁。1977 年 9 月在南京白云石矿建成产能 120 t/a 的镁车间，并解决了外热法炼镁应用于工业生产的关键问题。②卧式电内热还原炉试验。民和镁厂于 1970 年开始建设，设计产能 5000 t/a。民和镁厂的这一热法炼镁工业试验是当时我国最大的炼镁试验项目，时间长、规模大、耗资多。由于技术诀窍和关键设备还没有掌握，致使产品成本高、经济效益差。20 世纪 60 年代后期的十多年里，在全国开展的一批硅热法炼镁、卤水脱水电解和光卤石脱水电解等试验，为镁冶炼发展进行了有益的探索，储备了技术，为我国镁工业近 30 年的发展打下了良好的技术基础。1992 年，我国镁产量首次突破万吨大关，从镁产品净进口国转变为净出口国。

中国镁工业依靠科技进步，不断深化改革，调整结构，以民营企业为主体，取得了举世瞩目的成就。特别是近 15 年来，中国镁工业进入了快速发展期。国内多家硅热法中小镁厂依托于地区资源、能源、劳动力的优势，同时加大了科技投入，重视科技进步和不断创新，在产业和产品结构调整、技术指标及发展循环经济等方面均取得了长足的进步，促进了我国硅热法镁冶炼快速发展，产能、产量持续增长。我国自 1999 年起已成为世界第一原镁生产大国，2014 年产量达到77 万 t，占世界总产量的 85%。我国镁工业实质上已经主导了世界原镁工业的发展，镁的资源、产量、出口量、消费量均位居世界第一。镁产业规模连续跨越，经济效益不断提高，国际影响力显著增强。

1.2　有色金属冶金工业可持续发展趋势

1.2.1　有色金属冶金工业可持续发展总体趋势

我国已成为有色金属生产大国，行业综合实力明显增强，国际影响力显著提高。但是与发达国家相比，有色金属工业整体技术水平还有差距，一个根本原因在于自主创新能力薄弱。因此，为缩小与发达国家差距，实现由有色金属生产大国向强国转变，今后的发展需依靠科技进步和自主创新支撑有色金属工业全面、协调、可持续发展。纵观世界，科技革命迅速发展，提高自主创新能力，建设创新型有色金属工业，是应对新科技革命的需要，是落实科学发展观的需要，是建设资源节约型、环境友好型社会的需要，也是提高国际竞争力的需要。为此，在有色金属重要领域，要坚持以集成创新、消化吸收再创新为主，鼓励原始创新。

从现在到 2020 年是有色金属工业基本实现工业化的关键时期，全国有色金属产量和消费量基本接近峰值。这一时期比以往任何时候更需要科技进步和自主创新，从而带动行业经济增长方式质的飞跃，实现产业全面升级。到 2020 年，以企业为主体的技术创新体系将更加完善，自主创新能力将显著增强；科技促进行业持续发展的能力将显著增强；重点矿区地质勘查将取得重大突破，新增资源储备量将显著增加；主要产品核心技术、装备将达到世界先进水平，将健全循环经济的技术发展模式，为建设资源节约型和环境友好型产业提供技术支撑；将培养一批具有世界水平的科技专家和研究团队；将建立若干个具有世界先进水平的科研院所和高校及企业研究开发机构，将形成体制完善、机制灵活、有特色的有色金属工业科技创新体系。

针对未来需要及有色金属行业高新技术产业的壮大与发展，今后的发展要立足国情和有色金属行业发展需要，研究和突破一批重大关键技术，提高科技支撑行业发展的能力。依靠科学技术，解决资源、能源、环境协调发展问题，实现从资源、能源耗费型向集约型转变，从先污染后治理传统模式向清洁生产、循环经济转变。根据有色金属工业紧迫需求和行业实际，制订行业科技发展战略重点：一是优先发展资源、能源、环境共性技术，解决行业重大瓶颈问题；二是把握未来有色金属新材料发展趋势，把掌握新材料产业核心技术作为迎头赶上的重点；三是着力发展循环经济，提高资源循环利用水平。以提高行业科技创新能力为目标，实现从跟踪为主向自主创新的转变；从注重单项技术研究开发向集成创新转变；从关键技术引进向消化吸收再创新转变。推进技术、产品、装备更新换代，显著提高关键技术自给能力。

我国是有色金属生产和消费大国，在生产过程中消耗大量的矿产资源、能源和水资源，产生大量的固体废物、废水和废气，污染环境，但也能成为可利用资源。在环境状况显著改善的前提下，推进有色金属工业清洁生产，治污利废，发展循环经济对科技创新提出了重大需求。大力研究开发行业清洁生产技术、装备，着重技术集成创新。对"三废"实行减量化，从源头削减固体废物、废水、废气的产生量和排放量，加快"三废"治理和资源化的步伐；加强循环经济共性技术研究，提高 SO_2 利用率、工业用水循环利用率、尾矿及冶炼渣综合利用率。随着有色金属消费量的增加，社会上积存的废杂有色金属越来越多。特别要重视"城市矿产"的开发利用，加强国内外废杂有色金属再生资源循环利用，建立大型再生资源回收利用集散地；建设若干个大型再生铜、再生铝、再生铅生产企业。提高技术含量，增加资源循环用量和比重，建立循环经济发展的技术体系。

1.2.2　铝工业可持续发展趋势

中国已经成为世界上最大的氧化铝、原铝和铝用碳素生产国，产量占世界总产量的 40% 左右，有力地保证了中国经济快速发展所需基础原材料的供应。但是由于资源、能源条件难以支撑这么快的发展，未来国民经济发展对原铝的需求也将有所回落，目前中国铝工业已经步入了产能过剩的局面。解决的方案有三个：①寻找可靠的优质资源，需要国内外两个资源一起抓，加大国内资源的勘探力度，发展适合我国特点的生产工艺流程，走出去获取国外优质铝土矿，为我国铝工业的可持续发展提供有力的保证；②加快推进节能减排技术，淘汰落后产能，整体上提高中国铝工业的竞争力；③实施产能有效转移，部分产能转出国门或到国内资源、能源丰富的地域发展，如，当前铝电解工业向我国西北地区转移，氧化铝企业到非洲、东南亚以及国内西南地区发展。

近年来，我国铝工业取得了举世瞩目的成就，但高速发展的铝工业也面临着来自资源与环境的巨大挑战。今后的发展应从以下几点出发：①更加重视铝土矿资源的勘查工作，加大对铝土矿资源的详勘投入力度，从提高铝土矿资源总量转化为查明资源储量、基础储量和储量的比例，大幅度提高铝土矿资源的保障年限。②高度重视高铝粉煤灰和高铝煤矸石资源生产氧化铝，降低铝工业对外依存度。根据预测我国高铝粉煤灰可供我国铝工业使用 100 年以上，在未来铝工业的长期发展中将成为主要的氧化铝生产资源。建议国家加大对高铝粉煤灰生产氧化铝研究开发和产业化支持力度，尽快形成可供工业应用的经济生产氧化铝的产业化示范技术，成为支撑中国氧化铝工业可持续发展的主导技术。③高度重视原铝和废铝的进口，实现电解铝节能减排和总量控制的双重目标。铝是高载能的物质，具有优异的可再生性能，进口铝就是进口能源。建议国家每年多进口一些原铝和废铝，逐步增加粉煤灰生产原铝产量。到 2020 年前，我国铝土矿生产原铝产量基本可以控制在 2011 年的产量水平。之后，铝土矿生产原铝产量将逐年下降。至 2020 年吨铝 CO_2 直接排放量和总排放量将显著减少。④充分利用再生能源和清洁能源，优化铝工业产业布局。根据区位、资源和能源综合优势分析，在铝工业未来长期的发展中，建议形成三个主要的铝工业生产基地：以进口铝土矿或氧化铝为特色，以风能或核能为支撑的山东沿海地区铝工业基地；以高铝粉煤灰生产氧化铝为特色，以丰富的火电及风能资源为支撑的西北地区铝工业基地；以丰富的铝土矿资源为原料生产氧化铝为特色，以丰富的水电资源为支撑的西南地区铝工业基地。

近几年来，我国的铝电解产能正在逐步从中东部地区向西部和西北部转移。产业转移标志着我国铝电解工业已进入了一个新的历史阶段。铝电解产业转移的主要原因是西北部地区的能源丰富、价格较为低廉、排放容量较大，因而西北地区铝电解厂的生产成本具有较强的竞争力。我国大约80%的新建电解铝产能及50%以上的电解铝总产能集中在青海、宁夏、内蒙古、甘肃和新疆等省、自治区，而且这一趋势仍在继续，特别是新疆将成为我国铝电解工业发展的重要区域。预计今后一段时间，中国铝工业将通过产业重组、产能转移、技术创新等措施，使产能规模适度、产业布局合理、技术成熟先进、竞争力提高、生产成本达到世界平均水平，实现绿色铝工业可持续发展目标。

铝有很强的可再生性，在当今大宗使用的结构金属材料中，铝的回收率居首位。铝在使用期间的腐蚀率比普通钢材低得多，废铝再生的能耗仅相当于从铝土矿开采到提取原铝全过程总能耗的5%左右，温室气体的排放量可相应地减少。提取氧化铝会排出大量赤泥，而生产再生铝则仅产生少量的固体废物。据国际铝业协会提供的资料，在1960年全世界消费的铝中，再生铝占17%，2000年上升到33%，而到2020年则可上升到40%以上。

1.2.3 铜冶金可持续发展趋势

我国对资源开发、环境保护的要求越来越高。2010年9月颁布的《铜镍钴工业污染物排放标准》对水污染物和大气污染物排放指标做了更加严格的限制，对原有企业在一年内两次提高排放标准，同时环保执法力度也在不断加大。中国企业节能压力进一步加大。国家《节能减排"十二五"规划》要求确保在"十二五"期间实现单位GDP能耗比2010年下降16%的目标。在实际过程中地方政府会进一步提高标准，要求企业降低能源消耗20%~25%。此外，铜企业单位产品能源消耗限额标准6年内已3次更新，标准不断提高。铜冶炼企业单位产品能耗限额国家标准比2007年版的标准提高了20%~50%。未来铜市场的竞争将是低成本、无污染工艺技术的竞争，唯有不断地进行技术更新与改造才能在激烈的铜市场大战中立于不败之地。在20世纪80年代末期，由于生产技术的进步，西方国家平均铜生产成本下降速度很快。除了采用低成本无污染生产工艺外，未来的铜冶金还将有以下特点：①矿物资源和再生资源的利用。我国铜资源主要依靠进口，提高资源的综合利用程度仍然是铜冶炼厂的主要使命；由于铜金属的性质稳定，铜的循环利用经济与社会效益十分明显。②产品和副产品多样化。铜冶金工厂的高附加值产品生产途径是有限的，多数情况下，作为大批量生产的仍然是电解铜、铜材和铜化合物。但随着工艺流程的变化，最终成品并不一定非要产出块状的电铜，如英泰克法，从氯化物体系电积法产出粉状和粒状产品。比起单纯化工、材料行业，冶炼工艺人员更熟悉工艺过程中的产品质量的控制，更有条件生产优质、低价、低成本的中间产品或副产品。化工材料和自动控制技术的进步同时会促进冶炼过程中综合利用副产品的高附加值化，如电镀用硫酸铜。新材料的开发还应该包括寻找冶炼工艺中容易生产、数量不少的常见副产品或半产品的新用途。比如，为氧化物、氯化物或盐类寻求更广泛的用途，替代某些更高价和不易制备的产品。③冶炼厂能源结构的变化。在未来的火法冶炼厂中，几乎没有高温热能的浪费。如熔体水淬热，冷却水(剂)的热都将会被利用起来。由水力和原子能"干净电厂"发出的电，是未来冶炼厂的主要能源。未来的冶金工厂几乎不使用产生大量 CO_2 及 SO_2 的原煤或其制成品以及重油等。除了直接利用电热能外，还将有等离子弧焰和微波炉等电能转变装置供冶炼工厂使用。④生产控制的高度自动化与智能化。现存冶炼厂中的"艰苦"岗位，将由机器人或机械手来完成。除了已经在使用的计算机在线控制熔炼过程外，还将有更多的工序采用智能化控制。更精确、更稳定、不昂贵和适用于冶金环境使用的测温、测氧、测硫以及浓度成分等检测分析手段被广泛应用并大大提高反馈信息的速度，控制更适时更准确。

我国铜工业发展面临着诸多风险和挑战：国际经济形势不稳定，主要经济体的复苏仍然乏力；节能减排和结构调整的力度加大；产业自身结构性的矛盾突出，铜原料容易受制于人；高端深加工、应用产品比例仍然偏小，产品附加值低。因此，应当加快海外找矿步伐，在深入挖掘国内资源的同时，积极利用国外资源；通过严格产业准入标准，控制国内铜冶炼能力过快增长；加强行业整顿，进而提高我国铜冶炼行业的集中度；加大科技创新和研发投入，推进以市场为导向、企业为主体，产、学、研相结合的科技创新体系；抓好节能减排，大力发展绿色产业和循环产业。并在中西部省份新建加工和回收厂，增强中国在全球大宗商品市场的竞争力和定价能力。

1.2.4　铅冶金可持续发展趋势

随着环保、节能要求的不断提高，原生铅的生产将不会再有大的增长。在上游离不开进口、下游充分竞争、中游贸易商渗透的格局下，中国铅产业也在进行积极探索，不断谋求新发展，未来中国铅产业发展趋势主要体现在以下几个方面：①再生铅势必成为未来中国铅产业的发展方向。发展再生铅不但能够减少原生铅矿石的开采量，对资源进行保护，还能有效缓解我国铅精矿资源短缺的现状。发展再生铅也是全球铅工业的必经之路。在西方发达国家，其精铅产量主要是依赖再生铅，1995 年再生铅产量占精铅产量的比重已超过 55%，而目前我国再生铅占比才刚刚超过 30%，发达国家再生铅占比却早已超过 70%。太阳能、风能等可再生能源是我国能源产业发展的重要方向，但储能用大容量铅酸蓄电池预计在未来 10 年内仍然不可替代。铅酸蓄电池的使用寿命在 3 年左右，预计到 2020年后，随着铅社会累计积存量的增长，我国铅的生产将转向以再生铅为主的格局。②冶炼企业继续向产业链上游延伸。在整个铅产业链中，原料和环保是成本的主体。为了提升抵御市场风险能力并获得更大效益，将触角延伸到精矿开采领域，购买上游矿山资源已成为铅冶炼企业发展的必由之路。但由于我国原生铅冶炼业的产能已处于过剩状态，为降低成本，有实力的大型企业将会积极参与到全球资源配置中。③综合回收更被冶炼企业重视。目前，我国铅冶炼企业的利润点已不在铅锭方面，而是逐渐转移到了其副产品（银、金、铋等稀贵金属以及硫酸）。投资建设符合自身情况的综合回收项目或改造升级现有炼铅工艺，提高资源利用率是未来中国铅产业的发展趋势。④技术进步步伐加快，环保形象有望彻底改善。2002 年我国开始大规模推广拥有自主知识产权的"SKS 法"，铅冶炼能耗大幅降低，并较为彻底地解决了低浓度 SO_2 和粉尘对环境的污染问题；液态高铅渣直接还原工艺的成功开发，使能耗进一步降低。铅富氧闪速熔炼技术的成功应用，使低品位复杂铅物料的经济处理成为可能。

2012 年我国工信部和环保部联合发布的《再生铅行业准入条件》规定，新建再生铅项目必须在 5 万 t/a 以上（单系列生产能力）。淘汰 1 万 t/a 以下再生铅生产能力，以及坩埚熔炼、直接燃煤的反射炉等工艺及设备。鼓励企业实施 5 万 t/a 以上改扩建再生铅项目，到 2013 年年底以前淘汰 3 万 t/a 以下的再生铅生产能力。再生铅企业必须整只回收废铅酸蓄电池，确保废水、废气等排放符合国家相关环保标准。《再生铅行业准入条件》发布实施以来，引导再生铅产业健康发展成效显著，产业集中度明显提高，产业正由劳动密集型向资本和技术密集型转变。

1.2.5　锌冶金可持续发展趋势

目前锌冶炼前十名企业的总产量占全国总产量的40%，产业集中度没有明显提高，距离"十二五"规划达到 60% 的要求仍有较大差距。防治重金属污染已成为锌冶炼企业生存和发展的生命线。加大环保设施投入、强化清洁生产、提高环境安全管理和风险排查水平，从源头和全过程控制污染物产生和排放已成为锌企业的自觉行动目标。资源、环境和成本三大挑战引发的供求失衡、价格低迷、竞争力下降的困扰仍将继续。要高度重视经济发展方式转型和资源高效循环利用对锌消费带来的巨大影响，坚决摒弃总量扩张的粗放模式，着重提高经济质量和效益，实现采选冶一体化和资源综合利用的绿色循环发展。

另外，锌的消费主要集中在镀锌领域，因此，锌冶金工业和钢铁工业密切相关。根据国际钢协的报告，2012 年，中国人均钢材消费 477.4 kg，远高于世界人均钢材消费216.9 kg 的水平，也超过了已完成工业化国家到达钢材消费峰值时人均 468 kg 的水平。但是我国的城镇化率尚很低，人均累计钢材消费量不及美、日、俄等国家，因此，我国的钢材消费仍有空间，这也带动着我国锌冶金工业的进一步发展。受锌的消费结构影响，再生锌原料主要来源于废钢的电炉熔炼烟灰。由于废钢中锌含量很低，锌物料分散，因此，再生锌产业的发展异常艰难，这也决定了未来锌冶金工业依然会以原生锌生产为主的产业格局。

1.2.6　镁冶金可持续发展趋势

中国的优质白云岩、菱镁矿资源丰富，为发展金属镁工业提供了良好条件。20 世纪 90 年代末，以相对浪费能源、资源和牺牲区域环境质量为代价，依赖皮江法炼镁技术，中国发展成为世界上金属镁生产和出口第一大国。目前中国镁工业由于采用了适合中国资源、能源条件的改进型皮江法技术，具有较强的竞争力。预计中国镁工业将继续引领世界，保持世界第一生产大国的地位。但是随着国内外对皮江法炼镁能耗的高度关注，中国金属镁工业正面临着严峻的技术环境挑战和难得的发展机遇。中国镁工业将把发展重点放在降低能耗、实现高效低耗生产、废物综合利用方面，以实现金属镁工业的清洁生产和节约发展。

《关于 2013 年关税实施方案的通知》提出，2013 年 1 月 1 日起中国金属镁相关产品出口关税取消，此举对增加出口量起到积极作用。同时成本的降低有利于加大对镁合金应用的研发力度，对扩大镁应用起到积极作用。金属镁的特性及其丰富的资源优势，可以为中国的工业化和城镇化、新兴产业的发展、高速列车、城轨的轻量化作出新贡献。因此，中国镁的应用具有巨大的潜在市场，这是推动中国镁工业持续发展的长期动力。

参考文献

[1] 刘学新. 当代中国的有色金属工业[M]. 北京：中国社会科学出版社，1990.

[2] 邱定蕃. 重有色冶金与环境保护[C]. 中国有色金属学术铜镍湿法冶金技术交流及应用推广会，2001：10 - 17.

[3] 邱定蕃. 有色工业的可持续发展之路[J]. 世界有色金属，2013(9)：22 - 23.

[4] 康义. 新中国有色金属工业 60 年[M]. 长沙：中南大学出版社，2010.

[5] 新中国 60 年铝工业的发展[EB/OL]. http：//wenku. baidu. com/View/3f43717c5acfak7aa00cc15. html.

[6] 有色金属工业中长期科技发展规划（2006—2020 年）. http：//www. docin. cim/p - 536057087. html.

[7] 李旺兴. 中国铝工业中长期发展战略的研究与思考[C]. 全国铝冶金技术研讨会论文集，2013.

[8] 王赤卫. 中国铜工业发展的机遇与挑战[J]. 有色金属工程，2013，3(6)：5 - 6.

[9] 徐长宁. 我国铜工业发展历程[J]. 中国金属通报，2009(9)：38 - 39.

[10] 马鸿文，曹瑛，蒋芸，等. 中国金属镁工业的环境效应与可持续发展[J]. 现代地质，2008，22(5)：829 - 838.

第 2 章　有色金属矿产资源

2.1　有色金属矿产资源总体分布及特点

2.1.1　世界典型有色金属矿产资源总体分布

世界有色金属资源分布很不均衡，大约60%的储量集中在亚洲、非洲和拉丁美洲等一些发展中国家，40%的储量分布于工业发达国家，这部分储量的4/5又集中在俄罗斯、美国、加拿大和澳大利亚。铝资源主要分布在几内亚（占世界总储量的26.4%）、澳大利亚（21.4%）、巴西（9.3%）、越南（7.5%）和牙买加（7.1%）等；国外铜资源主要分布在美国（18.5%）和智利（18.5%）；铅资源主要分布在美国（20.8%）、澳大利亚（13.8%）和俄罗斯（13.2%）；锌资源主要分布在加拿大（18.7%）、美国（14.5%）和澳大利亚（12.6%）；我国是世界上镁资源最为丰富的国家，矿石类型全、分布广，总储量占世界的22.5%左右。

有色金属资源储量：铝230亿t（可采209年，以1994年产量计）；铜3.1亿t（可采33年）；铅0.63亿t（可采21年）；锌1.4亿t（可采20年）；菱镁矿25亿t（可采862年）。

近十年来，全球铝、铜、铅、锌等大部分资源储量增长明显，矿产资源有保障。全球铝土矿资源丰富，未来资源供应压力相对较小。2012年，全球铝土矿产量2.4亿t，主要生产国为澳大利亚（6998万t）、印度尼西亚（3611万t）、中国（3600万t）和巴西（3369万t），四国合计占全球比例高达73%。未来5年，全球铝土矿生产将稳定增长，预计将从2.3亿t增长到2.8亿t。澳大利亚铝土矿产量将持续增长，西非和越南产量可能有较大突破。全球铝土矿资源丰富，铝资源供应压力相对较小。全球铜矿产量增长缓慢，供应压力较大。2012年，全球矿山铜产量1704万t（含铜量），其中，智利（543万t）、中国（160万t）、秘鲁（130万t）、美国（119万t）和澳大利亚（91万t），五国产量合计占全球的61.2%。未来5年，全球矿山铜产能将从1621万t增长到2145万t。除秘鲁增长较快外，其他地区均增长缓慢。全球一次铜累计需求增量将达到560万t，高于同期矿山铜产能增长幅度，铜资源供应压力较大。

2.1.2　世界典型有色金属矿产资源特点

世界典型有色矿产资源十分丰富，探明储量分布广泛，但相对集中于少数国家和地区。美国、俄罗斯、中国、南非、澳大利亚、加拿大等国所拥有的有色矿产资源，无论其种类，还是数量均位居世界前列。世界范围内的有色矿产资源保障程度较高，但地区与国家之间的差别较大。

全球有色矿产资源储量空间分布极不均匀，一方面表现在地区间和国家绝对拥有量的巨大差异，另一方面不同国家拥有的矿产资源种类差异也十分明显。澳大利亚、加拿大、南非、俄罗斯、美国是全球矿产资源品种较全、储量丰富、人均占有储量较多的国家。40 种主要矿产中，储量排在前 3 位的国家其储量占世界总储量的比例最低为 30.7%，最高为 99.5%，前 5 个国家的储量所占比例最低为 45.8%，最高约为 100%。

世界上有色矿产资源的分布和开采主要在发展中国家，而消费量最多的是发达国家。世界有色矿产资源潜力较大，而发展中国家胜于发达国家。

2.1.3　中国典型有色金属矿产资源总体分布

目前中国已探明储量的金属矿产有 54 种，有色金属铝、铜、铅锌、镁矿产资源分布如下：

(1)铝土矿产地有 310 处，主要为：山西省的克俄、石公、相王、西河底、太湖石、郭偏梁—雷家苏、宽草坪；河南省的曹窑、马行沟、贾沟、石寺、竹林沟、夹沟、支建；山东省的淄博；广西壮族自治区的平果那豆；贵州省的遵义(团溪)、林歹、小山坝等铝土矿区。

(2)铜矿已探明矿区 910 处，主要为：黑龙江省多宝山；内蒙古自治区乌奴格吐山、霍各乞；辽宁省红透山；安徽省铜陵铜矿集中区；江西省德兴、城门山、武山、水平；湖北省大冶—阳新铜矿集中区；广东省石菉；山西省中条山地区；云南省东川、易门、大红山；西藏自治区玉龙、马拉松多、多霞松多；新疆维吾尔自治区阿舍勒等矿区。

(3)铅锌矿产地有 700 多处，主要为：黑龙江省的西林；辽宁省的红透山、青城子；河北省的蔡家营子；内蒙古自治区的白音诺、东升庙、甲生盘、炭窑口；甘肃省的西成(厂坝)；陕西省铅硐山；青海省的锡铁山；湖南省的水口山、黄沙坪；广东省的凡口；浙江省的五部；江西省的冷水坑；江苏省的栖霞山；广西壮族自治区的大厂；云南省的兰坪、会泽、都龙；四川省的大梁子、呷村等铅锌矿。

(4)菱镁矿探明储量的矿区 27 处，分布于 9 个省(区)，其主要特点是地区分布不广、储量相对集中，大型矿床多。以辽宁菱镁矿储量最为丰富，占全国的 85.6%。据了解，目前辽宁省已经进行地质勘查的矿区有 12 个，现有矿山开采企业 121 家，年采量 1800 万 t(氧化镁含量 44%，属于特一、二、三级矿石)，全部供省内企业使用。此外，山东、西藏、新疆、甘肃等地区菱镁矿资源也较为丰富。

2.1.4　中国典型有色金属矿产资源特点

(1)资源总量大，但人均占有量低

2012 年铝土矿储量 8.3 亿 t；铜储量 3000 万 t；铅储量 1400 万 t、锌储量 4300 万 t。需求量大的铜和铝土矿的保有储量占世界总量的比例却很低，分别只有 4.4% 和 3.0%，属于我国短缺或急缺矿产，因此对外的依存度相对较大。中国是一个有色矿产资源相对贫乏的国家。

(2)贫矿较多，富矿稀少，开发利用难度大

中国有色矿产数量很多，但总体上贫矿多、富矿少。铝土矿虽有高铝、高硅、低铁的特点，但几乎全部属于难选冶的一水硬铝石铝土矿，目前可经济开采的铝硅比大于 7 的矿石低于总量的 1/3。如铜矿平均地质品位只有 0.87%，远远低于智利、赞比亚等世界主要产铜国家。

(3)共生、伴生矿床多，单一矿种的矿床少

中国 80% 左右的有色矿床中都有共伴生元素，尤其是铝、铜、铅、锌矿产。一水硬铝石铝土矿中常含有丰富的镓、钪等稀有元素。在铜矿资源中，单一型铜矿只占 27.1%，而综合型的共伴生铜矿占 72.8%；在铅矿资源中，以铅为主的矿床和单一铅矿床的资源储量仅占其总资源储量的 32.2%，其中单一铅矿床占 4.46%；在锌矿产资源中，以锌为主的矿床和单一锌矿床所占比例相对较大，占总资源储量的 60.45%。但矿石类型复杂，而且不少矿石嵌布粒度细，结构构造复杂。

(4)分布范围广，地域分布不均衡

中国有色矿产资源分布范围很广，各省、市、自治区均有产出，但区域间不均衡。铝土矿主要分布在山西、河南、广西、贵州等地区；铜矿主要集中在长江中下游、赣东北和西部地区；铅锌矿主要分布在华南的广西、湖南、广东、江西和西部的云南、内蒙古、甘肃、陕西、青海等地区。从资源的开发上看，我国的铅锌资源开发正逐步从东北、中部向中、西部以及内蒙古转移。除湖南、广东、广西仍保持一部分资源外，铅锌资源开发、矿山主要在向云南、甘肃、四川、青海以及内蒙古转移。

2013 年度我国铝土矿、铜矿、铅矿、锌矿查明资源储量均有不同程度增长。与 2012 年度相比，2013 年度铝土矿、铅矿、锌矿有较大幅度增长，其中铝土矿同比增长为 2012 年的 3 倍以上。2013 年度我国新探明大中型矿产地共 165 处，锌矿新增 16 处。主要矿产勘查新增资源储量分别是铝土矿勘查新增 2.6 亿 t，铜矿新增 314 万 t，铅矿新增 538.6 万 t，锌矿新增 1183.2 万 t。

2014 年 2 月底，国土资源部总结了 2013 年我国主要矿产资源储量的最新数

据，主要固体矿产勘查新增查明资源储量持续增长。2013 年度我国铜矿、铅矿、锌矿、铝土矿查明资源储量均有不同程度增长，2013 年度我国新探明大中型矿产地共 165 处，锌矿新增 16 处。主要矿产勘查新增资源储量分别是铜矿新增 314 万 t、铅矿新增 538.6 万 t、锌矿新增 1183.2 万 t、铝土矿勘查新增 2.6 亿 t。随着国民经济的快速发展，国内对于大宗有色金属的表观消费量仍可能保持适度增长。尽管"十二五"期间有色金属矿山投资力度加大，产量逐年增加，但仍不能满足国内对有色金属的需要。如铜、铝等我国国民经济发展至关重要的支柱型矿产，保有储量占世界比例较低，且贫矿多或难选矿多，供需矛盾突出，需要大量进口（如铜精矿和氧化铝），对外依存度较高。总体而言，我国有色资源短缺的形势日益严峻，矿产资源的供需矛盾非常突出，对国外原料的依赖程度越来越大。

2.2　铝资源

2.2.1　世界铝土矿资源

世界铝土矿储量十分丰富，总储量达 280 亿 t，按目前的开采量这些储量可持续开采 110 年左右；如按 380 亿 t 的基础储量计算，则可开采 140 年以上。目前世界上铝土矿年采矿量约为 2.6 亿 t，主要铝土矿采矿大国有澳大利亚、中国、印度尼西亚、巴西、几内亚和印度。世界铝土矿储量及基础储量分布见图 2-1～图 2-3。

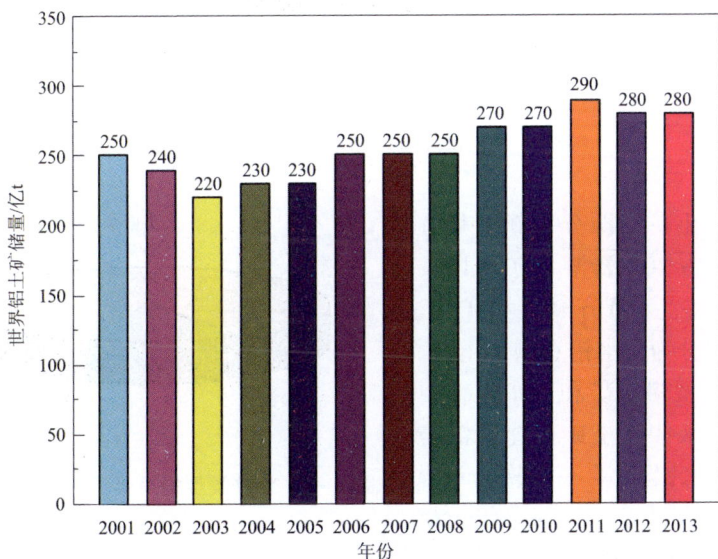

图 2-1　世界铝土矿储量的变化

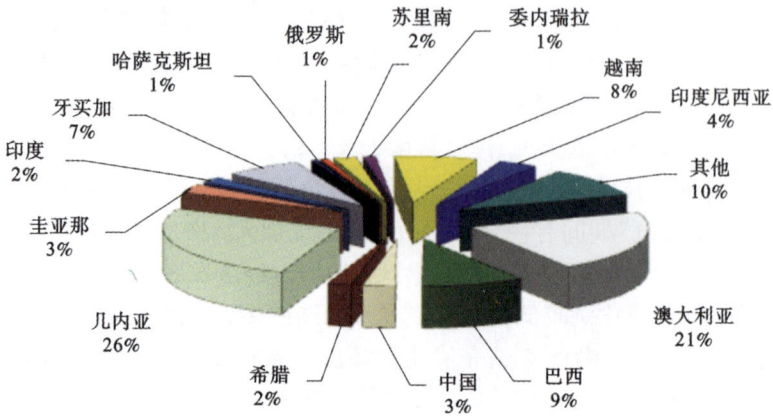

图2-2 世界各国铝土矿储量分布

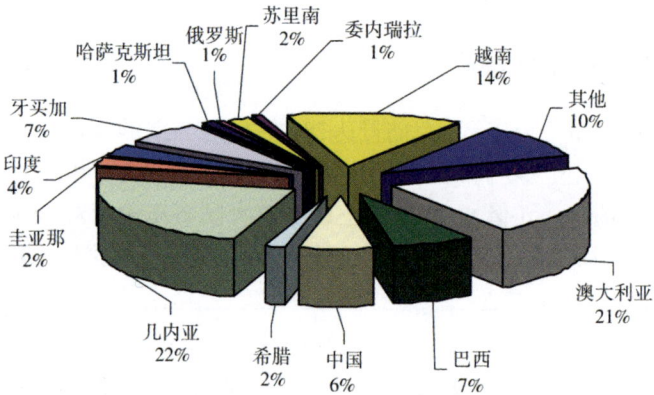

图2-3 世界各国铝土矿基础储量分布

世界铝土矿资源分为新生代红土型矿床、古生代岩溶型矿床以及古生代（或中生代）齐赫文型矿床。铝土矿类型分为三水铝石型铝土矿、一水软铝石型铝土矿和一水硬铝石型铝土矿，某些铝土矿可能是混合型的，如三水铝石－一水软铝石混合型铝土矿。世界上大部分铝土矿

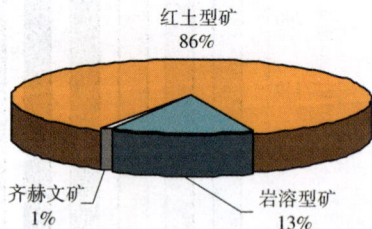

图2-4 各种类型的铝土矿占总储量的比例

为三水铝石型铝土矿，主要分布在赤道附近地区。一水硬铝石型铝土矿主要存在于中国、伊朗、俄罗斯、巴尔干半岛等。图2-4为各类铝土矿占总储量的比例。

2.2.2　中国铝土矿资源

中国铝土矿基础储量约 23 亿 t，占世界 6%，储量约 8.3 亿 t，占世界 3%，属世界上具有中等铝土矿储量的国家。国内外铝土矿采矿量的比较见图 2－5 和图 2－6。2013 年世界铝土矿年采矿量约 2.59 亿 t，而同年中国铝土矿采矿约为 4800 万 t，占世界总采矿量的 18.5%。这与中国铝土矿储量相比，开采量比例明显偏高。

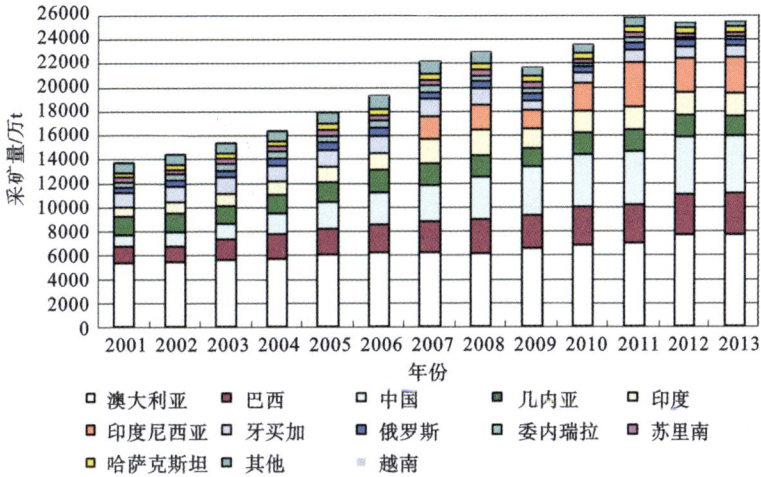

图 2－5　世界各国铝土矿采矿量

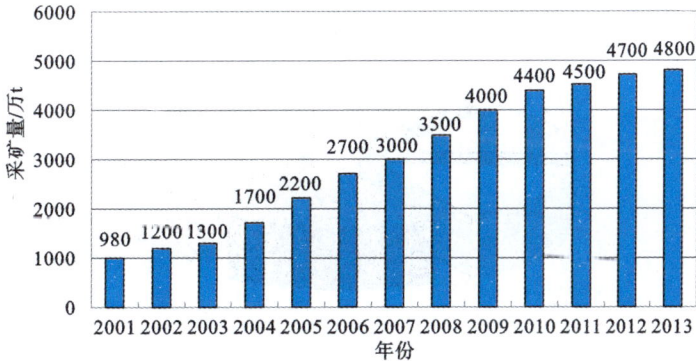

图 2－6　中国历年来铝土矿的采矿量

中国铝土矿分布集中，山西、广西、贵州和河南四个省区的铝土矿储量占全国总量的 90% 以上，且基本均为一水硬铝石铝土矿。河南、山西和贵州是高铝高硅铝土矿；广西则主要是高铁低硅铝土矿。三水铝石矿分布在广西、海南和福建等地，但一般规模较小或品位较低，目前尚未利用。图2－7为中国铝土矿分布图，图2－8为中国各省铝土矿基础储量比例。

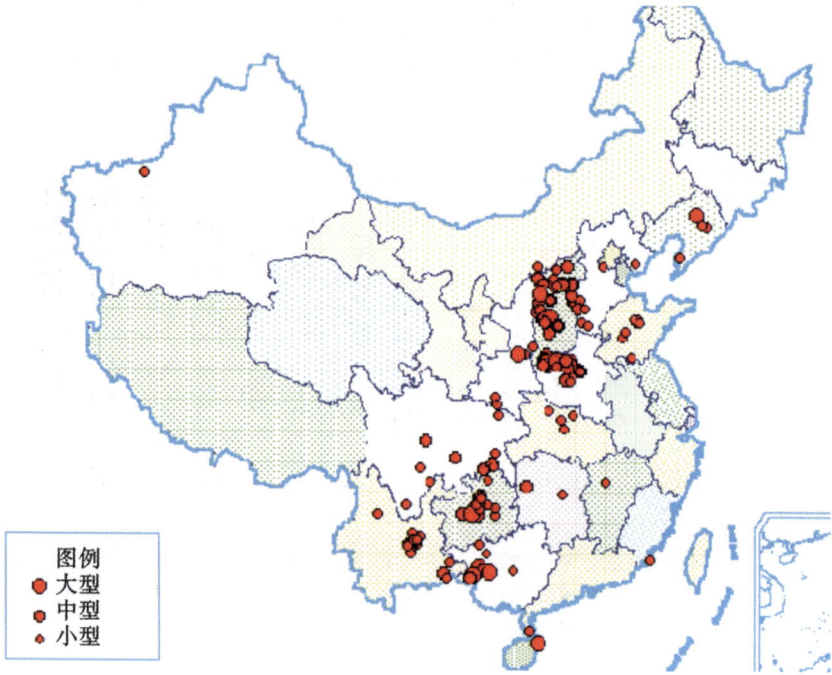

图2－7 中国铝土矿分布状况

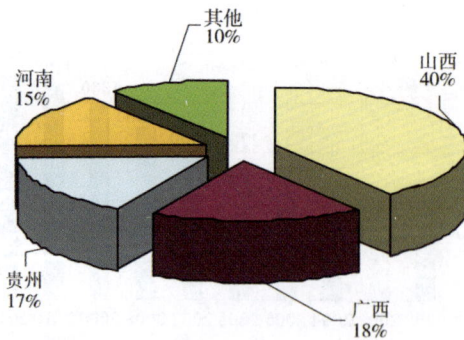

图2－8 中国各省区铝土矿基础储量比例

国内外铝土矿赋存状况见表2－1。

表 2 - 1　国内外铝土矿赋存状况的比较

铝土矿	大部分国外铝土矿	中国铝土矿
储量/亿 t	290	8.3
基础储量/亿 t	370	23
人均储量/t	4	0.6
铝硅比	>9	大多 4 ~ 6
矿体大小	大型；一般大于 1 亿 t	中小型；一般小于 0.3 亿 t
矿石类型	三水铝石、一水软铝石	一水硬铝石
硅矿物类型	简单：高岭石、石英	复杂：高岭石、伊利石、绿泥石

中国铝土矿的主要特点：可经济利用的铝土矿几乎全部是难溶的一水硬铝石型铝土矿，除了广西铝土矿外，其他均是中低品位矿，铝硅比在 3 ~ 7 之间，铝土矿中的主要杂质硅矿物的组成复杂。这些特点给氧化铝生产带来了一系列重大影响。

(1)国内目前开采的铝土矿均为一水硬铝石矿。中国采用一水硬铝石矿的氧化铝厂必须采用高温、高碱浓度的生产工艺路线处理，生产的关键技术和设备投资要求较高，提高产能以及控制生产过程的难度较大，能耗相对较高。

(2)国内铝土矿品位具有下降的趋势。图 2 - 9 为中国北方地区铝土矿供矿铝硅比的变化趋势。我国氧化铝工业的铝土矿供矿品位持续下降。目前北方大多数氧化铝厂已经开始采用 A/S 为 4 ~ 5 的中低品位铝土矿，某些企业目前供矿 A/S 已经下降到 4 左右。铝土矿品位的降低造成拜耳法生产的单位矿耗、碱耗和能耗大幅上升，生产系统设备的产能下降，运行组织困难，从而明显提高了生产成本。

中国氧化铝工业曾经采用了烧结法或联合法技术处理中低品位铝土矿，但这些技术流程复杂、能耗高，生产成本不具有竞争力。为应对这一不利局面，我国又成功开发应用了改进的拜耳法技术，如选矿拜耳法和石灰拜耳法等，目前已得到了较大范围的应用。

(3)国内铝土矿中的主要有害杂质硅矿物的构成复杂。国内铝土矿不仅有害杂质硅含量较高，品位较低，而且所含硅矿物的组成复杂，各地铝土矿也不尽相同。如河南铝土矿中的硅矿物主要是难以预脱硅的伊利石和叶蜡石；山西铝土矿主要是高岭石；而广西铝土矿是绿泥石、高岭石等。这些不同组成的硅矿物在拜耳法溶出系统中表现出不同的反应性质，导致不一样的结疤行为，从而影响拜耳法溶出的运转率和生产效率。

(4)某些铝土矿需地下开采，且含硫量偏高。部分贵州铝土矿和重庆铝土矿

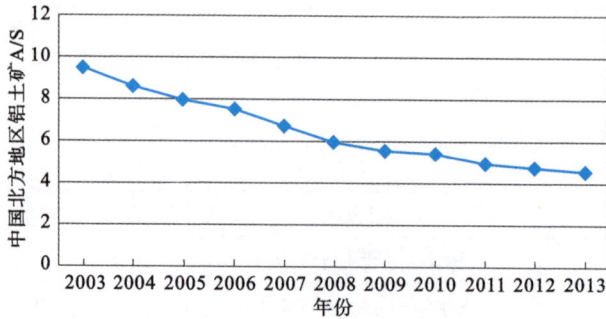

图 2-9 中国北方地区铝土矿供矿铝硅比的变化趋势

深埋地下，需要进行地下开采，开采成本和采矿贫化率较高；同时部分地下开采的铝土矿硫含量很高，对拜耳法沉降和种分的正常运行及产品质量会产生严重影响，需将高硫铝土矿脱硫后才能利用，由此也会增加氧化铝生产成本。

2.2.3 其他铝资源

世界上有储藏量巨大的优质铝土矿，储量 290 亿 t，资源量高达 570 亿 t，因此采用短流程和节能的拜耳法处理铝土矿是目前最为通用的生产氧化铝的工艺。但是某些国家缺乏铝土矿资源，往往需要寻找其他铝资源生产氧化铝。自然界主要的其他适合生产氧化铝的含铝矿物有霞石和明矾石矿。此外，某些地区的粉煤灰含有较高含量的氧化铝，也可用于生产氧化铝。

（1）霞石矿

全世界霞石储量极为丰富，世界著名的霞石产地有俄罗斯、挪威、加拿大、肯尼亚、土耳其、瑞典、美国和罗马尼亚等。目前，仅有俄罗斯采用霞石生产氧化铝。在俄罗斯西伯利亚地区有丰富的霞石资源，如巨大的基雅—沙尔狄尔霞石矿已经大规模进行工业开采，所产霞石矿用于阿钦斯克（Achinsk）氧化铝厂的生产。

世界主要霞石生产国为俄罗斯、加拿大、挪威、法国和中国。俄罗斯年产霞石 500～600 万 t，所开采的绝大部分霞石经过综合利用处理，生产氧化铝和其他产品。加拿大霞石产地主要在安大略省，年产量约 130 万 t，70% 用于矿棉生产，产品还大量销往欧洲等地。挪威的霞石年产量达 60 万 t 左右，所生产的霞石正长岩 85% 以上用于玻璃和陶瓷工业。美国主要用霞石生产建筑材料和屋面拉料等。

中国霞石正长岩很少单独产出，多与其他碱性杂岩一起构成碱性杂岩体。目前，已在云南、吉林、辽宁、四川、河南、广东、新疆、河北、山西、安徽境内发现22 处霞石正长岩矿床（点），最重要的产地是四川南江、河南安阳、云南个旧和广东佛岗等。目前，中国已开发利用的霞石矿有四川南江、河南安阳以及云南个旧等，但规模均较小，也未用于生产氧化铝。

（2）明矾石矿

明矾石是一种天然产出的铝、钾和钠的硫酸盐矿物。明矾石为中酸性火山喷出岩经过低温热液作用生成的蚀变产物。国外大的明矾石矿的主要产地位于乌克兰的别列戈沃附近、西班牙的阿尔梅利亚、澳大利亚新南威尔士的布拉德拉以及俄罗斯的查格里克和美国犹他州。

中国明矾石矿资源丰富，储量仅次于美国和俄罗斯，居世界第三位。已查明的明矾石矿储量达 300 万 t 以上。浙江省和安徽省分别占全国探明矿石储量的53% 和 41%，明矾石含量大于 45% 的富矿几乎全部集中于这两省。浙江省的明矾石矿主要分布在苍南、平阳和瑞安三县市，安徽省的明矾石矿主要分布在庐山地区。另外，在福建、江苏、山东、中国台湾、四川和新疆等省（区）也发现有明矾石矿床或矿点。

明矾石经过不同的工艺路线，除明矾以外还可以获得多种产品，例如工业钾盐、钾氮肥、钾氮混肥、硫酸、单质硫、铝盐、催化剂载体等。苏联从第二次世界大战期间开始用明矾石作为生产氧化铝的原料。在欧洲，从 15 世纪以来就开采明矾石矿以提取钾明矾。目前，明矾石是提取明矾和硫酸铝以及综合生产钾肥、氧化铝和硫酸的矿物原料，具有多元素综合利用价值。中国目前仅小规模综合利用明矾石矿生产各种盐类和化学品氧化铝。

（3）粉煤灰资源

粉煤灰主要来自燃煤锅炉燃烧后排出的废渣。中国、俄罗斯、美国、印度和德国是世界上煤消耗量多的国家，也是粉煤灰排放量大的国家。中国有较丰富的煤炭资源，近期电力工业的发展仍然主要以燃煤的火力发电为主。中国已成为世界上粉煤灰排放量最大的国家。1995 年中国火电厂年排灰渣总量为 1.34 亿 t，到2000 年增加到 1.6 亿 t，2005 年达到 2 亿 t，目前已超过 4 亿 t。

世界各国十分重视粉煤灰的综合利用，荷兰、丹麦、日本等对燃煤企业的环境保护制定了严格的标准和制度。这些国家虽然粉煤灰产出量不算多，但特别重视粉煤灰的综合利用，其粉煤灰的利用率均超过了 80%。英国、德国和法国等发达国家粉煤灰的利用率也达到了 50% 左右。

近年来，中国粉煤灰的综合利用也取得了重要进展。20 世纪 90 年代初，中国粉煤灰的利用率在 25% 左右，到 2000 年提高到了 44%，达到了较高的综合利用水平。内蒙古中西部和山西北部地区蕴藏丰富的动力煤所产生的粉煤灰中氧化铝含量高达 40%～50%。综合利用这类高铝粉煤灰资源，开发高效低耗生产氧化铝及其他产品的技术，弥补中国铝土矿资源的不足，已成为一项重要的研究课题。

2.2.4 中国铝土矿进口情况

我国铝土矿进口量呈上升态势(见图 2-10),表明我国铝土矿的对外依存度在提高。目前采用进口矿年产氧化铝 1300 万 t 左右,已超过全国总产量的 35%。

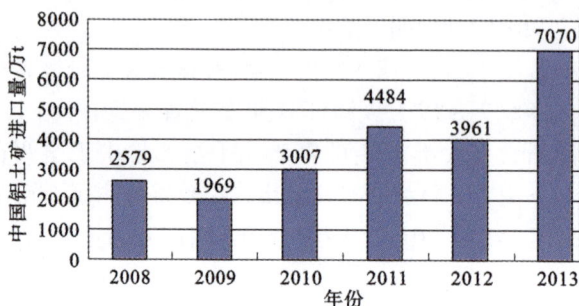

图 2-10 我国氧化铝生产进口铝土矿状况

我国进口铝土矿主要用于山东省 5 家低温拜耳法氧化铝厂以及中国铝业中州分公司、河南分公司等。铝土矿大量进口已造成了部分氧化铝厂供矿的不稳定,并受到他国资源出口政策、运输成本以及铝土矿质量的严重制约。

2.3 铜资源

2.3.1 世界铜资源

全球铜资源量和储量较为丰富。美国内务部地质调查局(USGS)报道,2013 年,全球铜资源量为 37 亿 t,其中,陆相 30 亿 t,海相 7 亿 t;全球铜矿储量和基础储量分别为 6.9 亿 t 和 10.5 亿 t。目前全球铜矿平均开采品位为 0.81%。图 2-11 所示为 1999—2013 年全球铜矿储量变化情况。近 10 余年来,全球铜矿储量不断增加,2001 年仅为 3.4 亿 t,至 2013 年已增长至 6.9 亿 t。

全球铜资源相对集中于南、北美洲,澳大利亚和非洲东部。其中,智利是世界上铜资源最丰富的国家,其铜金属储量约占世界总储量的 1/4。图 2-12 为全球铜资源分布图。圆点和三角形标记分别代表斑岩型和沉积型两种主要的铜矿类型。

图 2-13 为世界主要产铜国 2013 年铜矿储量、基础储量占世界总量的百分比。世界铜矿储量位居前 5 位的国家为智利、秘鲁、澳大利亚、墨西哥和美国。中国紧随其后,位列第六,2013 年铜矿储量和基础储量分别为 3000 万 t 和 6300

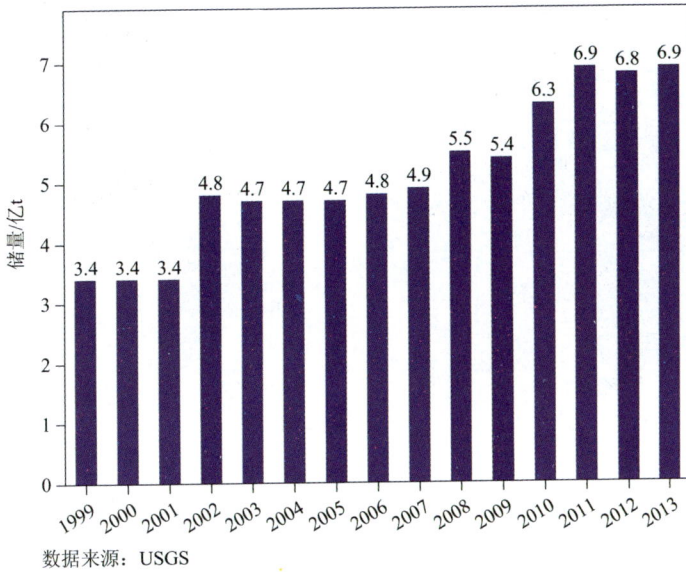

数据来源：USGS

图 2 - 11　1999—2013 年全球铜矿储量变化

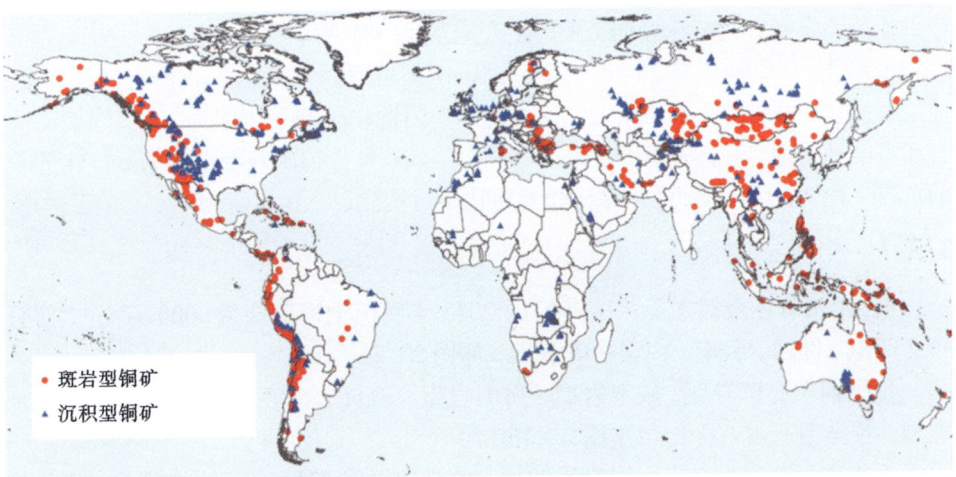

图 2 - 12　全球铜资源分布图

万 t。尽管总量较大，但由于我国人口多，人均值偏低，我国铜冶炼和加工业依赖国外资源的局面，必将长期存在。

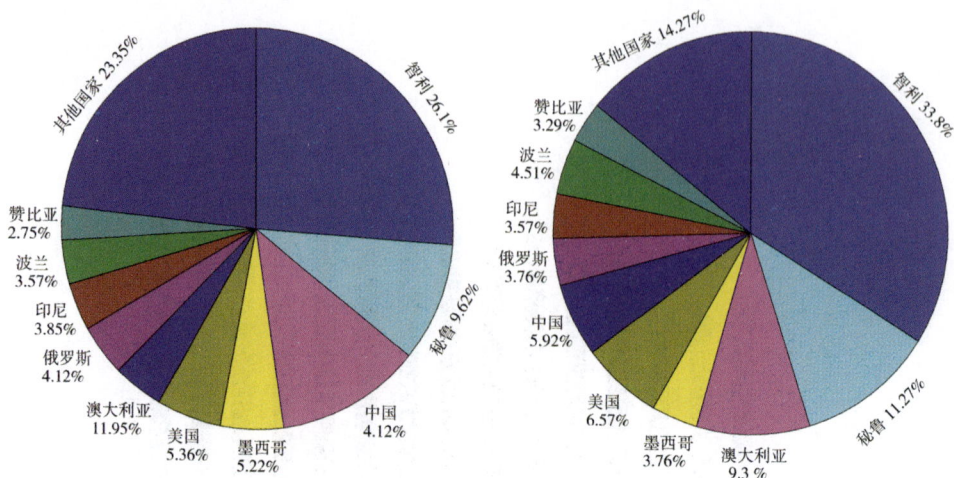

图 2-13　世界主要产铜国 2013 年铜矿储量、基础储量的占比

图 2-14 所示为 2001—2010 年全球铜矿平均开采品位变化(上)及世界主要产铜国铜矿开采年限(下)。由图 2-14 可见,目前铜矿开采品位呈现较快下降的趋势,在 21 世纪的第一个 10 年,全球铜矿开采平均品位从 2001 年的约 1.1% 降低至 2010 年的 0.81%,10 年间降低了 0.3%,预期随着铜消费量的进一步增大,这一趋势仍将持续发展。这意味着铜工业的生产成本、环境负荷将不断升高。

由图 2-14(下)可知,世界主要产铜国铜矿可开采年限这一数据与开发程度、地质勘探、开采品位等密切相关,各主要产铜国铜矿可开采年限为 13～104 年,具有动态波动特性。总体而言,在未来二三十年间,世界铜矿资源不会短缺。由于铜的可再生性强,可以预期,未来铜工业将逐步过渡到以二次资源为主。

2.3.2　中国铜资源

据《中国有色金属工业年鉴》统计,2013 年我国铜资源储量 3000 万 t,主要分布在西藏、江西、云南、内蒙古等省区,如图 2-15 所示。

我国铜矿有斑岩型、矽卡岩型、火山岩型、砂页岩型和铜镍硫化物型等多种类型,各类型所占百分比示于图 2-16。

近年来,为了改变我国铜冶炼及加工工业主要依赖国外资源的状况,我国加强了铜矿资源的勘探工作,取得重大进展。据中国国土资源部《2011 年度中国矿产资源报告》报道,2006—2010 年间,各年度新增查明铜资源储量分别为:504.7 万 t、264.2 万 t、575.7 万 t、311.1 万 t、460.2 万 t;2006 年,我国查明铜资源储量为 7047.8 万 t,2010 年增加至 8040.7 万 t。但这些新增查明铜资源储量主要集中在西部,如青藏高原等地区,勘探开发难度较大。

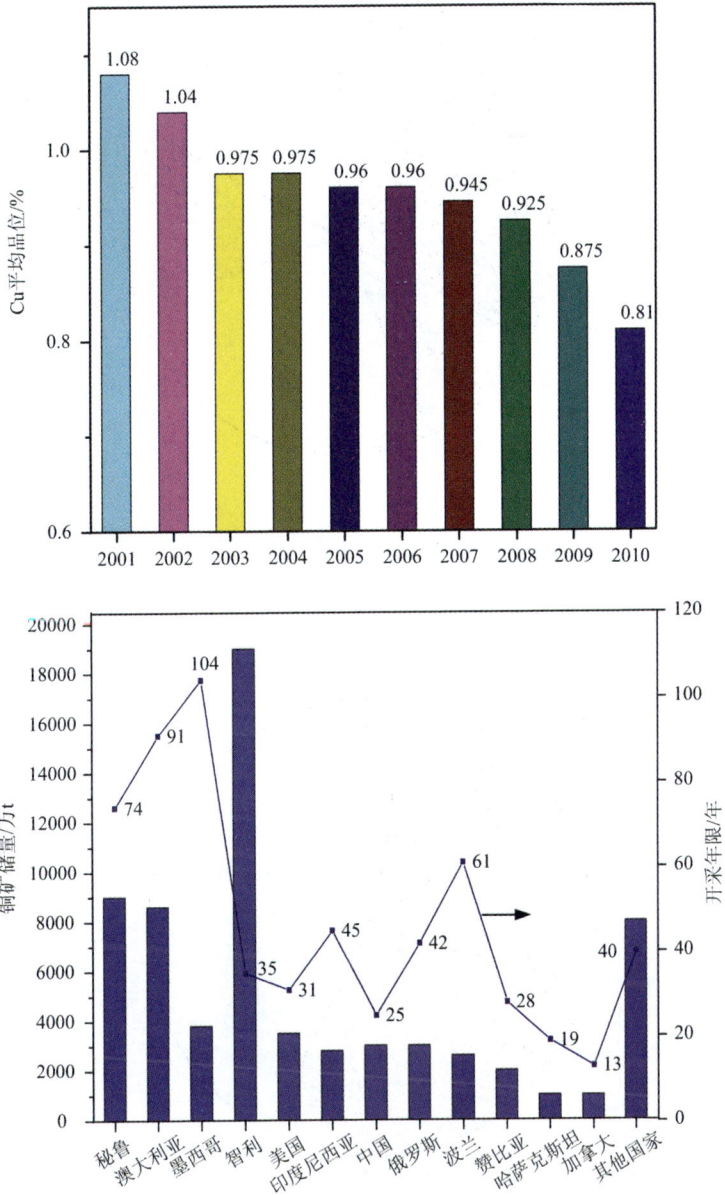

图 2 - 14　2001—2010 年世界铜矿平均开采品位变化(上)
及主要产铜国铜矿储量及开采年限(下)

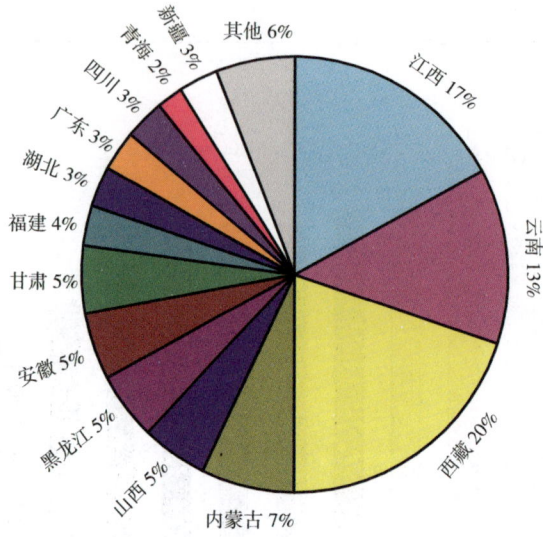

图 2 - 15　中国铜资源储量分省、自治区分布情况

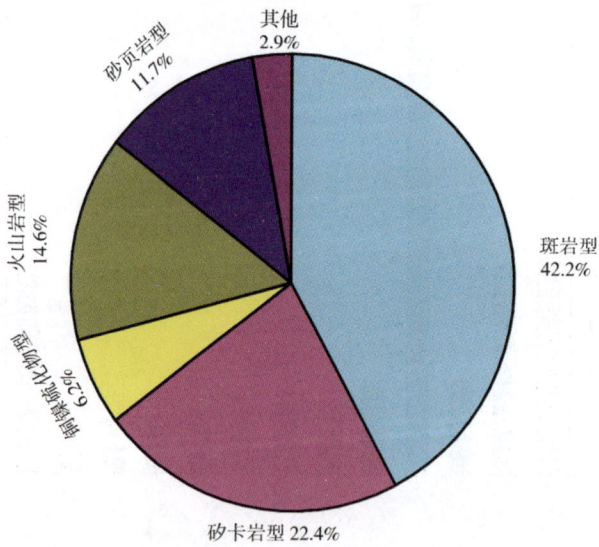

图 2 - 16　我国铜资源储量分类型分布情况

2.4　铅锌资源

2.4.1　世界铅资源

到 2008 年，世界已查明的铅资源量超过 15 亿 t，铅储量 7900 万 t，储量基础 17000 万 t，主要分布在澳大利亚、中国、美国和哈萨克斯坦，储量占世界储量的 60.3%，储量基础占世界储量基础的 71.2%（见表 2 - 2）。以 2008 年矿山产量计算，世界现有铅储量的静态保证年限为 20 年，而以储量基础计算的铅静态保证年限则为 44 年。另外，对储量基础进行勘查升级尚可新增储量。从现有世界铅生产和消费趋势来看，较长时期内不会出现资源短缺状况。

世界勘察和开采的铅锌矿主要类型有喷气沉积型、密西西比河谷型、砂页岩型、热液交代型等，占世界总储量的 85% 以上，尤其是喷气沉积型，不仅储量大，而且品位高。

表 2 - 2　世界铅储量和储量基础

国家或地区	储量/万 t	占世界储量/%	储量基础/万 t	占世界储量基础/%
澳大利亚	2400	30.4	5900	34.7
中国	1100	13.9	3600	21.2
美国	770	9.7	1900	11.2
哈萨克斯坦	500	6.3	700	4.1
加拿大	40	0.5	500	2.9
秘鲁	350	4.4	400	2.4
墨西哥	150	1.9	200	1.2
其他	2590	32.9	3800	22.4
世界总计	7900	100	17000	100

资料来源：Mineral Commodity Summaries，2009。

2.4.2　世界锌资源

世界已查明的锌资源量超过 19 亿 t，锌储量 18200 万 t，储量基础 48200 万 t（见表 2 - 3）。主要分布在澳大利亚、中国、秘鲁、美国和哈萨克斯坦，其储量占世界储量的 66.5%，储量基础占世界储量基础的 70.6%。

表 2-3　世界锌储量和储量基础

国家或地区	储量/万 t	占世界储量/%	储量基础/万 t	占世界储量基础/%
澳大利亚	4200	23.1	10000	20.7
中国	3300	18.1	9200	19.1
秘鲁	1800	9.9	2300	4.8
美国	1400	7.7	9000	18.7
哈萨克斯坦	1400	7.7	3500	7.3
加拿大	500	2.7	3000	6.2
墨西哥	700	3.8	2500	5.2
其他国家	4900	26.9	8700	18.0
世界合计	18200	100	48200	100

资料来源：Mineral Commodity Summaries, 2009。

　　国外大型铅锌矿主要集中在澳大利亚和加拿大，见表 2-4。这些大型铅锌矿有的品位极高，有的储量巨大，且历史悠久。这些铅锌矿的存在为全球金属铅、锌提供了巨大的资源支持。

表 2-4　世界十大铅锌矿情况

项目名称	股　东	矿石资源储量	金属量	品位
加拿大 George Fisher 铅锌银矿	Cream Minerals Ltd 80%；Doromin Resources Ltd 20%	2.44 亿 t	铅锌：3107.5 万 t 铅：1061.8 万 t 锌：2045.7 万 t 银：64300 万盎司	Pb+Zn：12.735% Pb：4.351% Zn：8.384% Ag：81.966 g/t
澳大利亚 Mt Isa 铜铅锌银矿	Xstrata plc 100%	7.829 亿 t	铅锌：2677 万 t 铅：1166 万 t 锌：1511 万 t 铜：580 万 t 银：80847 万盎司	Pb+Zn：3.419% Pb：1.489% Zn：1.93% Cu：0.741% Ag：32.119 g/t
澳大利亚 McArthur River 铅锌矿	Mwana Africa plc 51%；Rio Tinto plc 49%	1.705 亿 t	铅锌：2660 万 t 铅：808.7 万 t 锌：1851.7 万 t 银：26579 万盎司	Pb+Zn：15.603% Pb：4.743% Zn：10.86% Ag：48.4878 g/t

续表 2 - 4

项目名称	股东	矿石资源储量	金属量	品位
加拿大 Selwyn 铅锌银矿	Selwyn Resources Ltd 50%；云南驰宏锌锗股份有限公司 50%	4.07563 亿 t	铅锌：2598.6 万 t 铅：641.5 万 t 锌：1957.1 万 t	Pb + Zn：6.376% Pb：1.574% Zn：4.802%
亚美尼亚 Mehdiabad 铅锌银矿	Sterlite Gold Ltd 50%；亚美尼亚政府 50%	4.663 亿 t	铅锌：2288.3 万 t 铅：624 万 t 锌：1664.3 万 t 铜：39 万 t 银：44644.5 万盎司	Pb + Zn：4.907% Pb：1.338% Zn：3.569% Cu：0.084% Ag：29.779 g/t
印度 Rampura Agucha 铅锌矿	Hindustan Zinc Ltd 100%	1.143 亿 t	铅锌：1808 万 t 铅：224.1 万 t 锌：1583.9 万 t	Pb + Zn：15.818% Pb：1.961% Zn：13.857%
中国兰坪金顶铅锌矿	四川宏达集团 51%；云南冶金集团 20.4%；当地政府 19.6%	1.6318 亿 t	铅锌：1405.3 万 t 铅：268.8 万 t 锌：1136.5 万 t 银：5377.5 万盎司	Pb + Zn：8.612% Pb：1.647% Zn：6.965% Ag：10.25 g/t
墨 西 哥 Penasquito 铅锌金银矿	Goldcorp Inc 100%	21.5003 亿 t	铅锌：1298.1 万 t 铅：371 万 t 锌：927.1 万 t 银：127031.2 万盎司 金：2147.4 万盎司	Pb + Zn：0.604% Pb：0.173% Zn：0.431% Ag：18.377 g/t Au：0.311 g/t
巴西 Gamsberg 铅锌矿		1.864 亿 t	铅锌：1284.1 万 t 锌：1284.1 万 t	Pb + Zn：6.889% Zn：6.889%
美国 Red Dog 铅锌银矿	Teck Resources Ltd 100%	0.626 亿 t	铅锌：1278.1 万 t 铅：260.8 万 t 锌：1017.3 万 t	Pb + Zn：20.416% Pb：4.166% Zn：16.25%

2.4.3 中国铅锌资源

中国铅锌资源丰富，铅、锌总储量居世界第二，分别为世界储量的 18.3% 和 13.9%。中国铅矿查明资源储量 3481.8 万 t，锌矿查明资源储量 9172.4 万 t，据估算，总资源量可达 5.2 亿 t。从富集程度和现保有储量来看，主要集中于 6 个省区，铅锌合计储量大于 800 万 t 的省区依次为：云南 2662.91 万 t、内蒙古 1609.87 万 t、甘肃 1122.49 万 t、广东 1077.32 万 t、湖南 888.59 万 t(未计正在勘探的花垣凤凰铅锌矿)、广西 878.80 万 t，合计储量 8240 万 t，约占全国铅锌合计储量的 70%。从三大经济地区分布来看，主要集中于中西部地区，铅储量占 73.8%，锌储量占 74.8%。我国境内有铅锌矿产地 1000 余处。位于湖南省湘西北部地区正在勘探的花垣凤凰铅锌矿，预计远景储量超过 2000 万 t，有可能使我国铅锌矿储量增加 10%。

我国铅锌矿贫矿多、富矿少，结构构造和矿物组成复杂。铅矿平均品位 1.60%，主要集中在 0.5% ~5%，矿石中的铅锌比平均为 1:2.5。其中，品位等于和大于 3.5% 的探明资源量占全国总量的 22.4%，储量占全国总量的 39.1%。我国锌矿品位主要集中在 1% ~7.5%，锌矿平均品位 3.32%，资源量占全国总量的 82.8%，储量占全国总量的 71.7%，其中，品位等于和大于 6% 以上的探明资源量仅占全国总量的 33.3%，储量占全国总量的 55.0%。

我国铅锌勘查程度相对较低，铅查明资源储量中储量只占 17.8%，锌查明资源储量中储量只占 24.1%，找矿前景很大。在铅矿查明资源储量中，达到勘探程度的资源储量仅占总查明资源储量的 28.9%，达到详查和普查程度的分别占 41.1% 和 30%；在锌矿查明资源储量中，达到勘探程度的资源储量仅占总查明资源储量的 33.2%，达到详查和普查程度的分别占 40.9% 和 25.9%。

我国已发现的铅锌矿物有 250 多种，但可供工业利用的仅有 20 余种，其中以方铅矿、闪锌矿最为重要。矿石按氧化程度可分为硫化矿石(铅或锌氧化率 <10%)、氧化矿石(铅或锌氧化率 >30%)、混合矿石(铅或锌氧化率为 10% ~30%)；按主要有用组分可分为：铅矿石、锌矿石、铅锌矿石、铅锌铜矿石、铅锌硫矿石、铅锌铜硫矿石、铅锡矿石、铅锑矿石、锌铜矿石等；按结构构造可分为：浸染状矿石、致密块状矿石、角砾状矿石、条带状矿石、细脉浸染状矿石等。中国铅锌矿典型矿床如下：

湖南水口山铅锌矿：位于湖南省常宁县水口山区，北距衡阳市 40 km，是我国开采历史悠久的大型铅锌矿山。累计探明储量：铅 87.46 万 t、锌 111.08 万 t、银 2000 t、金近 100 t。该矿田位于衡阳断陷盆地的南缘，矿床类型主要为矽卡岩型、热液充填脉型以及部分外生矿床(风化淋滤型和冲积砂型)。

江西冷水坑铅锌矿：位于江西省贵溪县境内，是我国 20 世纪 80 年代勘查的一个规模巨大的斑岩型铅锌银矿田。累计探明储量：铅 152 万 t、锌 218 万 t，银矿也达到大型规模。矿田位于上饶拗陷南西部的孤萝山破火山口西侧断陷带上。矿床成因类型主要为斑岩型、脉带型、层控叠生型等。斑岩型是矿田中的主要矿床类型。

河北蔡家营铅锌银矿：位于河北省张北县西南 64 km 处，蔡家营村附近。其中Ⅲ号矿带规模最大，探明储量：锌 144 万 t，其中富矿达 60% 以上，伴生银

832 t、伴生金 17 t。该矿床是华北地台北缘兰阁—蔡家营—青羊沟成矿带中的重要组成部分，位于内蒙地轴中部，蔡家营隆起的东部边缘。矿床成因类型为燕山晚期形成的中温热液充填 – 交代脉状铅 – 锌 – 银矿床。

青海锡铁山铅锌矿：位于青海省柴达木盆地北缘，西北距大柴旦镇 72 km，南距格尔木市 140 km。累计探明储量：铅 149 万 t、锌 181 万 t，还伴生有可观的硫、银、金和稀散金属。锡铁山矿区位于南祁连山加里东褶皱带南侧、柴达木地块北缘。矿床成因类型主要为海相火山岩型沉积变质铅锌矿床。

新疆可可塔勒铅锌矿：位于新疆富蕴县城西北 50 km 处，现已探明储量：铅 89.95 万 t、锌 193.49 万 t、银 650.8 t、硫 300 万 t。矿床位于西伯利亚板块阿尔泰陆缘火山岩带麦兹亚带东段。矿床成因类型属于火山岩系中沉积岩容矿的海底火山喷流 – 沉积型铅锌矿床。

广东凡口铅锌矿：位于广东省仁化县城西北 12 km 处，是我国超大型铅锌矿床之一。累计探明储量：铅 279 万 t、锌 549 万 t，共生硫铁矿 3000 多万 t(矿石量)，伴生汞 3000 多吨，还伴生有丰富的铜、银、金和稀散金属。矿床成因类型为沉积 – 叠加改造型。

甘肃西成铅锌矿：西成铅锌矿田由甘肃省西和县至成县的一些铅锌矿床组成，简称为西成铅锌矿。矿田范围东起徽县洛坝，西至西和县洛峪，东西长 85 km，南北宽 15 km，面积 1275 km^2，可与陕西凤太地区相连。预测远景储量达 2500 万 t，是我国铅锌矿超大型矿田之一。西成矿田地处西秦岭多金属成矿带西段，是西秦岭海西—印支褶皱带的组成部分。该矿田范围内产出的矿床类型主要有热水沉积型和热水沉积改造型两种。

云南金顶铅锌矿：位于云南省西部兰坪县境内，是我国超大型铅锌矿床之一。累计探明铅锌合计储量 1610.6 万 t，其中铅 263.53 万 t、锌 1347.07 万 t，此外，共伴生的银、镉、铊、硫铁矿、天青石、石膏等矿产也均达到大型规模。金顶铅锌矿床，位于兰坪—思茅中—新生代裂谷盆地的北端。对于该矿床类型主要有两种认识——砂砾岩型和陆相热水沉积型。

2.5　镁资源

2.5.1　世界镁资源

世界镁资源储量极为丰富，在地壳中的含量达到 2.1% ~ 2.7%，在所有元素中排第六位，是仅次于铝、铁、钙居第四位的金属元素。镁资源主要来自海水、天然盐湖水、白云岩、菱镁矿、水镁石和橄榄石等。据估计，全世界的菱镁矿资源量约为 120 亿 t，水镁石数百万吨，海水中的镁含量估计为 6×10^{16} t，另外还有

大量的白云石和盐湖镁资
源。世界菱镁矿基础储量主
要分布国家见图 2 – 17。世
界上含镁量较高的著名大型
盐湖有：以色列的死海、中
国青海的察尔汗盐湖、美国
大盐湖、土库曼斯坦的卡拉
博加兹戈尔湾、英杰尔湖、
利比亚的马达拉盐矿等。盐

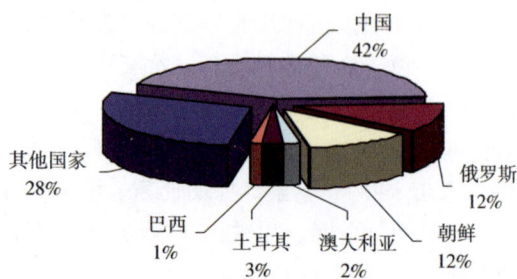

图 2 – 17　世界菱镁矿基础储量分布

湖和海水中有巨量的镁资源，关键取决于分离和利用技术。

　　世界镁冶炼主要矿物的组成及分布见表 2 – 5。

表 2 – 5　世界镁冶炼主要矿物的组成及分布

矿物名称	分子式	含量/%		分　布
		MgO	Mg	
菱镁矿	$MgCO_3$	47.8	28.8	中国、朝鲜、俄罗斯、澳大利亚、土耳其、巴西、印度、奥地利、捷克、希腊、挪威、意大利、日本
白云石	$CaCO_3 \cdot MgCO_3$	21.8	13.2	中国、俄罗斯、哈萨克斯坦、美国、日本、英国、意大利、墨西哥、德国、法国、加拿大、澳大利亚
水氯镁石	$MgCl_2 \cdot 6H_2O$	19.9	12.0	俄罗斯、中国、德国
光卤石	$KCl \cdot MgCl_2 \cdot 6H_2O$	14.6	8.8	以色列、中国、土库曼斯坦、美国

2.5.2　中国镁资源

　　我国具有丰富的镁资源，原镁产能、产量和出口均居世界首位。已探明的菱镁矿资源总量为 61.45 亿 t，占世界储量的 22.5%，工业储量为 27 亿 t；白云石 40 亿 t；蛇纹石 30 亿 t。我国 4 大盐湖区镁盐矿产资源的远景储量达数十亿吨，其中，柴达木盆地内大小不等的 33 个卤水湖、半干涸盐湖和干涸盐湖，储量为 47.5 亿 t，蕴藏着储量占全国第一位的镁盐资源；我国海域水中的镁含量达到 0.13%。我国镁资源矿石类型全、分布广，含镁白云石矿丰富，白云石资源遍及全国各省区，特别是山西、宁夏、河南、吉林、青海、贵州等。

　　目前作为镁冶炼主要原料的镁矿物仅有几种：

（1）菱镁矿：该矿主要是碳酸盐矿物，理论氧化镁含量高达 47.82%。菱镁矿可采用电解法炼镁，也可采用热法炼镁技术还原金属镁。我国是世界上菱镁矿最为丰富的国家，储量占世界总储量的 31.45%，主要产地在辽宁和山东。

（2）白云石矿：该矿物主要是碳酸镁和碳酸钙的复盐，其中氧化镁理论含量为 21.8%。白云石主要作为硅热法炼镁的原料生产金属镁。我国也是世界上白云石储量最大的国家，资源量高达 42 亿 t，储量也有 24 亿 t 左右，主要产地位于辽宁、河南、山西、宁夏、河北和陕西等省区，其中辽宁大石桥陈家堡出产的白云石矿质量最佳。目前我国原镁主要是采用白云石硅热法炼镁技术生产。

（3）光卤石矿：该矿物是氯化钾和氯化镁的水合化合物，来自于盐湖和海水，如青海察尔汗盐湖中氯化镁的储量达到 31.9 亿 t，在世界上仅次于死海。盐湖水经日晒可提取含氯化镁 34% ~35% 的光卤石母液，光卤石提取氯化钾后，形成含氯化镁 44% ~45%、水 50% 的水氯镁石，可用作电解镁的原料。

此外，沿海地区制盐过程的卤水中含有 300 ~450 g/L 的氯化镁，也可以用于电解生产金属镁。

2.6 再生有色金属资源

我国再生有色金属占据重要地位，再生金属回收利用是有色金属工业污染控制的重要途径。进入 21 世纪以来，中国再生有色金属产业快速发展、成就辉煌。2012 年再生有色金属（铝、铜、铅、锌）产量 1039 万 t，其中铝 480 万 t，铜 275 万 t，铅 140 万 t，锌 144 万 t。2013 年再生铜、铝、铅及锌的产量分别达到 275 万 t、520 万 t、150 万 t 和 130 万 t。另外，高铝粉煤灰提取氧化铝技术进入了产业化应用阶段，赤泥回收铁、铝电解槽废衬回收、镁渣回收等的综合利用开发取得重大成果。再生有色金属产业规模不断扩大，资源综合利用水平不断提高，已成为中国有色金属工业的重要组成部分，为节能减排、节约资源做出了突出的贡献。大力发展再生有色金属产业已成为中国有色金属工业实现节能减排目标的结构性措施。

2.6.1 再生有色金属资源概况

废旧有色金属具有良好的再生利用性能，大力开发利用再生金属为节省原生矿产资源、能源，减少污染物排放，保护环境等做出了巨大贡献。随着工业化、城镇化进程的加快，我国的资源需求进一步加大，再生金属作为战略性新兴产业重要组成部分，意义凸显。我国主要再生有色金属产量已连续 3 年突破 1000 万 t，超过了 10 年前全国有色金属总产量，再生金属产业已成为我国有色金属工业的重要组成部分。

近年来，我国再生金属产业技术装备水平明显提高，一些装备已达到或接近国际先进水平，产业发展后劲显著增强。世界再生铝产量占原铝产量的 35% ~ 50%，其中美国约占 50%，日本约占 90%，德国约占 45%。世界再生铜产量占原生铜产量的 40% ~ 55%，其中美国约占 60%，日本约占 45%，德国约占 80%。世界再生铅产量占原生铅产量的 40% ~ 60%，其中美国约占 75%，日本约占 60%，德国约占 55%。中国有色金属废料供给结构正在改善。2002—2011 年，中国累计进口有色金属废料 6274 万 t，其中，含铝废料进口 1817 万 t，占原料供给的 55% 以上，含铜废料进口 4417 万 t，占原料供给的 70% 以上。

以稀贵金属、有色金属作为主要目标产品和收益点的电子废弃物处理产业，已成为我国再生有色金属产业的重要组成部分，环境效益和经济效益明显。据联合国有关报告，全球每年产生的电子垃圾多达 5000 万 t，预计 2017 年将达到 6540 万 t，其中部分电子垃圾来自废旧电视或智能手机。我国因"四机一脑"（电视机、洗衣机、电冰箱、空调、微型计算机）处于报废高峰期和国家相关鼓励拆解政策，电子垃圾的增长速度更快，2013 年全国回收拆解废弃电器电子产品超过 1.1 亿台，同比增长 38.3%，远远高于全球电子废弃物的增速（5% ~ 6%）。白色家电产业是铜、铝等有色金属的主要下游市场之一，以空调为例，铜占其成本结构的 1/4 左右，铝占 1/10 左右，以冰箱为例，铜约占成本结构的 1/6，铝占 1/20。废旧家电的拆解回收和无害化、高值化、全组分清洁利用所带来的节能环保效应非常明显，家电产品的生产、消费和报废等，均与有色金属具有紧密的联系。

我国再生有色金属产业拥有最广阔的市场空间，在已具备的坚实的再生技术基础上，充分借鉴发达国家的成熟经验，强化循环经济立法，加大宣传力度，健全回收体系，提高环保标准，推广高值化利用，畅通进口渠道，抓住发展机遇，迎接严峻挑战，必将更好地发挥出中国再生有色金属产业在全球市场的不可替代的重要作用。发展中的再生有色金属产业要积极与国际接轨，把国内外的废旧有色金属资源汇聚到再生利用产业。

2.6.2　再生铝资源

再生铝产业是铝工业的重要组成部分和发展循环经济的重要领域。随着产业结构调整的深入，中国再生铝产业将得到更为迅速的发展，再生铝产量由改革开放前的几千吨，增长到 2013 年的 520 万 t，我国已经成为世界最大的再生铝生产国。中国再生铝产业的不断发展，将对铝工业的资源循环利用和节能减排发挥越来越重要的作用。

金属铝是报废汽车中含量仅次于钢铁的金属，以重量计其占比为 3% ~ 4%，而且高端车含量更高。按未来报废汽车数量猛增至 1000 万台计算，国内汽车报废铝产量也将随之大幅增加至 30 ~ 40 万 t。随着经济持续增长，国内铝制品的消费量和社会积蓄量不断增加,初步估算,2015 年国内报废各类新旧铝制品将超过 400 万 t,为再生有色金属产业的持续发展提供了有力的原料保障。

2020 年以前,我国的用铝需求需要通过大量的进口来满足;2020 年后原铝量逐渐下降,可循环的储积铝量逐渐增多。至 2030 年社会储积可循环铝量将可以满足再生铝的生产需求,并略有盈余,即 2030 年后我国将可以依靠社会储积铝量满足对再生铝的需求,并进一步减少原铝产量。

2.6.3　再生铜资源

因为铜需求长期存在,而我国铜资源贫乏,因此再生铜便成为铜资源利用中不可或缺的部分。再生铜因 98% 的高回收率、低成本及金属保值性较强,近年来产量增长明显,至 2015 年精炼铜产量达 950 万 t,再生铜达 380 万 t,所占比例由 2010 年的 37.8% 上升至 40%。

再生铜回收一般包括两部分:一是企业在生产过程中产生的边角废料,由于铜加工材的综合成品率只有 60% 左右,因此废料量很大。二是社会上积存的废杂铜,这部分目前是国内回收的重点。据估计,近几年中国每年回收废杂铜含铜量已超过 70 万 t,占国内铜消费量的 25% 左右。

2.6.4　再生铅资源

全世界铅资源已探明的静态可开采储量预计还可以开采 20 年左右,是所有金属资源中可开采时间最少的。如果不加紧研究再生铅资源的开发,而继续大规模开采原矿,50 年内世界铅资源将被消耗完,而作为对铅需求量与日俱增的进口国,我国也将面临铅资源短缺问题。

我国的铅储量占世界总储量的 30% 左右,但是如今的国内开采量已经不能满足铅冶炼的需要。我国再生铅回收利用起步较早,原料来源比较广,85% 以上来自废旧铅酸蓄电池,少量来自电缆包皮、耐酸器皿衬里、印刷合金、铅锡焊料及各类轴承合金等。2013 年,中国再生铅产量为 150 万 t,同比增长 7.1%,占当年精铅消费量的 30% 以上。2014 年,我国再生铅产量达 160 万 t,同比增长 6.7%,约占全年铅产量的 38%。2014 年,再生铅企业反映最为强烈的就是原料不足的问题,实际上,我国每年产生的废铅酸蓄电池数量超过 260 万 t,但正规回收的比率不到 30%,从目前发展情况看,到 2015 年,中国再生铅产量占原生铅的比例有望超过《再生有色金属产业发展推进计划》中提出的 40% 的发展目标。目前,欧美发达国家的再生铅产量占铅总产量的比重是 90%,日本为 100%,而中国仅为 30%,且再生铅主要用于铅酸蓄电池企业。

目前,铅酸蓄电池的使用量占所有电池市场份额的 70%,其应用领域已从汽车启动电源、火车用电池等发展到通讯、风能、电力、新能源汽车、不间断电源等，每年产生大量的废铅酸蓄电池，推动了再生铅行业的发展。目前，再生铅产业已成为中国铅工业的重要组成部分，其行业本身也在不断地进行技术革新。铅酸蓄电池产业的快速发展也将进一步推动废铅酸蓄电池报废量逐年增长，为再生铅产业提供原料保障。

2.6.5 再生锌资源

2014 年再生锌的产能在 180 万 t 左右（折合的锌金属量），产量在 133 万 t，同比增长 4%。涵盖热镀锌渣和锌灰的利用、生产过程中和报废后的锌合金的再生利用、钢铁行业电弧炉烟尘和瓦斯泥/灰中锌的提取利用、其他冶金行业含锌尘泥中锌的提取利用。

根据锌的消费和回收，一般可以把再生锌原料分为四类：①生产过程产生的含锌废料，包括热镀锌过程产生的热镀锌渣、锌灰，这是再生锌的主要原料；锌材和压铸锌合金生产过程中产生的废料和边角料，这部分含锌废料基本回收。②消费后回收的可用于再生的锌，包括报废的压铸锌合金和锌材，这个通过废料回收市场收集回收；镀锌废钢在电弧炉冶炼时锌进入烟道，电炉烟道灰的锌含量在 15% ~ 25%，该类含锌烟尘作为再生锌的原料回收锌或者生产含锌制品。③高炉炼铁时产生的含锌瓦斯泥/灰。高炉炼铁过程中，锌的熔沸点低，锌进入瓦斯泥/灰中被富集，这部分烟尘的数量大，锌品位差别较大，品位高的部分可以通过回转窑或者转炉后，使锌在烟尘中再次富集，以次氧化锌的形式产出，提锌后剩余的部分可以重返炼铁或者炼钢工段再利用。④铜、铅、锌等行业冶炼过程中产生的含锌烟尘。锌一般和其他金属共伴生，在铜、铅、锌冶炼过程中，锌的熔沸点低，还原后进入烟道和除尘设备中被富集，这部分烟尘的锌含量较高，有利用价值。

根据再生锌的原料分类，2014 年再生锌的各类原料数量和利用情况如下：①热镀锌渣、锌灰。据不完全统计，2014 年华东地区生产线开工数较去年增加了 25%。镀锌行业的锌消费占到 57.3% 左右，2014 年锌的消费量增长 5% ~ 6%，其中有 12% 左右进入热镀锌渣和锌灰，这部分资源的含锌量在 82 万 t 左右。2014 年以热镀锌渣、锌灰为原料的再生锌产量（包括氧化锌折合的锌金属量）约 52 万 t。②压铸锌合金生产过程中生产的含锌废料。近年来压铸锌合金开工率维持低位，锌合金压铸生产有 5% 的金属损耗，另外还产生 4% 的熔渣，熔渣主要送锌冶炼环节制造锌锭，是再生锌的原料。③报废的锌合金废料。中国用于建筑行业的镀锌钢板和锌合金的报废年限为 25 ~ 30 年，用于汽车、家电和电气设备的寿命一般为 10 ~ 15 年，根据当年的消费量和消费结构，按报废周期估算 2014 年报废的含锌材料中锌大约有 25.3 万 t，这部分资源的再生锌产量在 20 万 t 左右。④烟道灰。废钢用电弧炉冶炼，其操作温度为 1500 ~ 1700℃，炉料中存在的易挥发金属如锌、铅、镉等挥发进入烟尘中。电弧炉废钢冶炼中烟尘产生率为11～20 kg/t 钢。镀锌板材的报废周期一般为 20 年,测算得出 2014 年废钢冶炼产生的含锌烟尘的含锌量为 25.4 万 t,这部分资源的再生锌产量为 10 万 t。⑤瓦斯泥/灰。2014 年 1—11 月,中国生铁累计增长 0.4%。我国高炉炼铁中,瓦斯泥/灰的产出量为 15～25 kg/t Fe,根据生铁年 0.4% 的增长速度,估算高炉炼铁产生的瓦斯泥/灰的锌含量在 57 万 t 左右,这部分资源的再生锌产量在 30 万 t 左右。⑥铜、铅、锌冶炼产生的含锌烟尘。2014 年以铜、铅、锌冶炼行业产出的含锌烟尘为原料的再生锌产量约为 8 万 t。⑦进口的含锌物料。根据海关数据,2014 年进口的锌废碎料为 3.2 万 t。但 2014 年真正进入国内的废锌资源含锌量超过 10 万 t,以进口废锌资源为原料的再生锌产量为 8 万 t 左右。

2.6.6　再生镁资源

镁的主要合金元素有铝、锌、锰、铈、钍以及少量锆或镉等。目前使用最广的是镁铝合金,其次是镁锰合金和镁锌锆合金,主要用于航空、航天、运输、化工、火箭等领域,其用量正以每年 15% 的速度保持快速增长,远远高于铝、铜、锌、镍和钢铁的增长速度。

随着镁合金应用技术的不断提高,镁及镁合金在各个行业的用量日益增大,废镁和废旧镁合金的回收与利用产生了巨大的需求空间,对镁合金的循环利用具有重要意义。废镁多以合金形式存在,物理形态有块状和屑状。镁合金的熔化潜热比铝合金低得多,比铝合金消耗的能量少,因而镁及其合金是易于回收的金属,目前使用的镁合金均可以回收。

参考文献

[1] 中国有色金属工业协会. 2013 年中国再生有色金属产业发展报告[EB/OL]. http://www.chinairn.com/news/20140429/1631375588.shtml.

[2] 中国再生铝产业 2014 年运行情况及 2015 年展望[EB/OL]. http://news.cnal.com/industry/2015/03-02/1425259711399066.shtml.

[3] 中国再生铜产业 2014 年状况分析及 2015 年预测[EB/OL]. http://www.cmra.cn/cmra/chanyezixun/20150227/231516.html.

[4] 中国再生铅产业 2014 年发展概况及 2015 年形势预测[EB/OL]. http://news.smm.cn/r/2015-02-28/3694759.html.

[5] 中国再生锌产业 2014 运行概述及发展展望[EB/OL]. http://www.cmra.cn/cmra/chanyezixun/20150227/231513.html.

[6] 王树谷. 我国再生镁产业的可持续发展. 再生资源与循环经济[J]. 2011, 8.

第 3 章　有色金属冶金工艺

3.1　有色金属冶金方法概述

　　有色冶金方法按提取金属工艺过程的不同，分为火法冶金、湿法冶金及电冶金。火法冶金是在高温下从冶金原料中提取或精炼金属的冶炼工艺，是物理化学原理在高温化学反应中的应用。火法冶金一般包括三大过程：①原料准备；②熔炼、吹炼；③精炼。其中进行的化学反应则有热分解、还原、氧化、硫化、卤化、蒸馏等。湿法冶金是利用浸出剂将矿石、精矿、焙砂及其他物料中有价金属组分溶解在溶液中或以新的固相析出，进行金属分离、富集和提取的冶金工艺。主要包括浸出、液固分离、溶液净化、溶液中金属提取及废水处理等单元操作过程。电冶金是利用电能提取金属的冶金工艺。根据电能作用的不同，电冶金分为电热冶金和电化冶金(电解提取、电解精炼)两类。铝、铜、铅、锌、镁的冶金方法包括火法、湿法和电冶金。

3.2　铝冶金

3.2.1　铝冶金方法概述

　　1886 年，美国人霍尔和法国人埃鲁同时发明了在冰晶石($3NaF \cdot AlF_3$)熔盐中电解氧化铝获得纯铝的方法，奠定了大规模生产纯铝的基础，该方法称为霍尔-埃鲁法。1887 年，奥地利人拜耳发明了生产三氧化二铝的拜耳法，为生产纯铝所需的三氧化二铝生产打下了基础，促使铝冶金大规模发展。因此，铝冶金实际包括了两大部分：氧化铝生产和铝电解。近百年来，尽管人们一直在探寻更简单而又经济的炼铝方法，但其他方法仍处于研究试验阶段。冰晶石氧化铝熔盐电解制取纯铝仍是工业上生产铝的唯一方法。

3.2.2　铝冶金方法分类

　　氧化铝是一种两性氧化物，能溶解于酸中也能溶解于苛性碱溶液中，据此，由矿石中提取氧化铝的方法分为酸法和碱法。另外，还有联合法、电热法、高压水化学法等几种。烧结法和拜耳法是目前工业生产氧化铝的主要方法。其中拜耳法又有选矿拜耳法和石灰拜耳法。酸法原则上用硫酸、硝酸、盐酸处理含铝土矿石得到相应盐的水溶液，由于酸有腐蚀性，设备的耐酸问题难以解决，因此酸法生产未能在大工业中得以应用。电热法可用来处理高硅高铁的铝矿。高压水化学法是利用霞石生产氧化铝。另外，近年来开发了钙化 – 碳化新工艺处理低品位铝土矿，酸法处理粉煤灰生产氧化铝，双循环新工艺处理高铁铝土矿生产氧化铝等。

铝电解生产可分为侧插阳极棒自焙槽、上插阳极棒自焙槽和预焙阳极槽三大类。截至 2005 年，我国已淘汰了自焙槽铝电解技术，成为世界上首先全面淘汰自焙槽技术的国家。另外，还有氯化铝熔盐电解工艺和碳热还原炼铝工艺，其中碳热还原法用于高炉炼铝、电热法炼铝硅合金和碳热还原法制备金属铝。

3.2.3　铝冶金工艺

3.2.3.1　氧化铝生产工艺

目前国内外氧化铝生产的主要方法有拜耳法、烧结法和拜耳 – 烧结联合法。拜耳法处理优质铝土矿，$m(Al_2O_3)/m(SiO_2) \geqslant 8$（质量比），$m(SiO_2) < 9\%$；烧结法处理低品位铝矿石，$m(Al_2O_3)/m(SiO_2) = 3.5 \sim 5.0$；联合法处理中等品位铝土矿，$m(Al_2O_3)/m(SiO_2) = 5.0 \sim 8.0$，联合法又分为并联法、串联法及混联法。各种方法的主要特点和应用情况比较见表 3 – 1。其中拜耳法是最主要的生产方法，其产量占全国冶金级氧化铝总产量的 95%。其次是拜耳 – 烧结联合法，产量占总产量的 5% 左右，主要分布在中国、俄罗斯和哈萨克斯坦。

表 3 – 1　氧化铝生产工艺的主要特点及应用情况

氧化铝生产方法	主要特点	应用情况
拜耳法	(1)流程简单、投资省、节能、产品质量高； (2)适于处理高品位铝土矿，处理低品位铝土矿时碱耗和矿耗将升高； (3)可以在主体流程上进行改进，如选矿拜耳法和石灰拜耳法	国外传统拜耳法占国外氧化铝总产量的 95%；其余约 5% 的产量由拜耳 – 烧结联合法生产，俄罗斯采用联合法处理霞石矿，生产氧化铝和副产硫酸钾，而哈萨克斯坦采用串联法从低品位三水铝石矿生产氧化铝 我国，拜耳法目前已成为氧化铝生产主体技术流程，其氧化铝产量占全国冶金级总产量的 96%，全部民营氧化铝厂均采用拜耳法生产技术

续表 3 – 1

氧化铝生产方法	主要特点	应用情况
烧结法	(1)氧化铝回收率高、碱耗低，可适于处理低品位铝土矿； (2)流程复杂、投资大，能耗极高、产品质量低	国内只有个别氧化铝厂还采用烧结法生产化学品氧化铝
拜耳 – 烧结联合法	(1)串联法、混联法和并联法； (2)适于处理中低品位铝土矿，具有氧化铝回收率高（大约88%）、碱耗低的优点； (3)流程复杂、投资高、能耗高	国内主要采用的是串联法，仅有中铝山西分公司及中电投山西铝业仍在应用

世界上大部分氧化铝企业采用高品位三水铝石矿或三水铝石 – 一水软铝石矿以拜耳法生产氧化铝，流程简单、节能高效、投资省、平均单位能耗仅为 380 kgce/t，具有较强的竞争力。由于我国铝土矿资源主要是中低品位一水硬铝石矿，氧化铝企业全部采用了高温拜耳法技术。同时，为了解决铝土矿品位较低的难题，中国还自主开发出选矿拜耳法和石灰拜耳法技术。中国氧化铝生产的能耗总体上比国外平均水平高，石灰消耗和碱耗也偏高，但矿耗和赤泥产出量较低。

(1)拜耳法

拜耳法是由奥地利化学家拜耳（K. J. Bayer）于 1887—1889 年间发明的一种从铝土矿中提取氧化铝的方法。100 多年来在工艺技术方面已经有了许多改进，但基本原理并未发生变化。拜耳法从铝土矿中提取氧化铝的实质是通过下列反应在不同条件下正逆方向的交替进行而实现的：

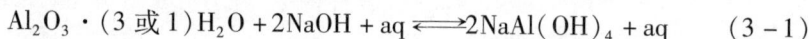

$$Al_2O_3 \cdot (3 \text{ 或 } 1)H_2O + 2NaOH + aq \Longleftrightarrow 2NaAl(OH)_4 + aq \qquad (3-1)$$

式中：正反应为溶出（浸出）过程，逆反应为加晶种分解过程。如此周而复始，形成拜耳循环，碱性介质（母液）每循环一周，便产出一定量的氢氧化铝，焙烧后得到氧化铝产品。拜耳法用于处理高铝硅比的铝土矿，流程简单，产品质量高，其技术经济效果远比其他方法好。

拜耳法的主体装备是：溶出系统、赤泥分离系统、种分系统、蒸发系统和氢氧化铝焙烧系统，如图 3 – 1 所示。这五个系统组成了拜耳循环流程和氢氧化铝焙烧流程。通常现代氧化铝厂的单条线规模大于 50 万 t，单个氧化铝厂产能规模大于 100 万 t。但当前能源价格相对较高，如采用高效强化拜耳法技术处理中低品位一水硬铝石铝土矿，则因系统能耗较低、循环效率较高，仍可能获得一定的经济效益。

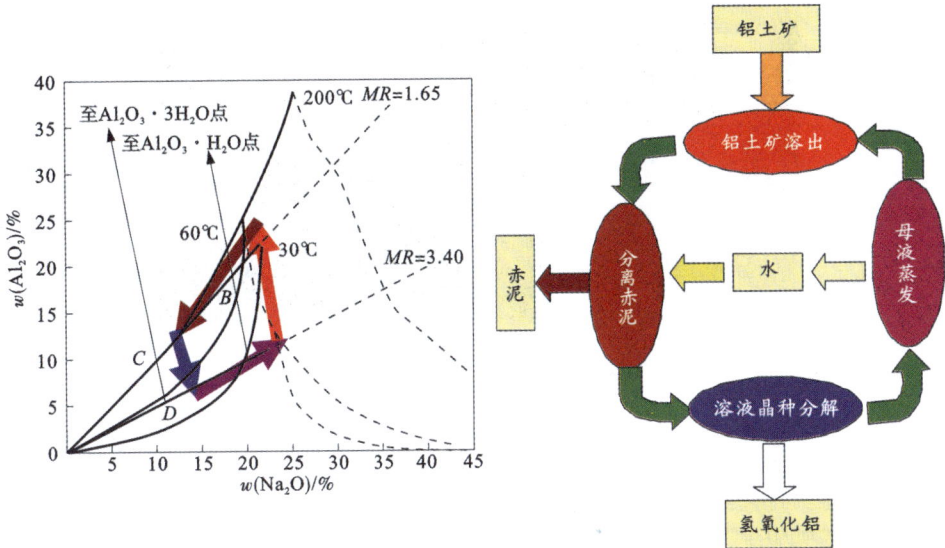

图 3-1　拜耳法循环流程示意图

拜耳法目前已成为我国氧化铝生产的主体技术，其产量占全国冶金级氧化铝总产量的 96%，全部民营氧化铝厂均采用拜耳法生产技术。世界拜耳法生产氧化铝的平均单位能耗大约为 11.2 GJ，在所有的生产方法中最低。尽管处理高品位铝土矿单位碱耗也在 100 kg 以内。但因赤泥铝硅比较高，氧化铝回收率较低，因而拜耳法通常矿耗较高。但是，采用拜耳法处理低品位铝土矿，碱耗和矿耗将会变得过高，因而生产成本升高、经济性变差。

（2）选矿拜耳法

选矿拜耳法采用了拜耳法生产前脱硅技术，在进入拜耳法流程前对铝土矿中某些可选性较好的硅矿物，进行选矿脱硅，提高精矿的品位，再将精矿直接用于拜耳法生产，以较低能耗处理中低品位矿来生产氧化铝，从而解决了中低品位铝土矿高效节能生产氧化铝的技术难题。选矿拜耳法的生产成本主要取决于选矿药剂和选矿效率。选矿拜耳法工艺存在的主要问题在于：选精矿中所含的水分和有机物对氧化铝生产有影响，选矿尾矿堆存和处理也较困难。选矿拜耳法生产线如图 3-2 所示。

图 3 – 2 选矿拜耳法生产线

（3）石灰拜耳法

石灰拜耳法是在拜耳法生产过程中，加入适当过量的石灰，改变脱硅产物的组成，使之从高碱含量的水合铝硅酸钠转变为低碱含量的水化石榴石，见式（3 – 2），以降低因铝土矿品位低造成的碱耗，达到经济处理中低品位铝土矿的目的。

$$Na_2O \cdot Al_2O_3 \cdot 2SiO_2 \cdot 2H_2O + CaO \longrightarrow 3CaO \cdot Al_2O_3 \cdot xSiO_2 \cdot yH_2O + NaOH$$

$$(3 - 2)$$

石灰拜耳法工艺流程简单，不需要太多的设备投入，能耗和碱耗较低。但石灰拜耳法中石灰消耗量高、物料流量和产生的赤泥量大、氧化铝回收率低。尽管如此，较多的民营氧化铝企业仍因其能耗低、流程简单，而继续使用该技术。

近年来，氧化铝工业注重余热综合利用技术的开发及产业化，特别是高温焙烧炉、煤气炉和蒸汽发生炉的烟气和固体物料中的余热被用于加热新水或产生蒸汽，因而得到了较好的利用。此外，由于氧化铝企业产能巨大，对流程中的溶液流所含的热能也分类进行了研究，开发了相关的利用技术。

（4）烧结法

烧结法是处理各类低品位铝资源时唯一在工业上应用的生产方法。通过配料加入石灰（CaO）或石灰石（$CaCO_3$）及碱粉（Na_2CO_3），在烧成过程中生成不同于矿石且易于后处理的新矿物成分，存在于烧成的产品熟料之中。之后再用湿法过程处理熟料便可生产出氧化铝。

烧结法是我国第一家氧化铝厂——山东铝厂在 20 世纪 50 年代投产成功的，为我国氧化铝工业立下了很大功劳。烧结法主要的生产装备有铝土矿碎磨及配料系统、回转窑烧结系统、赤泥磨制及分离洗涤系统、铝酸钠溶液脱硅系统、碳酸化分解系统、氢氧化铝焙烧系统。目前我国主要有两家氧化铝厂仍有烧结法流程在运行：即中铝山东分公司、中州分公司，总产能约为 150 万 t，但产品主要是化学品氧化铝，而非冶金级氧化铝。

烧结法氧化铝回收率高、碱耗低，适合于处理低品位铝土矿。但烧结法流程复杂、投资大，能耗极高(大于 1000 kgce/t)、产品质量又低(氧化铝中的氧化硅含量较高)，生产成本上难以与拜耳法等短流程和节能的技术竞争。

(5)拜耳–烧结联合法

拜耳–烧结联合法是将拜耳法与烧结法联合使用生产氧化铝的方法，其最大特点是可用烧结法系统所得的铝酸钠溶液来补充拜耳法系统中的碱损失。该方法适于大规模生产和用于处理 $m(Al_2O_3)/m(SiO_2) = 5 \sim 7$ 的原料。

拜耳–烧结联合法的实质是铝土矿先经拜耳法处理，所得到的拜耳法赤泥(或加上低品位铝土矿)再经烧结法处理回收碱和氧化铝。拜耳–烧结联合法包括串联法、混联法和并联法，目前国内主要采用的是混联法，混联法是我国在 20 世纪 60 年代自主开发并逐步推广应用的，在 2005 年之前曾是我国氧化铝生产的主体技术，目前仅有中铝山西分公司以及中电投山西铝业仍在应用。我国目前联合法总产能约 200 万 t，产量大约 180 万 t。中铝山西分公司和中电投山西铝业等单位正开展技术产业化工作，逐步降低烧结 A/S，向串联法转化。

世界上只有美国、苏联和中国采用联合法，美国曾用过串联法，中国开发了混联法。

1)并联法

并联法是指拜耳法与烧结法平行地进行，各自处理高品位及低品位的矿石，各自排出自己的废渣(赤泥)。拜耳法与烧结法互为利用的方面是：拜耳法析出的碱不设苛化处理，而是送烧结法配料；拜耳法的碱耗用烧结法的铝酸钠精液来补充；拜耳法与烧结法生产出来的氢氧化铝合并洗涤而焙烧。使用并联法时，工厂必须要有高品位矿及低品位矿的供应，高品位矿供拜耳法处理，低品位矿供烧结法处理。

2)串联法

串联法是指拜耳法与烧结法的串联，矿石先经拜耳法处理，产出的残渣——赤泥再经烧结法处理，最终的残渣由烧结法排出。该生产方法与纯拜耳法及纯烧结法的不同点是：①拜耳法的赤泥不外排而是送烧结法配料，再经烧结法处理配料时不加矿石；②拜耳法生产过程中循环积累起来的碱(Na_2CO_3)析出后，不设苛化处理而是送烧结法配料，简化了拜耳法工艺流程；③烧结法产出的铝酸钠精液，不设碳酸化分解处理，而是送往拜耳法种子分解工序，既简化了烧结法工艺流程，又补充了拜耳法的碱耗。串联法的优点：矿石经二道处理，矿石中氧化铝的回收率高；拜耳法部分的生产能力大，烧结法部分的生产能力小，故使工厂投资较小、产品成本较低。目前，世界上只有唯一的一个串联法生产厂——哈萨克斯坦的巴夫洛达尔氧化铝厂。

3)混联法

混联法是指拜耳法与烧结法联合在一起，既有串联的内容也有并联的内容。高品位矿石先经拜耳法处理，产出的残渣赤泥再经烧结法处理，同时在烧结配料时又加入低品位矿石与拜耳赤泥同时处理，最终的残渣赤泥由烧结法排出。本法是中国的独创，解决了赤泥熟料烧成时的技术难题，但是带来了配料复杂、烧结法产能加大使产品成本增加等不利因素。拜耳－烧结混联法适合于处理中等品位铝土矿，具有氧化铝回收率高(大约88%)、碱耗低、赤泥碱含量较低的优势，但其流程更复杂、投资高、能耗也较高(27~30 GJ/t)。目前某些混联法企业正逐渐向串联法过渡，即烧结法只处理拜耳法赤泥，不再添加低品位铝土矿，目的是降低联合法的总能耗，目标是达到 24 GJ/t 左右。

世界上大部分氧化铝企业采用高品位三水铝石矿或三水铝石－一水软铝石矿以及短流程、节能高效的拜耳法生产工艺生产氧化铝，投资省、生产效率高、平均单位能耗仅为11.2 GJ，具有较强的竞争力。我国由于要处理中低品位一水硬铝石铝土矿，因此要采用改进型拜耳法或联合法，因而流程较为复杂、能耗较高。为降低能耗，我国目前已基本上不再采用烧结法生产冶金级氧化铝。

3.2.3.2 电解铝生产工艺

电解铝生产方法主要分为自焙阳极电解槽(简称自焙槽)技术和预焙阳极电解槽(简称预焙槽)技术，其技术比较如表3－2所示。

表3－2 铝电解主要生产方法的比较

铝电解生产方法	主要特点	应用情况
自焙槽电解	(1)采用阳极糊，可在槽上焙烧，不需另加阳极块生产和组装； (2)槽电压高，电流效率低，因而电耗比预焙槽电解高； (3)电解槽容量较小，一般小于100 kA； (4)由于阳极糊在电解槽内自焙，造成沥青烟大量排放，难于集中处理，污染严重； (5)氧化铝、氟化盐采用遍布加料	国外少数铝电解槽仍在应用自焙槽技术，但对沥青烟进行了治理，环境污染有所控制 我国已基本淘汰了自焙槽技术，所有新建或扩建的铝电解厂均采用了大型预焙槽技术
预焙槽电解	(1)均采用预焙炭阳极作为阳极，不在电解槽内焙烧，因而环境污染较轻； (2)电流容量大，均大于160 kA； (3)物理场设计和控制技术较先进，电耗较低； (4)采用中间点式加料方法，氧化铝分布较均匀	国内外均在普遍推广应用大型预焙槽技术，特别是300 kA 以上的技术

（1）自焙槽铝电解技术

自焙阳极电解槽分为上插式自焙阳极电解槽和侧插式自焙阳极电解槽。其技术特点是没有残极，连续的阳极和电解过程的连续性相适应。由于在电解槽内自焙，导致沥青烟气难以集中处理，造成沥青排放污染，生产条件恶劣，生产效率低下，同时大大增加了铝电解能耗，因此是一种能耗高、污染严重的生产技术。该技术在世界上正逐渐被淘汰，但在俄罗斯等国家仍在使用。我国铝电解工业彻底消除了自焙槽中严重的沥青烟污染，明显地降低了铝电解生产的电耗，大大改善了铝电解劳动生产环境和条件，提高了生产率。

（2）预焙槽铝电解技术

预焙电解槽是预先生产出预焙炭阳极块，并组装进铝电解槽。该技术生产稳定性好、电流效率高、电耗低、生产环境良好，因此是现代铝电解技术。预焙铝电解槽技术按照电流强度的大小可分为小型预焙槽和大型预焙槽，低于 160 kA 的预焙槽称为小型预焙槽。目前我国也已基本淘汰了小型预焙槽技术，全部采用了大型预焙槽技术，近期建设的电解铝厂均采用了大于 400 kA 的预焙槽技术。大型预焙槽技术的主要特点是：对铝电解槽的物理场进行了仿真模拟和相应的设计，达到了铝电解槽结构和运行过程的稳定性和高效性；采用高性能的阴极、阳极和内衬材料，确保铝电解槽的热平衡和规整炉膛；采用现代化的计算机控制技术，保证铝电解运行的稳定和高电流效率。

我国铝电解工业不仅采用了大型预焙槽技术，而且开发应用了一系列先进的节能铝电解技术。如：开发应用了具有新型阴极和钢棒结构以及保温内衬结构的新型阴极结构铝电解槽技术，可以大幅度降低电解槽水平电流和铝液波动幅度，以降低极距和槽电压，并保证较高的电流效率；开发应用了先进的低氧化铝浓度的槽控箱和控制技术，提高了铝电解的电流效率；开发应用了优质炭阳极生产成套技术，明显降低了炭阳极的氧化反应性，减少了炭渣的形成和危害，降低了炭耗和能耗；研究了电解质中各种杂质对铝电解过程的影响，开发出了相应的低电耗铝电解技术；开发应用了不停电停槽的技术，保证了系列电解槽的稳定运行。这些重大节能技术大大降低了我国铝电解的直流电耗。我国目前铝电解工业的能耗已达到了世界先进技术水平，直流电耗已接近 13000 kW·h/t。

3.3　铜冶金

3.3.1　铜冶金方法概述

国内外铜冶炼技术飞速发展，闪速熔炼、熔池熔炼等多种冶炼技术并存。我国火法炼铜强化熔炼技术的发展，起步于 20 世纪 70 年代初期，以白银炼铜法的研发和应用为标志，其后，引进与自主创新相结合，极大地加快了技术进步。目前，我国已全面淘汰鼓风炉、反射炉和电炉等传统炼铜工艺，铜冶炼工业在工艺技术、装备、能耗、污染物排放和资源综合利用等方面，全面进入世界先进水平。与其他有色金属比较，我国铜冶炼产业集中度相对较高。我国铜熔炼主要工艺为奥图泰闪速熔炼法、浸没式顶吹（澳斯麦特、艾萨）法、富氧底吹法、双侧吹法和白银法。其中，奥图泰闪速熔炼占50%；浸没式顶吹占25%；其余为富氧底吹和侧吹。吹炼仍以 P－S 转炉为主，闪速吹炼已在 3 家大型铜厂应用，产能达120 万 t/a，富氧底吹连续吹炼工艺正在开发中。

3.3.2　铜冶金方法分类

铜冶金是通过熔炼铜精矿得到铜锍，吹炼铜锍得到粗铜，然后精炼得到金属铜。主要过程包括熔炼、吹炼和精炼。铜的熔炼目前有两大主流方法，闪速熔炼和熔池熔炼。闪速熔炼又叫悬浮熔炼，主要反应在空中进行，为气固反应，主要有奥托昆普法，因科法（INCO）等；熔池熔炼的主要反应在熔融的液态物中进行，为气液反应，有澳斯麦特法、艾萨法、三菱法、诺兰达法、白银法等；吹炼有 P－S 转炉吹炼、三菱法连续吹炼和肯尼科特－奥图泰连续吹炼。另外，奥图泰闪速炉直接炼铜法是以硫化铜精矿为原料生产金属铜，在一座炉内一步氧化得到粗铜，这也是铜冶金工作者长期追求的目标。

3.3.3　铜冶金工艺

3.3.3.1　熔炼

2013 年，中国精炼铜产量达到 684 万 t。表 3－3 所列为中国主要铜冶炼企业冶炼工艺及产能等情况。

表 3－3　中国主要铜冶炼厂及其冶炼技术与产能

序号	企业名称	企业地址	粗炼工艺	熔炼炉数	精炼铜产能/万 t
1	江铜贵冶	江西贵溪	闪速熔炼—P－S 转炉吹炼	2	100
2	铜陵金隆	安徽铜陵	闪速熔炼—P－S 转炉吹炼	1	45
3	金川	甘肃金昌	闪速熔炼（合成炉）—P－S 转炉吹炼	1	65
4	祥光铜业	山东阳谷	双闪	1	40
5	紫金铜业	福建上杭	闪速熔炼—P－S 转炉吹炼	1	20

续表 3 - 3

序号	企业名称	企业地址	粗炼工艺	熔炼炉数	精炼铜产能/万 t
6	铜陵金冠	安徽铜陵	双闪	1	40
7	广西金川	广西防城港	双闪	1	40
8	候马北铜	山西候马	澳斯麦特熔炼—澳斯麦特吹炼	1	5
9	铜陵金昌	安徽铜陵	澳斯麦特熔炼—P - S 转炉吹炼	1	20
10	金剑铜业	内蒙古赤峰	澳斯麦特熔炼—P - S 转炉吹炼	1	8
11	东方铜业	辽宁葫芦岛	澳斯麦特熔炼—P - S 转炉吹炼	1	10
12	大冶有色	湖北黄石	澳斯麦特熔炼—P - S 转炉吹炼	1	60
13	云锡铜业	云南个旧	澳斯麦特熔炼—顶吹吹炼	1	10
14	云南铜业	云南昆明	艾萨熔炼—P - S 转炉吹炼	1	70
15	鲲鹏铜业	四川会理	艾萨熔炼—P - S 转炉吹炼	1	15
16	东营方圆	山东东营	底吹炉熔炼—P - S 转炉吹炼	1	50
17	山东恒邦	山东烟台	底吹炉熔炼—P - S 转炉吹炼	1	5
18	华鼎铜业	内蒙古包头	底吹炉熔炼 P S 转炉吹炼	1	10
19	山西垣曲	山西运城	底吹炉熔炼—P - S 转炉吹炼	1	8
20	白银铜业	甘肃白银	白银炉熔炼—P - S 转炉吹炼	2	20
21	鹏晖铜业	山东烟台	白银炉熔炼—P - S 转炉吹炼	1	12
22	金峰铜业	内蒙古赤峰	双侧吹炉熔炼—P - S 转炉吹炼	1	11
23	富邦铜业	内蒙古赤峰	双侧吹炉熔炼—P - S 转炉吹炼	1	10
24	和鼎铜业	浙江富阳	双侧吹炉熔炼—P - S 转炉吹炼	1	10
全国合计产能					684

中国铜冶炼工业呈现厂家众多、工艺纷繁的特色，如图 3 - 3 所示。

目前，我国应用较为广泛的铜冶炼工艺主要有 5 种：奥图泰闪速熔炼—P - S转炉吹炼、双闪、TSL(澳斯麦特、艾萨)熔炼—P - S 转炉吹炼、富氧底吹熔炼—P - S 转炉吹炼、双侧吹—P - S 转炉吹炼。可以预期，今后新建或改建的炼铜厂也主要是采用这些技术。

(1)奥图泰闪速熔炼

1)方法简介

奥图泰闪速炉及其中央扩散型精矿喷嘴示意图分别如图 3 - 4 和图 3 - 5 所

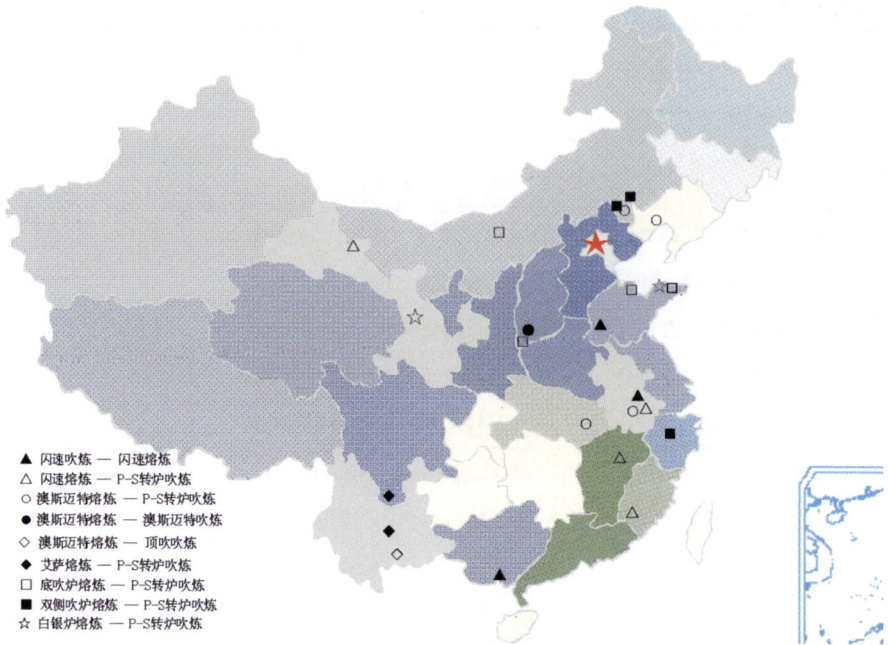

图3-3 我国主要铜冶炼厂区位图

▲ 闪速吹炼 — 闪速熔炼
△ 闪速熔炼 — P-S转炉吹炼
○ 澳斯迈特熔炼 — P-S转炉吹炼
● 澳斯迈特熔炼 — 澳斯迈特吹炼
◇ 澳斯迈特熔炼 — 顶吹吹炼
◆ 艾萨熔炼 — P-S转炉吹炼
□ 底吹炉熔炼 — P-S转炉吹炼
■ 双侧吹炉熔炼 — P-S转炉吹炼
☆ 白银炉熔炼 — P-S转炉吹炼

示。其炉体分别由反应塔($\phi 7 \times 8$)、沉淀池（$26 \times 8 \times 2$）和直升烟道($\phi 5 \times 10$)组成(2010年设计日处理4500 t铜精矿闪速炉内空尺寸，单位为 m)。炉体大量使用铜水套以提高炉衬寿命。图3-6为奥图泰闪速熔炼系统示意图。

图3-4 奥图泰闪速熔炼炉示意图

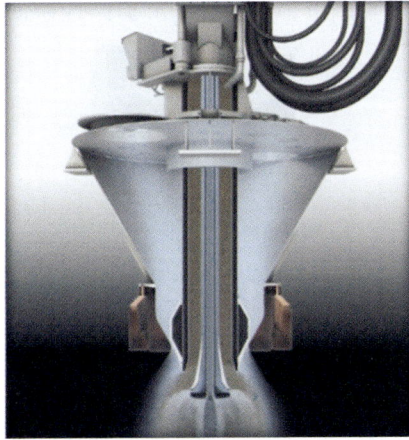

图 3-5　奥图泰闪速炉中央扩散型精矿喷嘴示意图

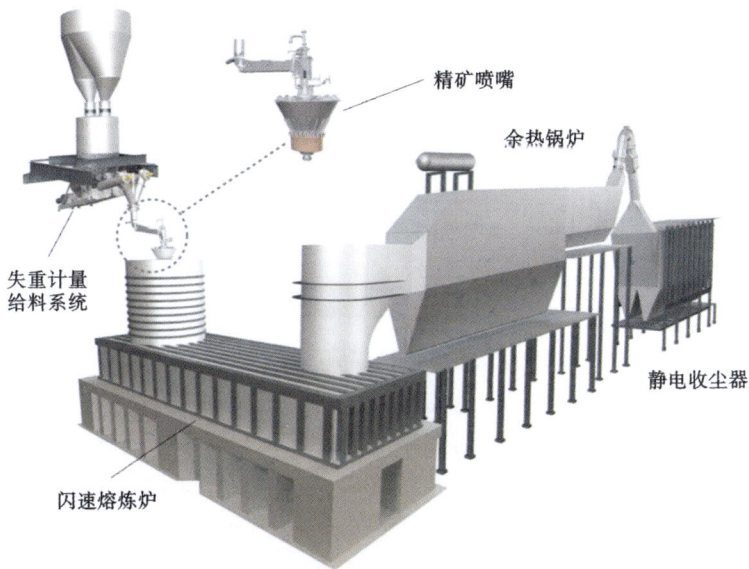

图 3-6　奥图泰闪速熔炼系统示意图

　　细粉状炉料(精矿、溶剂、烟尘等)混匀干燥(水分小于 0.3%)后储备于炉顶料仓；炉料与富氧(含 O_2 80% ~ 90%)空气，通过中央扩散喷嘴均匀喷洒进入反应塔内，在高温(反应塔温度 1400℃，中央反应区最高 1800 ~ 2000℃)、富氧条件下发生熔炼过程的物理化学变化，生成铜锍和炉渣熔体；熔体落入沉淀池中，进一步完成造渣和造锍反应，并在此利用比重差沉淀分离，炉渣和铜锍间断排出；炉渣含铜1%～2%，一般采用电炉贫化，也可采用选矿回收；烟气和烟尘经直升烟道进入余热锅炉、电收尘及烟气净化制酸系统。

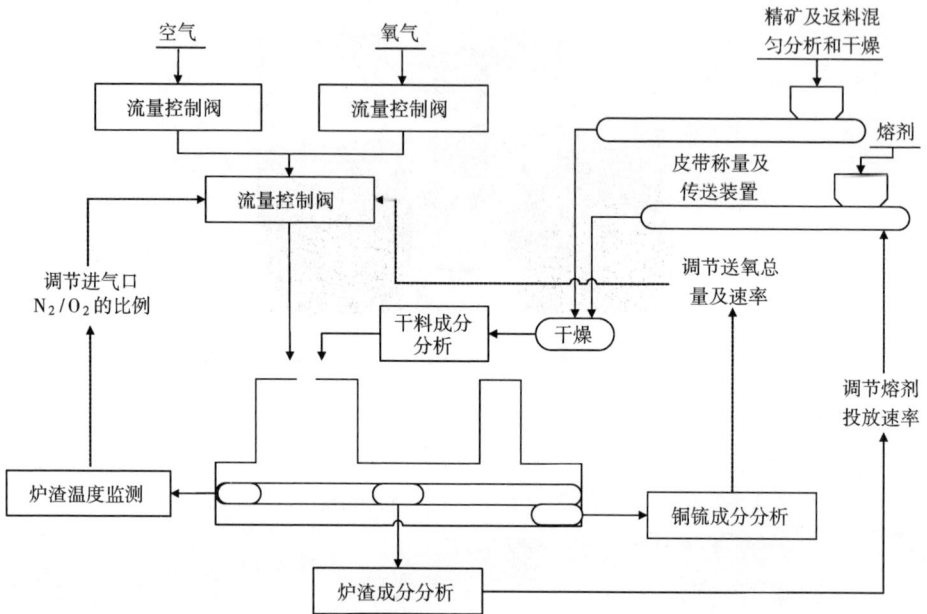

图3-7 奥图泰闪速熔炼过程控制系统示意图

图3-7为奥图泰闪速熔炼过程控制系统示意图。主要控制目标为铜锍品位、炉渣成分、渣温和炉衬的挂渣保护。铜锍品位采用 XRF 离线快速分析，通过控制加入系统的 O_2 量调节，其实质是控制料/O_2 比；炉渣成分也是采用 XRF 离线分析，通过控制熔剂加入量调节；渣温采用光学高温计测量，通过控制富氧浓度调节。炉壁耐火材料侵蚀状况通过水套水温监控通过控制炉渣成分和温度实现挂渣。

近20年来，奥图泰闪速熔炼技术朝着"四高"熔炼方向发展，即高铜锍品位（P-S 转炉吹炼：60%～65%；闪速吹炼：68%～74%）；高氧浓度，最高可达88%；高投料量，日本佐贺关厂2000年1台闪速炉产铜45万 t，美国肯尼科特铜公司 Garfield 炼铜厂日投料量高达5610 t，国内某公司闪速炉投料量曾短期达到产铜60万 t/a；高热负荷，最高达2300 MJ/($m^3 \cdot h$)，从而实现高效、节能、低污染生产。表3-4所列为奥图泰闪速熔炼中元素的分配行为。

表 3 – 4　奥图泰闪速熔炼中元素分配行为

元素	铜锍/%	炉渣/%	烟尘/%	元素	铜锍/%	炉渣/%	烟尘/%
Cu	97	2	1	Ni	70 ~ 80	20 ~ 25	0 ~ 5
Ag	90 ~ 95	2 ~ 5	3 ~ 8	Pb	45 ~ 80	15 ~ 20	5 ~ 40
Au	95	2	3	Sb	60 ~ 70	5 ~ 35	5 ~ 25
As	15 ~ 40	5 ~ 25	35 ~ 80	Se	85	5 ~ 15	0 ~ 5
Bi	30 ~ 75	5 ~ 30	15 ~ 65	Te	60 ~ 80	10 ~ 30	0 ~ 13
Cd	20 ~ 40	5 ~ 35	25 ~ 60	Zn	30 ~ 50	50 ~ 60	5 ~ 15
Co	45 ~ 55	45 ~ 55	0 ~ 5				

2）技术特点

① 技术成熟，装备及控制水平高，生产能力大，是目前唯一经工业验证单炉满足年产 40 万 t 铜生产的造锍熔炼技术。

② 炉子寿命长达 10 ~ 15 年。

③ 炉体密封，烟气量小，烟气 SO_2 浓度高。余热及烟尘回收、烟气净化和制酸系统投资较小。

④ 能在高富氧、高铜锍品位下操作，实现完全自热（取决于富氧浓度及铜精矿成分）熔炼，能耗低。

⑤ 渣、铜沉淀分离条件较好，渣含铜较低。

⑥ 与熔池熔炼技术比较，烟尘率偏高。此外，也不能处理块状物料。

⑦ 只能处理干燥（含水小于 0.3%）的细物料（75 μm 左右），与熔池熔炼技术比较，炉料需采用蒸汽干燥机等干燥。但从能耗角度而言，炉外干燥较炉内水分蒸发有利。

3）主要技术经济指标

① 富氧空气：常温，含 O_2 60% ~ 90%；

② 铜锍品位：60% ~ 74%；

③ 炉渣 $m(Fe)/m(SiO_2)$：1 ~ 1.5；

④ 炉渣含铜：闪速炉渣 1% ~ 2%，电炉贫化后 0.5% ~ 1.0%；

⑤ 反应塔热负荷：1600 ~ 1700 MJ/($m^3 \cdot h$)［最高 2300 MJ/($m^3 \cdot h$)］；

⑥ 烟气 SO_2 浓度：30% ~ 40%；

⑦ 烟尘率：4% ~ 8%。

4）国内应用厂家及产能

图 3 – 8 为奥图泰闪速熔炼技术发展情况。1946 年，芬兰奥托昆普公司开始

研发闪速熔炼技术。1949 年，该公司下属哈贾瓦尔塔厂由于电力紧张，采用闪速炉取代电炉炼铜，标志着奥图泰闪速熔炼技术工业应用的成功。1954 年，日本古河公司获得授权应用奥图泰闪速熔炼技术炼铜，此后，日本东予、小坂、佐贺关、玉野等铜厂均采用该技术。1970 年，哈贾瓦尔塔厂闪速炉开始应用富氧，自此，奥图泰闪速熔炼开始由热风常氧向冷风富氧转变，相应的喷嘴也由文丘里型 4 个喷嘴改进为中央扩散型单一喷嘴。

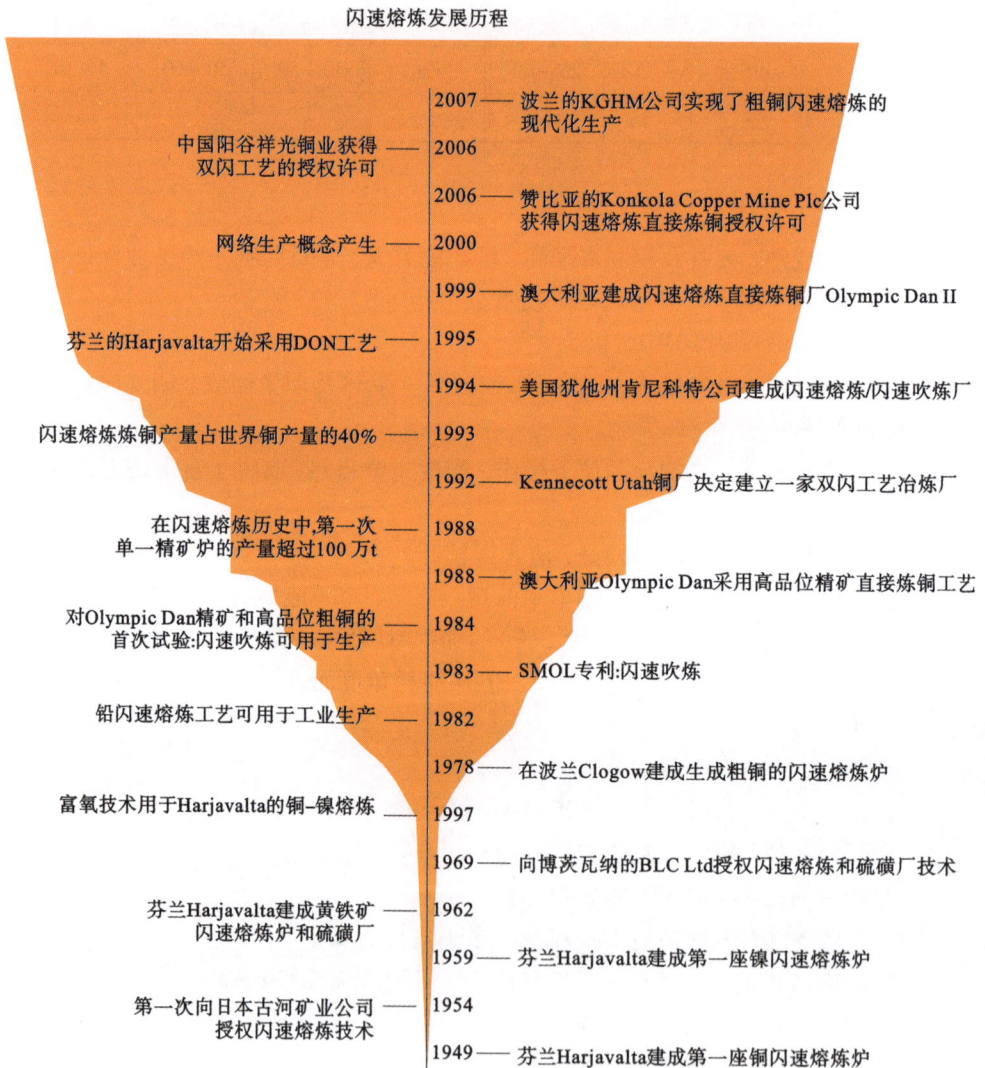

闪速熔炼发展历程

	2007	波兰的KGHM公司实现了粗铜闪速熔炼的现代化生产
中国阳谷祥光铜业获得双闪工艺的授权许可	2006	
	2006	赞比亚的Konkola Copper Mine Plc公司获得闪速熔炼直接炼铜授权许可
网络生产概念产生	2000	
	1999	澳大利亚建成闪速熔炼直接炼铜厂Olympic Dan II
芬兰的Harjavalta开始采用DON工艺	1995	
	1994	美国犹他州肯尼科特公司建成闪速熔炼/闪速吹炼厂
闪速熔炼炼铜产量占世界铜产量的40%	1993	
	1992	Kennecott Utah铜厂决定建立一家双闪工艺冶炼厂
在闪速熔炼历史中,第一次单一精矿炉的产量超过100 万t	1988	
	1988	澳大利亚Olympic Dan采用高品位精矿直接炼铜工艺
对Olympic Dan精矿和高品位粗铜的首次试验:闪速吹炼可用于生产	1984	
	1983	SMOL专利:闪速吹炼
铅闪速熔炼工艺可用于工业生产	1982	
	1978	在波兰Clogow建成生成粗铜的闪速熔炼炉
富氧技术用于Harjavalta的铜-镍熔炼	1997	
	1969	向博茨瓦纳的BLC Ltd授权闪速熔炼和硫磺厂技术
芬兰Harjavalta建成黄铁矿闪速熔炼炉和硫磺厂	1962	
	1959	芬兰Harjavalta建成第一座镍闪速熔炼炉
第一次向日本古河矿业公司授权闪速熔炼技术	1954	
	1949	芬兰Harjavalta建成第一座铜闪速熔炼炉

图 3-8　奥图泰闪速熔炼技术发展情况

1985 年年底，我国以日本东予厂为样板，全套引进该技术建成江西铜业公司贵溪冶炼厂，当时闪速炉产能为年产 7 万 t 铜。1978 年，闪速炉熔炼低铁铜精矿直接生产粗铜技术在波兰 Glogow Ⅱ厂投入工业应用，此后，又相继在澳大利亚和赞比亚建成两座同类工厂。1988 年，美国 Magma 公司铜厂首次实现单一喷嘴年处理 100 万 t 铜精矿。1995 年，美国肯尼科特铜公司 Garfield 炼铜厂，为适应当地严格的环保要求，采用双闪法技术取代诺兰达炉熔炼—P－S 转炉吹炼，肯尼科特－奥图泰闪速吹炼技术问世。

目前，全球有 30 余座奥图泰闪速炉用于铜造锍熔炼和吹炼，该技术生产的铜，约占总量的 50%。图 3－9 所示为奥图泰闪速熔炼技术全球应用情况。

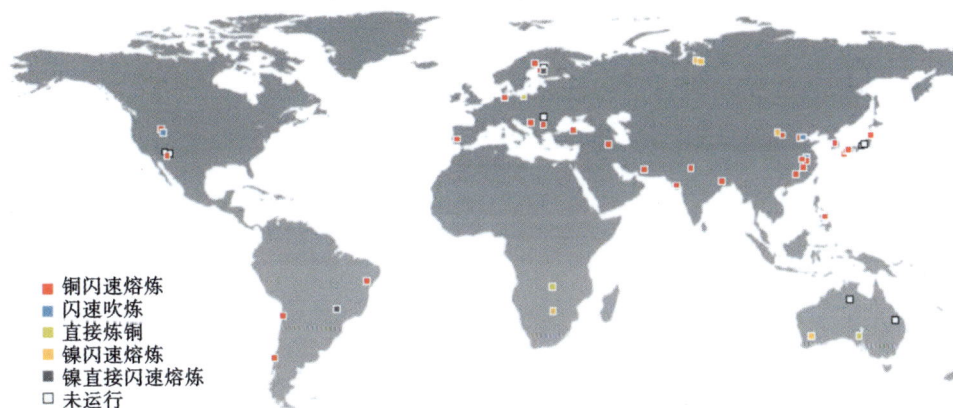

- 铜闪速熔炼
- 闪速吹炼
- 直接炼铜
- 镍闪速熔炼
- 镍直接闪速熔炼
- 未运行

图 3－9　奥图泰闪速熔炼技术在全球应用情况

奥图泰闪速熔炼技术在我国得到广泛应用，如表 3－5 所示。目前，我国共有 11 座奥图泰闪速炉用于炼铜，其中熔炼炉 8 座，吹炼炉 3 座，年产能达到约 265 万 t 铜。此外，江西铜业公司规划在山东烟台建设一座大型双闪法炼铜厂。

表 3－5　奥图泰闪速熔炼技术在中国的应用情况

序号	公司名称	发展历程	产能 /(万 t·a^{-1})
1	江铜贵溪冶炼厂 1 号炉	国家"六五"期间 22 个成套引进项目之一，1985 年建成投产，初期采用热风 4 个文丘里喷嘴技术，产能 7 万 t/a，经多期技术改造，现采用常温富氧中央扩散型单喷嘴技术	35
2	铜陵金隆铜业公司	初期产能 15 万 t/a，后扩建至 35 万 t/a。1997 年建成投产	35

续表 3 - 5

序号	公司名称	发展历程	产能/(万 t·a^{-1})
3	金川有色金属公司	采用沉淀池与贫化电炉一体化炉型(合成炉)。日本玉野采用此炉型。2005 年投产	20
4	江铜贵溪冶炼厂 2 号炉	2007 年投产	35
5	山东祥光铜业公司	我国第 1 家,世界第 2 家采用"双闪"工艺的铜厂,一期规模 20 万 t/a,2007 年投产	40
6	紫金铜业	2011 年投产	20
7	铜陵金冠铜业公司	我国第 2 家,世界第 3 家采用"双闪"工艺的铜厂,闪速熔炼炉规格 ϕ7 m × 7.93 m,年产 40 万 t,2012 年投产	40
8	广西金川公司	我国第 3 家,世界第 4 家"双闪"工艺铜厂,年产 40 万 t 铜,2013 年投产	40

5)总体评价

奥图泰闪速熔炼技术自问世以来,历经 60 余年发展,在造锍熔炼方面得到了最广泛的应用,其产量占全球冶炼矿铜产量的 50%,在中国年产能达 265 万 t 铜。其单炉处理低铁铜精矿一步炼铜、闪速炉连续吹炼,也已发展为较为成熟的技术,正在推广应用中。总体而言,奥图泰闪速熔炼技术具有以下特点:①技术成熟。是世界上唯一一经工业应用证实,可用于建造单套系统年产 40 万 t 铜炼铜厂的技术。②装备及控制水平高,炉体寿命长。③在减少 SO$_2$ 排放方面,处于领先水平;在节能方面,也处于先进水平。④对铜精矿要求较高,烟尘率偏高,投资稍大,是其不足的方面。

(2) INCO 闪速熔炼

1)方法简介

INCO 闪速炉及其精矿喷枪示意图分别如图 3 - 10、图 3 - 11 所示。INCO 闪速炉主体呈长方体,烟道位于炉体中央,炉体用镁砖和铬镁砖砌筑,两端及侧面炉墙内嵌有铜水套,炉体寿命为 5 ~ 6 年。喷枪共 4 支,对称配置于炉体两端。铜锍口及渣口分别设于炉子侧面和两端。炉子一端设有钢制溜槽,用于转炉渣的加入。

喷嘴为不锈钢材质,炉料出口部分衬耐磨陶瓷。喷嘴与炉墙接触部分,设置有冷却水套。喷嘴向下和向炉体中心线均倾斜 7°,以使熔炼熔体及"火焰"喷射在沉淀池渣面上。喷枪出口速度为 40 m/s。

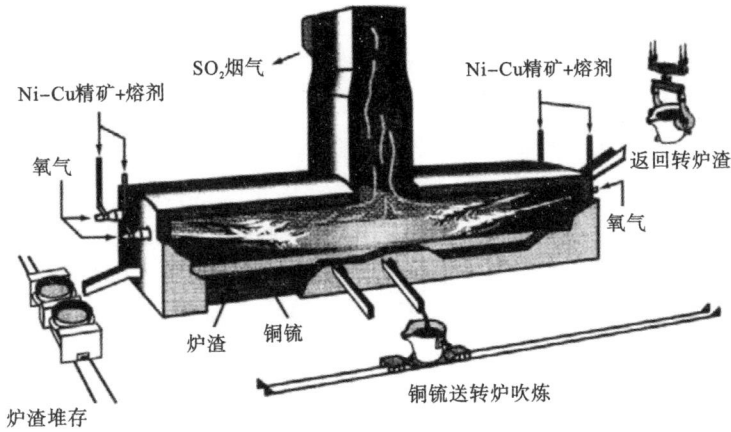

图 3 - 10　INCO 闪速炉示意图

　　含水约 10% 的炉料(精矿、熔剂、烟尘等)在采用天然气加热的流态化床干燥窑中干燥至含水 0.2%。用工业纯氧将炉料喷射进入炉内,在 1200℃ 高温、接近纯氧气氛下发生熔炼过程物理化学变化,生成铜锍、炉渣及烟气。铜锍及炉渣熔体在沉淀池内分离,渣层厚 0.5 m,铜锍层厚 0.2 ~ 1 m。铜锍及炉渣从炉内间断排出。炉渣含铜 1% ~ 2%,直接或贫化后水淬弃掉。铜锍采用钢包输运至转炉吹炼。烟气通过中央烟道排出,中央烟道中送入少量氧,使烟气中元素硫燃烧。INCO 炉未设余热锅炉,烟气采用喷水冷却降温后,再净化、制酸。

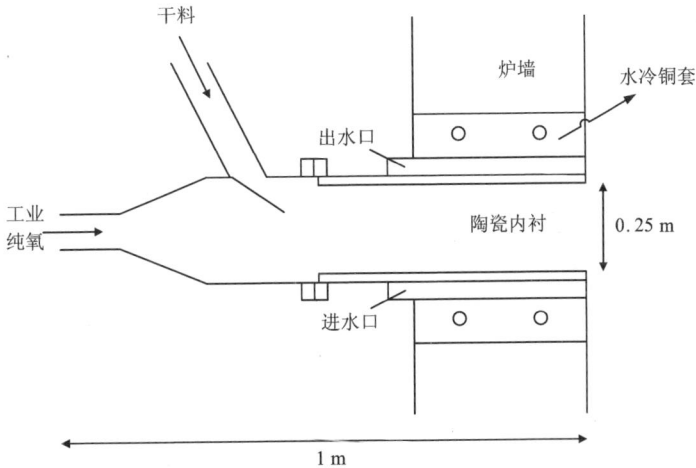

图 3 - 11　INCO 闪速炉喷枪示意图

2）技术特点

① 采用工业纯氧，入炉及出炉气体量小，气体输送及处理费用较低。

② 铜锍品位控制在 50% 左右时，渣含铜小于 1%，可以直接弃掉。

③ 由于烟气量小，烟气带走的热量较少，炉子可在控制较低铜锍品位下实现自热。

④ 烟气余热未回收，综合能耗高于奥图泰闪速熔炼。

⑤ 技术改进及推广不及奥图泰闪速熔炼技术，应用呈逐步减少趋势。

3）主要技术指标

① 富氧浓度：常温，含 O_2 95%（工业纯氧）；

② 铜锍品位：50%；

③ 炉渣 $m(\mathrm{Fe})/m(\mathrm{SiO_2})$：1～1.5；

④ 炉渣含铜：1%；

⑤ 烟气 SO_2 浓度：70%～80%；

⑥ 烟尘率：5%。

4）国内外应用情况

20 世纪 50 年代由加拿大国际镍公司（INCO）研发并投入工业应用。目前有 4 座炉子在运转，分别是：乌兹别克斯坦的阿尔马雷克（Almalyk）公司 1 座（铜冶炼）、美国亚利桑那州海登（Hayden）冶炼厂 1 座（铜冶炼）、加拿大安大略省萨德伯里（Sudbury）2 座（处理镍铜钴混合矿生产 45% 的 Ni - Cu - Co 锍）。INCO 闪速熔炼技术推广很慢，在与奥图泰闪速熔炼技术竞争中处于劣势，INCO 闪速熔炼技术在亚洲、欧洲均未得到应用。

5）总体评价

INCO 闪速熔炼是世界上第 2 种实现工业化应用的闪速熔炼法，是火法炼铜中第一种应用 O_2 的方法，也是目前唯一使用工业纯氧的熔炼方法。INCO 闪速熔炼的优点在于其使用工业纯氧，送风及烟气处理系统均较小，烟气 SO_2 浓度高，烟气处理、制酸投资及运行费用较低。此外，在铜锍品位 50% 的条件下，其渣含铜在 1% 左右，可直接弃掉。但随铜价上涨，弃渣含铜应进一步降低。

与奥图泰闪速熔炼比较，INCO 闪速熔炼技术推广很慢。奥图泰闪速熔炼技术的优势为：①生产能力大，单炉精矿处理量为 INCO 闪速熔炼的 2 倍以上。②奥图泰闪速熔炼采用单一喷嘴，而 INCO 有 4 个喷嘴。③INCO 高温烟气直接喷水冷却，余热未回收，因此工艺能耗偏高。④在工程技术支持及对技术的后续研发改进等方面，INCO 闪速熔炼技术不及奥图泰闪速熔炼技术。

（3）诺兰达法

1）方法简介

诺兰达炉示意图见图 3 - 12，图 3 - 13 是诺兰达炉配套使用的加斯佩捅风口机示意图。诺兰达炉为圆柱形卧式转炉,规格为直径 5 m,长 21～26 m,外壳由厚 0.1 m 的钼钢板制作,内衬 0.5 m 厚铬镁砖。铜锍层厚度 1 m 左右,渣层厚度 0.3～0.6 m。诺兰达炉有 54～66 个直径为 5～6 cm 的浸没风口,诺兰达炉风口易堵塞,采用加斯佩捅风口机或人工用钢钎捅风口。

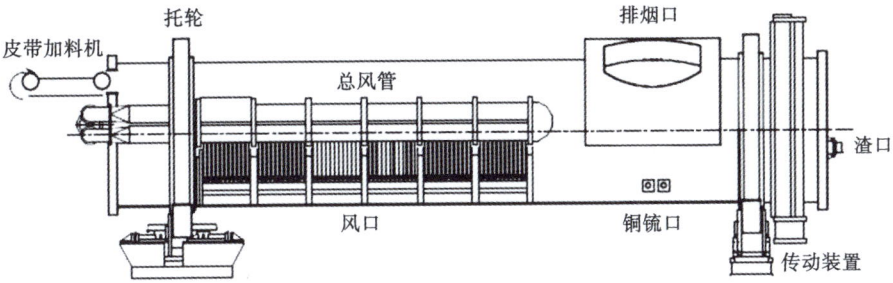

图 3-12　诺兰达炉示意图

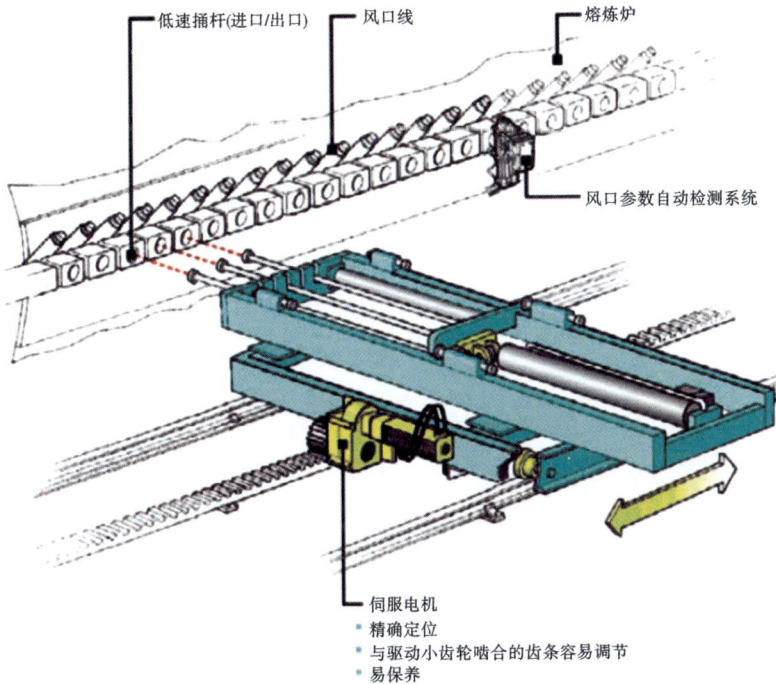

图 3-13　诺兰达炉使用的加斯佩捅风口机

含水约 8% 的湿炉料从炉子一端的加料口通过加料皮带加入炉内,也可通过特制的风口，将干精矿喷进炉内熔体中。通过风口将含 O_2 40%、表压为 0.16 MPa的富氧空气连续鼓入炉内铜锍层中。烟气通过炉口烟罩进入余热回收及收尘系统。铜锍和炉渣间断从炉内排出。应尽可能维持熔体高度稳定。渣含 Cu 6% ~ 10%，其中70%为机械夹杂，其余为化学溶解。采用缓冷—浮选法回收铜。铜锍品位为71% ~ 74%，用 P - S 转炉吹炼为粗铜。

熔体温度采用光学高温计测量（两个风口、渣流），控制在1240 ± 20℃，通过调节富氧浓度或辅助燃料量控制。炉渣和铜锍成分采用现场 XRF 分析，取样后 15 ~ 120 min 可得结果。炉渣成分通过熔剂量调节，$m(Fe)/m(SiO_2)$ 为 1.54。渣中 Fe_3O_4 15% ~ 20%，结合炉温控制，可适当形成 Fe_3O_4 沉积保护炉衬。铜锍品位通过控制料/O_2 比调节。强烈的搅动使得 Fe_3O_4 溶解和悬浮在炉渣中，避免其过度沉积形成炉结和铜锍与炉渣间黏稠状隔层。这是诺兰达炉能在高 $m(Fe)/m(SiO_2)$ 高铜锍品位条件下操作的原因。熔体深度采用插钢钎方法测定。铜锍层高度控制在风口上 0.5 m，以保证 O_2 利用率，渣层和铜锍层厚度，均尽可能控制稳定。图 3 - 14 为诺兰达炉通过风口的红外测温装置。

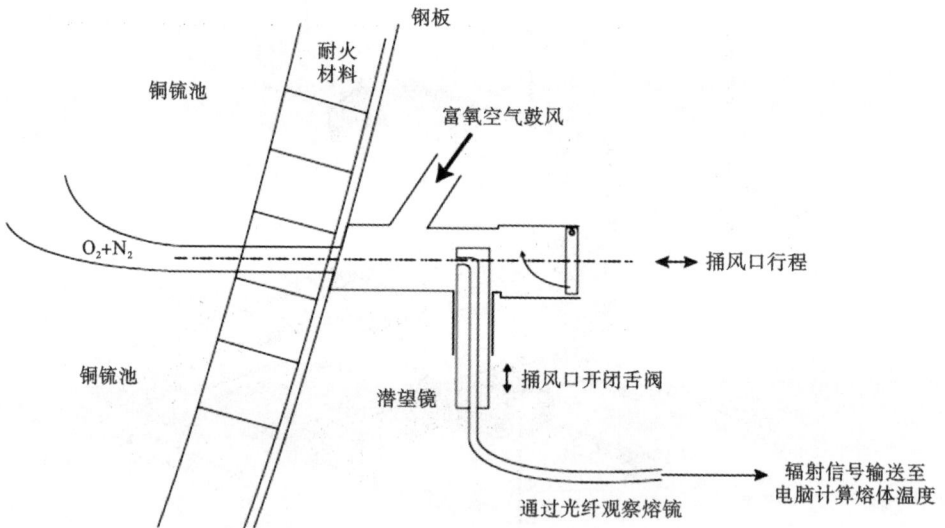

图 3 - 14 诺兰达炉通过风口的红外测温装置

表 3 - 6 为诺兰达造锍熔炼生产过程中元素的分配行为。表中数据表明，该法对 As、Sb、Bi、Pb 和 Zn 等有害杂质，均有较好的脱除效果。

表 3 - 6　诺兰达炉造锍熔炼生产中元素的分配行为

元素	铜锍/%	渣/%	烟气/%
As	8	12	80
Bi	9	12	79
Ni	77	22	1
Pb	13	13	74
Sb	15	31	54
Zn	6	84	10

2）技术特点

① 炉料适应性强，可大量处理废杂料。

② 生产 71% ~74% 高品位铜锍，炉渣 $m(Fe)/m(SiO_2)$ 为 1.54，在此条件下，可使 Fe_3O_4 适当过饱和析出，以保护炉衬，而由于熔体强烈搅动，促进 Fe_3O_4 溶解或悬浮于炉渣中，不会过度沉积在炉衬上形成炉结或在炉渣与铜锍层间形成黏稠隔膜层。

③ 炉体中未大量使用铜水套，有利于炉子的热平衡与节能。

④ 属过渡性技术。在能耗及 SO_2 排放方面，均不居领先地位。没有 20 万 t/a 以上工厂实际运行经验，不宜用其建大型铜厂。

⑤ 炉子寿命较短，仅 1 ~2 年；风口区耐火砖易损坏，但由于其设计为易于拆卸型，炉子无需降温可直接更换。

⑥ 富氧浓度较低，仅 40%。受炉体结构及反应动力学控制难以进一步提高。

⑦ 渣含铜较高，达 6% ~10%，积存金属量大。

⑧ 炉体需要转动，烟气出口不能严格密封，车间 SO_2 污染较大。

3）主要技术指标

① 富氧浓度：常温，含 O_2 40%；

② 铜锍品位：71% ~74%；

③ 炉渣 $m(Fe)/m(SiO_2)$：1.25 ~1.67；

④ 炉渣含铜：6% ~8%；

⑤ 烟气 SO_2 浓度（炉口）：20% 左右；

⑥ 烟尘率：<1%。

4）国内外应用情况

由加拿大诺兰达公司研发，属侧吹熔池熔炼。1964 年开始研发，1973—1975 年间，以黄铜矿型铜精矿为原料，在单一炉内一步冶炼粗铜，存在渣含铜高、炉子寿命短、操作困难、粗铜锍及杂质含量高等问题,1975 年后转为生产高品位铜锍。20 世纪 80—90 年代得到推广,但近年来应用趋于减少,目前仅有 2 座炉子在运行。1 座在加拿大诺兰达公司,1 座在智利 Altonorte 公司。大冶有色集团 20 世纪 90 年代初引进该应用,是我国引进的第二种炼铜技术。目前,大冶有色集团已另建澳斯麦特炉取代诺兰达炉。

5)总体评价

20 世纪 70 年代是熔池熔炼技术大发展的时期,诺兰达法、三菱法、瓦纽科夫法、白银法等先后问世。诺兰达法连续炼铜的尝试,虽然最终未得到工业应用,但从其失败中得到的启示以及在其发展过程中积累的大量研究结果都对铜冶炼技术的进步起到了极大的促进作用。诺兰达法生产高品位铜锍,虽然在 20 世纪 70—80 年代得到较大推广,但随后大部分又逐步被淘汰,事实证明,诺兰达法是一种过渡型技术,其存在的问题为:①由于炉型结构限制,富氧浓度不能提高,仅为 40% 左右。相对而言,其烟气量比较大,不利于炉子热平衡,导致烟气处理系统投资大,运行成本高。②炉体寿命比较短,仅 1～2 年。③渣含铜高,生产系统积存金属量大。

(4)特尼恩特法

1)方法简介

图 3-15 为特尼恩特炉示意图。其为卧式转炉,侧吹熔池熔炼,与诺兰达炉非常相似,炉长 14～23 m,直径 4～5 m,外壳为 0.05 m 厚钢板,内衬 0.5 m 厚铬镁砖。在 65% 炉长上,配置有 30～50 个直径为 5～6 cm 的风口,其余 35% 为熔体沉淀区。

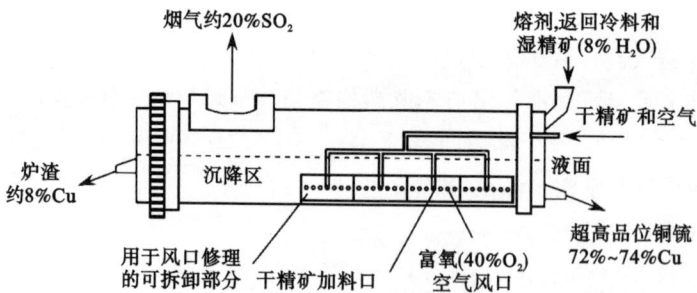

图 3-15　特尼恩特炉示意图

干精矿通过 4～6 个专用风口喷入炉内,熔剂、返料及湿精矿等通过炉子风口区端面上的加料斗加入炉内炉渣和铜锍表面,通过风口鼓入的常温富氧空气(40% O_2)进入铜锍熔体中。在气体搅动下,熔炼反应在气、液、固乳状体中发生。间断排渣和铜锍。高品位铜锍(含 Cu 72% ~74%)送转炉吹炼,渣含铜8%,送特尼恩特渣贫化炉或电炉贫化。烟气 SO_2 浓度20%,回收余热、收尘净化后制酸。特尼恩特法生产过程控制与诺兰达法完全相同。

2)技术特点

① 对炉料适应性强。

② 与诺兰达法大致相同,属过渡性技术。

③ 风口区耐火砖易损坏,炉子寿命较短。

④ 富氧浓度较低。

⑤ 渣含铜较高,系统积存铜量较大。

⑥ 自动控制水平不高。

⑦ 炉体需要转动,烟气出口不能严格密封,车间 SO_2 污染较大。

3)主要技术指标

① 富氧浓度:常温,含 O_2 40% ;

② 铜锍品位:71% ~74% ;

③ 炉渣 $m(Fe)/m(SiO_2)$:1.47 ~1.75 ;

④ 炉渣含铜:6% ~10% ;

⑤ 烟气 SO_2 浓度(炉口):25%左右;

⑥ 烟尘率:<1% 。

4)国内外应用情况

特尼恩特法是从转炉吹炼铜精矿发展起来的技术。1977 年在智利卡勒托内斯冶炼厂得到工业应用。最初为反射炉、特尼恩特炉和转炉联合组成的生产系统,产出粗铜。部分精矿采用反射炉熔炼,产出 40% 铜锍,加入特尼恩特炉内,进一步加入干精矿和湿精矿,采用富氧空气侧吹,产出 72% ~74% 铜锍,送入转炉吹炼成粗铜。现在,反射炉已淘汰,特尼恩特炉单独处理铜精矿,生产高品位铜锍送 P - S 转炉吹炼。该法在智利得到广泛应用,目前,智利有 5 座特尼恩特炉运转,年产铜约 70 万 t。在其他国家推广较少,我国目前没有特尼恩特炉。

5)总体评价

特尼恩特法在其发展历程中,或许是受到在其前几年问世的诺兰达法方案的启发,这两种方法在许多方面都大致相同。与诺兰达法一样,属过渡性技术,主要问题为:①由于受炉体结构限制,富氧浓度难以提高;②炉衬寿命较短;③渣含铜偏高,铜直收率偏低;④低浓度 SO_2 无组织排放难以解决,车间环境差,SO_2 捕集率难以满足日趋严格的环保要求。

(5)白银法

1)方法简介

白银法是中国白银有色金属公司等单位联合研发的一种较为先进的熔池熔炼

技术。在其问世以来30余年的发展历程中，历经单室炉、双室炉、改进双室炉、空气熔炼和富氧熔炼等而不断完善。

图3-16为单室白银炉示意图。由图可见，白银炉"脱胎"于反射炉。单室炉分为熔炼区和沉淀区，两区之间有一矮墙隔开，以减轻熔炼区鼓风搅动对沉淀区渣、锍分离的扰动。两区气相及熔体均是连通的。熔炼区两侧炉墙设有风口，向熔池中鼓风，提高熔炼强度和烟气 SO_2 浓度，降低能耗。

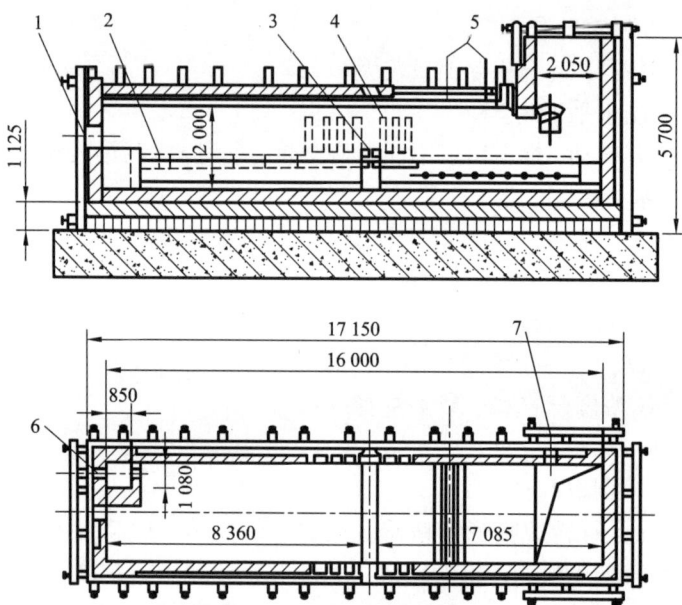

图 3 - 16 单室白银炉

1—燃烧口；2—渣口；3—隔墙；4—中部燃烧口；5—加料口；6—铜锍口；7—转炉渣入口

双室白银炉示意图见图3-17。其主要改进就是采用全高隔墙，将熔炼区与沉淀区隔开，使其气相完全隔断，熔体通过隔墙下部孔洞连通。两区烟气独立设置烟道。这种炉型对降低渣含铜有利。

近年来，白银公司与中国瑞林工程技术有限公司合作，对双室白银炉进行了改进，如图3-18所示。主要改进点为：① 倾斜式炉墙，以减少熔体对炉墙的冲刷，防止炉墙坍塌；②密闭式熔池炉墙，以维护炉体的整体性、密闭性，减少漏风和炉体散热，改善作业环境，使白银炉的外观得到美化；③炉体框架刚性连接，以增强炉体的稳定性和安全性；④拱吊结合的炉顶结构，使拱顶砖在膨胀时自动调节，保证拱顶的强度和拱顶的密闭性；⑤优化水冷元件的设置，在重要部位、易损部位增加冷却强度；⑥风口区新型结构，防止炉子升温后风口位移变形过

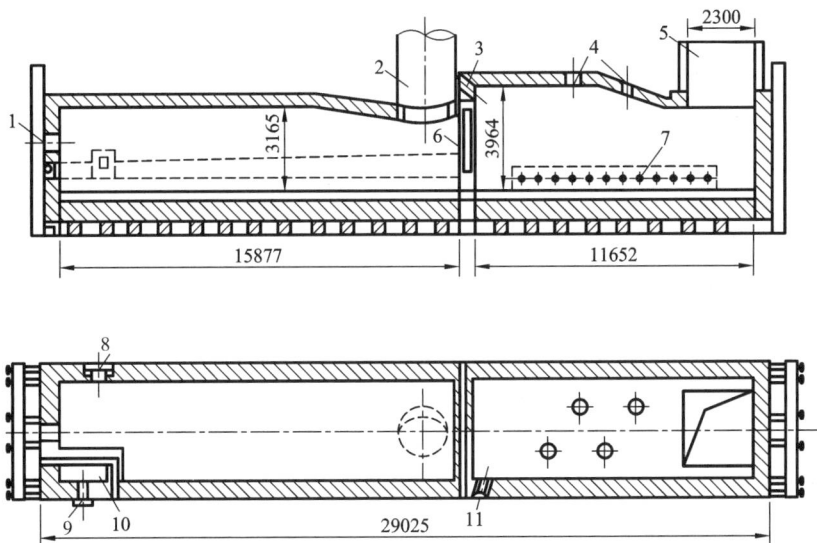

图 3-17　双室白银炉示意图

1—燃烧口；2—沉淀区烟道；3—中部燃烧口；4—加料口；5—熔炼区直升烟道；6—隔墙；7—风口；
8—渣口；9—铜锍口；10—内虹吸池；11—转炉渣返入口

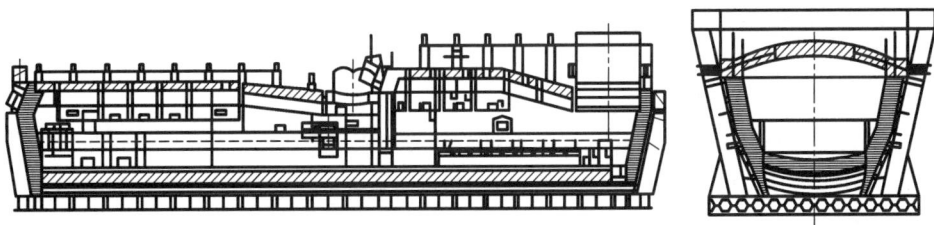

图 3-18　改进双室白银炉示意图

大，为实现机械捅风眼作业创造条件；⑦针对炉体各部位使用特点，对应选用优质耐火材料。改进后提高了产能，目前单台 100 m² 白银炉年产能达 10 万 t 铜；延长了炉龄，达到 24 个月，改善了车间环境。

白银炼铜法最早为空气熔炼，1988 年开始富氧熔炼，目前富氧浓度为 45% ~ 55%。白银炼铜法生产过程为：将炉料(含水 7% ~ 8%，容许有少量小于 30 mm 大块)通过炉顶加料口加入熔炼区熔池中。将富氧空气通过熔炼区两侧风口喷入铜锍层内，搅动熔体使之发生造锍熔炼物理化学过程。熔炼区与沉淀区有隔墙隔开，隔墙下部有连通孔，熔炼区生成的熔体进入沉淀区沉淀分离，铜锍与炉渣间断排出。熔炼区和沉淀区分设烟道。熔炼区烟气 SO_2 含量约 20%，回收余热及收尘后净化制酸，沉淀区烟气含 $SO_2 0.5\%$，回收余热及收尘后排放。

2）技术特点

① 对炉料适应性强。铜精矿含铜可低至 16%。

② 备料系统简单，含水小于 10%，混有少量粗料（<30 mm）可直接入炉。

③ 对燃料无特殊要求，粉煤、重油和天然气均可使用。

④ 使用富氧后，烟气 SO_2 浓度较高，可"双转双吸"制酸。

⑤ 转炉渣可直接加入炉内贫化。

⑥ 炉渣与铜锍沉淀分离条件较好，渣含铜较低。但在富氧、提高铜锍品位条件下，仍难以直接产出弃渣。

⑦ 基建费用比较低，综合投资较小。

⑧ 风口区耐火砖易损坏，炉子寿命较短，改进后也仅为 24 个月。

⑨ 富氧浓度较低。

⑩ 自动控制水平不高，属"经验"操作性技术。

3）主要技术指标

① 床能力：38.8 $t/(m^2 \cdot d)$；

② 富氧浓度：45%～55%；

③ 铜锍品位：50%～55%；

④ 渣含铜：0.7%～1%；

⑤ 烟气 SO_2 浓度（炉出口）：20%～22%；

⑥ 烟尘率：2.5%～3%。

4）国内外应用情况

20 世纪 70 年代由我国白银有色金属公司及其他单位联合研发，1979 年正式命名为白银炼铜法，是一种反射炉的改良技术，属双侧吹熔池熔炼。白银炉的改进主要体现在：①由单室炉改为双室炉（103 m^2，氧化熔炼区和炉渣贫化区分开）；②由空气熔炼改为富氧熔炼；③近年来，白银公司与中国瑞林工程技术有限公司合作，对白银炉体结构等进行了改进，提高了产能[目前为 10 万 $t/$（炉·年）]，延长了炉龄，改善了车间环境。目前白银公司有 2 台 100 m^2 白银炉在运转，粗铜产能20 万 t。白银炼铜法在国内其他单位及国外均未得到推广应用。

5）总体评价

白银炼铜法最初是在中国技术经济水平较低，与国外交流基本隔绝的条件下发展起来的，是中国炼铜技术发展道路上很了不起的成就，其基本技术构思完全符合先进熔池熔炼技术的发展方向。但限于当时中国工业综合技术水平较低，在装备及控制水平上与国外先进水平差距较大，在技术的完善上，时间跨度较长，因此，长期以来仅在白银公司应用，在国内外均未得到推广，错过了发展成为一种主流炼铜方法的时机。此外，与同类型的炼铜技术如瓦纽科夫法比较，白银炼铜法在很多指标上还存在差距,但投资较低是其优势。

(6)瓦纽科夫法

1)方法简介

瓦纽科夫炉如图 3-19 所示,为固定式双侧吹炉型。其炉缸为耐火材料,炉身与熔体接触部分为铜水套,上部为钢水套;风口置于上部渣层,渣与锍在炉缸中、下部沉淀分离。与其他熔池熔炼方法比较,瓦纽科夫炉的特色为深熔池、熔炼区和渣锍沉淀分离区为垂直配置。

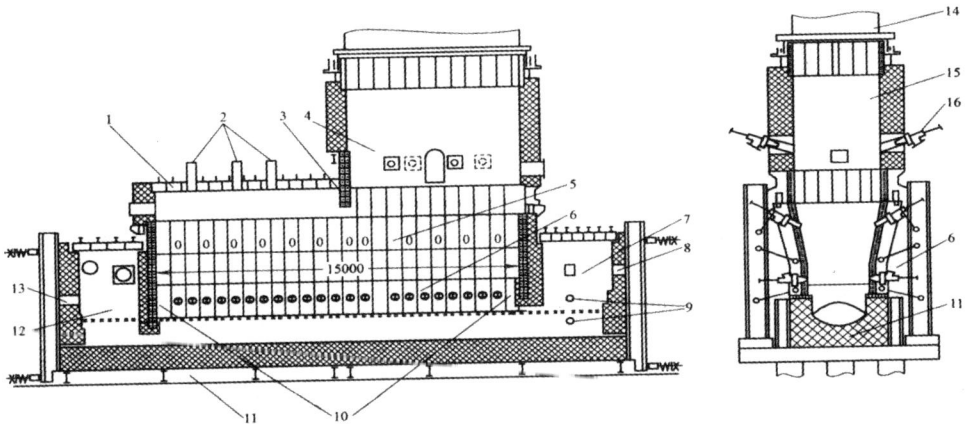

图 3-19 瓦纽科夫炉示意图

1—炉顶;2—加料装置;3—隔墙;4—上升烟道;5—水套;6—风口;7—带溢流口的渣虹吸道;8—渣虹吸口临界放出口;9—高速放出熔体的放出口;10—水冷区底部端墙;11—炉钢;12—带溢流口的铜锍虹吸;13—铜锍虹吸临界放出口;14—余热锅炉;15—二次燃烧室;16—二次燃烧风口

炉料(含水 7% ~8%,允许有少量小于 30 mm 大块)通过炉顶加料口加入熔池中。风口位于渣面下 0.5 m,富氧空气(含 O_2 50% ~90%)通过两侧风口喷入渣层内,搅动熔体发生造锍熔炼物理化学过程。炉渣对铜水套侵蚀性小且可挂渣保护,炉子寿命长。深熔池是瓦纽科夫炉的特征,熔体高度达 2.3 m,熔炼区与渣、锍沉淀区垂直配置,渣锍在熔池中、下部沉淀分离,分别从两端虹吸排出,可以间断或连续排放渣和锍。铜锍品位 50% ~74%,炉渣含铜 0.7% ~2%。烟尘率小于 1%,烟气含 SO_2 25% ~40%。烟气经余热回收、收尘及净化后制酸。

2)技术特点

① 对炉料适应性强。备料系统简单,含水量小于 10%,混有少量粗料(<20 mm)可直接入炉,补充燃料为无烟煤、烟煤、焦粉、天然气。燃煤无需加工可直接配入炉料入炉。

② 炉体密封性好，加料口无外溢烟气，操作环境好。

③ 无捅风口作业，放渣和铜锍连续，劳动强度低。

④ 熔炼强度大，烟尘率低。

⑤ 铜回收率和硫捕集率高，能耗低。

⑥ 炉渣与铜锍沉淀分离条件较好，渣含铜较低。

⑦ 基建费用比较低，综合投资较小。

⑧ 炉子寿命长，达2～5年。

3）主要技术指标

① 富氧浓度：60%～90%；

② 铜锍品位：45%～74%；

③ 渣含铜：0.7%～2%；

④ 烟气SO_2浓度（炉出口）：25%～40%；

⑤ 烟尘率：<1%。

4）国内外应用情况

瓦纽科夫法属双侧吹熔池熔炼。1949年由苏联瓦纽科夫教授发明，1977年在诺里尔斯克，20 m² 炉子实现工业化。1985年哈萨克斯坦巴尔哈什厂建成35 m² 炉子成功投产。1995年，中乌拉尔厂一座改型的瓦纽科夫炉投产。现俄罗斯3家工厂有6座瓦纽科夫炉在运行。作为优良的高温反应器，适应于其他高温反应过程，包括炼铁（Romelt）和垃圾焚烧。2000年以来，我国逐步掌握该技术，用于炼铅（氧化、还原）、炼铜等方面。在我国又称为"金峰炉""侧吹炉""双侧吹熔池熔炼炉"等。目前我国至少有3座炉子正常用于铜造锍熔炼（金峰、富邦、和鼎），年产能约30万t粗铜。

5）总体评价

瓦纽科夫法是先进的熔池熔炼方法之一，其突出优点为：①熔炼强度高，达到60～80 t炉料/（m²·d）；②炉子寿命长，达到4～5年；③渣含铜低，铜锍品位为45%时，渣含铜0.7%，铜锍品位为74%时，渣含铜2%；富氧浓度高（60%～90% O_2）；④炉体固定、密封好，SO_2无组织排放量低。目前，这一方法在中国正迅速推广应用。

（7）底吹炉（水口山炼铜法）

1）方法简介

图3-20为底吹炉示意图。其为卧式转动圆筒形炉，外壳为16MnR钢板，两端采用封头形式，弧形，与筒体焊接，内衬优质铬镁砖。熔体及烟气出口有水套保护。氧枪砖结构及材质特殊。熔炼区下部配置2排共9根氧枪。加料口在炉子顶部与氧枪对应位置，其中心线在两排氧枪中心线中央。图3-20所示尺寸的底吹炉，年产能约10万t铜。

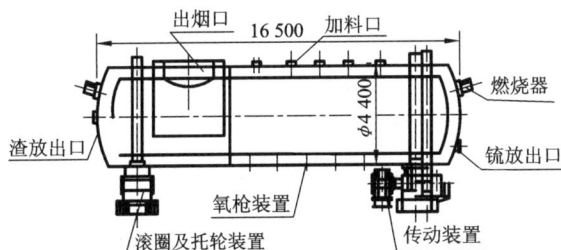

图 3 - 20　底吹炉示意图

图 3 - 21 为山东方圆铜业公司底吹炉示意图。该炉共 9 支氧枪，直径分别为
48 mm 和 60 mm，安装在反应区下部，同时工作。分两排成 15°夹角配置，下排成
7°，5 支氧枪，上排呈 22°，4 支氧枪。放渣层熔体高度 1100 mm，铜锍层高度
650 ~ 800 mm。底吹炉在氧枪结构、配置方式上，还有待进一步完善，配置不当，
会导致熔体喷溅堵塞下料口、熔体冲刷损坏炉壁、氧枪蘑菇头异常生长，使熔体
流向紊乱。

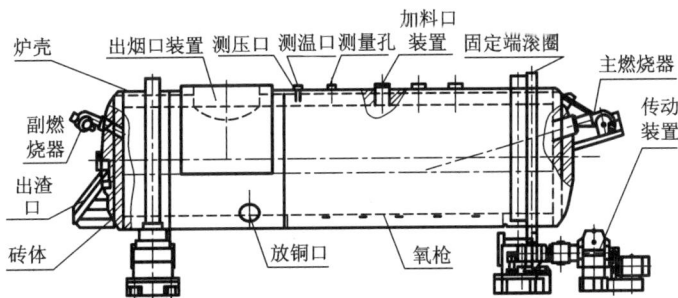

图 3 - 21　山东方圆铜业公司底吹炉示意图

图 3 - 22 为山东恒邦铜业公司底吹炉示意图。该炉 6 支氧枪，直径 75 mm，
5 用 1 备，安装在反应区正下方，呈 0°单排直线排列。放渣口熔体高度 1250 mm，
铜锍面 800 ~ 950 mm。沉淀区的长度是底吹炉设计的关键之一。沉淀区过长，热
平衡难以维持；过短，渣、锍分离条件差，渣含铜偏高。目前富氧底吹造锍熔炼
渣含铜在 3% ~ 5% 之间，采用选矿处理。氧枪为套筒式结构，外环通空气，内环
通氧气，在生产中，氧枪会因 Fe_3O_4 沉淀形成"蘑菇头"，从而起到保护氧枪的作
用。但由于其形状等不同，使得每支氧枪阻力变化，引起风量不均匀。底吹炉氧
枪寿命约 3000 h，氧枪及氧枪砖可在热炉状态下更换，炉体寿命为 500 d。

混合矿料无需干燥、磨细，配料后直接由皮带传输，连续从炉顶加料口加入

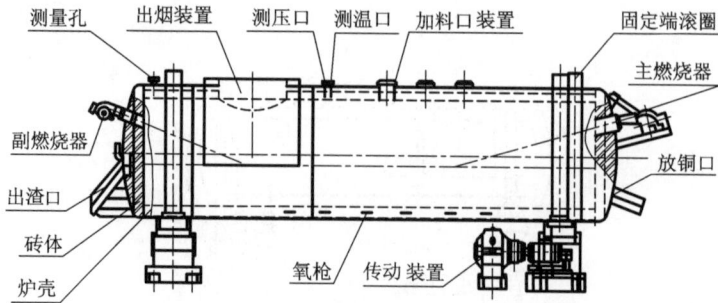

图 3-22 山东恒邦铜业公司底吹炉示意图

炉内高温熔体中。氧气和空气通过炉底氧枪连续喷射入炉内熔炼区铜锍层中。烟气经余热回收、收尘后净化制酸。炉渣定期从炉子端面排渣口排入渣包中，运输至渣处理厂缓冷后选矿处理。铜锍定期从炉子侧面或与渣口相对的另一端面铜锍口排入渣包中，吊运至 P-S 转炉吹炼。

铜锍品位、炉渣成分采用 XRF 快速测定。熔体温度用人工观察或光学高温计测定。熔体深度用人工插钢钎测定。铜锍品位通过控制料/O_2 比调节；炉渣成分通过控制熔剂量调节。熔体温度通过控制富氧浓度、辅助燃料加入量等调节。熔体深度通过控制渣和铜锍的排放调节。

2) 技术特点

① 原料适应性强。复杂低品位铜精矿、金银精矿、氧化矿、高硅矿等，经合理配料后均能使用。

② 备料过程简单。炉料可含水(8% ~10%)和少量块矿(30 mm)。

③ 富氧浓度 70% ~75%，烟气量较小，在炉料及其含 S 量适当的情况下，可实现自热熔炼。高负压(-50 ~ -200 Pa)工作，烟气及烟尘污染较小。

④ 熔炼强度高。以反应区容积计算达到 15 t/(m³·d)。

⑤ 渣含铜高，为 2% ~5%。采用选矿处理，占地面积及投资较大，系统中大量金属积存，但有价金属总回收率较高。

⑥ 电力消耗偏大。富氧底吹工艺鼓风压力较大，达 0.5 ~0.7 MPa，动力消耗大。方圆公司报道数据为(未含制酸)871 kW·h/t 阳极铜。

3) 主要技术指标

① 富氧浓度: 70% ~75%；

② 铜锍品位: 55% ~60%；

③ 炉渣 $m(Fe)/m(SiO_2)$: 1.4 ~1.8；

④ 熔池温度: 1180 ±20℃；

⑤ 氧枪出口气体压力: 0.5 ~0.6 MPa；

⑥ 渣含铜：2% ~3%；

⑦ 选矿尾渣含铜：0.2% ~0.3%；

⑧ 烟气 SO_2 浓度（炉出口）：20% ~25%；

⑨ 烟尘率：2.5%；

⑩ 总回收率（%）：Cu 97.98、Au 98、Ag 97。

4）技术发展及应用情况

1990—1993 年，中国恩菲工程技术有限公司及水口山有色金属公司等单位，在氧气底吹炼铅试验装置上，开展了 3000 t 铜/a 富氧底吹造锍熔炼半工业化试验，取得初步成功。故该法又称为水口山（SKS）炼铜法。1994—1995 年，中国恩菲工程技术有限公司、中国科学院过程工程研究所和中条山有色金属公司，联合开展了底吹炉炼铜放大冷态模型研究。2001 年，中国恩菲工程技术有限公司采用富氧底吹法为越南建设 1 万 t 铜/a 的大龙铜冶炼厂，标志着该技术得到工业应用。2005 年，山东方圆公司采用富氧底吹技术，建设规模为 5 ~10 万 t 铜/a 炼铜厂。2008 年建成投产，标志着富氧底吹成为较为成熟的炼铜技术。随后，国内又采用该技术相继建成山东恒邦、内蒙古华鼎、山西垣曲等炼铜厂。山东方圆公司年处理 100 万 t 矿的富氧底吹工程正在建设中。

5）总体评价

底吹炉法是一种具有特色的先进炼铜工艺。其先进性体现在以下方面：适应处理各类复杂含铜及贵金属原料，备料系统简单；富氧浓度高，目前可达 75%，加之炉体较少使用水冷元件，有利于炉子热平衡；投资少。这是由于备料系统简单，烟气量小、烟尘率低、采用卧式炉体且氧枪底吹配置占用较小空间等一系列因素决定的；资源回收率高，采用渣选矿处理熔炼渣，弃渣含铜可由电炉贫化的0.6% ~0.8% 降低至 0.3% 左右，提高了铜及贵金属回收率；技术较为成熟。自2000 年以来，底吹炉在我国铅、铜冶炼中大量使用，已成为我国重金属火法冶炼的主流工艺之一。但目前底吹炉技术也还有一些方面需要改进。渣含铜高，如与瓦纽科夫法比较，在铜锍均为 55% ~60% 的条件下，瓦纽科夫法渣含铜仅为1% ~1.5%，而底吹炉达 3% ~4%（山东方圆公司 2009 年数据）、4% ~5%（山东恒邦数据）。渣选矿的优点为弃渣含铜及贵金属低，资源回收率高，但其占地面积及投资较大，系统积存金属较多。

（8）三菱法

1）方法简介

三菱法是世界上第一种实现长期稳定工业运行的连续炼铜工艺，其实质性进步是实现了铜锍的连续吹炼。图 3 –23 为三菱法炉体结构示意图，右侧为熔炼炉（S 炉）和吹炼炉（C 炉），左侧为熔炼炉渣贫化电炉（SC 炉）。图 3 –24 为其熔炼炉、熔炼炉渣贫化电炉和吹炼炉配置示意图。

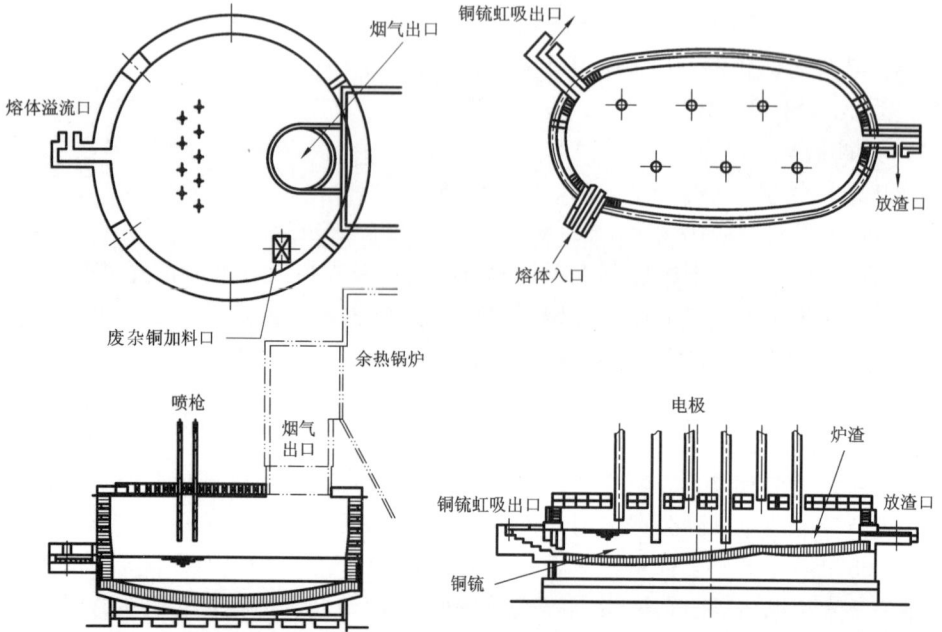

图 3-23 三菱法炉体结构示意图(左:熔炼及吹炼炉,右:熔炼炉渣贫化电炉)

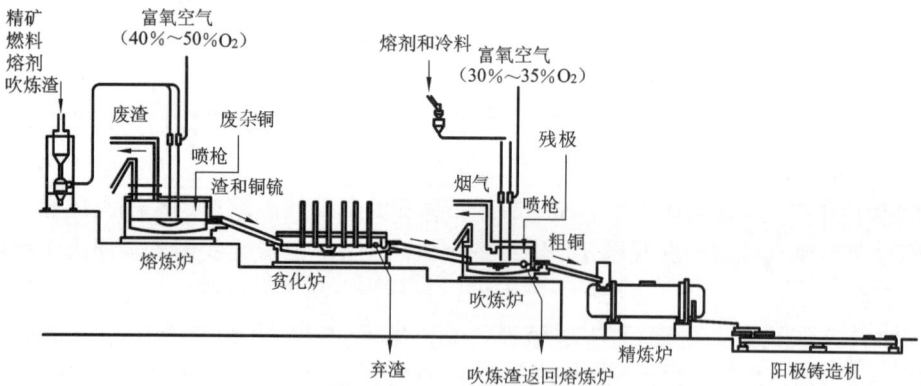

图 3-24 三菱法炉子配置示意图

三菱法属非浸没式顶吹熔池熔炼技术,其熔炼及吹炼炉结构基本一致,为圆形固定炉,炉顶配置 9 根喷枪,喷枪为同心钢套管,外管外径为 100 mm,材质为高铬(27% Cr)钢,其顶端位于熔体面上约 0.7 m 处,工作中会烧损(0.4 m/d),根据烧损速率向下延伸,使顶端位置固定。为防止溅射熔体将喷枪卡死,外管工作转速为 7 r/min;内管外径为 50 mm,材质为 304 不锈钢,顶端与炉顶内侧平齐,无烧损。粉状炉料经内管喷入炉内,富氧空气通过外管与内管间隙加入。三菱法熔炼渣采用电炉贫化,贫化电炉为椭圆形,炉顶插入 6 根电极。早期三菱法炉体寿命较短,目前已大为改善,达 2 年以上。

基于在单一炉膛内连续炼铜存在渣量大、渣含铜高、粗铜锍及其他有害杂质含量高等问题,三菱法采用结构分立、功能连续的 3 座炉子,分别进行熔炼、渣贫化和吹炼。各炉之间熔体靠高度差通过溜槽自流输运,溜槽上加有盖板,如图 3 - 25 所示,有利于节能和减少 SO_2 无组织排放。但厂房较高,建设投资稍大。

图 3 - 25　三菱法熔体输运溜槽

三菱法熔炼及吹炼炉,可根据热量平衡情况,加入残极、废杂铜等冷料,其装置照片及示意图如图 3 - 26 所示。干燥、磨细的炉料与富氧空气通过熔炼炉炉顶喷枪连续喷入炉内熔体中,搅动熔体发生造锍熔炼物理化学过程,生成铜锍和炉渣。铜锍和炉渣连续通过溜槽,进入贫化电炉沉淀分离;铜锍品位 68%,通过溜槽连续进入吹炼炉吹炼;贫化后炉渣含铜 0.6% ~0.8%,连续排出后水淬。熔剂及冷料与富氧空气通过喷枪喷入吹炼炉熔体中,发生造渣及造铜反应,生成的粗铜连续排入阳极炉精炼,吹炼炉渣水淬、磨细、干燥后返回熔炼配料。熔炼及吹炼炉烟气回收余热、烟尘后净化制酸;电炉烟气收尘后排放。熔炼及吹炼炉均为薄渣层工作,吹炼炉内无铜锍相。各炉熔体通过虹吸或溢流排出,液面稳定不变。

由于铜精矿一般均含有较多的 SiO_2,因此,造锍熔炼炉渣均采用铁橄榄石炉渣,P - S 转炉吹炼,同样也加入 SiO_2 熔剂,造铁橄榄石炉渣,但在连续炼铜的高氧势下,该炉渣体系对 Fe_3O_4 的溶解能力已显不足,Fe_3O_4 过饱和析出,恶化炉渣

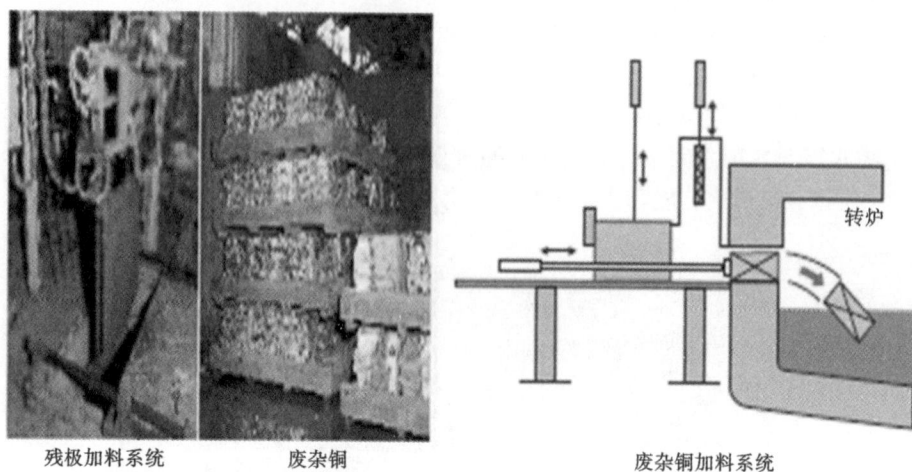

图 3 - 26 三菱法熔炼及吹炼炉加残极和废杂铜装置照片及示意图

性质, 甚至造成炉膛堵塞。因此, 三菱法吹炼以 CaO 为熔剂, 采用铁酸钙炉渣体系, 这是三菱法的一大技术突破, 其后问世的肯尼科特 – 奥图泰闪速吹炼, 也是以 CaO 为熔剂。

三菱法炼铜杂质行为如表 3 – 7 所示。三菱法通过电尘开路来平衡阳极杂质含量。

表 3 – 7   三菱法炼铜杂质行为

厂家及烟尘处理情况	给料中杂质进入阳极铜百分数/%					
	As	Bi	Pb	Se	Sb	Zn
直岛(全部烟尘返熔炼和吹炼)	21	34	42	87	45	0.2
直岛(电尘不返熔炼和吹炼)	4	15	15		15	0
Timmins(电尘送锌厂处理)			11	55		

三菱法过程完全自动控制, 研发了专家系统以指导操作。熔炼炉铜锍温度在熔体出口采用 K 型热电偶连续测量, 铜锍(Cu, Pb) 及炉渣(Cu, Fe, SiO_2, CaO 和 Al_2O_3) 成分采用 XRF 每小时离线测定。熔体温度及成分通过调节料/O_2 比、熔剂及燃料加入量等控制。吹炼炉渣温度采用一次性 K 型热电偶每小时人工测定; 铜熔体温度采用光纤光学高温计每 15 min 自动测定一次; 铜锍流速在贫化电炉铜锍虹吸出口采用红外扫描仪自动测量; 炉渣(Cu, SiO_2, CaO, S 和 Pb) 成分每小时取

样采用 XRF 离线分析。上述参数通过控制 $CaCO_3$、返回吹炼渣及冷铜块加入量及氧气浓度与流量调节。

2）技术特点

① 过程连续、自动检测与控制水平高。熔体通过溜槽连续输送，设备连接紧凑，厂房面积小。

② 烟气浓度及流量稳定，浓度较高，有利于制酸。环境集烟设施完善。是目前世界上最清洁的炼铜工艺之一。

③ 熔炼及吹炼炉可加入大块状冷料（残极、废杂铜、块状返料等），有利于热平衡及工厂经营。

④ 铜锍品位约 70% 时，熔炼渣电炉贫化后渣含铜可达 0.6% 直接弃掉。

⑤ 炉体寿命初期较短，目前可达 2 年。

⑥ 富氧浓度较低，烟气量偏大。喷枪耗能较大。这两方面因素导致其能耗较双闪法略高。

3）主要技术指标

① 富氧浓度：45%～55%；

② 铜锍品位：68%～69%；

③ 炉渣 $m(Fe)/m(SiO_2)$：1.1～1.25；

④ 熔池温度：1225～1250℃；

⑤ 渣含铜（电炉贫化后）：0.7%～0.8%；

⑦ 烟气 SO_2 浓度（炉出口）：30%～35%；

⑧ 烟尘率：2%～3%。

4）技术发展及应用情况

这是世界上第一种成功在工业中应用的连续炼铜法。由日本三菱公司等研发，1974 年在日本直岛（Naoshima）投入工业应用。目前在全球 5 家工厂应用，年总产能约 90 万 t。1974 年，直岛炼铜厂建成投产，产能 4.8 万 t/a；1982 年，扩建至 9.6 万 t/a；1991 年，扩建至 20 万 t/a；2000 年，扩建至 27 万 t/a。1981 年，加拿大 Kidd Greek 厂建成投产，产能为 6 万 t/a；1988 年，扩建至 12.5 万 t/a。1998 年，韩国温山（Onsan）建成投产，产能 16 万 t/a。1998 年，印尼 Gresik 建成投产，产能 20 万 t/a。2000 年，澳大利亚 Port Kampla 建成投产，熔炼采用其他方法，仅采用单一三菱吹炼炉。由于三菱法吹炼要保持铜锍连续流入吹炼炉中，当其与其他熔炼方法配套时，熔炼一般间断排放铜锍，因此在熔炼炉和吹炼炉之间，要增加一座铜锍保温炉。三菱法目前在中国未得到应用。

5）总体评价

三菱法是"结构分立、功能连续"的连续炼铜技术构思，新的适应连续吹炼的铁酸钙炉渣体系的应用，极大地推动了炼铜技术的发展。三菱法能耗稍高于双闪法，但仍居于世界先进水平。其 SO_2 捕集率在99%以上，是目前世界上最清洁的炼铜工艺之一。但也存在一些不足，影响其广泛应用：①早期炉体寿命较短；②其富氧浓度的提升受到限制，目前仅达到55%左右；③对铜精矿原料要求较高。

（9）TSL（艾萨、奥图泰－澳斯麦特）法

1）方法简介

TSL 是 Top Submerged Lance 的简称，意为顶置浸没喷枪。该技术起源于澳大利亚联邦工业与科学发展组织（CSIRO），因此在早期的中文译文中，称其为"悉罗法"。在该技术工业化初步成功后，澳大利亚政府分别授权艾萨、澳斯麦特两家公司独立推广应用该技术，所以，在工业应用中，又分别称为艾萨法和澳斯麦特法。两种方法原理、设备等基本相同，但在炉体与喷枪结构、技术细节上有所区别。近年来，澳斯麦特公司已被奥图泰公司控股经营，因此澳斯麦特法现改称奥图泰－澳斯麦特法。

图3-27 为 TSL 炉示意图。TSL 法属浸没式顶吹熔池熔炼技术。其炉体为竖式圆柱体固定炉，炉体直径3.5～5 m，高12～16 m，熔体深度1～2 m。炉体为耐火砖砌筑，部分炉子在渣线附近装有铜水套保护炉衬。奥图泰－澳斯麦特炉和艾萨炉熔体排出方式不同，奥图泰－澳斯麦特炉采用堰坝结构连续排出，而艾萨炉设有2个排出口，间断排出。

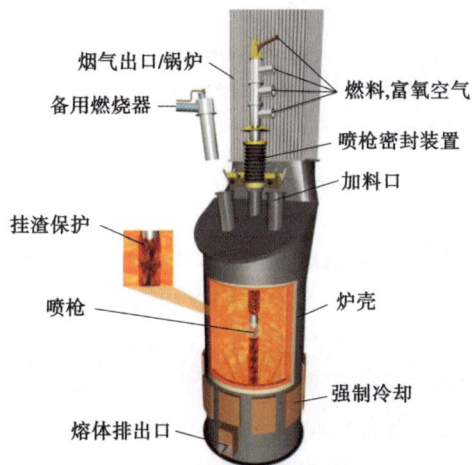

图3-27 TSL 炉示意图

早期 TSL 炉体寿命较短，目前由于炉体结构、冷却方式、操作水平的改进，炉体寿命已达2年以上。TSL 炉采用单根顶置钢制喷枪，工作状态下喷枪前端插入熔体深度约为0.3 m，可根据炉子工作状况调节。图3-28 为奥图泰－澳斯麦特法喷枪结构示意图。

奥图泰 – 澳斯麦特喷枪为套筒结构,内管材质为中碳钢,用来输送燃料,底端距熔体面 1 m,外管材质为不锈钢,直径为 300 ~ 500 mm,富氧空气通过内外管间夹套喷入炉内熔体中;为使富氧空气与内管加入的燃料良好混合燃烧,同时改变喷入熔体气流的流形,喷枪中上部夹套内置螺旋导流叶片。喷枪插入熔体部分,在旋流气体冷却下挂渣得到保护。浸入熔体外管寿命为 1 周或更长。损坏后提出更换。更换时间小于 1 h。喷枪总长 15 ~ 25 m,当其需要修理或更换时,设于炉顶的提升机构将其从炉内完全提出。因此,TSL 要求厂房高度大于炉体及喷枪高度之和,高达 50 m 左右。

图 3 – 29 为艾萨法工艺流程图。

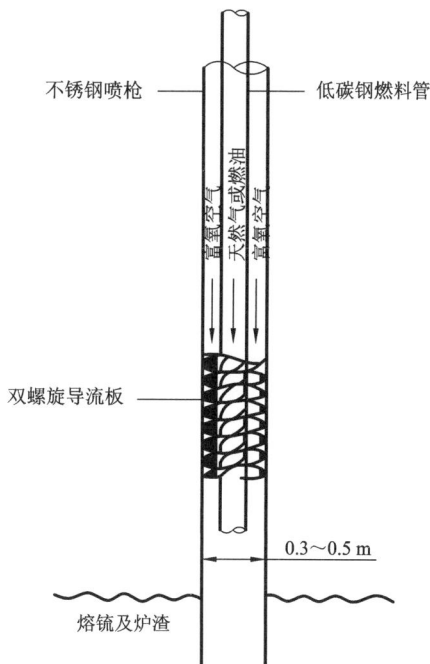

图 3 – 28　奥图泰 – 澳斯麦特法喷枪结构示意图

TSL 法原则工艺流程均与其大致相同。含水约 8% 的炉料混合造粒后,通过加料皮带从炉顶加料口连续加入炉内熔体中,富氧空气、燃料经浸没于熔体中的钢制喷枪喷入熔体中,强烈搅动熔体,熔炼的物理化学过程在气、液、固三相乳状体中剧烈发生,生成的铜锍和炉渣间断(艾萨法)或连续(奥图泰 – 澳斯麦特法)排入燃料加热的卧式炉(艾萨炉)或电炉中分离。品位为 60% 的铜锍送 P – S 转炉吹炼;炉渣含铜 0.6% ~ 0.8%,水淬弃掉。SO_2 浓度 25% 的烟气经回收余热、收尘后送制酸。炉膛上部通入少量 O_2,以消除元素 S 的不利影响。喷枪头部挂渣保护。喷枪损坏后提出将损坏部分割掉,焊接上新枪头,重新使用。

艾萨铜厂曾对炉内搅拌混合效果进行研究,结果为炉内混合时间小于 1 min,反应时间小于 2 min,炉料平均停留时间 35 min,氧利用率 100%;体系氧势 10^{-9} MPa,熔池内最大温度梯度小于 20℃,由此可见,TSL 炉动力学条件很好,属于较为高效的高温冶金反应器,此外,熔体强烈搅拌可避免 Fe_3O_4 沉积,因此适应炉渣 $m(Fe)/m(SiO_2)$ 较大的条件。

2)技术特点

① 原料适应性强,备料系统简单。这点与侧吹、底吹相同,但 TSL 不能大量处理块状冷料。

② 熔炼强度高,50 ~ 100 t/(d·m²),溅起的熔体将上部空间热量带回熔池。

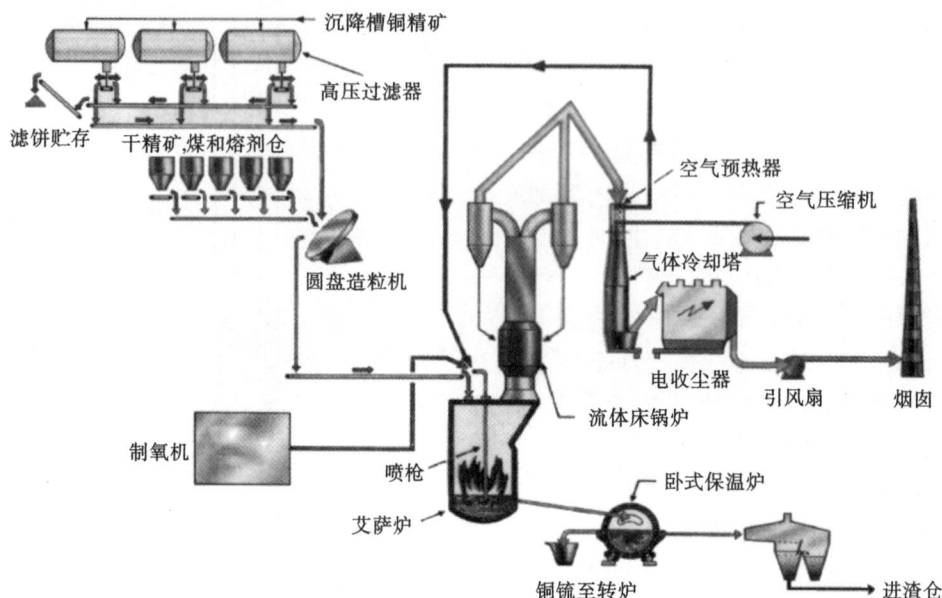

图 3 – 29　艾萨法工艺流程图

③ Fe_3O_4 起到传递氧的作用,熔体中一般应含有 5% 的 Fe_3O_4,因此适宜在较高的 $m(Fe)/m(SiO_2)$ 和较低温度(1150~1200℃)条件下操作。

④ 烟尘率较低,一般为 1%~1.5%。

⑤ 脱杂能力强。91% As、85% Cd、76% Bi、68% Zn、61% Sb、60% Tl、44% Pb,及 29% Te 进入炉渣或烟尘,特别适应高砷矿的处理。

⑥ 富氧浓度一般仅为 50%~60%,过高会导致喷枪头寿命缩短。

⑦ 喷枪寿命有待进一步延长。喷枪需提出修复,厂房高,降低运转率。

⑧ 炉料含水 8%~10%(过低制粒时需补水),烟气露点高,400℃进电收尘。从能耗角度考虑,进炉前干燥反而有利。

3)主要技术指标

① 富氧浓度:45%~90%;

② 铜锍品位:50%~65%;

③ 炉渣 $m(Fe)/m(SiO_2)$:1.17~1.54;

④ 熔池温度:1150~1200℃;

⑤ 渣含铜(电炉贫化后):0.6%~0.8%;

⑦ 烟气 SO_2 浓度(炉出口):30%~35%;

⑧ 烟尘率:1%~1.5%。

4）国内外应用情况

TSL 属浸没式顶吹熔池熔炼技术。在铜、镍、铅、锌、锡、电子废料冶炼及工业垃圾处理等领域，得到广泛应用。1971 年，澳大利亚联邦科学和工业研究组织（CSIRO）的弗洛伊德教授提出浸没式喷枪燃烧技术概念，并开始研发与推广。

我国目前有 10 座该类炉子用于炼铜。分别为北方铜公司（奥图泰 - 澳斯麦特）熔炼及吹炼炉各 1 座、铜陵金昌（奥图泰 - 澳斯麦特）1 座、云铜（艾萨）2 座、内蒙古金剑（奥图泰 - 澳斯麦特）1 座、葫芦岛（奥图泰 - 澳斯麦特）1 座、大冶（奥图泰 - 澳斯麦特）1 座、云锡（奥图泰 - 澳斯麦特）1 座、新疆五星（奥图泰 - 澳斯麦特，在建）1 座。此外，中国有色矿业公司下属中色非矿公司，在赞比亚铜带省基特维市建有一座艾萨法炼铜厂。

TSL 法炼铜在国外应用也非常广泛，采用奥图泰 - 澳斯麦特法炼铜的有俄罗斯 RCC 公司、纳米比亚 NCS 公司等，相对而言，艾萨法在国外应用更为广泛，如澳大利亚蒙特艾萨公司、美国迈阿密炼铜厂、秘鲁 IIO 公司、印度 Sterlite 公司、赞比亚 Mufulira 公司、哈萨克斯坦 Ust - Kmenorisk 公司等。此外，艾萨炉还广泛用于废杂铜及电子废料处理，如优美科公司比利时霍布肯厂、德国凯撒厂等。

5）总体评价

TSL 炉是一种高效的高温冶金反应器，既可用于造锍熔炼，也适宜于还原熔炼。尽管其问世较晚，20 世纪 90 年代才逐步推向工业应用，但其发展势头之强劲、应用之广泛，已超过许多问世较早的熔池熔炼方法。究其原因，TSL 除具有一般熔池熔炼共有的优点外，还有以下主要特点：①炉体为固定式圆柱形炉，占地面积较小，虽然厂房高度较高，但相对而言仍具有简单、投资较低的优点；②喷枪为碳钢和一般不锈钢制，虽然枪头寿命较短，但提升修理较为简便，成本不会太高；③炉内功能单一（仅熔炼功能，渣与铜锍在另一炉内沉淀分离），动力学条件好，氧利用率及熔炼效率高；④炉内熔体强烈搅动，Fe_3O_4 不易沉积，且可起到传递氧的作用，因此适宜在较高 $m(Fe)/m(SiO_2)$，较低温度（1150℃）条件下操作；⑤在广泛应用基础上，技术及装备已趋于成熟。TSL 喷枪寿命仍然不是很稳定，在高富氧浓度下，喷枪烧损较快，影响富氧浓度的进一步提升，这些仍是需要改进的方面。

（10）主要熔炼方法技术指标比较

火法炼铜主要熔炼方法技术指标比较见表 3 - 8。详细分析如下：

①就建厂规模而言，在单套系统年产 10 ~ 40 万 t 铜区间，都有方法覆盖。

②闪速熔炼对炉料水分要求严格，因此炉料一般经干燥窑预干燥后（视炉料含水情况决定是否需要预干燥），还要采用气流或蒸汽干燥机等干燥，目前后者应用较为普遍；熔池熔炼除三菱法外，其余方法对炉料要求大致相同，含水 8% ~ 10% 即可，而且可以有一定的块状物料存在；从整体能耗角度考虑，熔炼炉

外干燥比带入大量水分进入熔炼炉更为有利。

③从能耗和成本角度考虑，提高富氧浓度是发展趋势。目前来看，不同方法仍然存在一些差距，奥图泰闪速熔炼、英科闪速熔炼、瓦纽科夫法、底吹炉法富氧浓度较高，在80%左右；其余方法富氧浓度在50%左右。提高富氧浓度受到反应器(炉子)结构、过程动力学特征、喷枪寿命等多因素制约。

④目前，各种方法铜锍品位在50%~74%；铜锍品位应综合考虑熔炼及吹炼炉的热平衡、熔炼及吹炼炉渣处理方法等，通过调节料/O_2比控制；若采用连续吹炼，如三菱法和肯尼科特 - 奥图泰吹炼，铜锍品位控制在70%~74%，以减少吹炼渣量；一种方法能否适宜在高铜锍品位下操作，还取决于其是否适应在高Fe_3O_4含量下正常运转，此时，炉渣黏度大，甚至有Fe_3O_4过饱和析出，如诺兰达法、特尼恩特法，即可适应上述条件，且熔炼炉渣采用选矿处理，因此，可控制在70%以上的高铜锍品位下运行。

⑤熔炼炉渣$m(Fe)/m(SiO_2)$是造锍熔炼的重要技术参数。目前大部分熔炼炉渣都要经过电炉、燃料加热卧式炉、选矿等进一步贫化，因此倾向于少加硅质熔剂，即控制较高的$m(Fe)/m(SiO_2)$。

⑥随着资源的日趋紧缺，熔炼弃渣含铜是非常重要的指标。随着炼铜技术的发展，目前熔炼直接弃渣的方法已经很少了，一般均要经过电炉等贫化或选矿处理后弃去，电炉贫化弃渣含铜一般在0.6%~0.8%，但在操作中由于条件波动，有的甚至高达1%以上；选矿处理后，弃渣含铜一般在0.3%左右。现有研究表明，在高氧势(高铜锍品位)条件下，熔炼炉渣含铜主要为化学溶解的Cu_2O和夹杂的铜锍颗粒，前者含量可通过热力学平衡计算确定，后者含量主要取决于铜锍与炉渣的沉淀分离效果。因此，铜锍品位、炉渣$m(Fe)/m(SiO_2)$、温度、渣与铜锍沉淀分离条件是决定熔炼炉渣含铜的重要因素。由表3-8列出的部分熔炼炉渣含铜数值可见，部分方法熔炼渣含铜很高，除铜锍品位、炉渣$m(Fe)/m(SiO_2)$较高的影响外，更主要的是这些方法铜锍与炉渣沉淀分离效果较差。表3-8所列贫化后渣含铜数据是指熔炼炉炉渣采用电炉(或燃料加热卧式炉)贫化后的渣含铜。

⑦所有熔炼方法烟气SO_2浓度均在20%以上，从SO_2回收的角度，已完全可以满足"两转两吸"制酸的要求。此外，SO_2浓度高、烟气量小，还有下列优点：a. 烟气从炉内带出的热量少，有利于自热熔炼的实现；b. 烟气处理系统小，节省投资和运行成本；c. 高浓度SO_2制酸技术，在我国部分炼铜厂已有运用，采用这一技术，可降低硫酸厂的投资、运行成本及制酸能耗。

⑧与熔池熔炼比较，闪速熔炼烟尘率较高，达4%~8%。三菱法虽属熔池熔炼，但因其采用非浸没式喷枪加料，所以烟尘率也稍高，达3%。

⑨闪速熔炼炉炉体寿命较长。奥图泰闪速炉炉体寿命长达10~15年，而一

般熔池熔炼炉炉体寿命仅 2 年左右。

表 3 - 8　火法炼铜主要熔炼方法技术指标比较

方法	适应规模/(万 t·a⁻¹)	炉料含水/%	氧气浓度/%	铜锍品位/%	炉渣 m(Fe)/m(SiO₂)	渣含铜/% 贫化前	渣含铜/% 贫化后	烟气 SO₂ 浓度/%	烟尘率/%	炉体寿命/年
奥图泰闪速熔炼	20 ~ 40	0.3	60 ~ 90	60 ~ 74	1 ~ 1.5	1 ~ 2	0.5 ~ 1	30 ~ 40	4 ~ 8	10 ~ 15
INCO 闪速熔炼	10 ~ 20	0.2	95 ~ 98	50	1 ~ 1.5	1	—	70 ~ 80	5	5 ~ 6
诺兰达法	10 ~ 15	8	40	71 ~ 74	1.25 ~ 1.67	6 ~ 8		20	1	1 ~ 2
特尼恩特法	10	8	40	72 ~ 74	1.47 ~ 1.75	6 ~ 10		25	1	1 ~ 2
白银法	10	8	50 ~ 55	45 ~ 55	1	0.7 ~ 1		20	2.5	2
瓦纽科夫法	10 ~ 20	8	50 ~ 90	50 ~ 74	1	0.7 ~ 2		25 ~ 40	1	2.5
底吹炉	10 ~ 15	8	70 ~ 75	55 ~ 60	1.4 ~ 1.8	3 ~ 5		20	1	2.5
三菱法	25 ~ 30	1	45 ~ 55	70	1.1	—	0.6 ~ 0.8	30	3	2
艾萨法、奥图泰 - 澳斯麦特法	20 ~ 30	8	45 ~ 90	50 ~ 65	1.2 ~ 1.5	—	0.6 ~ 1.0	25	1 ~ 1.5	2

3.3.3.2　吹炼

（1）P - S 转炉吹炼

1）方法简介

火法炼铜中，造锍熔炼得到的铜锍，经过吹炼进一步脱除硫和铁，产出粗铜。吹炼中，一些其他杂质也进入烟尘和炉渣部分脱除。

该方法是 1905 年由 Peirce 和 Smith 发明的，故称之为 P - S 转炉吹炼，已有 100 多年的历史，技术成熟，应用普遍，目前仍占有铜锍吹炼总份额的 85%。P - S 转炉示意图见图 3 - 30。炉体为卧式圆筒体，典型尺寸为：外径 4 m，长度 12 m 左右，外壳为 50 mm 钢板，内衬 500 mm 铬镁砖，这种规格的炉子每天能处理 600 ~ 1000 t 铜锍，产出 400 ~ 700 t 粗铜。P - S 转炉一侧横向设置有一排（30 ~ 60 个、直径为 40 ~ 60 mm）风口，浸没于锍层中 200 ~ 300 mm 处。吹炼中，风口会发生堵塞，要定期采用机械或人工捅风口，如图 3 - 31 所示。

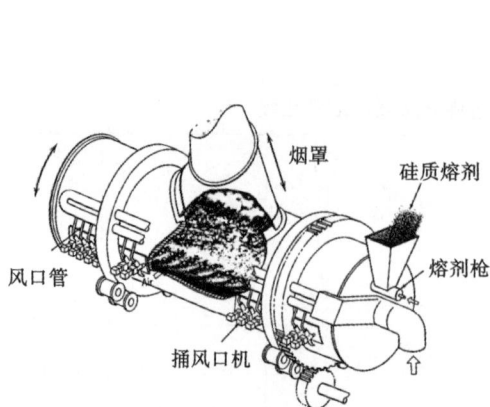

图 3 - 30　P - S 转炉示意图　　　　　图 3 - 31　P - S 转炉风口示意图

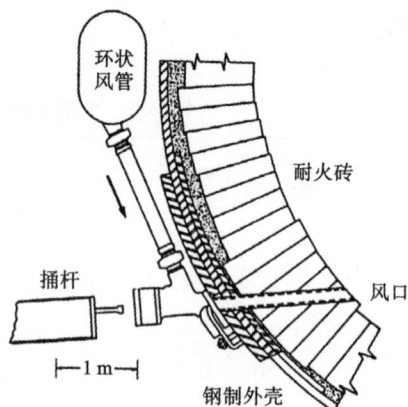

　　P - S 转炉吹炼是周期性作业，分为造渣期和造铜期。造渣期目的为氧化铜锍中的 FeS，生成 FeO 和 Fe_3O_4，加入 SiO_2 熔剂造渣。在造渣期，熔炼产出的铜锍由钢包吊运经炉口加入转炉内，待炉内积存适量铜锍后，鼓风同时加入熔剂开始吹炼造渣，反应结束后停风、转动炉体将炉渣从炉口倒入渣包中，然后再加入下一批铜锍转入造渣期。待转炉内以 Cu_2S 形态存在的铜量达到 200 t 左右，锍相中铁含量至约 1% 时，转入造铜期，Cu_2S 氧化产出粗铜。造铜期结束后，粗铜熔体经炉口倾入钢包输运至阳极炉精炼。

　　一般工厂均配置有 2 ~ 5 台转炉，转炉间实行周期性交换作业，以保证生产过程、烟气量与浓度尽可能稳定。图 3 - 32 为 P - S 转炉加料、吹炼及排料状态示意图。

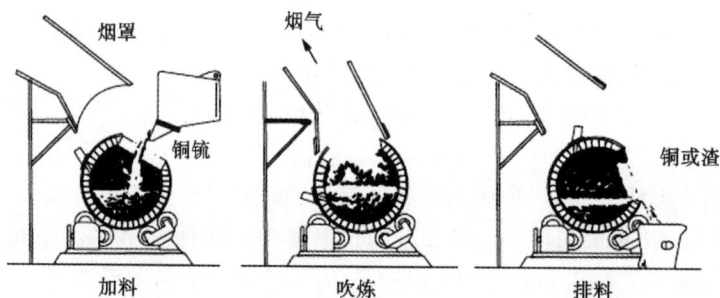

图 3 - 32　P - S 转炉加料、吹炼及排料状态

　　P - S 转炉吹炼温度一般控制在 1200 ~ 1220℃。过程自热进行且热量过剩，因此，可加入部分含铜冷料或废杂铜一并处理。热量过剩情况与铜锍品位、鼓风

含氧浓度等有关。部分转炉富氧操作,鼓风最高含氧 29%。

P-S 转炉吹炼中,杂质的行为与铜锍品位、吹炼技术条件等有关。表 3-9 所列为两种不同品位铜锍吹炼中杂质的分配行为。由表 3-9 可见,高品位铜锍由于渣量小,吹炼时间短等原因,不利于吹炼中杂质的脱除。

表 3-9　吹炼中铜锍品位与杂质行为关系

铜锍品位	品位 54% 铜锍吹炼			品位 74% 铜锍吹炼		
元素分配/%	粗铜	转炉渣	吹炼烟尘	粗铜	转炉渣	吹炼烟尘
As	28	13	58	50	32	18
Bi	13	17	67	55	23	22
Pb	4	48	46	5	49	46
Sb	29	7	64	5	49	46
Se	72	6	21	70	5	25
Zn	11	86	3	8	79	13

2) 技术特点

① 工艺与设备成熟可靠。

② 可处理含铜及贵金属的冷料和废杂铜。

③ 粗铜含 S 低,一般在 0.05% 以下。

④ 间断操作,吹炼烟气量及浓度大幅度波动,不利于烟气制酸。

⑤ 炉口不能严格密封,漏风量大。漏风率约在 70%,即使采用较好的密封措施,一般漏风率也只能控制在 50%,致使烟气余热回收、收尘及制酸设施庞大。

⑥ SO_2 烟气泄漏严重。当转炉在加料、排渣和出铜位置时,炉口移出烟罩,为此,常在固定烟罩(水冷烟罩)外再设置外层烟罩,将外泄 SO_2 烟气收集起来,送集烟系统处理。采用特殊装置处理 SO_2 气体外泄,建设投资和操作费用很高,而且仍难以满足愈来愈高的环保和劳动卫生的要求,是铜冶炼厂洁净化的突出矛盾。此外,转炉吹炼熔体采用钢包输运,也有少量 SO_2 外泄。

⑦ 处理能力偏小,动力消耗高。虽然转炉朝着大型化方向发展,单炉处理能力不断提高,但随着铜冶炼规模扩大,铜产量 300~400 t/h 的炼铜厂,也需采用大型 P-S 转炉 4~5 台。而且使用 100 kPa 以上压力的空气或富氧空气鼓风,动力消耗高。

3) 技术指标

表 3-10 所列为国外 3 家炼铜厂转炉吹炼技术数据。

表 3-10　转炉吹炼技术数据

项目		玉野	东予	佐贺关
转炉台数		3(1 热 1 吹)	4(3 热 2 吹)	3(2 热 1 吹)
转炉规格(内空)/m		3.96×13.8	4.2×11.9	4.2×11.5
单台转炉鼓风量 /(m³(标)·min⁻¹)	造渣期	730	690	650
	造铜期	750	690	650
鼓风氧含量(V)/%	造渣期	27.5	25~26	22.3
	造铜期	22.1	21	22.3
烟气 SO_2 浓度 V/%		7~10	10~15	7~10
吹炼铜锍品位/%		64	64	68
粗铜产出量/(t·炉次⁻¹)		200	204	—
炉渣产出量/(t·炉次⁻¹)		50	54	—
渣含铜/%		8.7	4.8	5.9
炉渣 $m(Fe)/m(SiO_2)$		2.13	2.38	2.13
每炉次吹炼时间 /h	造渣期	1.2	0.9	4.83
	造铜期	3.5	3.4	
风口区修理周期/d		180	120	210
耐火材料消耗 /(kg·t⁻¹Cu)		0.97	1.1	1.7

4)国内外应用情况

P-S 转炉吹炼自问世以来,一直是铜锍吹炼的主流方法,目前仍占有 85% 的份额。目前,取代 P-S 转炉获得较为广泛应用的新的吹炼技术,仅有三菱法吹炼和肯尼科特-奥图泰闪速吹炼。三菱法在国外几家工厂得到了应用,总的粗铜产能约为 100 万 t。肯尼科特-奥图泰闪速吹炼目前在 4 家工厂得到工业应用,粗铜产能约为 150 万 t。除此以外,其余铜锍吹炼基本都采用 P-S 转炉。

5)总体评价

P-S 转炉吹炼工艺及装备成熟,处理冷料较为便利,粗铜含 S 低,目前仍是主要的铜锍吹炼方法。但应看到,其投资偏大、生产效率低,特别是 SO_2 泄漏问题难以彻底解决,是其致命弱点,三菱法、肯尼科特-奥图泰法这些连续吹炼技术在日本、美国的兴起及后者在中国的快速推广，顺应了铜冶炼向更环保、更清洁方向发展的趋势。因此，可以预料，今后 P-S 转炉吹炼会逐步被取代，但这一过程将较为漫长。

（2）三菱法连续吹炼

1）方法简介

三菱法连续炼铜是一项由熔炼、吹炼和熔炼渣贫化系统组成的整体技术，前面已对其熔炼部分进行了系统介绍。三菱法吹炼创新地采用 $Cu_2O-Fe_3O_4-CaO$ 炉渣体系，在世界上第一次大规模实现了铜锍的连续吹炼，在炼铜技术发展史上具有重要地位。

三菱法吹炼炉结构与其熔炼炉大致相同，如图 3-23 所示。下面以日本直岛炼铜厂吹炼炉为例介绍。三菱法吹炼炉炉体为圆形，采用熔铸和黏接铬镁砖砌筑，炉体内径为 8 m，内空高度为 3.6 m，粗铜产量为 900～1000 t/d。炉顶装有 10 根喷枪，排成两列，喷枪外管直径为 100 mm，材质为高铬（Cr 27%）钢，其顶端位于熔体表面以上 0.3～0.8 m 处，有烧损 0.4 m/d，外管依据烧损情况下移，保持喷枪顶端高度一致，工作状态下，外管转动（7 r/min）以免其与炉体黏接；喷枪内管直径为 50 mm，材质为 304 不锈钢，顶端位置与炉顶平齐，无烧损。

三菱法熔炼产出的铜锍和炉渣，经溜槽连续流入渣贫化电炉中沉淀分离。品位为 68% 的铜锍，从渣贫化电炉通过溜槽连续流入吹炼炉中。吹炼炉温度 1230℃，置于炉顶的喷枪将 35% 的富氧空气、石灰石熔剂及少量吹炼渣喷射进入炉内熔体中，喷射速度约为 120 m/s，在炉内熔体中发生吹炼的物理化学变化，即 FeS 和 Cu_2S 的氧化及造渣反应，产出含 S 约 0.7% 的粗铜，经虹吸连续流出；含 Cu 约 14% 的炉渣，经排渣口连续排出，以及 SO_2 含量为 25%～30% 的烟气，经直升烟道进入余热回收及收尘系统。吹炼炉渣层厚度 0.1 m，粗铜层厚度 0.97 m，通过控制料/O_2 比使得炉内无铜锍熔体相存在。三菱法吹炼采用 CaO 熔剂，造铁酸钙炉渣，Fe_3O_4 在该炉渣体系中溶解度大。三菱法吹炼渣典型成分为：CaO 15%～20%，Cu 12%～16%（60% Cu_2O，其余 Cu），Fe 40%～55%（Fe^{3+} 70%，其余 Fe^{2+}）。三菱法吹炼炉渣水淬、干燥磨细后返回熔炼配料，也有少部分返回吹炼炉以调节炉温。三菱法熔炼炉及吹炼炉均设有专门的冷料加料口，可加入各类含铜冷料和废杂铜。

三菱吹炼炉通过计算机自动控制运行，主要工艺参数测定及调节方法为：渣温采用一次忤 K 型热电偶每小时人工测定 1 次；粗铜温度采用浸没式玻璃纤维红外光学高温计每 15 min 自动测量 1 次；连续测定调节石灰石溶剂、返回吹炼渣及加入的冷料量；在贫化电炉铜锍虹吸口采用红外扫描连续测定铜锍流量；连续测定调节富氧空气浓度及流速；炉渣成分每小时 1 次人工取样 XRF 快速分析。

三菱吹炼炉渣线附近炉衬寿命短是其面临的巨大挑战，这是由于熔体的强烈冲刷以及铁酸钙炉渣对耐火材料强烈侵蚀双重作用所致。改进的措施为：①提高渣线附近镶嵌在水套中的耐火材料质量；②控制炉渣 $m(Fe)/m(CaO)$ 在 2.2 ~ 2.45之间，以使 Fe_3O_4 在渣线附近能过饱和析出挂渣，而又不会大量沉积堵塞粗铜出口等。

2）技术特点

① 采用 CaO 熔剂造铁酸钙炉渣，该渣系对 Fe_3O_4 溶解度大，使得在连续吹炼粗铜含 S 0.7% 的条件下，过程能正常进行；

② 采用薄渣层操作。渣层厚度仅为 0.12 m，通过控制料/O_2 比，使得炉内无铜锍层，粗铜含 S 在 0.7% 左右。三菱法连续吹炼是三相共存操作；

③ 三菱法吹炼炉设有大块冷料加入口，可方便地加入各类含铜及贵金属的冷料及废杂铜；

④ 烟气 SO_2 浓度高，流量及浓度稳定，有利于制酸。炉体密封较严格，熔体无需吊装输运，SO_2 泄漏少；

⑤ 自动控制程度高；

⑥ 粗铜 S 及其他杂质含量偏高；

⑦ 几台炉子连续作业，各炉之间"硬性"连接，相互影响大，整体作业率低。

⑧ 三菱法吹炼由于其要求铜锍品位及流量稳定连续，因此，难以与其他熔炼工艺配套使用。澳大利亚 Port Kembla 铜冶炼厂原有 1 台诺兰达炉配 2 台 P – S 转炉，1998 年采用 1 台三菱吹炼炉取代 P – S 转炉吹炼，将 1 台 P – S 转炉改造为铜锍保温炉，由于保温炉加入铜锍吹炼时必须停风，铜锍从保温炉流入吹炼炉不顺畅，计量不准，使得三菱吹炼炉操作困难，至 2001 年，其作业率仅达 65%。

3）技术指标

表 3 – 11 所列为几家炼铜厂三菱法吹炼的主要技术数据。

表 3 – 11　三菱法吹炼主要技术数据

	三菱法炼铜厂	直岛（日本）	Gresik（印度尼西亚）	温山（韩国）
投料 /(t·d⁻¹)	SC 炉铜锍	1400	1270	1018
	石灰	50	30	69
	粒状吹炼渣	360	160 ~ 180	246
	残阳极	120	95 ~ 100	78
	外购杂铜	34	0	44

续表 3 - 11

	三菱法炼铜厂	直岛(日本)	Gresik (印度尼西亚)	温山(韩国)
吹炼风	氧浓度 $V/\%$	35	25 ~ 28	32 ~ 35
	风量/(m³(标)·min⁻¹)	490	460 ~ 470	430
	氧气/(t·d⁻¹)	180		133(99% O_2)
产出	粗铜/(t·d⁻¹)	900 ~ 1000	850 ~ 900	820
	粗铜品位/%	98.4	98.5	98.5
	粗铜含氧/%	0.3	0.3	—
	粗铜含硫/%	0.7	0.7	0.9
	炉渣/(t·d⁻¹)	600	260 ~ 280	360
	渣含铜/%	14	15	15
	炉渣 $m(Fe)/m(CaO)$	2.50	2.50	2.94
	烟气/(m³(标)·min⁻¹)	480	450	410
	烟气 SO_2 浓度 $V/\%$	31	25	24
	烟尘/(t·d⁻¹)	61	60	60

4)国内外应用情况

三菱法连续炼铜技术 1974 年在日本直岛冶炼厂投入工业应用,初期规模为 4.8 万 t Cu/a,该厂经 1982 年(至 9.6 万 t Cu/a)、1991 年(至 20 万 t Cu/a)、2000 年多次改扩建,目前产能为 27 万 t/a。1981 年加拿大 Kidd Greek 建成 6 万 t Cu/a 三菱法炼铜厂,该厂 1988 年扩建至 12.5 万 t/a。1998 年韩国温山和印度尼西亚 Gresik 分别建成产能为 16 万 t Cu/a、20 万 t Cu/a 的三菱法炼铜厂。2000 年,澳大利亚 Port Kampla 建成一座单一三菱吹炼炉投入运行。

三菱法吹炼在我国没有得到应用。考虑到我国铜冶炼产能已趋于饱和,加之该法开发于 20 世纪 70 年代,某些技术指标已不占优势,而且难以与其他熔炼方法配套使用,今后我国引进三菱法吹炼的可能性很小。

5)总体评价

三菱法吹炼实现了铜锍连续吹炼,使得烟气 SO_2 浓度高,烟气量及浓度稳定, SO_2 泄漏少,提高了环保及洁净生产水平,减少了烟气处理及制酸系统投资与运行费用。三菱法连续炼铜硫捕集率可达 99% 以上,主要得益于三菱法吹炼取代传统 P - S 转炉吹炼,以及熔体溜槽输运取代传统的钢包转运,减少了 SO_2 烟气的泄漏和逸散,提高了 S 捕集率,基本消除了 SO_2 在车间内的低空污染。但三菱法吹炼也存在一些不足：①与 P – S 转炉吹炼比较，铜的直收率会有所减小；②前后工序相互影响大，自动控制要求高；③粗铜锍及其他杂质含量高，质量有所降低。

（3）肯尼科特 – 奥图泰连续吹炼

1）方法简介

美国肯尼科特铜公司 Garfield 炼铜厂原采用 P – S 转炉工艺生产，为满足美国犹他州日趋严格的环保标准，以及降低生产成本，20 世纪 70 年代末提出了"固体铜锍氧化连续吹炼"专利，开展了实验。20 世纪 80 年代中期，与在闪速炉熔炼技术上具有优势的奥图泰公司合作，共同进行闪速吹炼技术研发及推广，在奥图泰公司 Pori 研发中心进行的半工业试验取得了很好的结果，在此基础上，1995 年 Garfield 炼铜厂建成闪速吹炼系统，取代 P – S 转炉吹炼。因此，目前这一技术为肯尼科特公司与奥图泰公司共有，称之为肯尼科特 – 奥图泰闪速吹炼。

闪速吹炼炉与闪速熔炼炉结构大致相同，只是炉体规格要小得多，但由于粗铜比重大、浮力强，以及铁酸钙炉渣腐蚀性强等原因，在炉体结构细节上，如冷却水套、炉衬，特别是炉底结构等方面，进行了许多改进。Garfield 炼铜厂闪速吹炼炉前期炉寿命较短，其间发生过 2 次跑铜事故，通过不断改进，从第 6 炉期开始，炉寿命提高至 5 年以上，祥光铜业第 1 炉期炉寿命即达 3.5 年。预期今后炉寿命完全可能达到 7 ~ 10 年。

图 3 – 33 为闪速吹炼炉示意图。我国已投产的 2 座闪速吹炼炉，产能均按 40 万 t Cu/a 设计，其规格略有不同。祥光铜业闪速吹炼炉内部尺寸为：反应塔直径 4.3 m，高 6 m，池中心距 11.6 m。铜陵金冠铜业闪速吹炼炉内部尺寸为：反应塔直径 5 m，高 7 m，沉淀池长 21.8 m，宽 6.7 m，高 2.1 m。

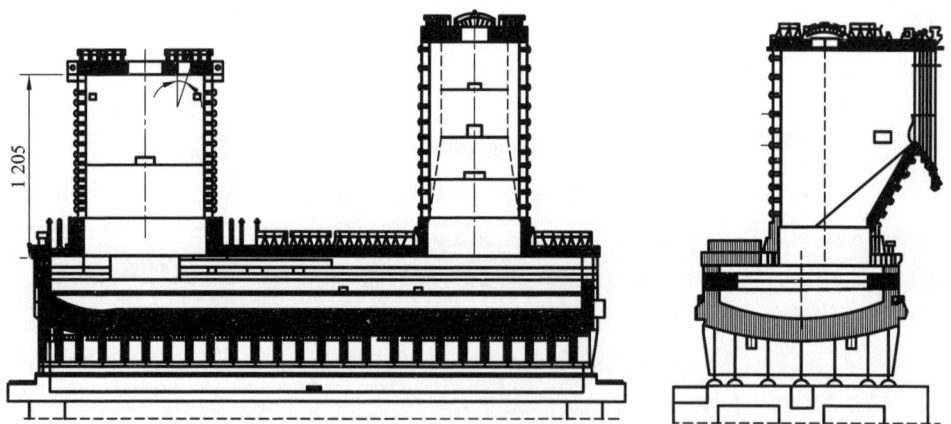

图 3 – 33　闪速吹炼炉示意图

图 3-34 所示为双闪法炼铜工艺原则流程图。肯尼科特-奥图泰闪速吹炼（以下简称闪速吹炼）除可以与奥图泰闪速熔炼配套外，也可与其他能产出 70% 左右高品位铜锍的任何熔炼方法结合，由于其处理能力强，今后甚至可以将异地多个厂家产出的高品位铜锍，汇集在一座闪速吹炼炉处理，这点是闪速吹炼相较于三菱法吹炼较大的优势所在。

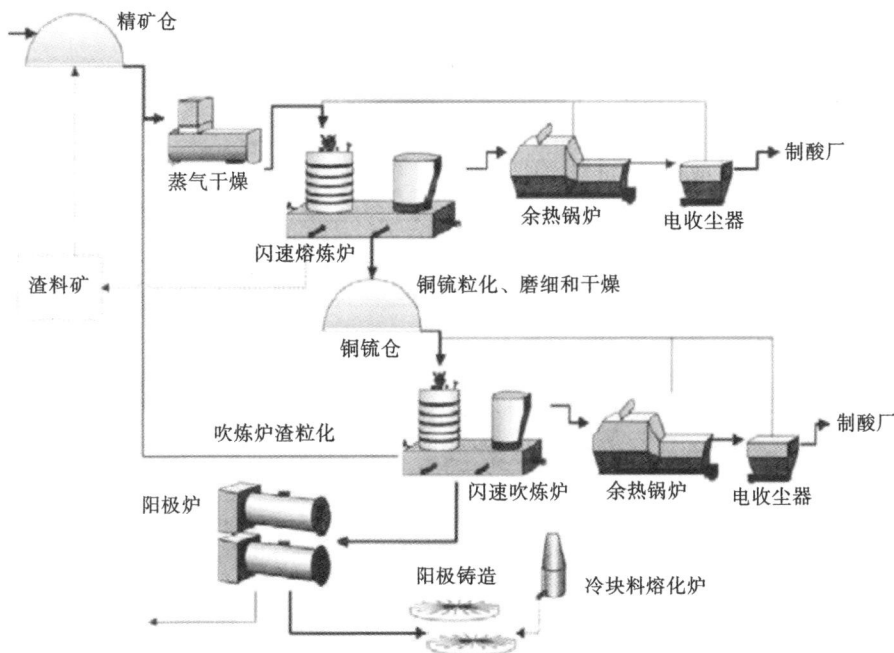

图 3-34　闪速熔炼—肯尼科特-奥图泰闪速吹炼工艺

熔炼炉产出的铜锍，品位控制在 67%~72%，SiO_2 含量控制在小于 0.5%，水淬后磨细干燥至粒度为 48 μm 左右，水分小于 0.3%，气动输运到炉顶料仓。然后，通过喷嘴将其与熔剂石灰和少量石英砂、吹炼烟尘及 80% 左右的富氧空气一并喷洒进入反应塔中，在 1400℃ 左右高温下，发生铜锍吹炼的物理化学反应，生成粗铜（Cu 99%，S 0.3%）、铁酸钙炉渣（Cu 20%，CaO/Fe 0.37，Fe_3O_4 30%，SiO_2 2.5%）及 SO_2 烟气（SO_2 40%，烟尘率 5%，烟尘 95% 为硫酸盐），这一反应过程可能持续到熔池中才结束。粗铜和炉渣熔体在沉淀池中沉淀分离，分别定期从排铜口和排渣口排出。粗铜通过流槽排放至回转式阳极炉中火法精炼。炉渣通过流槽排出后水淬，水淬渣干燥磨细后输送至熔炼系统处理。烟气与烟尘经直升烟道进入余热锅炉回收余热，再经电收尘、湿式洗涤、电除雾后进入制酸系统。

与三菱法相同，闪速吹炼也采用 CaO 溶剂，造铁酸钙炉渣。这一炉渣体系有下列优点：①对 Fe_3O_4 溶解能力强，熔点低，在粗铜含 S 0.3%，渣含 Cu 20% 的情况下，炉渣可正常放出；②Cu_2O 在其中的活度系数小，渣含铜较铁橄榄石炉渣低；③对砷、锑等杂质脱除能力强，但脱铅铋能力较低。铁酸钙炉渣体系对 SiO_2 溶解度极小，当其中 SiO_2 含量超过 5%，即可能过饱和析出，因此，对铜锍中夹带的 SiO_2 应严格控制，不能超过 0.5%，在 P-S 转炉吹炼中，则不存在这一问题。但由于铁酸钙炉渣对炉衬腐蚀性强、流动性好，因此，为了不致过分冲刷炉衬，以及达到对炉衬挂渣保护的要求，对其中 Fe_3O_4 的量和过饱和度也应控制恰当。正常吹炼中，除通过调节料/O_2 比控制粗铜含 S 外，还要控制渣中 Ca/Fe 比在 0.3 ~ 0.45（一般为 0.37），SiO_2 含量在 2.5%，这样，渣中 Fe_3O_4 大致在 30%，就既能保证炉渣有足够的流动性，能够从炉内正常放出，而流动性又不至于太高，过分冲刷炉衬，同时还能对炉衬挂渣保护。

闪速吹炼生产中，应对渣型、粗铜质量、渣温实现稳定控制。铜锍、炉渣、粗铜成分定期取样快速测定，渣温测定以沉淀池顶温度为准，每小时测定 1 次。将这些测定数据输入计算机，根据控制模型计算结果对相关工艺参数进行自动调控，以使过程稳定进行。

渣含铜控制目标值为 20%。生产实践表明，渣含铜与粗铜含 S 大致成反比，在渣含 Cu 20% 时，粗铜含 S 为 0.3%，含 O 为 0.35%。渣含铜主要通过调节氧系数（O_2/铜锍）控制。每 2 h 取 1 次干燥铜锍样化验为反馈控制提供依据，每 1 h 由沉淀池顶取棒渣样，为反馈控制提供依据。炉渣 $m(CaO)/m(Fe)$ 比控制在 0.3 ~ 0.45，正常目标值为 0.37，通过调节溶剂 CaO 加入量控制。操作经验表明，CaO/Fe 比大于 0.45，$CaSO_4$ 会在沉淀池表面结壳；小于 0.3，Fe_3O_4 会过饱和析出沉淀，随粗铜排出，黏结在粗铜流槽和阳极炉内。渣中 Fe_3O_4 含量与炉渣含铜、CaO/Fe 比、SiO_2 含量等相关，控制渣含铜 20%，$m(CaO)/m(Fe)$ 比 0.37，SiO_2 含量 2.5% 时，渣中 Fe_3O_4 含量为 30%。渣中 SiO_2 含量控制在约 2.5%，通过调节溶剂 SiO_2 的加入量控制。炉渣中少量 SiO_2 存在，可调节炉渣流动性及 Fe_3O_4 的饱和程度，提高炉衬寿命。粗铜质量主要是控制其中的 S 含量，目标值为 0.3%，通过调节氧系数控制。从原理上讲，氧系数是根据物料平衡计算确定的，因此，与铜锍品位、烟尘返回与否及其成分等有关。粗铜中 As、Sb、Bi、Pb 等杂质含量，主要与原料成分、烟尘返回走向等有关。Garfield 炼铜厂实践表明，在铜精矿杂质含量偏高，烟尘直接返回的情况下，粗铜中杂质含量有增高的趋势，说明杂质元素在系统中有循环累积，此时，应对部分高含杂烟尘采用湿法处理，使部分有害杂质开路。目标渣温为 1270 ± 20℃，目标铜锍温度为 1250℃，允许在 1240 ~ 1270℃ 范围内波动，通过调节烟尘加入量和富氧浓度控制。

2）技术特点

① 以 CaO 为熔剂，造铁酸钙炉渣，降低形成泡沫渣的风险，较之铁橄榄石渣

型，该炉渣含铜低，对砷、锑等杂质脱除能力强，但脱铅率低。

② 闪速吹炼中，炉膛内只有粗铜和炉渣两个熔体相，粗铜含 S 0.3% 左右。

③ 环保。消除了 P-S 转炉炉口 SO_2 泄露及铜锍、粗铜包子吊运中 SO_2 的逸散，烟气量及 SO_2 浓度的稳定有利于制酸，硫捕集率高，生产现场环境好。Garfield 炼铜厂 1999 年硫捕集率达到 99.9%，每生产 1 t 铜 SO_2 排放量小于 2 kg，该厂 1998 年 PM10 总排放量 234 t，仅为政府限定允许排放量的 56%。

④ 闪速吹炼处理冷态固体铜锍，可与任何能产出 70% 左右高品位铜锍的熔炼工艺配套使用，而且可将多座熔炼炉产出的铜锍集中在 1 座吹炼炉中处理。

⑤ 投资及运行费用低。对年产 30~40 万 t 的炼铜厂，采用闪速吹炼，在投资和运行成本方面，可降低 20% 左右。这主要归因于以下几点：第一是 1 台吹炼炉可取代 4~5 台 P-S 转炉；第二是闪速吹炼烟气量小，SO_2 浓度高，流量及浓度稳定，使得余热回收、除尘及制酸系统投资及运行成本大幅度降低。第三是炉体寿命长，耐火材料消耗低。

⑥ 双闪法是目前能耗最低的炼铜方法之一。与三菱法比较，能耗更低。

⑦ 闪速吹炼铜锍需要水淬磨细干燥，不仅不能利用其热量，还要额外耗能。

⑧ 闪速吹炼不能处理块状冷料，如残阳极、流槽结壳等。

3）技术指标

① 富氧浓度：常温，80% O_2；

② 铜锍品位：69%~71%；

③ 炉渣 CaO/Fe 比：0.33~0.39；

④ 炉渣 SiO_2 含量：1.5%~2.5%；

⑤ 粗铜成分：Cu 98.5%~99.3%，S 0.3%，O 0.25%；

⑥ 炉渣成分：Cu 20%，Fe_3O_4 30%；

⑦ 烟气 SO_2 浓度：30%~40%；

⑧ 烟尘率：8%~9%；

⑨ 粗铜温度：1230~1270℃；

⑩ 炉渣温度：1250~1290℃。

4）国内外应用情况

到目前为止，世界上已有 4 座闪速吹炼炉建成投产，这些闪速吹炼炉均与闪速熔炼配套使用，即所谓双闪法炼铜。世界首座闪速吹炼炉 1995 年在美国肯尼科特公司 Garfield 炼铜厂建成，规模为年产铜 30 万 t，一次投产成功并很快达产，初期存在炉体寿命短等问题，经改进炉体寿命已提高至 5 年以上。该厂闪速吹炼工艺已运行 18 年，标志着闪速吹炼技术已较为成熟。其余几座闪速吹炼炉都在我国。2007 年，山东祥光铜业公司双闪法系统建成投产，规模为年产铜 40 万 t，一期 20 万 t，该厂整合了多项先进工艺和装备，是世界上最先进的炼铜企业之一。

2011 年，达到年产 40 万 t 铜规模。2012 年，铜陵有色金属公司金冠铜业公司建成一套双闪法系统投入生产，规模为年产铜 40 万 t。金川有色金属公司在广西防城港建设一套年产 40 万 t 铜的双闪法系统，2013 年建成投产。

5）总体评价

闪速吹炼的发明及推广应用，是炼铜技术发展的一个重大成就。自 20 世纪后半叶开始，一系列先进的火法炼铜熔炼技术逐步取代了鼓风炉、反射炉和电炉，使得过程得以强化，实现了高效、节能、低污染。相比较而言，吹炼技术的进步相对滞后。传统的 P–S 转炉吹炼，由于效率低、设备台数多、间断操作、SO_2 泄漏及逸散问题难以彻底解决，已成为火法炼铜技术进一步向高效节能、环保清洁方向发展的制约环节，长期以来，冶金工作者一直致力于连续炼铜、连续吹炼技术的研发，但截至目前，仅有三菱法和闪速吹炼得到推广应用。而三菱法吹炼由于与其他熔炼方法配套存在一些问题，加之其能耗偏高，难以广泛推广应用。因此，可以预期，P–S 转炉吹炼将逐步为闪速吹炼所取代，但由于铜冶炼项目投资巨大等原因，这一过程将很漫长。

3.3.3.3 奥图泰闪速炉直接炼铜

1）方法简介

奥图泰闪速炉直接炼铜以硫化铜精矿为原料生产金属铜，是一个单纯的氧化过程，从原理上讲，在一座炉内一步氧化得到粗铜是可能的，这也是铜冶金工作者长期追求的目标。但由于铜精矿含铁较高，这些铁在炼铜过程中，会氧化为 FeO_x（FeO 或 Fe_3O_4）与 SiO_2 造渣，一般生产 1 t 铜产出 2~5 t 炉渣。在炉内氧化生成金属铜的高氧势下，Cu_2O 和 Fe_3O_4 的活度急剧增大，会造成渣含铜高、炉渣熔点高、黏度大、Fe_3O_4 过饱和析出等问题发生。因此，在实际工艺中，将过程分为熔炼和吹炼 2 个工序，分别在 2 座炉内进行；传统的 P–S 转炉吹炼，又分为造渣期、造铜期间断操作。这种方法对火法炼铜的主要原料——黄铜矿型铜精矿合理。但也有一些特殊类型的铜矿，如辉铜矿（Cu_2S）型和斑铜矿（Cu_5FeS_4）型，这些矿山产出的铜精矿具有高铜低铁的特点，类似较高品位的铜锍，冶炼中产出的渣量少，采用一步直接氧化得到粗铜更为合理。针对这类铜精矿，奥图泰公司自 20 世纪 60 年代开始发展了闪速炉一步直接生产粗铜的方法（Direct to blister copper process，DB process），截至目前，已在波兰 Glogow Ⅱ（1978 年）、澳大利亚 Olympic Dam（1998 年）、赞比亚 KCM Nchanga（2008 年）3 家炼铜厂得到工业应用。

用于直接炼铜的闪速炉结构与一般奥图泰闪速熔炼炉大致相同，但由于炉内直接生成粗铜，其比重高、渗透性强，在侧墙、炉底、水冷元件、放铜口结构及配置上有多方面改进，其与闪速吹炼炉应有很多相互借鉴之处。

图 3–35 为闪速炉直接炼铜工艺流程图。铜精矿干燥至含水 0.3%，与熔剂

（SiO_2、CaO）、返回的烟尘配料混合后，通过中央喷射型喷嘴与富氧空气（O_2 80% 左右）一起喷洒到闪速炉反应塔中，在 1400℃ 高温下发生生成粗铜及炉渣的物理化学反应。熔融产物下落到沉淀池中分离为粗铜和炉渣，分别从排渣口和排铜口定期排出。粗铜通过流槽排入阳极炉精炼，炉渣经流槽排入电炉贫化。SO_2 烟气及烟尘通过直升烟道进入余热锅炉、电收尘，回收余热和烟尘，再经动力波洗涤、电除雾后制酸。炉渣含铜高，根据渣型不同，在 14.4% 和 22.5% 之间，主要以 Cu_2O 存在，少量为金属铜。炉渣贫化电炉中有一层 0.25 m 厚的焦炭，在高温还原性条件下，Cu_2O 得以还原。此外，Fe_3O_4 也会部分还原，使得炉渣性能改善，有利于粗铜颗粒从渣中沉淀分离。贫化电炉产出的粗铜，定期通过流槽加入阳极炉。贫化后的炉渣，依据渣含铜高低直接弃去或进一步选矿处理。

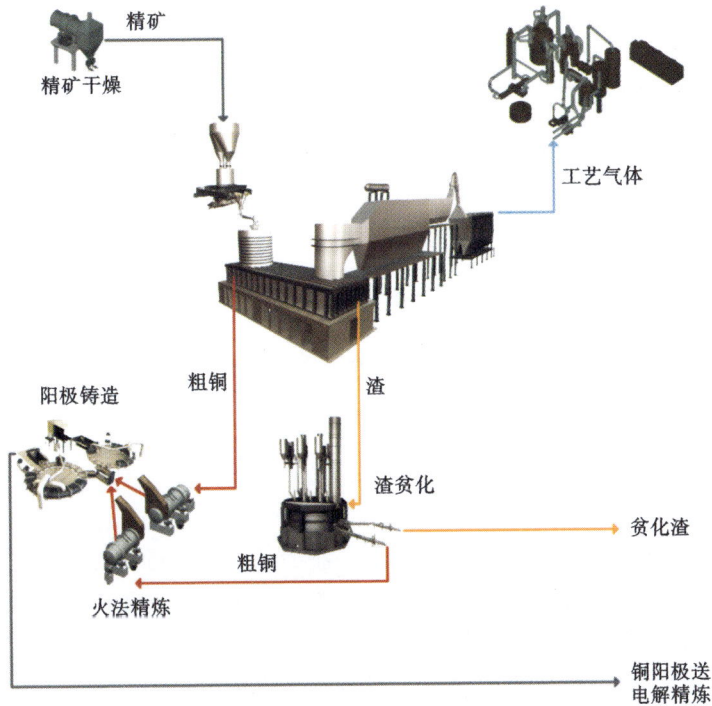

图 3-35　闪速炉直接炼铜工艺流程图

由于 3 家直接炼铜厂铜精矿含铁量及脉石成分存在差异，它们所采用的炉渣体系并不一致，如表 3-12 所示。由于精矿中含 SiO_2 较高，因此，直接炼铜不能像连续吹炼一样，以 CaO 为主要熔剂，造铁酸钙炉渣。Olympic Dam（OD）铜精矿 Fe 含量在 6% ~ 12%，炉渣 $m(Fe)/m(SiO_2)$ 为 2，因而使得渣量较小，在该炉渣体系中，铁尖晶石接近饱和。Glogow Ⅱ（KGHM）精矿 Fe 含量约为 3 %，但其 SiO_2、CaO、MgO、Al_2O_3 等脉石总含量高达 42% ~ 50%，熔炼中未添加任何熔剂，而采用高 SiO_2、CaO 的自熔渣型，因此炉渣量较少。

由表 3-12 可见，Glogow Ⅱ 炉渣的 $m(Fe)/m(SiO_2)$ 仅为 0.2，含 CaO 高达 14%，还含有 9.4% 的 Al_2O_3 和 6.2% 的 MgO，钙硅石（wollastonite）有可能从炉渣熔体中过饱和析出。该渣型中 Cu_2O 活度系数较大，因而渣含铜较低。赞比亚 KCM 矿铁含量较波兰 Glogow Ⅱ 高得多，且含有较高的 SiO_2 和 MgO，为降低炉渣熔点，必须添加一定量的 CaO。

表 3-12 几家闪速炉直接炼铜及连续吹炼厂炉渣组成

炉渣/%	Olympic Dam	Garfield	Glogow Ⅱ	KCM(a)	KCM(b)
Fe	32.5	42	6.4	28.9	17
SiO_2	17.5	2	31.4	28.2	32
CaO		16	14	5	5
Cu	22.5	20	14.4	17.5	22.5
Al_2O_3	3.5		9.4	7	4.5
MgO	—		6.2	2.5	7.2
$t/℃$	1300	1250	1300	1280	1280
粗铜含 S	1.00	0.25	0.50	0.30	0.30

2）技术特点

① 高效环保。将熔炼、吹炼合并在一座冶金炉内进行，在生产效率、能耗和环保等几个方面，都有明显优势。铜冶炼能耗在 150 kgce/t 以下。SO_2 排放量应比双闪法工艺更低，小于 2 kg/t 铜。

② 投资及运行费用低。据测算，投资及运行费用均比传统工艺低 20% 左右。

③ 通过精确控制料/O_2 比，控制炉内只有炉渣和粗铜 2 个熔体相，无 Cu_2S 相存在，不易生成泡沫渣。粗铜含硫低于 1%，即可确保不会生成 Cu_2S 相。奥图泰闪速炉利用铜精矿失重加料器、中央扩散精矿喷嘴等装置，对料/O_2 比实现实时精准控制，这是其与熔池熔炼技术相比较，较为突出的优点。熔池熔炼一般通过加料皮带从加料口将炉料加入熔池中，而富氧空气则通过风口或喷枪喷射至熔体内，由于炉料水分和粒度波动，其在一个时间段内从统计平均的角度，可精准控制料/O_2 比，但要实现瞬时精准控制，从原理上有难度。

④ 仅适用于辉铜矿（Cu_2S）型和斑铜矿（Cu_5FeS_4）型铜精矿。以黄铜矿（$CuFeS_2$）型铜精矿为原料，铜直收率仅略高于 50%，目前经济上不合理。但目前国内外部分冶金工作者，仍在致力于黄铜矿型铜精矿闪速炉直接炼铜的研究，部分工作已有一定进展。根据闪速炉结构特征及其工作原理，在反应塔内控制高氧势，完成造铜及造渣反应，在沉淀池中加入一定量焦炭，控制还原性条件，使 Cu_2O 和 Fe_3O_4 部分还原，可降低渣含铜。

3）技术指标

① 富氧空气：常温，O_2 80%；

② 烟气 SO_2 浓度：30% ~ 40%；

③ 烟尘率：5% ~ 8%；

④ 粗铜温度：1230 ~ 1270℃。

4）国内外应用情况

闪速炉直接炼铜仅适用于特殊类型低铁铜精矿，目前仅在国外 3 家炼铜厂得到应用。第 1 家为波兰 Glogow Ⅱ 冶炼厂，1978 年建成投产，后经几次改扩建，产能已从最初的 6.5 万 t/a 发展至 27 万 t/a。第 2 家为澳大利亚 Olympic Dam 冶炼厂，1988 年建成投产，初期产能 5.5 万 t/a，目前已发展至 20 万 t/a。第 3 家为赞比亚 KCM Nchanga 冶炼厂，2008 年建成投产，产能为 20 万 t/a。KCM 公司铜精矿含钴较高，因此，Nchanga 冶炼厂炉渣经 2 段电炉贫化，第 1 段贫化回收铜，产出粗铜送阳极炉精炼，第 2 段电炉贫化产出铁钴铜合金，使原料中所含钴得到回收。

5）总体评价

闪速炉直接炼铜把铜冶金技术推向了一个新的高度。其技术上的成就一是炉渣化学方面，扩展了炼铜炉渣渣型。英国国家物理实验室（NPL）在国际上多家矿冶公司资助下，联合国际上多家知名大学和研究机构，经过近 30 年的研究，建立多元高温熔体热力学数据库（Mtox Data Base），目前，多元复杂炉渣体系性质，如熔点、黏度等，已可用热力学方法计算，推进了研发工作的开展；二是在闪速炉结构上，进行了多方面的改进，以适应单座闪速炉内直接产出粗铜的要求。

闪速炉直接炼铜技术仅适用于特殊低铁类型的铜精矿，而我国目前未发现有产出这类铜矿的大型矿山，因此，引进这一技术在国内建厂的可能性很小。中国有色矿业集团在赞比亚的谦比西铜矿，其含铜矿物为斑铜矿，铜精矿品位在 40%以上，而且铜矿中含钴，适合采用闪速炉直接炼铜技术冶炼。

3.3.3.4　小结

与其他重金属比较，铜产量大、价格高，长期以来，其冶炼技术及装备的研究，一直是重金属冶金最为活跃、技术水平最高的领域。传统的火法炼铜技术，熔炼主要为鼓风炉、反射炉和电炉，吹炼为 P – S 转炉，这些技术存在的共性问题是能耗高、污染重，而问题的实质又在于过程不够强化，使得硫化铜精矿氧化反应热不能充分利用，烟气 SO_2 浓度低难以制酸。所以，铜冶炼技术的进步一直是朝着强化过程、节能减排方向发展。这一进步始于 1949 年奥图泰闪速炉炼铜在芬兰哈贾瓦尔德冶炼厂的问世。其后在闪速熔炼方面加拿大又发展了 INCO 法。日本 20 世纪 50 年代中期引进奥图泰闪速炼铜技术（古河），以后采用这一技术相继建成小坂、足尾、东予、佐贺关、玉野等大型铜厂，在闪速炉炼铜技术发展上，也做出了积极的贡献。我国 1986 年从芬兰奥图泰公司和日本住友公司引进闪速熔炼技术，建成年产 7.5 万 t 铜的贵溪冶炼厂，目前该厂已发展成为年产能超过100 万 t 铜的大型炼铜厂。

熔池熔炼技术发展稍晚一些，20 世纪 70 年代才开始起步，但发展的方法很多，这些方法包括侧吹卧式转动型炉子的诺兰达法、特尼恩特法，侧吹固定式炉子的瓦纽科夫法（国内称双侧吹或金峰炉等），非浸没式顶吹的三菱法，在反射炉基础上改良的固定炉双侧吹的白银法，浸没式顶吹的 TSL 法（艾萨、澳斯麦特）、底吹卧式转炉的富氧底吹法等。

这些技术有些不断改进完善，如奥图泰闪速熔炼，在 20 世纪 70 年代以前，使用的是常氧热风、多个文丘里喷嘴技术，1971 年，奥图泰公司开始发展富氧冷风，单一中央扩散性喷嘴技术，使能耗大幅度降低。目前，所有的铜熔炼方法都使用富氧。

有些技术由于存在固有缺陷，一度兴起随后又逐步淘汰，如诺兰达法，在 20世纪 70—90 年代期间曾得到一定的推广，但最近，很多炼铜厂又用其他方法将其取代，如美国肯尼科特公司在犹他州盐湖城的 Garfield 炼铜厂，原使用诺兰达法，后因考虑其难以满足犹他州政府日趋严格的环保要求，采用双闪法工艺取代了诺兰达炉熔炼加 P－S 转炉吹炼。我国大冶有色金属公司原采用反射炉炼铜，20 世纪 90 年代引进诺兰达法改造，以期实现节能减排，但由于诺兰达炉侧吹，气流在炉内行程短，气流处于气泡区传质效率低，富氧浓度难以提高，加之炉口烟罩不能严格密封，漏风量大，SO_2 逸散造成低空污染，前几年该公司又引进澳斯麦特法取代了诺兰达法。

特尼恩特法是一种过渡的技术，是从转炉吹炼铜精矿发展起来的，最初与反射炉组成生产系统，反射炉铜锍加到转炉中，再在转炉中加精矿吹炼，生产品位74% 的铜锍，现在特尼恩特炉已可独立生产。

苏联发展的瓦纽科夫法是一种独具特色的熔炼技术，其技术构思巧妙之处在于采用深熔池，熔炼区与炉渣与铜锍沉淀区垂直配置，在铜锍品位 50% 的情况下，渣含铜达到 0.5% 左右，接近该氧势下的热力学平衡值，说明铜锍与炉渣沉淀分离彻底，渣中基本无铜锍机械夹杂。这一技术我国曾有意引进，将其用于沈阳冶炼厂的改造，但由于苏联解体等原因，这一设想最终未能实现。近十年来，国内通过多种途径，逐步掌握了这一技术，用于铜、铅冶炼。

三菱法 1972 年在日本直岛炼铜厂得到工业应用，在日本国内并未得到推广，其应用的企业基本上都是三菱系的，可能与其投资大，控制要求高，前期炉体寿命短，能耗偏高有关。但三菱法在世界上第一次采用 CaO 熔剂，造铁酸钙炉渣，实现连续吹炼，这在炼铜技术发展史上具有里程碑式的意义。

白银法是我国自主研发的第一种得到国际上一定认可的炼铜技术。历经多阶段发展，目前在主要技术指标上，已达到较高水平。但由于受 20 世纪 70—80 年代国内工业水平整体偏低，又缺乏广泛的国际交流合作，使得该技术在装备及控制水平上偏低，在国内外均未得到推广，目前已错失进一步发展的机会。

TSL(艾萨、澳斯麦特)法 20 世纪 90 年代才开始工业化，但技术推广非常迅速，在国内外铜、铅、锡、锌等冶炼方面都得到广泛应用。

最晚问世的铜熔池熔炼方法是富氧底吹法，这是国内发展的技术，属我国第六个五年计划期间国家科委的技术攻关项目，当时在湖南水口山有色金属公司建成了一座实验型底吹炉，进行炼铅和炼铜实验，因此，底吹法曾被称为水口山炼铜法。在工业化试验取得初步成效后，这一技术的发展停顿下来，直至 21 世纪初，才开始在铅、铜冶炼方面得到工业化实施。这一炼铜方法在越南和我国得到了应用。

纵观这些炼铜技术，应用最为广泛的应属奥图泰闪速熔炼，目前世界上近 30 座炉子用于炼铜，生产了世界上约 50% 的矿产铜。这一技术是目前世界上唯一经工业实践证明，年产能可达 30 ~ 45 万 t 铜的技术。在能耗和环保方面，都处于领先水平，适合建设原料供应比较稳定、产能较大的大型铜厂。但其也有一些缺点，如备料系统复杂，投资较高。闪速熔炼还有一个较大的缺点是其烟尘率较高，达到 4% ~ 8%，而且为了防止硫化物烟尘在余热锅炉内黏结，在沉淀池上部空间要加入二次风，以使烟尘硫酸盐化，这会导致一个不好的后果，即烟气中 SO_3 浓度提高，使得烟气净化产生的污酸量增大。

在熔池熔炼技术方面，国内外目前应用最广的是 TSL 法。瓦纽科夫和富氧底吹，也都是比较好的技术。尤其是富氧底吹，是国内自己发展的技术，其特点是原料适应强，富氧浓度高，投资低，运行费用低，但渣含铜太高，铜锍品位 60% 左右时，渣含铜高达 3% ~ 5%，导致熔炼铜直收率低。由于炉渣采用选矿处理，尾渣含铜在 0.3% 左右，所以，总的资源利用率还是很高的。卧式转炉的另一个缺点就是烟罩不能严格密封，导致烟气稀释、泄漏。在此方面，与闪速熔炼和其他炉体固定的熔池熔炼炉比，还存在一定差距。

在 SO_2 捕集率方面，目前最好的是双闪法，肯尼科特公司 Garfield 炼铜厂，可以达到 99.9%，SO_2 排放量低至 2 kg/t 铜。当然这不仅是由于采用双闪法工艺，也包括对厂区内所有 SO_2 烟气逸散点实行环境集烟，低浓度 SO_2 采用 NaOH 溶液洗涤后排放。该厂各类尾气都集中在一个高烟囱排放，其中 SO_2 含量仅 50 ~ 70 mg/m³。图 3 – 36 所示为 Garfield 炼铜厂外景。

图 3 – 36　美国犹他州盐湖城 Garfield 炼铜厂

双闪法 SO_2 排放量低的另一个原因是，采用高浓度 SO_2 烟气制酸技术，肯尼科特公司 Garfield 铜厂进一级转化的 SO_2 浓度为 14%，祥光铜业将这一指标进一步提高至 16% ~20%，这就使得制酸尾气总量减少，因此 SO_2 总排放量会显著降低。日本住友公司东予冶炼厂采用奥图泰闪速熔炼加 P – S 转炉吹炼，SO_2 捕集率高达 99.9%，是使用 P – S 转炉吹炼的炼铜厂中，SO_2 排放最少的企业之一。熔池熔炼加 P – S 转炉吹炼的企业，其硫的捕集率一般在 96% ~99% 之间波动。研究表明，几种主要炼铜工艺的能耗相差不大，若电耗按等价值折算标煤（即考虑电厂效率 38%，1 kW·h 折合 0.323 kgce），则为 350 ~380 kgce/t 阳极铜，但能源结构不尽相同，如双闪法等工艺，电耗比例会相对高一些。今后影响炼铜技术发展和应用的主要因素，还是政府环保政策及标准的宽严。

三菱法连续吹炼和其他熔炼方法难以配合，因此，进一步推广可能性较小。肯尼科特 – 奥图泰闪速吹炼技术，在世界上已推广应用到 4 家铜厂，年产能达 150 万 t 矿铜，其中 3 家在我国。近期在我国还计划再建 1 家。环保标准较高，奥图泰闪速熔炼应用较广泛的日本，目前还坚守 P – S 转炉吹炼，以后是否会转向使用连续吹炼技术，是值得关注的动向。连续吹炼将逐步取代 P – S 转炉吹炼，但这一过程估计要持续几十年才能完成，这是由于铜冶炼厂投资大，投资回报期很长。

效率高、适应大型化生产是奥图泰闪速炉的特点。针对闪速吹炼炉处理能力大的特点,奥图泰公司的专家提出了几家熔炼厂的铜锍,集中在一座闪速吹炼炉中处理的网络状生产体系的构思,这在经营多家铜厂的公司才有可能实现。

《铜冶炼行业规范条件·2014》中规定新建和改造利用铜精矿的铜冶炼项目,须采用生产效率高、工艺先进、能耗低、环保达标、资源综合利用好的先进工艺,如闪速熔炼、富氧底吹、富氧侧吹、富氧顶吹、白银炉熔炼、合成炉熔炼、悬浮铜冶炼等富氧熔炼工艺,以及其他先进铜冶炼工艺技术。必须配置烟气制酸、资源综合利用、节能等设施。烟气制酸须采用稀酸洗涤净化、双转双吸或三转三吸工艺,烟气净化严禁采用水洗或热浓酸洗涤工艺,硫酸尾气需设治理设施。设计选用的冶炼尾气余热回收、收尘工艺及设备必须满足国家《节约能源法》《清洁生产促进法》《环境保护法》《清洁生产标准 铜冶炼业》(HJ558—2010)和《清洁生产标准 铜电解业》(HJ559—2010)等要求。新建和改造利用各种含铜二次资源的铜冶炼项目,须采用先进的节能环保、清洁生产工艺和设备。预处理环节应采用导线剥皮机、铜米机等自动化程度高的机械法破碎分选设备,对特殊绝缘层及漆包线等除漆需要焚烧的,必须采用烟气治理设施完善的环保型焚烧炉,禁止采用化学法以及无烟气治理设施的焚烧工艺和装备。冶炼工艺须采用 NGL 炉、旋转顶吹炉、精炼摇炉、倾动式精炼炉、100 t 以上改进型阳极炉(反射炉)以及其他生产效率高、能耗低、资源综合利用效果好、环保达标的先进生产工艺及装备,同时应配套具备二噁英防控能力的设备设施。禁止使用直接燃煤的反射炉熔炼含铜二次资源。全面淘汰无烟气治理措施的冶炼工艺及设备。

3.4　铅冶金

3.4.1　铅冶金方法概述

工业应用的铅冶炼工艺几乎全是火法。湿法冶炼是铅精矿经浸出和熔盐电解产出金属铅的过程。由于传统的火法炼铅严重污染环境以及伴生在铅精矿中的有价元素需用低温的湿法冶金方法回收,使湿法炼铅成为评述铅冶金发展趋势时必然会提出的一种方法。但是湿法炼铅很难与火法炼铅法相竞争,致使其至今仍处于试验阶段。

对于传统的烧结焙烧—鼓风炉炼铅,由于 PbS 熔点低而造成的焙烧脱硫困难,要求烧结机进料含硫保持在 5% ~ 7%,为此需配入 3.5 ~ 4 倍于原料量的返粉,不仅降低了设备能力,同时也限制了烟气 SO_2 浓度的提高,为 SO_2 的回收带来困难,而且返粉的制备须经烧结块冷却、多段破碎、运输、配料等过程,从而加剧了铅尘和烟气对环境的污染。另外,该法炼铅需要消耗较多质量好,价格高的冶金焦炭;该法的技术条件要求较高,如生产过程需要热焦炭,热风;对烧结块物理、化学规格要求高，特别是烧结块的残硫要低于1%，致使精矿的烧结过程控制复杂；炉内和冷凝器内部不可避免的产生结瘤，要定期清理，劳动强度大。为此，20世纪60年代以来，许多国家先后研究了多种直接处理铅精矿产出粗铅的新方法，即直接炼铅法，其共同特点是：①采用强化冶炼的现代冶金设备，提高热能利用效率；②使用氧气和富氧空气，降低熔炼烟气量，提高烟气SO_2利用率，减少排入大气的有害烟气量；③充分利用硫化物的燃烧热，降低熔炼过程能耗；④控制有害物质的无组织排放，满足环保要求；⑤实现工艺的高度自动化，降低工人劳动强度。

火法精炼的基建投资省，生产费用低，为世界许多炼铅厂采用；电解精炼除铋效果好，粗铅含铋高时，宜采用电解精炼。铅精炼方面，我国基本上采用电解精炼工艺，而俄罗斯和欧美等国主要采用火法精炼。

3.4.2 铅冶金方法分类

铅冶炼有火法冶炼和湿法冶炼。粗铅精炼包括火法精炼和电解精炼。直接炼铅法可以简单地分为熔池熔炼和闪速熔炼两大类，典型的熔池熔炼方法包括德国鲁奇公司开发的QSL法、瑞典波利顿公司开发的卡尔多法、富氧顶吹浸没熔炼—鼓风炉还原法（又称艾萨炼铅法或澳斯麦特炼铅法）以及我国开发成功的氧气底吹—鼓风炉还原法（SKS法）和在SKS法基础上发展的"三段炉法"；苏联开发的基夫赛特法和我国研发的铅富氧闪速熔炼法属于闪速熔炼的范畴。

3.4.3 铅冶金工艺

3.4.3.1 火法炼铅

（1）烧结—鼓风炉还原熔炼法

1）方法简介

密闭鼓风炉炼铅法是英国帝国熔炼公司在1939年开始研制的，合并了铅和锌两种火法流程。20世纪60年代在世界范围内得到了推广使用。

2）方法特点

①对原料有较广泛的适应性，既可处理单一的铅精矿，又可处理难以选别的铅锌混合精矿；

②生产率和燃料利用率高。采用直接加热，热利用率高，能耗低，冶炼设备能力大大提高，而且有利于实现机械化和自动化，提高劳动生产率；

③建筑投资费少。该法以一个系统代替一般的炼铅、锌两种独立的系统，简化了冶炼工艺流程，建厂占地面积较少，设备台数也少；

④可综合利用原矿中的有价金属，如金、银、铜等富集于粗铅中予以回收；

⑤镉、锗等可以从其他产品或中间产品中回收。

烧结—鼓风炉熔炼法使用时间久远,具有技术成熟可靠、生产稳定、建设投资少等特点,虽然进行了多年的技术改造工作,但就整体工艺而言,烧结—鼓风炉熔炼法仍存在着诸多难以解决的环保和能耗问题。

①无论对烧结方法和烧结制度如何改进,很难改变烧结烟气 SO_2 浓度低(3.5% 左右)的状况,只能采用"一转一吸"工艺制酸,烟气 SO_2 转化率最高只能达到 90% 左右,制酸尾气 SO_2 污染严重;

②无论采用何种烧结方式,烧结块依然含有 2% ~3% 的残硫,鼓风炉烟气的 SO_2 浓度通常高达 4000 mg/m^3,经济治理困难,环境污染严重;

③烧结返料量大(约 80%),随烟气逸散的粉尘量大;

④烧结过程中大量硫化物的氧化反应热不能得到回收利用,而烧结块冷却后在鼓风炉熔炼阶段又要消耗大量的冶金焦,能耗高(485 kgce/t Pb);

⑤操作环境差及劳动、工业卫生条件差,对职工身体健康有较大危害,血铅事件时有发生。

国家发改委最新公布的《铅锌行业准入条件》中明确规定,在 2013 年年底前淘汰烧结机—鼓风炉炼铅工艺。

(2) QSL 法

1)方法简介

QSL 法是德国鲁奇公司于 20 世纪 70 年代研究开发的直接炼铅工艺。其关键设备——QSL 炉(见图 3 – 37)为可 90°转动的卧式长圆筒形炉,并向放铅口方向倾斜 0.5%。中间设有下部连通的隔墙将炉体分为氧化区和还原区,两个区域分别配有浸没式氧气喷嘴和粉煤喷嘴。铅精矿经制粒后由顶部加入氧化区。在氧化区,由炉底喷入的氧气首先与液态铅反应,生成 PbO 同时放出大量氧化热,氧化铅再与硫化铅发生高温交互反应,生成一次粗铅和 SO_2,实现自热熔炼。熔融的高温炉渣经隔墙开孔由氧化区进入还原区,进入还原区炉渣中的 PbO 被从底部喷入的粉煤还原,渣含铅逐渐降低,同时产出二次粗铅和铅锌氧化物烟尘。二次粗铅和一次粗铅一起由氧化区一端放出,反应终渣由反应器还原端放出,再送烟化炉回收锌。

2)技术特点

①真正的一步炼铅法,在一个炉体内实现硫化铅的氧化和氧化铅的还原。

②氧化段熔炼温度 1050 ~1100℃,渣含硫小于 0.5%,含铅 40% ~45%;粗铅含硫 <0.5%,含铅大于 97%。还原段熔炼温度 1150 ~1250℃,终渣含铅约 3%、Zn 8% ~12%,送烟化炉进一步挥发回收铅、锌。

③为保证脱硫率,QSL 炉的氧化段采用高氧势操作,产出的一次渣含铅一般在 45% 左右;由于 PbS 的蒸气压高(1100℃的蒸气压为 13329 Pa),高温交互反应慢,来不及氧化的 PbS 极易挥发,导致大量的铅进入烟尘(烟尘率约 15%、烟尘

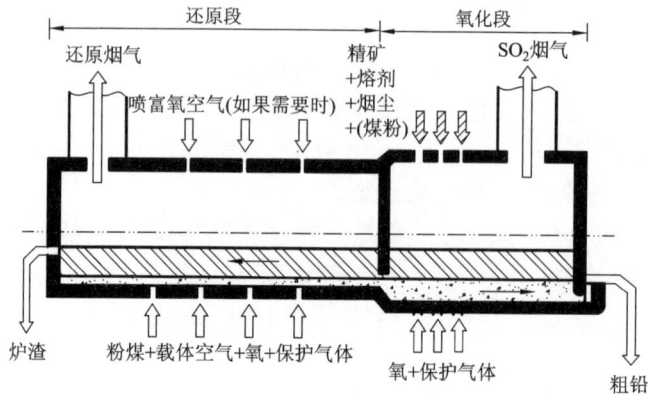

图 3 – 37　QSL 炉示意图

含铅约 63% ）；同时，为维持熔池反应体系中的化学势和温度的基本恒定以及降低熔渣对炉墙的冲刷，QSL 反应器内必须保持有足够的底铅层，因此，QSL 法不适宜处理含铅小于 47% 的物料。生产实践表明，当入炉物料含铅小于 42% 时，将不会有一次粗铅产出。

3）国内应用厂家及产能

QSL 法曾在中国西北冶炼厂、韩国温山、加拿大特雷尔和德国斯托尔伯格使用。由于一个炉内氧化、还原气氛控制困难，存在着操作难度大，炉衬冲刷侵蚀快，氧枪寿命短，结渣堵塞（氧化熔炼温度低）等问题。中国西北冶炼厂 1992 年投产，十多年间试车 3 次合计运行不足 12 个月而停产至今。特雷尔冶炼厂 1989 年建成，投产后出现了一系列的工艺和设备问题，喷枪寿命仅 2 ~ 4 天，内衬腐蚀严重，投产 3 个月就被迫停产，后改造为基夫赛特法。韩国温山经过试车改造，将氧化与还原分开为双室，至今生产正常。德国斯托尔伯格十年来历经多次技术改造，正常生产至今。

4）总体评价

韩国和德国的生产实践证明，QSL 仍是一种成功的直接炼铅方法。其优点：①氧化脱硫和还原在一座炉内连续完成，能耗低，对环境友好，是目前唯一真正的一步炼铅方法；②备料简单；③以煤代焦，生产成本低；④烟气 SO₂ 浓度高，烟气量小；⑤渣量少，金属回收率高（96%）。QSL 的缺点：①操作控制要求高；②烟尘率高（氧化段和还原段合计烟尘率约 25%）；③粗铅含硫高，精炼的浮渣量大（约 20%）；④不适用于中低品位铅物料的处理，和铅精矿伴生的锌也必须通过烟化炉回收。

（3）底吹熔炼—鼓风炉还原熔炼—烟化炉烟化法（SKS 法）

1)方法简介

底吹熔炼—鼓风炉还原熔炼—烟化炉烟化法是我国 20 世纪 90 年代在借鉴 QSL 法的基础上开发出来的,使用的反应器(见图 3-38)保留了 QSL 法的氧化段,而取消了还原段。其主要设备连接示意见图 3-39,生产过程分三个阶段进行。

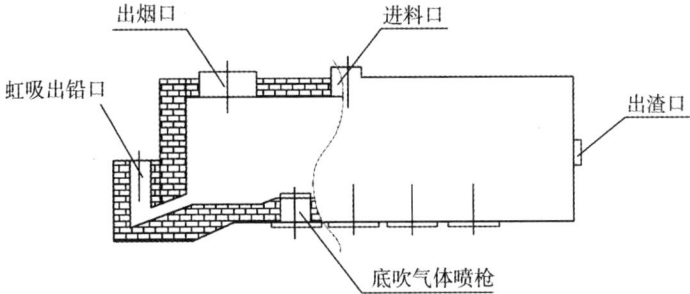

图 3-38　氧气底吹炉结构简图

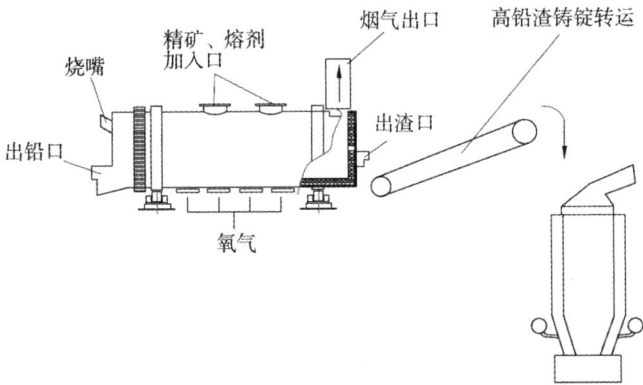

图 3-39　SKS 法主要设备连接图

第一阶段底吹炉氧化熔炼:经配料制粒的混合料加入底吹炉,氧气从底部吹入熔池铅层,实现熔池内熔体的搅拌,同时和炉料中的金属硫化物及部分铅液发生氧化反应,生成金属氧化物和 SO_2,产出粗铅和高铅渣,并将贵金属富集于铅中。第二阶段鼓风炉还原熔炼:高铅渣经铸渣机冷却铸块后转入鼓风炉还原熔炼,铅氧化物在碳质还原剂的作用下还原成粗铅,并产出还原渣。与传统铅鼓风炉的不同之处是需进行二次配料,调整高铅渣熔点,并通过操作条件的改变增加还原能力,降低下料速度,达到控制渣含铅的目的。第三阶段烟化提锌:鼓风炉热渣转运至烟化炉中,空气和粉煤混合吹入熔融的炉渣中燃烧供热,并控制炉内熔池还原性气氛，熔渣中的氧化锌、氧化铅在高温还原环境中还原成气态的金属锌、铅后再挥发到炉子上部空间，在二次风作用下再度氧化成氧化锌和氧化铅，随炉气一起进入收尘系统。

2）技术特点

和烧结—鼓风炉还原熔炼工艺相比，SKS 法较为彻底地解决了硫的利用和烧结粉尘的污染问题，且自动化程度明显提高，工人劳动强度显著下降，单条生产线的年生产能力一般在 8～10 万 t 粗铅，生产规模也得到了大幅提高。同时，氧化熔炼过程可以充分利用含硫物料的氧化热，并配备余热锅炉回收余热，使生产能耗显著降低。底吹炉烟气 SO_2 浓度大于 10%，可以采用先进的两转两吸制酸和尾气氨吸技术，使 SO_2 的转化率提高到 99% 以上，尾气中的 SO_2 含量降低至 100 mg/m^3 甚至更低。

SKS 法的原始构想是底吹脱硫—富铅渣电炉还原。由于富铅渣的高温导电性很好，还原电极下插困难，因此不得不把约 1100℃ 的高温液态渣冷却成渣块后，再送鼓风炉用焦炭还原熔炼，生产过程存在热—冷—热的交替，热能利用不合理。

3）主要技术经济指标

SKS 法的主要技术指标列于表 3－13。

表 3－13　SKS 法的主要技术指标

项　目	指标
氧气底吹熔炼炉有效作业率/%	>95
氧气底吹熔炼炉工业氧气消耗量/($m^3 \cdot t^{-1}$粗铅)	300～350
氧气底吹熔炼燃料率/%	0～2.0
氧气底吹熔炼炉一次粗铅产出率/%	45～55
一次粗铅铅品位/%	>98.5
铅氧化渣含 Pb/%	40～50
铅氧化渣含 S/%	<0.5
氧气底吹熔炼烟尘率/%	12～15

续表 3 – 13

项 目	指标
氧气底吹熔炼炉出炉烟气 SO_2 浓度/%	12 ~ 14
制酸后尾气含 SO_2/$(mg \cdot m^{-3})$	<300
鼓风炉床能力/$(t \cdot m^{-2} \cdot d^{-1})$	45 ~ 55
鼓风炉焦率/%	13 ~ 15
Pb 回收率/%	>97
S 回收率/%	>95
Au 回收率/%	>98
Ag 回收率/%	>98
鼓风炉渣含 Pb/%	3 ~ 4
氧枪寿命/d	20 ~ 50
余热锅炉蒸汽产出量(4.0 MPa)/$(t \cdot t^{-1}$粗铅$)$	0.5 ~ 0.8

4)国内应用厂家及产能

国内采用氧气底吹熔炼的厂家及产能情况见表 3 – 14。

表 3 – 14　国内采用 SKS 法的厂家及产能

序号	生产厂家	年产能/万 t
1	内蒙古兴安银铅冶炼有限公司	8
2	安徽铜冠有色金属(池州)有限责任公司	10
3	福建省诚明金属冶炼有限公司	6
4	江西金德铅业股份有限公司	8
5	烟台恒邦集团有限公司	8
6	济源市万洋冶炼集团有限公司	20
7	河南豫光金铅集团有限责任公司	40
8	济源市金利冶炼有限责任公司	26
9	洛阳永宁金铅冶炼有限公司	8
10	灵宝市志成铅业有限责任公司	10
11	灵宝市新凌铅业有限责任公司	10

续表 3-14

序号	生产厂家	年产能/万 t
12	安阳市豫北金铅有限责任公司	10
13	安阳市岷山有色金属有限责任公司	10
14	焦作东方金铅有限公司	10
15	湖南水口山有色金属集团有限公司	8
16	湖南宇滕有色金属股份有限公司	10
17	湖南展泰有色金属有限公司	10
18	郴州市金贵银业股份有限公司	10
19	湖南省桂阳银星有色冶金有限公司	10
20	湖南华信有色金属有限公司	10
21	河池市南方有色冶炼有限责任公司	8
22	云南沙甸铅业股份有限公司	10
23	蒙自矿冶有限责任公司	6
24	云南祥云飞龙有色金属股份有限公司	6
25	汉中锌业有限责任公司	6
26	青海西豫有色金属有限公司	10
27	宁夏天马冶化集团股份有限公司	10
合计		298

5) 总体评价

和传统烧结—鼓风炉炼铅法相比，SKS 法实现了我国炼铅工艺质的飞跃，不仅铅冶炼生产环境显著改善，能耗显著降低，生产效率也显著提高，特别是有效解决了 SO_2 污染问题，成为我国铅冶炼的主流工艺。不足之处是高铅渣的还原仍采用了传统的鼓风炉还原技术，由此带来了以下问题：①约 1050℃的液态高铅渣的显热没能有效利用；②高铅渣铸块在储运过程中易出现碎末扬尘，既污染环境又浪费资源；③鼓风炉能耗高，且必须使用冶金焦，余热回收利用也比较困难；④不适用于含铅小于 42%的中低品位铅物料的处理，和铅精矿伴生的锌必须通过烟化炉回收。

(4) 顶吹浸没熔炼—鼓风炉还原熔炼—烟化炉烟化法

1) 方法简介

氧气顶吹浸没熔炼法是 20 世纪 70 年代澳大利亚开发成功的铜冶炼技术，后移植于铅的冶炼。在一个圆桶形的炉内，通过炉子顶端斜烟道的开孔，插入一支由空气冷却的钢制喷枪(见图 3 – 40)。喷枪位于内衬耐火材料的炉膛中央，头部埋于熔体中，燃料和空气通过喷枪直接喷射到高温熔融渣层中，产生燃烧反应并造成熔体的剧烈搅动，进行物料的氧化脱硫，产出部分粗铅和富铅渣。这样，在一个小空间内加入的炉料被迅速加热熔化并完成化学反应。调整喷枪的插入深度可以控制熔体搅拌强度，操作灵活，炉子能在较长时间内保持热稳定。熔炼产出的富铅渣经铸渣机浇注成渣块，再送入鼓风炉还原熔炼，生产粗铅和炉渣。

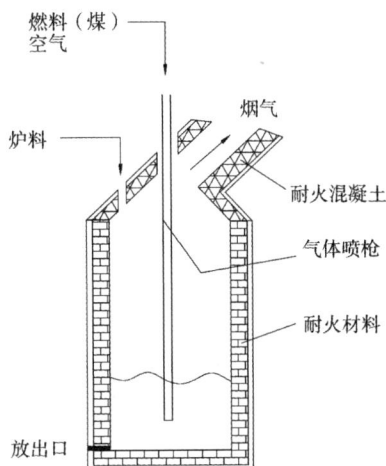

图 3 – 40　顶吹浸没熔炼炉结构示意图

赛罗喷枪是其核心部件，为双层套管结构，上段材质为 45# 钢，下段喷口为不锈钢。内管通过燃料即油或用定量空气携带的煤粉。内外管间设有螺旋形导流片，助燃空气(或富氧空气)从此通道中以大于两倍音速的速度呈漩涡状流出，加大了枪体与气体间的传热，从而在喷枪外表面形成一层冷却的渣壳，此渣壳保护喷枪，延长了喷枪的使用寿命。

2)技术特点

顶吹熔池熔炼炉对入炉物料要求不高，不论是粒状物料还是粉状精矿、烟尘返料等，只要水分小于 10%，均可直接入炉。若为粉状物料，经配料、制粒后入炉有利于降低烟尘率。

氧气顶吹浸没熔炼法的烟气量小、烟气 SO_2 浓度高。但由于氧化段只有约 40% 的铅以粗铅形式产出，富铅渣不能直接还原而必须浇注成渣块，高温富铅渣的大量显热无法利用，而在鼓风炉还原熔炼又需要配入大量的焦炭，因此其能耗较高。

氧气顶吹浸没熔炼的反应激烈。氧/料比不适当会使渣中 Fe_3O_4 含量急剧升高，渣黏度迅速增加，严重时送入熔池的气体和反应生成物中的气体不能及时释放，窒息到一定的程度后会急剧膨胀，形成泡沫渣。

3）主要技术经济指标

主要技术经济指标见表 3 – 15。

表 3 – 15　顶吹浸没熔炼—鼓风炉还原熔炼—烟化炉烟化法主要技术指标

项目	单位	参数
富氧顶吹炉混合料品位	%	55 ~ 65
富氧顶吹炉混合料水分	%	约 8.5
富氧顶吹炉燃料煤率	%	< 1
富氧顶吹炉富氧浓度	%	≥34
富氧顶吹炉二次风量	m^3（标）/s	≥1.0
富氧顶吹炉喷枪供风压力	MPa	0.2
富氧顶吹炉床能力	t/（$m^2 \cdot$ d）	80 ~ 90
富氧顶吹炉氧耗	m^3（标）/t	80 ~ 110
富氧顶吹炉熔池高度	m	< 2.3
富氧顶吹炉熔池温度	℃	920 ~ 1000
一次粗铅产率	%	40 ~ 60
富氧顶吹炉烟尘率	%	13 ~ 15
富氧顶吹炉烟气 SO_2 浓度	%	8 ~ 15
高铅渣含 Pb	%	40 ~ 50
鼓风炉焦率	%	13 ~ 14
鼓风炉烟尘率	%	2.47
鼓风炉渣率	%	57.60
鼓风炉床能力	t/（$m^2 \cdot$ d）	61.25
还原渣含 Pb	%	1.98

4）国内应用厂家及产能

国内目前有 3 家采用该技术的铅冶炼厂，云南冶金集团曲靖冶炼厂于 2005 年建成了年产 6 万 t 粗铅规模的生产线，在会泽的年产 8 万 t 粗铅规模的生产线正在建设中；云南锡业集团有限责任公司于 2012 建成了 10 万 t 铅的生产线。

5）总体评价

①装备密闭性好，熔炼过程热损失少，能充分利用炉料的化学反应热。燃料消耗少，且对燃料种类、质量无严格要求；②立式圆筒炉体，占地面积少，但对厂房高度要求较高；③采用富氧空气熔炼，烟气 SO$_2$ 浓度高，易于经济回收；④生产过程熔池内气、固、液搅动激烈，对炉体冲刷严重，耐火材料损失大，枪头寿命短；⑤不适用于含铅小于 42% 的中低品位铅物料的处理，和铅精矿伴生的锌必须通过烟化炉回收。

（5）卡尔多炉炼铅法

1）方法简介

卡尔多炉炼铅法是瑞典波利顿公司开发的一项铅冶炼技术。1979 年首次用来处理含铅烟尘。我国西部矿业公司引进的卡尔多炉于 2006 年在青海建成投产，设计能力 6 万 t/a 粗铅。

卡尔多炉有多种类型，但基本结构类似，炉子本体与炼钢氧气顶吹转炉的形状相似，由圆桶形的下部炉缸和喇叭形炉口两部分组成，内衬为铬镁砖。炉子本体在安装于空间笼上的电机、减速传动机的驱动下，可沿炉缸的轴作回转运动（见图 3-41）。在正常作业倾角的部位，设有烟罩和烟道，将炉气引入湿式收尘系统，输送燃油和氧气的燃烧喷枪及输送精矿的加料喷枪通过烟罩从炉口插入炉内。

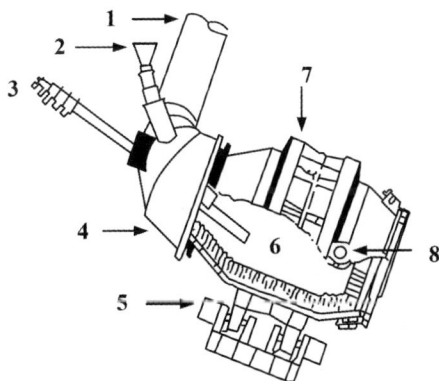

图 3-41　卡尔多炉本体简图

1—烟道；2—加料溜槽；3—水冷氧枪；4—活动烟罩；5—传动托轮；6—熔体；7—托架；8—耳轴

2）技术特点

卡尔多炉冶炼硫化铅精矿分为氧化熔炼和还原熔炼两个阶段，氧化熔炼阶段可自热，还原熔炼阶段则需补加部分重油补热。铅精矿首先被干燥到水分

<0.5%后,再经压缩空气送入卡尔多炉喷枪。在喷枪内铅精矿与富氧空气混合,再喷入卡尔多炉进行自热熔炼,熔炼温度1000~1150℃。当熔炼过程持续到炉内充满了铅和渣时,停止加料,加入焦炭开始还原熔炼,还原熔炼结束后,放出渣和粗铅,周期性作业。由于还原后的熔体没有足够的澄清分离时间,渣含铅通常在8%以上。

在还原阶段,由于烟气几乎不含SO_2,为维持烟气制酸系统的连续正常运行,需要把氧化阶段所产生的高浓度SO_2烟气抽出一部分进行压缩、冷凝,转化为液体SO_2,在还原阶段再重新解析补充到烟气中以维持烟气的SO_2含量,操作比较麻烦,能耗较高。由于熔体搅动剧烈,卡尔多炉的炉衬耐火材料寿命很短,伊朗曾姜卡尔多炉的炉衬寿命仅为1~2个月。此外,由于在一台炉内完成铅精矿的氧化和还原,炉内气氛和温度频繁地周期变化,卡尔多炉均不设余热回收利用装置,而采用喷水降温和湿式收尘,而物料又采用柴油或天然气干燥,能源利用不合理。

3)主要技术经济指标

主要技术经济指标见表3-16。

表3-16 卡尔多炉炼铅主要工艺技术指标

项 目	单 位	参 数
铅熔炼回收率	%	97.68
熔炼烟尘率	%	15
硫入烟气率	%	96.7
年工作日	d	310
焦炭粉单耗	kg/t Pb	50
氧气单耗	m^3(标)/t Pb	300
重油单耗	L/t Pb	14
电耗	kW·h/t Pb	265
耐火砖单耗	kg/t Pb	6

注:表中数据为西部矿业卡尔多炉试产时数据。

4)总体评价

卡尔多炉炼铅法是一个高耗能的炼铅技术,在炼铅行业没有推广应用前景。西部矿业铅业分公司的卡尔多炉生产线建成后试产半年,一直停产至今。

(6)三段炉炼铅法

1）方法简介

为解决 SKS 的高能耗、高成本及污染等问题，国内多家企业对 SKS 法进行了改造，其中豫光金铅恒邦采用了液态高铅渣底吹还原工艺，金利公司和万洋集团采用了液态高铅渣侧吹还原工艺，均获得成功并取得了很好的运行效果。由于充分利用了液态高铅渣的显热，炼铅能耗及处理成本大幅降低，铅回收率明显提高，环境明显改善，形成了具有我国自主知识产权的"三段炉"炼铅法。

2）技术特点

为了适应环保、低碳、节能降耗的需求，新的技术不断出现，目前在河南省济源豫光金铅，金利公司、万洋集团各自采用的液态高铅渣直接还原的三种炉型代表了我国铅冶炼发展的最高水平。

豫光三段炉炼铅法

豫光三段炉炼铅法主要工艺为底吹炉氧化脱硫—底吹炉还原—烟化炉回收锌，2010 年实现产业化应用。取消鼓风炉，不用冶金焦，实现液态渣直接还原，与原有富氧底吹炉氧化段一起，形成完整的液态渣直接还原工业化生产系统。具体技术方案为：铅精矿、石灰石、石英砂等进行配料混合后，送入氧气底吹炉熔炼，产出粗铅、液态渣和含尘烟气。液态高铅渣直接进入卧式还原炉内，底部喷枪送入天然气和氧气，上部设加料口，加煤粒和石子，采用间断进放渣作业方式。天然气和煤粒部分氧化燃烧放热，维持还原反应所需温度，气体搅拌传质下，实现高铅渣的还原。

豫光三段炉炼铅法主要设备连接见图 3 - 42。

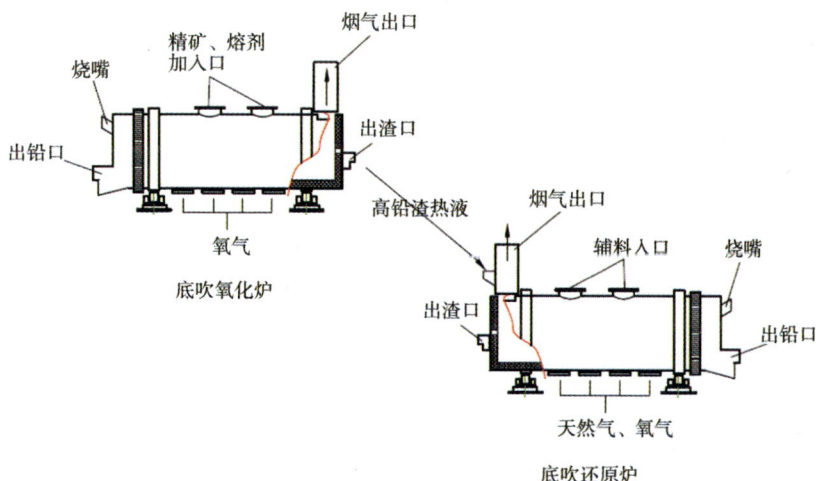

图 3 - 42　豫光炼铅法主要设备连接图

豫光三段炉炼铅法主要特点：

①流程短：工艺省去了铸渣工序，淘汰了鼓风炉，减少了二次污染和烟尘率，国际同类技术的烟尘率一般在15%左右，而豫光炼铅法的烟尘率仅为7%～8%。

②自动化水平高：工艺可在氧化、还原等关键工序中设置3000多个数据控制点，实现全系统的DCS集中自动控制，用工大幅减少，系统生产更安全稳定。

③低能耗：该工艺不仅利用了渣和铅的潜热，熔池熔炼时传热传质效率高，能耗大大降低。粗铅能耗比氧气底吹—鼓风炉炼铅低25%左右，比传统工艺低约50%。

④低排放：底吹还原炉的炉底喷入天然气和氧气，粒煤和石灰由炉顶加入，还原温度1050～1150℃，不使用焦炭，达到清洁生产的目标，SO_2排放浓度远低于国家标准，仅为氧气底吹—鼓风炉炼铅中鼓风炉排放量的10%，同时CO_2排放量仅为氧气底吹—鼓风炉炼铅工艺的22%。

⑤清洁化生产：密闭性好的熔炼设备缩短了工艺流程，减少了无组织排放量，实现了铅清洁化生产。氧化和还原均采用间歇式作业，相互干扰小；还原渣可以保持有较长的停留时间，有利于渣含铅的降低；渣含铅<2.5%，铅回收率>97%。

豫光三段炉炼铅法主要工艺技术指标见表3-17。

表3-17 豫光三段炉炼铅法主要工艺技术指标

项 目	单 位	参 数
混合矿含铅	%	45～55
混合矿含硫	%	14～18
氧化段熔剂率	%	3
还原段熔剂率	%	2～3
脱硫率	%	98
氧化段烟气SO_2浓度	%	8～10
烟气SO_2收率	%	98
粗铅品位	%	98～99
铅总收率	%	96.5～98
氧化段烟尘率	%	12～14
还原段烟尘率	%	12～13
氧气单耗	m^3/t	360
电耗	kW·h/t	350
煤耗	kg/t	150
天然气耗量	$m^3(标)/t$	75
还原渣含铅	%	<3

恒邦三段炉炼铅法

恒邦三段炉炼铅法主要工艺为底吹炉氧化脱硫—底吹炉还原—烟化炉回收锌，2012 年实现产业化应用。

恒邦三段炉炼铅法技术特点：

①底吹还原炉的炉底喷入粉煤和压缩空气，渣型 $m(FeO)/m(SiO_2) \approx 2$、$m(CaO)/m(SiO_2) \approx 0.45$，还原温度 $1050 \sim 1150℃$，不使用焦炭；

②氧化和还原均采用间歇式作业，相互干扰小；

③还原渣可以保持有较长的停留时间，有利于渣含铅的降低；渣含铅 $<3\%$，铅回收率 $>97\%$。

恒邦三段炉炼铅法主要工艺技术指标见表 3 – 18。

表 3 – 18　恒邦三段炉炼铅法主要工艺技术指标

项　目	单　位	参　数
混合矿含铅	%	45 ~ 55
混合矿含硫	%	15 ~ 18
氧化段熔剂率	%	3
还原段熔剂率	%	2 ~ 3
脱硫率	%	98
烟气 SO_2 收率	%	98
粗铅品位	%	98 ~ 99
铅总收率	%	96.5 ~ 98
氧化段烟尘率	%	12 ~ 14
还原段烟尘率	%	12 ~ 13
电耗	kW·h/t	590
煤耗	kg/t	150
煤气耗量	m^3(标)/t	5 ~ 6
还原渣含铅	%	<3

万洋三段炉炼铅法

万洋三段炉炼铅法主要工艺为底吹炉氧化脱硫—侧吹炉还原—烟化炉回收锌。2011年实现产业化应用。万洋公司与豫光金铅公司、中联公司于2009年合作开发"三连炉"炼铅新工艺，采用氧化炉—还原炉—烟化炉三炉相连，热渣直流，三台熔池熔炼炉由两道连接溜槽串接在一起组成一个整体；两连接溜槽分别连接在前一台熔池熔炼炉的出渣口和后一台熔池熔炼炉的熔融渣加料口之间，充分利用液态高铅渣和还原炉渣的潜热，紧凑的布置使得流程短占地很少，工人劳动强度小，环保效果好，实现了铅冶炼生产的低碳模式。"三连炉"中氧化炉可以是氧气底吹炉，也可以是澳斯麦特炉、艾萨炉、氧气侧吹炉等，还原炉为氧气侧吹还原炉，烟化炉增加渗铅装置改进。生产系统具体为硫化物精矿、石灰石、石英砂、含铅烟尘物料进入氧化炉熔炼炉内充分混合、迅速熔化和氧化，生成一次粗铅、高铅渣和烟气。粗铅送到下道工序进行电解精炼。氧化炉产生的液态高铅渣通过溜槽直接流入氧气侧吹还原炉，高铅渣与煤、熔剂，经鼓入的富氧空气强烈搅拌而激烈反应，产出的粗铅经虹吸道流出，含有微量 SO_2 的气体经锅炉回收余热后进入脱硫塔处理排空。还原炉产出的炉渣直接流入烟化炉提锌。

与氧气底吹熔炼—鼓风炉还原工艺相比，三连炉通过溜槽直接相连，液态高铅渣直接流入侧吹还原炉内，充分利用了高铅渣的潜热，取消了铸渣机，避免了高铅渣块产生的烟尘飞扬现象；还原炉热渣直接流入烟化炉内，潜热也得到了充分利用，进入烟化炉内不需要提温期，可以直接喷入粉煤还原提锌，降低了煤耗，缩短了烟化提锌时间，提高了生产效率；同时取消了电热前床和热渣吊运过程，既节省了设备投资，也降低了生产电耗以及避免了渣包运输带来的环境问题。

万洋公司氧气侧吹炉在新乡中联公司多次试验的基础上，于2011年3月10日一次性开炉成功，运行半年来，生产稳定连续，各项技术经济指标达到了预期目标值。前期氧化段底吹炉为 $\phi 3.8 \text{ m} \times 11.5 \text{ m}$，110~120 min 放一次渣，产出液态高铅渣量为(28~35)t/炉，渣含铅43%~50%，此次设计的氧气侧吹炉为 8.4 m^2，高铅渣在一个还原周期内完全可以降至1%以下。为了考虑后面烟化炉的生产，使熔池内的锌尽可能的保留在渣中，生产中控制渣含铅不大于2%。

万洋侧吹炉示意图见图3-43。

万洋三段炉炼铅法技术特点：

①取消了铸渣机，避免了高铅渣冷却铸块过程中水汽迷漫、碎末飞扬的现象，生产环境进一步改善，也省下了铸渣机的设备投资。

②高铅渣在熔融液态下直接还原，充分利用了高铅渣熔体的潜热，节省了大量的燃料，使吨铅生产能耗下降。

③侧吹还原炉的高温炉渣直接流入烟化炉，不需要电热前床保温，烟化炉省略提温阶段，充分利用了熔渣的热能，可直接进入还原提锌，节省了粉煤，也提

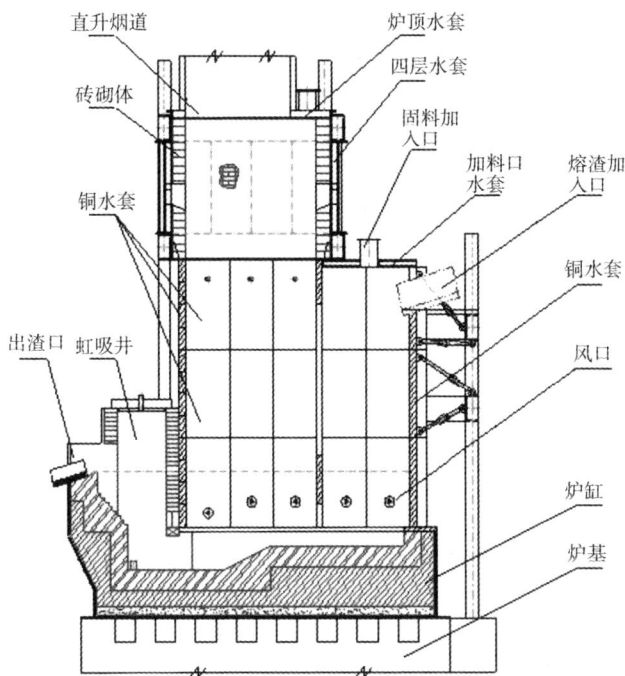

图 3 – 43　万洋侧吹炉示意图

高了生产效率, 同时氧化锌品质更好。

　　④高铅渣还原只采用单一的煤作为燃料和还原剂, 起到加热和还原的作用。与鼓风炉相比煤比焦炭价格低廉, 与国内其他的还原炉相比不需要天然气或煤气作为燃料, 使不具有天然气或煤气的厂家也可采用此种工艺, 对建厂条件的适应性更好, 推广前景更广。

　　⑤侧吹还原炉床能率很高, 时间上可以与底吹炉、烟化炉相匹配, 取消了电热前床, 节省大量的电能及石墨电极, 使能耗降低。

　　⑥侧吹还原炉熔池熔炼反应激烈, 还原程度彻底, 为了保证锌的回收, 渣含铅控制不大于 2% 。

　　⑦烟化炉采用渗铅改进, 既增加了铅的回收率, 也提高了氧化锌的品位。

　　⑧三炉相连, 热渣直流, 占地很少, 节省投资。

　　⑨生产操作简单, 指标易于控制, 工人劳动强度小, 生产操作环境好。

金利三段炉炼铅法

金利三段炉炼铅法主要工艺为底吹炉氧化脱硫—侧吹炉还原—烟化炉回收锌，2010 年实现产业化应用。熔炼炉产出的高铅渣定期由排放口放出，熔融状态下通过溜槽加入到侧吹还原炉中，侧吹还原炉设有热渣加入口和冷料加入口。还原粒煤、熔剂经配料由冷料口加入。还原炉两侧设煤气、工业氧喷枪为还原炉提供热源，还原炉下部侧墙设铅虹吸放出口，还原铅由虹吸口连续排出转送精炼车间，还原炉端墙下部设有排渣口，当虹吸排铅停止时，即为一个周期的终点。排渣口放渣，为进一步回收渣中的锌，此渣经前床贮存后送烟化炉处理。侧吹还原烟气通过余热锅炉回收余热，表面冷却器降温，布袋收尘器收尘后，是否经尾气处理，依煤粒含硫而定。

金利液态高铅渣还原炉工业性试验装置工程的设计和建设于 2008 年年底完工，包括一座 8 m^2 的侧吹还原炉、相应的烟气处理系统、冷料配料、上料系统及供气系统。2009 年初进入试运行阶段。工业性试验共分三个阶段，其内容包括装置的适应性、渣型的选择、工况、供气、还原粒煤与还原周期调整等试验。其间对设施进行了必要的维护和修改：炉子下部面积扩大为 13 m^2，试验工作于 2009 年 8 月底完成，达到了与底吹熔炼炉放渣制度相适应的稳定运行。各项技术条件和指标较稳定。2009 年 9 月初即转入示范性生产及正常运行。

金利三段炉炼铅法技术特点：

①侧吹还原炉能耗低，产出烟气量和 SO_2 排放量远低于鼓风炉，同等规模的烟气量为鼓风炉的 30%，SO_2 排放量约为 10%。流程短捷，扬尘点少，易于密闭通风除尘，有效防治了铅尘的弥散，经测定，操作岗位铅含量小于0.03 mg/m^3，卫生通风除尘后的排放铅尘浓度为 6 mg/m^3。

②经金利公司生产 10 个月的冶炼数据核算，侧吹还原炉焦炉煤气和无烟粒煤消耗折合标煤为 197 kgce/t 铅，比鼓风炉纯铅能耗 380 kg，折合标煤 369 kgce/t 铅的指标大幅降低。

③侧吹还原炉渣含铅小于 2%，而鼓风炉渣含铅 3% ~ 4%，侧吹还原炉铅回收率为 97.1%，鼓风炉铅回收率 95.5%。

④过程简单，工序少，作业稳定，易操作，可实现 DCS 控制和管理，提高了劳动生产率。

⑤侧吹还原炉、烟化炉与熔炼炉放置在一个厂房内，省略了鼓风炉上料、热渣铸造系统，建筑面积显著减少。

金利三段炉炼铅法主要工艺技术指标见表 3 - 19。

表 3 - 19　底吹氧化—侧吹还原主要工艺技术指标

项 目	单 位	参 数	
		金利炉型	万洋炉型
混合矿含铅	%	45 ~ 65	43 ~ 47
混合矿含硫	%	16 ~ 18	16 ~ 18
氧化段熔剂率	%	3	3
还原段熔剂率	%	2 ~ 3	2 ~ 3
氧化段烟尘率	%	12 ~ 14	12 ~ 14
还原段烟尘率	%	约 10	约 10
烟气 SO_2 浓度	%	8 ~ 10	8 ~ 10
烟气 SO_2 收率	%	98	98
粗铅品位	%	98 ~ 99	98 ~ 99
铅总收率	%	97 ~ 98	97 ~ 98
脱硫率	%	98	98
氧气单耗	m^3/t	360	320 ~ 330
电耗	kW·h/t	80 ~ 96	68 ~ 80
煤耗	kg/t	69	131
天然气耗	m^3（标）/t	37.4	—
还原炉床能力	$t/(m^2·d)$	—	50 ~ 80
终渣含铅	%	≤2	≤2

3）国内应用情况

底吹炉氧化脱硫—底吹炉还原—烟化炉回收锌的三段炉炼铅法，目前在豫光金铅和山东恒邦冶炼厂建成有示范工程，产能均为 10 万 t 粗铅；金利三段炉炼铅法目前仅在金利铅业有限责任公司建成有年产 10 万 t 粗铅规模的示范工程；万洋三段炉炼铅法由于不依赖天然气、煤气等，控制相对简单，在国内得到了较快的推广应用，目前正在使用或正在改造使用的厂家有：万洋冶炼集团有限公司、安阳市岷山有色金属有限责任公司、灵宝新凌铅业股份公司、志诚金铅股份有限公司、福建省诚明金属冶炼有限公司、湖南宇腾有色金属股份有限公司等 10 余家，合计铅的年产能约 120 万 t。

4）总体评价

三段炉炼铅法的炉体配置结构紧凑，热渣直流，占地少，投资省；氧化、还原、烟化三段连续作业,工艺流程短,过程简单,工序少,作业稳定,易于操作,并可实现连续生产,自动化程度高;实现熔融高铅渣直接还原,充分利用熔体潜热,能耗低,且不使用焦炭,生产成本低;炉体密闭性能好,烟气溢散少,粉尘量少,对环境友好。

三段炉炼铅法的实质是 QSL 法的改进,因此,和 QSL 法一样不适用于中低品位铅物料的处理,和铅精矿伴生的锌也必须通过高耗能的烟化炉回收。

(7)基夫赛特法

1)方法简介

基夫赛特法研发于苏联,1986 年在哈萨克斯坦建成了日处理 400~500 t 炉料的乌斯季 - 卡缅诺戈斯克铅冶炼厂;1987 年在意大利的埃尼利索斯公司建成了日处理 600 t 炉料的威斯麦港铅冶炼厂,年生产粗铅 8 万 t。1994 年,加拿大科明科公司废弃原 QSL 炉开始采用基夫赛特法建设规模为 10 万 t/a 的特雷尔铅冶炼厂,并于 1996 年 12 月投产。

基夫赛特法实际是一步闪速熔炼法。基夫赛特炉由四部分组成(见图 3 - 44):闪速熔炼反应塔(竖炉)、炉缸、电热还原区和包括余热锅炉在内的由膜式水冷壁构成的直升烟道。炉子的气相空间分成三个区域:第一区为直升烟道区;第二区为反应塔区,两区间设有一个矮隔墙,反应塔产生的烟气可以自由进入直升烟道;第三区为炉渣贫化用的电炉还原区,由一道伸进熔体渣相内 200 mm 的隔墙与反应塔的氧化区隔开,以维持还原区的还原气氛。隔墙由外嵌耐火砖的铜水套制成。

图 3 - 44   基夫赛特炉炉体结构图

粒度 <1 mm, 含水 <1% 的炉料和粒径 5~15 mm 的细焦粒、工业氧一道喷入反应塔, 喷入氧量按炉料成分和脱硫率确定。在反应塔高温 (750~1450℃) 和高氧位 (含氧 90%~95%) 的条件下, 金属硫化物被氧化, 放出大量热能, 把焦炭也加热到表面着火温度, 和熔融的炉料一起, 自上而下呈闪速状态落入熔池, 并在熔池表面形成一层赤热的焦炭层。当含大量 PbO 的高温熔体通过赤热的焦炭层时, 超过 80% 的 PbO 被还原, 而 ZnO 不被还原仍留在渣中, 焦炭也不被熔体浸润。含铅约 15% 的铅锌渣再通过隔墙下方进入电炉还原区, 在焦炭和电热作用下, 铅、锌氧化物被二次还原, 约 60% 的锌以锌蒸气的形态在电炉出口段重新被氧化为氧化锌, 通过收尘回收。

反应塔产生的约含 40% SO_2 的烟气通过余热锅炉降温及电收尘后送往制酸 (烟气量约 200 m^3 (标)/t 炉料); 电炉还原区烟气几乎不含 SO_2, 通过余热锅炉降温及布袋收尘后直接排空。炉渣与粗铅由还原区不同高位的出口放出。

2) 技术特点

熔池中设置焦滤层是基夫赛特炼铅技术的重要特点之一。实践表明, 在反应塔氧化形成的铅氧化物超过 80% 在焦滤层还原生成一次粗铅。基夫赛特炉的反应塔从上到下分为氧化脱硫、熔炼造渣 (含铅高的初渣) 和焦滤层还原三个基本过程。

作为业界公认的最环保的铅冶炼方法, 基夫赛特炼铅法的特点如下:

① 原料适应性强。含铅 20%~70%、硫 14%~28%、银 100~8000 g/t 的多金属精矿和铅精矿、锌生产渣、铅烟尘和二次铅物料等都可用基夫赛特法处理。

② 炉子运行连续、稳定、炉寿命长、开工率高、维修费省。关键装置寿命可与炼铜闪速炉相当; 作业率高达 95%。

③ 主要金属的回收率高, 铅回收率可达 98%, 金银可达 99%, 原料中的锌回收率可达 60% 以上。

④ 生产成本大幅度降低。这得益于包括使用蓝炭 (不使用昂贵的冶金焦) 在内的能耗减少, 操作人员和设备维修减少。

⑤ 环境卫生条件好。这得益于烟气排放量大大减少 (烟气 SO_2 浓度高达 30%~40%), 且烟尘率低 (6%~10%)、收尘效率高, 加之炉体密闭, 烟尘烟气逸散少, 逸散的总铅量、工作场地空气中铅含量和 SO_2 排放量均大幅降低。还有一特点是大部分砷进入粗铅, 只有约 3% 的砷进入闪速炉烟尘。

⑥ 氧化还原在一台炉中完成, 反应热利用充分, 热量损失少, 能耗低。

⑦ 基夫赛特炉可以处理湿法炼锌渣和含铜的物料, 综合回收铅、锌、铜、银、铟等。电炉烟气产出的氧化锌中 F、Cl 含量甚微, 可直接送浸出生产电锌, 做到铅、锌互补, 对铅锌联合企业更具优势。

3) 主要技术经济指标

基夫赛特法主要技术经济指标见表3－20。

表 3 – 20　Vesme 港和特雷尔铅冶炼厂的主要技术经济指标

指标	单位	Vesme 港铅厂	Trail 铅厂
处理量(炉料)	t/d	610 ~ 660	1350 ~ 1470
原料含铅	%	47 ~ 48	20 ~ 25
料枪数量	台	2	4
氧化区熔池渣温	℃	1250 ~ 1300	1250 ~ 1300
电炉区熔池渣温	℃	1300 ~ 1350	1320 ~ 1360
外排铅温	℃	850 ~ 900	850 ~ 950
铅直收率	%	88 ~ 91	88 ~ 89
脱硫率	%	96.7	96
渣含铅	%	1.5 ~ 3	3 ~ 5
渣含锌	%	约 10	约 16
熔炼烟尘率	%	8 ~ 10	10 ~ 16
铅总回收率	%	>98	>98
锌回收率	%	50 ~ 60	50 ~ 60
铜回收率	%	70% 进入粗铅	70% 进入粗铅
金回收率	%	>99	>99
银回收率	%	>99	>99
氧气消耗(100% O_2)	m^3/t 料	170 ~ 210	150 ~ 170
焦炭消耗(100% C)	kg/t 料	20 ~ 30	20 ~ 30
粉煤消耗	kg/t 料	60 ~ 70	80 ~ 90
总电耗	kW · h/t 料	205 ~ 235	约 205
电极消耗	kg/t 料	1.4 ~ 2.6	0.6 ~ 0.9
压缩空气消耗	m^3/t 料	约 135	约 135
产蒸汽(4.2 MPa)	t/t 料	0.43 ~ 0.53	约 0.45

　　加拿大科明科公司特雷尔的基夫赛特炼铅厂自 1997 年投产以来，厂区内的大气含铅量已经从基夫赛特投产前的平均 0.45 mg/m^3 下降到了 0.27 mg/m^3，冶炼厂工人血铅含量从 1990 年的平均值 42 μg/dL 下降到 1999 年的 29 μg/dL。

1990—1999 年间，特雷尔冶炼厂铅排入大气的日平均值：1990—1995 年平均为 299 kg，1996 年为 338 kg，1997 年为 69 kg，1998 年为 65 kg，1999 年为 85 kg。当地社区半岁到 5 岁儿童的血液含铅从 11.5 μg/dL 降低到了 7.7 μg/dL。上述数据从一个侧面反映了基夫赛特法在环保方面的优越之处。

4）国内应用情况

目前，在江西铜业铅锌金属有限公司和株洲冶炼厂建成有基夫赛特法的铅冶炼厂，年产能分别为 12 万 t 粗铅和 10 万 t 粗铅。由于投产时间尚短，加之设计建设中存在些微瑕疵，尚未取得预期的技术指标。

5）总体评价

从国内建成的 2 个基夫赛特铅冶炼厂来分析，基夫赛特法也存在如下不足：①炉体结构复杂，包括贫化电炉在内的熔池均需用铜水套保护，不仅投资大（江西铜业铅锌金属有限公司的基夫赛特铅冶炼厂投资 12 亿元，株冶的基夫赛特铅冶炼厂投资 9 亿元），而且铜水套散热带走的热量也较多；②炉内的熔体由反应塔直接流向贫化电炉，直升烟道下部的熔池就成为无效工作区，由于该部分熔体几乎不流动，烟道下部很容易出现炉结；③基夫赛特炉设置电热还原区的初衷是为了还原挥发炉渣中的锌，以达到取消传统炼铅工艺中高耗能的烟化炉的目的。但由于电热还原区的熔渣几乎呈静止状态，而加入还原区的焦炭由于密度小而漂浮在渣面，和熔渣有效接触面积小，导致锌的高温还原效果很差。因此，特雷尔铅厂又重新设置了锌的烟化炉。

基夫赛特法具有对原料适应性强、环境保护好的明显优势，但作为生产利润率很低的铅冶炼行业，如果不能大幅缩减建设投资，基夫赛特法在国内就不会有大的推广应用前景。

（8）铅富氧闪速熔炼法

1）方法简介

铅富氧闪速熔炼法是北京矿冶研究总院在充分借鉴铜、镍闪速熔炼和基夫塞特炼铅成熟经验的基础上，和灵宝市华宝产业有限责任公司合作开发的铅冶炼新技术。铅富氧闪速熔炼法的主体设备由闪速熔炼炉和还原贫化电炉构成（见图 3-45），设备配置更类似于铜的闪速熔炼，铅的熔炼和炉渣贫化还原分别在 2 台装置中联合完成。主体的闪速熔炼炉由三部分组成：①带氧焰喷嘴的反应塔；②设有热焦虑层的沉淀池；③带膜氏壁的上升烟道。

反应塔为圆形，采用一层铜水套 + 7 层铬镁砖耐火材料的"大三明治"结构，耐火材料外部设有钢水套。塔顶和沉淀池顶部设有备用氧油枪，供停料保温用。塔顶中央设有一个中央扩散型精矿喷嘴。

粒径小于 1 mm、含水小于 1% 的粉状炉料通过下料管从咽喉口处给出，氧气在咽喉口成高速射流，将含铅物料引入并经喇叭口分散成雾状送入反应塔。含水

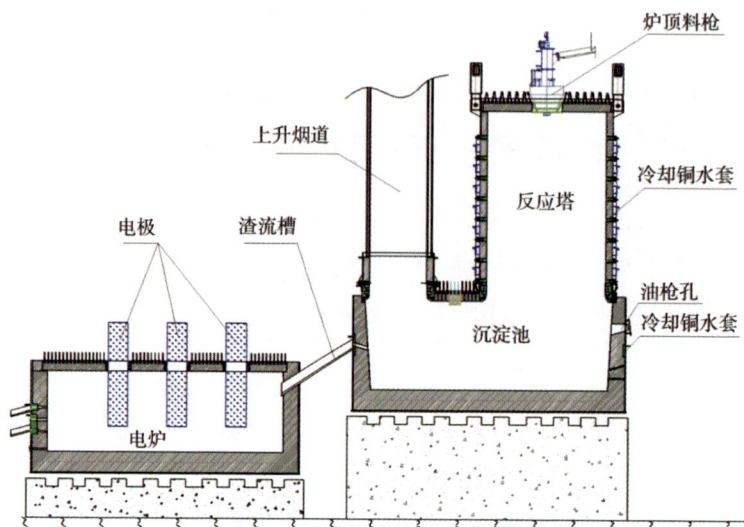

图 3-45 铅富氧闪速熔炼法设备配置图

小于 5%、粒径 5~25 mm 的焦粉(蓝炭)从均布在塔顶的 2 个加料管单独加入,5%~10% 的蓝炭参与燃烧反应补充反应热。氧化脱硫反应后的 1350~1400℃ 的熔融物料先经过炽热的焦炭层,约 90% 的 PbO 与焦炭层产生的 CO 及 C 发生反应被还原成金属铅,铅与渣在沉淀池分离后从沉淀池放铅口虹吸放出;少部分铅呈 PbO 和硫酸铅的形态进入炉渣,经流槽自流至贫化电炉进行深度还原。反应塔烟气进入沉淀池,经二次补风燃烧后,再以 5~7 m/s 的速度流向上升烟道。上升烟道垂直向上,直接与余热锅炉辐射冷却段相连。

还原贫化电炉控制约 1250℃ 的还原温度,还原剂为 5~30 mm 的粒煤,由电炉进料口加入。为保证炉渣中铅、锌的还原效果,喷吹适量压缩空气搅动熔体,保证渣含铅小于 2%,锌小于 2%。挥发进入电炉烟气的锌蒸气和少量铅蒸气经二次吸风燃烧、冷却降温后,进入布袋收尘系统回收锌、铅。电炉还原过程中形成的铜锍从铜锍口放出。电炉粗铅从放铅口虹吸放出浇铸成铅锭。

炉内的熔体由反应塔流经烟道后再进入贫化电炉,停留时间长,渣金分离效果好,且避免了烟道下部炉结的形成。

2)技术特点

铅富氧闪速熔炼法在保留基夫赛特优点的基础上,具有如下特点:

①炉体结构比基夫赛特炉简单,操作和运行条件更简便稳定,是目前唯一取消了氧化炉的铅冶炼技术,真正实现了铅、锌的一次回收;

②伴生有价金属回收率更高。铅精矿中所含的大部分铜以铜锍形式产出并回

收；约99.5%的金银在粗铅中得到富集并在铅精炼过程得到回收；90%以上锌在还原贫化炉中回收；

③熔炼温度较基夫赛特法低，能耗及耐火材料消耗量更少，炉体使用寿命更长；

④由于熔炼温度和排铅温度较基夫赛特低，铅尘挥发更少，操作条件、劳动安全和工业卫生条件更好；

⑤"大三明治"结构的反应塔使铜水套的使用量大幅降低，同时由于贫化电炉炉温也较基夫赛特电炉贫化区的温度低，炉墙无需使用铜水套，加之配套辅助设备少，并取消了氧化炉，设备全部国产化。同等生产规模下，铅富氧闪速熔炼法的投资仅为基夫赛特法的50%。

3）主要技术经济指标

主要技术经济指标见表3-21。

表3-21　铅富氧闪速熔炼法的主要技术经济指标

指标	单位	参数
处理量（炉料）	t/d	约720
原料含铅	%	26~35
氧化区熔池渣温	℃	1100~1200
电炉区熔池渣温	℃	约1250
外排铅温	℃	600~650
铅直收率	%	90~92
脱硫率	%	98
渣含铅	%	0.5~2
渣含锌	%	0.5~2
熔炼烟尘率	%	8~12
铅总回收率	%	98.5
锌回收率	%	>90
铜回收率	%	85%铅铜锍
金回收率	%	>99.5
银回收率	%	>99.5
总硫利用率	%	>98
单位产品新水用量	t/t Pb	<6

续表 3 – 21

指标	单位	参数
单位产品综合能耗	kgce/t Pb	213（含锌挥发能耗）
单位产品 SO_2 产生量	kg/t Pb	0.56
单位产品颗粒物产生量	kg/t Pb	0.06
氧气消耗（100% O_2）	m^3/t 料	160 ~ 220
焦炭消耗	kg/t 料	30 ~ 40
粉煤消耗	kg/t 料	40 ~ 60
总电耗	kW·h/t 料	180 ~ 230
电极消耗	kg/t 料	0.6 ~ 1
压缩空气消耗	m^3/t 料	约 135
产蒸气（4.2 MPa）	t/t 料	约 0.5

4）国内应用厂家

铅富氧闪速熔炼法为新研发成功的技术，目前仅在灵宝鑫华铅冶炼厂建有年产 10 万 t 粗铅规模的示范工程（见图 3 – 46）。

图 3 – 46　灵宝鑫华 10 万 t/a 铅富氧闪速熔炼工程

5）总体评价

和基夫赛特法类似，铅富氧闪速熔炼法具有对原料适应性强、环境保护好的明显优势，且投资低，无需建设高耗能的烟化炉，真正实现了铅、锌的一次回收。若能再结合 ISP 的铅雨冷凝器技术，在电炉还原熔炼阶段直接生产出金属锌产品，则铅富氧闪速熔炼法必将会有更好的应用前景。

综上所述，国内外的这些直接炼铅技术既充分利用了硫化物氧化放出的热量，降低了能耗，又完全回收利用了硫，防止了对环境的污染，均避免了传统烧结焙烧—鼓风炉熔炼工艺大量返料的问题。

3.4.3.2　湿法炼铅

尽管像基夫赛特法和 QSL 法这样一些现代火法炼铅过程中产出高 SO_2 浓度的烟气可以用于制酸，但是，制酸尾气和含铅逸出物的污染也难以根除。此外，火法炼铅不适合处理低品位矿和复杂矿。随着炼铅工业的发展，高品位和易处理铅矿越来越少，低品位和复杂铅矿会逐渐增多。因此，近年来冶金工作者开展了大量湿法炼铅的试验研究工作。湿法炼铅过程不产生 SO_2 气体，含铅烟尘和挥发物逸出极少，对低品位和复杂矿处理的适应性也较强。随着地球环境保护政策和工业卫生规范要求日趋严格，湿法炼铅的试验研究工作越来越受到重视。根据近年来的资料报道，试验研究所采用的湿法炼铅方法多种多样。基于 $Pb-S-H_2O$ 系热力学分析，铅矿湿法处理归纳为 3 个途径：①硫化铅矿直接还原成金属铅；②硫化铅矿的非氧化浸出；③硫化铅矿的氧化浸出。

湿法炼铅早期研究的对象为难选矿物及不适宜火法处理的成分复杂的低品位铅矿和含铅物料，如浮选中矿、含铅灰渣、烟尘与废料以及氧化铅锌矿等。近年来对硫化铅矿也进行了大量的湿法冶炼的试验。湿法炼铅概括起来大致可分为下列四类方法：①氯化浸出法；②碱浸出法；③胺浸出法；④含胺硫酸盐浸出。其中较为成功的有美国矿务局进行的方铅矿三氯化铁浸出—融盐电解制取金属铅的试验；Forward 等进行的在有机胺体系中对方铅矿加压氧化成硫酸铅，然后通入二氧化碳气体，沉淀出碳酸铅，再用低温熔炼，把碳酸铅还原成金属铅的试验；Bratt 等开展了用高浓度氨-硫酸铵溶液浸出氧化铅和硫酸铅，再用沉淀、溶解、电解等过程生产金属铅的试验。中国科学院过程工程研究所陆克源等在 20 世纪 80 年代成功研究了碳酸化转化炼铅工艺。

虽然火法炼铅存在着众所周知的污染弊端，但多年来铅的湿法冶金技术因过程复杂、介质腐蚀性强、生产成本高等原因，一直没能取得重大进展，尚未有实现工业化的报道。主要有以下几方面原因：①铅是低附加值的贱金属，一直到2000 年前后，铅的价格还在 4000 元/吨左右徘徊；②铅精矿至精铅，焦炭价格

700 元/t 时，火法炼铅加工费约 900 元，而湿法炼铅的费用则较高，无经济优势；③湿法炼铅工艺本身存在局限：包括浸出介质选择、氧化剂、规模化，伴生有价金属及贵金属的综合回收等；④精矿中硫的利用和用途。因此，针对高品位铅精矿的处理，湿法炼铅没有优势。但针对交通不便的偏远中小矿区的低品位复杂铅精矿的处理，湿法炼铅具有一定的经济和环保优势。作为一种预处理手段，铅湿法冶金有其存在的合理性。

(1) 矿浆电解法

矿浆电解法是近 30 多年来发展的一种湿法冶金新技术，其将湿法冶金通常包含的浸出、溶液净化、电积三个工序合而为一，利用电积过程的阳极氧化反应来浸出矿石，使通常电积过程阳极反应的大量能耗转变为金属的有效浸出，同时槽电压降低，电解电能下降，整个流程大为简化。

云南元阳含铅复杂金精矿的矿浆电解就是一个极好的铅的预处理技术示范：元阳金矿地处偏远山区，交通极其不便；生产规模小，金精矿年产量仅有 3000 t；精矿成分复杂，除金外还伴生有铅(约 10%)、铜(约 5%)、锌(约 2%)，传统工艺处理非常困难。根据元阳金矿的物料性质、地理位置和环保要求，北京矿冶研究总院提出了矿浆电解脱铅—氰化浸金—浮选铜精矿的全湿法流程，2000 年项目建成投产，取得了金属回收率 Au > 99%、Ag > 99%、Pb 96%、Cu 90% 的结果。

针对目前工业使用的矿浆电解槽电极面积偏小，物料处理能力偏低、大规模应用受限的情况，北京矿冶研究总院又开发出了栅型网状电极矿浆电解槽，电极面积由 20 m^2 提高至 120 m^2，可通过的电流由 3000 A 提高至 15000 A，物料处理能力提高为之前的 6 倍。该矿浆电解槽已在高砷含锑金精矿的处理中实现了工业化，2014—2015 年分别在湖南和缅甸建成了工业生产厂。

(2) FLUBOR 湿法工艺

澳大利亚康派斯公司开发出的一种新型的湿法炼铅技术包括铅精砂浸出、电解、工艺蒸汽洗涤、氟硼酸的制备、阳极电解后溶液的净化及铅火法精炼。铅精砂浸出工序：以贫化后含氟硼酸铁的阳极电解液作为浸出液，浸出反应式为：$PbS + 2Fe(BF_4)_3 \longrightarrow Pb(BF_4)_2 + 2Fe(BF_4)_2 + S \downarrow$。当 80℃时进行二次浸出，反应时间约为 4 h，液固比为 $(12 \sim 14):1$，浸出率大于 94.7%。

电解和阴极铅的剥离工序：电解槽由放置于塑料纤维袋的不锈钢阴极种板和阳极组成，阴极种板由 316 不锈钢材料组成，厚度为 3 mm。阳极由石墨制成。电解的槽电压为 3 V，电流密度为 0.3 kA/m²，电解操作温度保持在 45～50℃。每个电极下有空气起泡装置以提高电解效率。添加剂使用骨胶溶液，富铅浸出液净化后加入电解槽的阴极室中。铅贫化后的电解液通过隔离膜进入阳极室，低 Pb^{2+}

高 Fe^{3+} 的阳极液收集后返回浸出工序。

工艺蒸汽洗涤：浸出反应器为负压操作，浸出工序产生的含 HBF_4 的蒸汽，经过洗气系统回收的 HBF_4 溶液作为车间的补充配料。该洗气系统是用来处理各个工序产生的污染废气。

阳极电解后溶液的净化：当比铅贱的杂质积累到一定程度时，就会在阴极上析出从而阻碍铅的进一步析出，需净化处理。采用硫化沉铅，产出的 PbS 滤饼返回浸出反应器，蒸发脱水后的余液加入 H_2SO_4 (98%)净化除杂。由于 Fe、Zn、Cd 等硫酸盐溶解度低而沉淀。硫酸盐浆状物采用重力分离，净化的溶液返回浸出反应器。

铅火法精炼：采用碱性火法精炼产出 99.99% 的精炼铅。

FLUBOR 工艺的优点：①氟硼酸铁溶液浸出方铅矿可产生非常稳定的可溶铅盐，并且对铅伴生的有价金属具有选择性；②电解可以在高电流强度下运行仍保持很高的析出效率，并产出高质量的阴极铅；③电解后的氟硼酸溶液可以直接返回浸出工序循环使用。

（3）浸出—电解法

浸出—电解法炼铅是铅精矿经浸出和熔盐电解产出金属铅的过程，包括铅精矿用盐类或碱溶液的浸出和熔盐电解两个主要过程。浸出所用的浸出剂有氯盐溶液和碱溶液。如用三氯化铁（$FeCl_3$）溶液浸出硫化铅精矿，用氯化钠或 NaCl – $CaCl_2$ 水溶液浸出含有 $PbSO_4$ 的物料，用氢氧化钠溶液浸出氧化铅锌矿等。

湿法炼铅研究的最多又比较成功的是用 $FeCl_3$ 溶液浸出硫化铅精矿。利用三价铁作为氧化剂，多采用 $FeCl_3$ 浸出铅精矿得到 $PbCl_2$ 和单质硫，$PbCl_2$ 熔盐电解得到电铅。用 $FeCl_3$ 溶液浸出硫化铅精矿的总反应为：

$$PbS + 2FeCl_3 \!\!=\!\!\!=\!\! PbCl_2 + 2FeCl_2 + S^0 \qquad (3-3)$$

试验表明，在 368K 下浸出 15 min，铅的浸出率达到 99%。硫以元素硫的形式进入浸出渣中，然后从渣中回收。由于 $PbCl_2$ 在水中的溶解度很小，所以在浸出过程中，一般是采用 $FeCl_3$ + HCl 或 $FeCl_3$ + NaCl 的混合溶液作浸出剂。$FeCl_3$ 实质上起氧化剂作用，使精矿中的硫氧化为元素硫。浸出的矿浆经液固分离后得到的 $PbCl_2$ 溶液，经冷却便结晶出 $PbCl_2$ 晶体。$PbCl_2$ 晶体在 378K 干燥后，便可送去电解。当处理的精矿含有铜、铋、砷、锑、锌等伴生元素时，得到的 $PbCl_2$ 溶液要在冷却结晶前分离除去。

该方案曾有较深入的研究，用 $FeCl_3$ 溶液在 (95 ± 5) ℃，pH = 0 ~ 1，液固比 6:1 条件下浸出 15 ~ 20 min，铅浸出率 99%。采用有机脱硫剂对浸出渣进行脱硫，脱硫率可达 98%。浸出液中的 $FeCl_2$ 分离后在常压下采用富氧催化氧化，再生 $FeCl_3$，可循环使用。此法尚处在中试阶段。除 $FeCl_3$ 外，还可采用硅氟酸铁、硫酸铁作为浸出剂。

熔盐电解所用的电解质体系是二元或三元的氯盐体系。除了 $PbCl_2$ 之外，还加入 KCl、NaCl 或 LiCl 等，以降低熔盐的熔点及提高电解质的导电性。在电解温度 723 ~ 773K、电流密度 4000 ~ 10000 A/m^2 和槽电压 2.5 V 的条件下，电流效率可达 95% 左右。只要获得比较纯的 $PbCl_2$ 晶体，就可以产出杂质含量少于 0.01% 的电铅。产出 1 t 电铅的电耗为 1000 ~ 1300 $kW \cdot h$。

(4)碱浸法

碱浸法有碳酸铵转化法和浓碱浸出法。前者是在碱性介质中采用 $(NH_4)_2CO_3$ 溶液浸出方铅矿，在常压和 50 ~ 60℃ 下通入空气，可一步转化成碳酸铅和元素硫。在 $(NH_4)_2CO_3$ 为 3 mol/L 的溶液中反应 2 ~ 5 h，PbS 转化率达 90% 以上，元素硫生成率为 80% 以上。该法的小试和扩大试验比较成功，其工业化应用有待进一步研究。

(5)固相转化法

固相转化法工艺思路新颖，采用铅精矿固相转化—浮选—氯化铅隔膜电解产出海绵铅。该流程适合于处理以铅为主而含硅低得多金属硫化物精矿，且无需对溶液进行净化。用 $FeCl_3 - NaCl$ 溶液使精矿中 PbS 转化为 $PbCl_2$，然后用浮选的方法，分选出含有其他金属硫化物的硫精砂和氯化铅。据报道，浮选铅直收率为 96%，回收率为 99.71%，电解回收率为 99.3%，电流效率为 93%，直流电耗为 937 $kW \cdot h/t$ Pb，碱耗为 20.72 kg/t Pb，盐酸耗为 99.25 kg/t Pb，技术上可行。经济上能否于与火法相比，还需要进一步研究。

3.5 锌冶金

3.5.1 锌冶金方法概述

现代炼锌方法分为火法炼锌与湿法炼锌两大类。火法炼锌中的竖罐蒸馏炼锌已趋淘汰，电炉炼锌规模小且未见新的发展。密闭鼓风炉炼锌是世界上最主要的、也是唯一的火法炼锌方法。世界上总共有 15 台（包括国内 ISP 工厂）密闭鼓风炉在进行锌的生产，占锌总产量的 12% ~ 13%。火法炼锌技术主要特点及应用情况如表 3 - 22 所示。

湿法炼锌即电解沉积法炼锌，包括常规浸出法、氧压浸出法和常压氧浸法。湿法炼锌具有金属回收率高、产品质量好、综合利用好、能量消耗较低、环境友好、成本低等优点，是当今世界最主要的炼锌方法，其产量占世界总锌产量的

85%以上。湿法炼锌技术发展很快，主要表现在：硫化锌精矿的直接氧压浸出；硫化锌精矿的常压富氧直接浸出；浸出渣综合回收及无害化处理；工艺过程自动控制系统等几个方面。近期世界新建和扩建生产能力的厂家均采用湿法炼锌工艺。常规浸出法是我国湿法炼锌的主要生产方法，其产量占湿法炼锌总产量的60%以上。2011年我国生产的522万t精炼锌，其中的95%是由湿法冶炼生产。湿法炼锌工业一直在向着大型化、连续化、自动化、高效化、清洁化和综合化等方向发展，以期创造更大的经济效益、社会效益和环境效益。

表 3 – 22　火法炼锌技术主要特点及应用情况

炼锌方法	主要特点	应用情况
鼓风炉炼锌（ISP 法/帝国熔炼法）	对原料的适应广，包括铅锌混合矿、含铜的铅锌矿以及各种铅锌氧化物渣等，是一种专门处理铅、锌混合物料的锌熔炼方法。 环境污染严重、能耗高	国内的葫芦岛锌冶炼厂、韶关冶炼厂、陕西东岭冶炼公司和白银冶炼厂建成有密闭鼓风炉炼锌的生产系统，年产能约40万t锌
电热法炼锌	入炉物料靠石墨电极电阻加热，使液体锌温度保持在 500～550℃。电热法炼锌每生产 1 t 粗锌电能消耗约为 4000 kW·h。对原料成分要求不严，随着直流电炉的成功应用，电耗也大幅下降	仅在我国部分边远省区如云南、贵州等氧化锌资源丰富、电力供应充足的地方有所发展，总装机功率约120000 kVA，年产锌量10～15 万 t，其中最大的会泽县滇北工贸有限公司，年产量为 2 万 t

3.5.2　锌冶金方法分类

　　火法炼锌包括平罐炼锌、竖罐炼锌、电热法炼锌和密闭鼓风炉炼锌。技术发展主要是增加二次含铅锌物料的处理措施；改进冷凝效率；富氧技术的运用等。近几十年来，特别是成功地采用热酸浸出(或称高温高酸浸出)—黄钾铁矾(或针铁矿)沉铁法后，湿法炼锌发展非常迅速，已取得了对火法炼锌的压倒优势。工业上湿法炼锌根据不同的原料，分别采用如下冶炼工艺：①硫化锌精矿—焙烧—浸出—电积工艺。②硫化锌精矿—直接加压酸浸—电积工艺。③氧化锌矿和氧化锌烟尘—直接酸浸—电积工艺。

3.5.3　锌冶金工艺

3.5.3.1　密闭鼓风炉炼锌法

（1）方法简介

密闭鼓风炉炼锌法于1950年由英国帝国熔炼公司（Imperial Smelting Processes Limited）将铅雨冷凝器应用于鼓风炉炼锌获得成功并投入生产，也称之为ISP法。主要工序包括精矿烧结焙烧、烧结块还原熔炼、锌冷凝器冷凝和粗铅精炼4个过程。

ISP法的炉体基本与炼铅鼓风炉相同，铅雨冷凝器是鼓风炉炼锌的特殊设备，鼓风炉炉顶用双层料钟密封，以保持炉内高温和防止炉气逸出。烧结块趁热加入，焦炭也预热至800℃，炉顶设有若干风口，以便鼓入热风使炉气中的CO部分燃烧，确保离开炉顶时的炉气温度不低于1000℃。进入铅雨冷凝器的炉气成分为：Zn 6%、CO_2 10%、CO 20%，锌被冷凝成铅锌合金，以防锌的高温氧化。铅锌合金再经冷却析出，产出粗锌。

物料中的铅被同时还原，并在捕集金银等伴生金属后进入鼓风炉炉缸，再虹吸放出。铅雨冷凝器的成功使用，使ISP法成为能在同一冶炼设备中处理复杂铅锌物料的较为有效的方法。

（2）技术特点

密闭鼓风炉炼锌最大优点是对原料适应广，包括铅锌混合矿、含铜的铅锌矿及各种铅锌氧化物渣等，可综合利用原矿中的有价金属，生产能力大、燃料利用率高、基建投资费用少，但需要冶金焦炭、技术条件要求较高、烧结块的含硫量低于1%、炉内和冷凝器内会产生炉结、劳动强度大，环境污染和高能耗则是其无法回避和解决的关键问题。

（3）主要技术经济指标

密闭鼓风炉炼锌的主要技术经济指标如表3-23所示。

表3-23　ISP法的主要技术指标

指标	单位	参数
烧结块铅锌比		约0.5
烧结块含铅	%	15~22
冷凝效率	%	97~92
鼓风炉焦率	%	32~40
焦耗	t/t金属	0.8~1.2

续表 3 – 23

指标	单位	参数
风焦比	m^3/t 物料	4500 ~ 5000
料柱高度	mm	6250 ± 150
补充铅耗	kg/t 金属	50 ~ 85
氯化铵耗	kg/t 金属	3 ~ 6
电耗	kW·h/t 金属	350 ~ 380
煤气消耗	m^3/t 金属	< 280
水耗	m^3/t 金属	30 ~ 50
炉渣含 Pb	%	< 1
炉渣含 Zn	%	6 ~ 8
Pb 回收率	%	93 ~ 98
Zn 回收率	%	90 ~ 98

（4）国内应用情况

目前，国内的葫芦岛锌冶炼厂、韶关冶炼厂、陕西东岭冶炼公司和白银冶炼厂建成有密闭鼓风炉炼锌的生产系统，年产能约 40 万 t 锌。

（5）总体评价

密闭鼓风炉炼锌对原料的适应性较强，但由于烧结时的低浓度 SO_2、铅蒸气、含铅粉尘等污染难以解决，以及无法利用硫化物的烧结燃烧热，严重限制了其发展。随着铅锌矿分选技术的进步，密闭鼓风炉炼锌法也面临着被淘汰的问题。

3.5.3.2 电炉炼锌法

（1）方法简介

电炉炼锌是利用电能直接加热炉料连续蒸馏生产锌的方法，其主要工序包括混料、制粒干燥、电炉还原熔炼和冷凝四部分。将细磨的高品质氧化锌矿和相应的焦炭混合、制粒、干燥后加入还原电炉内熔化还原，在高温和强还原气氛下，物料中的锌被还原并以锌蒸气的形态产出，含锌和 CO 的气体再经净化、急冷，并以锌粉形态产出。也有在电炉后端接锌雨冷凝器，使锌以粗锌形态产出。

（2）技术特点

电炉炼锌法对原料成分要求不严，随着直流电炉的成功应用，电炉电耗也大幅下降。由于电耗高，电炉炼锌的应用受到很大限制，目前仅在我国部分边远省区如云南、贵州等氧化锌资源丰富、电力供应充足的地方有所发展，总装机功率约 120000 kVA，年产锌量 10 ~ 15 万 t，其中最大的会泽县滇北工贸有限公司，年产量为 2 万 t。

3.5.3.3　常规浸出法

（1）方法简介

浮选硫化锌精矿经过配料、干燥、破碎、筛分后，用皮带抛料机抛入沸腾焙烧炉中进行焙烧，得到焙砂和 SO_2 烟气。烟气经冷却、除尘和净化后，送硫酸系统采用两转两吸工艺生产硫酸。

焙砂送浸出系统用稀硫酸进行中性浸出，同时用水解法除去中性浸出液中的铁和大部分砷、锑、锗等杂质。中性浸出渣再用稍浓的硫酸进行低酸性浸出，以尽量把中浸渣中的可溶锌溶解出来。酸性浸出液返回中性浸出。酸性浸出渣进入银浮选系统回收银，得到的银精矿送铅冶炼系统。浮选尾渣送挥发窑系统回收次氧化锌，渣中铅、铟、锗、镉、银大部分或部分进入次氧化锌而得到富集回收。

中性浸出的上清液送往净化系统。净化工艺一般采用三段锌粉置换法，第一段加锌粉除铜镉，得到的铜镉渣送镉系统生产金属镉，提镉后的铜渣再送铜系统回收铜；第二段将溶液升温加锌粉和活化剂锑盐或砷盐除钴镍，得到的钴渣送钴系统回收钴镍；第三段加锌粉除复熔镉，得到的纯净硫酸锌溶液送电解新液罐冷却沉淀后再配送锌电积槽，得到的净化渣返回第一段净化。

在电解槽内，通直流电，纯净的锌在阴极板上析出，阳极放出氧气。析出锌自阴极剥离后熔铸成锌锭或配制成合金锭。废电解液返回浸出工序循环使用。

常规浸出法的原则工艺流程见图 3－47。常规浸出法仍然是我国湿法炼锌的主要生产方法，其产量占湿法炼锌总产量的 60% 以上。由于历史的原因，老的生产系统在生产规模、资源综合利用、环境保护、节能减排、劳动生产率等诸多方面存在明显的缺陷。小型的道尔型沸腾焙烧炉，低空污染较大，床能力低，余热利用差。浸出过程现场环境差，车间废水零排放压力大。溶液净化深度不高，锌粉消耗高，自动化控制手段几乎没有。电积基本上是采用小极板，人工剥锌，酸

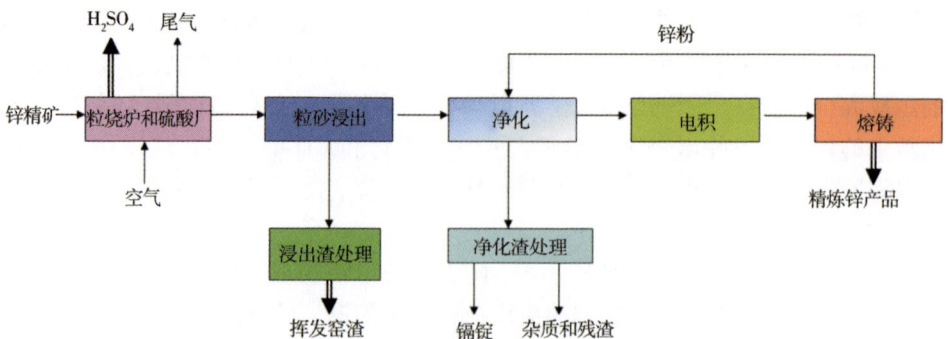

图 3－47　锌常规浸出法原则工艺流程图

雾重。锌熔铸是用能耗高、效率低的小型电炉。特别是浸出渣采用威尔兹炉挥发处理，能耗很高，不仅不经济，而且低浓度 SO_2 污染严重。

典型的湿法炼锌的化学反应过程如图 3 – 48 所示。

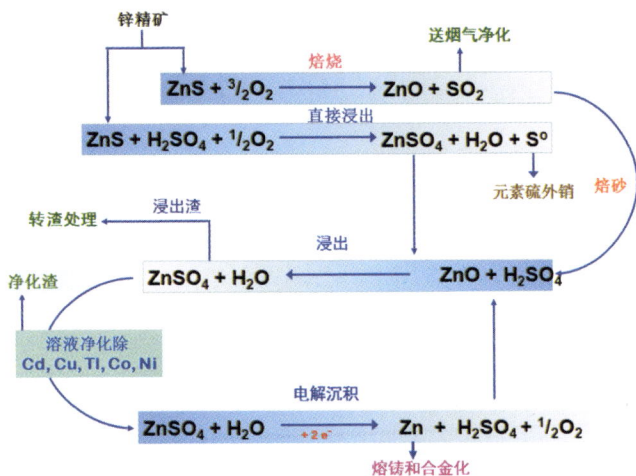

图 3 – 48　湿法炼锌的化学反应过程

（2）技术特点

常规浸出方法工艺成熟，生产稳定，但由于焙砂中的铁酸锌不能被稀硫酸浸出，因而其浸出渣中通常含有 20% 左右的锌，并由此导致了以下一些主要问题：

① 浸出渣量大，吨锌产出的浸出渣 0.8 ~ 0.9 t；

② 浸出渣含锌高，通常在 20% ~ 22%；

③ 浸出渣须采用挥发窑处理，能耗高，耐火材料消耗大；

④ 金属回收率低，挥发窑渣中仍含有 200 ~ 300 g/t 的银和 2% ~ 5% 的锌；

⑤ 挥发窑尾气 SO_2 含量超标严重，治理成本很高；

⑥ 净化过程，锌粉消耗较高；

⑦ 锌直接回收率低；

⑧ 锌电解及熔铸的劳动强度大。

我国的常规浸出法在金属回收水平、能耗水平、二次资源开发利用水平等方面，与国外先进水平相比仍有较大差距。以株洲冶炼厂为例，其每年产出的约 20 万 t 挥发窑渣中仍含有 1.5% ~ 2% 的铜、3% ~ 7% 的锌、0.5 ~ 1.0 g/t 的金、200 ~ 300 g/t 的银、150 ~ 300 g/t 的铟、30% ~ 40% 的铁，即约有 3000 t 铜、40 ~ 60 t 银，约 200 kg 金，6000 ~ 14000 t 锌。目前采用物理分选方法回收处理，但效果较差。与国外先进企业的差距情况列于表 3 – 24。

表 3 – 24 株洲冶炼厂浸出渣处理部分金属回收率及能耗指标与国外企业对比

生产厂家	Zn 回收率/%	Pb 回收率/%	Ag 回收率/%	能耗 kgce/t ZnO
株冶	88	88	61	1650
特雷尔	60(不含烟化)	98	99	350
韩国锌业	86	91	88	460

浸出渣回转窑挥发的主要缺陷如下：

①能耗高。生产 1 t ZnO 需要消耗 1.7 t 焦粉，还需要消耗大量的水、电、压缩风等；

②金属回收率低。统计数据表明，挥发窑金属挥发率分别为 Zn 88.03%，Pb 88.76%，In 76.11%；Ag 61%；

③加工费高。窑内衬耐火材料消耗较高，导致加工费高，每吨 ZnO 加工费达 2700 元；

④环境污染重。浸出渣中的硫在挥发过程进入气相，因浓度低无法回收，采用液碱吸收的处理成本很高；

⑤废渣产生量大。每处理 1 t 浸出渣产生 0.8 t 废渣，未回收的有价金属进入废渣中很难进行回收处理，存在严重的污染隐患。

锌冶炼过程主要杂质元素的分布及对流程的影响情况见表 3 – 25。

表 3 – 25 锌冶炼过程中的杂质元素分布情况

元素	工艺影响	自然分布
锑	降低电流效率	电解液
砷	使焙烧炉结块，砷逸出	中性浸出液，电解液
铋	污染阴极	电解液，阴极
镉	污染阴极	电解液，阴极
钙	堵塞管道	电解液
氯	腐蚀铝阴极	电解液或焙烧炉气
钴	降低电流效率，增加锌粉消耗	电解液
铜	降低电流效率	电解液
氟	腐蚀铝阴极	电解液或焙烧炉气

续表 3 – 25

元素	工艺影响	自然分布
锗	降低电流效率	中性溶液, 电解液
金	无	最终残渣
铟	使锌阴极表面变得粗糙	电解液
铁	降低电流效率和阴极纯度	电解液和阴极
铅	使焙烧炉结块	最终残渣
镁	使槽电压升高	电解液
锰	增加阳极的清洗工作量	电解液和阳极
汞	污染阴极和酸	酸
镍	降低电流效率, 增加锌粉消耗	电解液
钾	产生不需要铁矾沉淀物	电解液和铁矾渣
硒	污染阴极和酸	酸、残渣和电解液
硅	妨碍沉降和过滤	最终残渣和电解液
银	无	最终残渣
钠	产生不需要铁矾沉淀物	电解液和铁矾渣
碲	污染阴极	最终残渣和电解液
铊	污染阴极	电解液和阴极

表 3 – 26 列出了常用的杂质元素控制方法。

表 3 – 26　电锌厂中的杂质管理

元素	电解液中的允许最高含量	除去或控制方法
锑	<0.001 mg/L	锌粉净化
砷	<1 mg/L	随铁沉淀
铋	<25 mg/L	随铁沉淀
镉	<0.5 mg/L	锌粉净化
钙	<饱和浓度	石膏沉淀
氯	<100 mg/L	焙烧脱除
钴	<0.3 mg/L	锌粉净化

续表 3 – 26

元素	电解液中的允许最高含量	除去或控制方法
铜	<0.1 mg/L	锌粉净化
氟	<10 mg/L	焙烧脱除和随铁沉淀
锗	<0.05 mg/L	随铁沉淀或进中浸渣
金	—	进入最终残渣
铟	<1 mg/L	锌粉净化或进中浸渣
铁	<5 mg/L	由除铁工艺除去
铅	不溶	进入最终残渣
镁	<10 g/L	电解液开路
锰	1~4 g/L	清洗阳极
汞	很低	焙烧(脱汞工艺)
镍	<0.3 mg/L	锌粉净化
钾	—	电解液开路
硒	0.01 mg/L	焙烧脱除
硅	2.5g/L	部分进入最终残渣
银	—	最终残渣或铁矾渣
钠	—	电解液开路
碲	<0.01 mg/L	由除铁工艺除去
铊	<0.1 mg/L	锌粉净化

(3)主要技术经济指标

常规浸出法各工序技术经济指标见表 3 – 27。

表 3 – 27　常规浸出法各工序技术经济指标

指标	单位	参数
沸腾焙烧工序		
床能力	$t/(m^2 \cdot d)$	≥5.5
焙砂可溶锌率	%	≥91
烟尘可溶锌率	%	≥91

续表 3 - 27

指标	单位	参数
脱硫率	%	89 ~ 93
烧成率	%	86 ~ 91
锌回收率	%	99.5
浸出工序		
锌浸出率	%	82 ~ 88
浸出渣渣率	%	45 ~ 55
渣含酸溶锌	%	锌≤7
渣含全锌	%	≤21
中上清液合格率	%	≥90
锰矿粉消耗	kg/t Zn	< 15
C 干粉三号剂	kg/t Zn	< 0.3
蒸汽消耗	kg/t Zn	0.65
锑盐净化工序		
锌粉消耗	kg/t Zn	40 ~ 80
酒石酸锑钾	g/t Zn	≤200
压滤布消耗	块/月	8000
新液合格率	%	≥90
砷盐净化工序		
锌粉消耗	kg/t Zn	≤40
As_2O_3 消耗	kg/t Zn	≤3
氢氧化钠消耗	kg/t Zn	≤2.5
新液合格率	%	≥90
蒸汽消耗	t/t Zn	≤1
滤布消耗	m^2/t Zn	≤0.3
脱氯后溶液含氯	mg/L	≤300
除氯率	%	≥50
电积工序		
电流效率	%	≥87

续表 3 - 27

指标	单位	参数
槽电压	V	2.8 ~ 3.5
直流电能消耗	(kW·h)/t Zn	≤3150
阴极板消耗	片/t Zn	≤0.43
阳极板消耗	片/t Zn	≤0.24
骨胶消耗	kg/t Zn	≤0.6
碳酸锶消耗	kg/t Zn	≤3.0
水消耗	t/t Zn	≤1.2
蒸汽消耗	kg/t Zn	≤90
熔铸工序		
锌直收率	%	≥97.0
渣率	%	≤3.0
交流电单耗	(kW·h)/t Zn	≤125
NH_4Cl 消耗	kg/t Zn	≤1.2
水消耗	t/t Zn	≤0.3
锌冶炼总回收率	%	≥95
电锌一级以上品率	%	100
电锌综合能耗	kgce/t Zn	≤2400
浸出渣还原挥发工序		
窑渣含锌	%	≤2.5
锌回收率	%	≥92
铅回收率	%	≥80
焦粉消耗	kg/t ZnO	≤1800
收尘效率	%	≥99
布袋单耗	条/t ZnO	≤0.05

(4)国内应用厂家及产能

除株洲冶炼厂外，采用常规浸出法的冶炼企业主要有：葫芦岛锌业股份有限公司(13 万 t/a)、永春福源锌业有限公司(10.5 万 t/a)、保靖县锌业开发有限责任公司(3 万 t/a)、南丹县金山钢锗冶金化工有限公司(10 万 t/a)、云南驰宏锌锗股份有限公司(20 万 t/a)、湖南金石锌业有限责任公司(5 万 t/a)、云南云铜锌业股份有限公司(3 万 t/a)、云锡集团锌业有限责任公司(3 万 t/a)、云南马关锌业有限公司(5 万 t/a)等。

(5)总体评价

常规浸出方法工艺成熟,生产稳定,是目前我国湿法炼锌的主要生产方法。但由于其在资源综合利用、环境保护、节能减排、劳动生产率等方面存在诸多明显缺陷,新建的湿法炼锌厂已很少采用。

3.5.3.4　热酸浸出法

(1)方法简介

热酸浸出法是在常规浸出法的基础上增加高温、高酸浸出段而发展起来的,与常规浸出法的不同之处在于中性浸出渣的处理方法,实质是用高温(95 ~ 100℃)、高酸(终酸 40 ~ 60 g/L)的手段将中性浸出渣中所含的铁酸锌分解浸出,使焙砂浸出成为不同酸度、多段逆流的浸出过程。其他诸如焙烧、净化、电积、熔铸工序则和常规浸出法类似,原则工艺流程见图 3 – 49。

主要技术经济指标:始酸 100 ~ 200 g/L,终酸 30 ~ 60 g/L,温度 85 ~ 95℃,时间 3 ~ 4 h,浸出液固比(6 ~ 10):1,锌浸出率 95% ~ 98%,铁浸出率 70% ~ 90%。

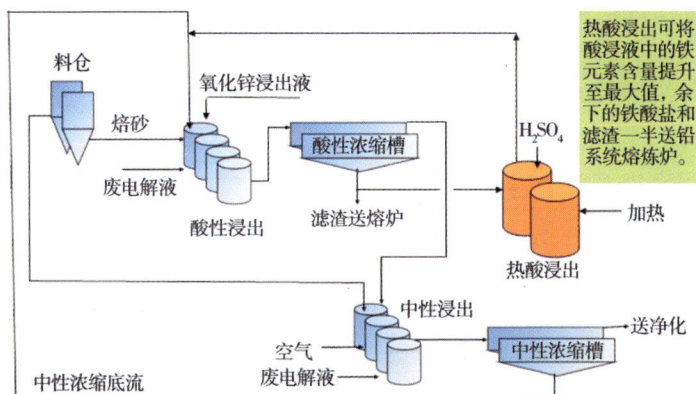

图 3 – 49　热酸浸出原则工艺流程

(2)技术特点

中性浸出渣经热酸浸出后,由于铁酸锌和其他化合物的大量溶解,热酸浸出渣中的铅、银等在硫酸盐体系中不溶解的有价金属得以明显富集。如果渣中铅和/或银的品位很高,则可直接送铅冶炼厂处理,或者也可以经浮选处理产出高品位的铅和/或银精矿出售,因此热酸浸出法对锌精矿中伴生金属有价元素铅、银的回收非常有利,并使渣的无污染经济处理成为可能。

在热酸浸出过程中,铁的浸出率可高达 70% ~ 90%。这种高铁溶液必须先除铁。工业上已经成功应用的沉铁方法有黄钾铁矾[$KFe_3(SO_4)_2(OH)_6$]法、针铁矿($FeO \cdot OH$)法和赤铁矿(Fe_2O_3)法。

①黄钾铁矾法

主要技术条件:除铁温度85~95℃,溶液pH 1~1.5,同时要求有稳定的阳离子(Na^+、K^+或NH_4^+)存在。

用沸腾焙烧产出的氧化锌焙砂来调整热酸浸出液的pH比较经济,但产出的铁矾渣中会含有较高的锌、银,系统锌、银的回收率会降低。

铁矾中含有硫酸根,带走了原本可以制酸的硫。黄钾铁矾法的其他缺点是产出了大量卖不出去的低密度物料(对于含铁8%的精矿而言,生产1 t锌锭要产出1 t左右含水约50%的湿铁矾渣),同时需要购买碱,另外,铁矾渣中通常只含约25%的铁,加之含水高,也不易处理。

黄钾铁矾法有两个变种,即奥托昆普转化法和低污染黄钾铁矾法。奥托昆普转化法的热酸浸出和铁矾转化发生在同一阶段,因此除铁流程相对简单、可靠和操作方便,但银、铅均在铁矾渣中,只适用于低铅银物料的处理。低污染黄钾铁矾法是采用低温预中和或用中性浸出液作稀释剂的手段来调整铁矾沉淀之前的溶液成分,实现沉铁矾时不添加中和剂的目的,其得到的铁矾渣含铁较高,含锌较低,对环境影响较小,但沉铁液的处理量大,生产效率低,其原则工艺流程见图3-50。

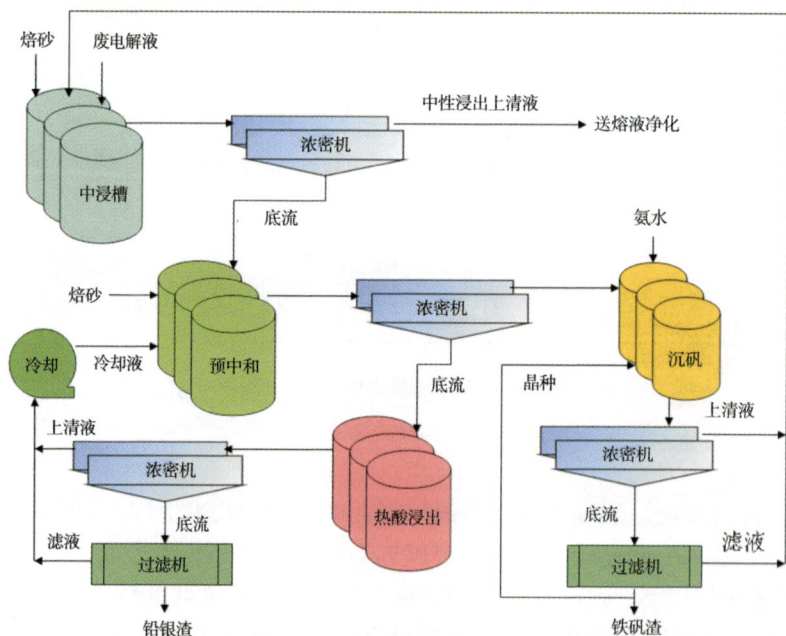

图3-50 低温预中和低污染黄钾铁矾法原则工艺流程

②针铁矿法

针铁矿法需要先将硫酸锌溶液中的 Fe^{3+} 用锌精矿还原为 Fe^{2+}，再用空气或氧气缓慢氧化为 Fe^{3+}，同时添加焙砂或次氧化锌中和，维持过程 pH 的稳定，使铁呈 $FeO \cdot OH$（针铁矿）的形式沉淀。针铁矿渣含铁量高，渣量少（沉淀等量的铁，渣量只有黄钾铁矾渣的 60%），同时还可以除去一部分氟和氯。由于针铁矿渣不含硫，因此酸的回收率比黄钾铁矾法高。原则工艺流程见图 3-51。

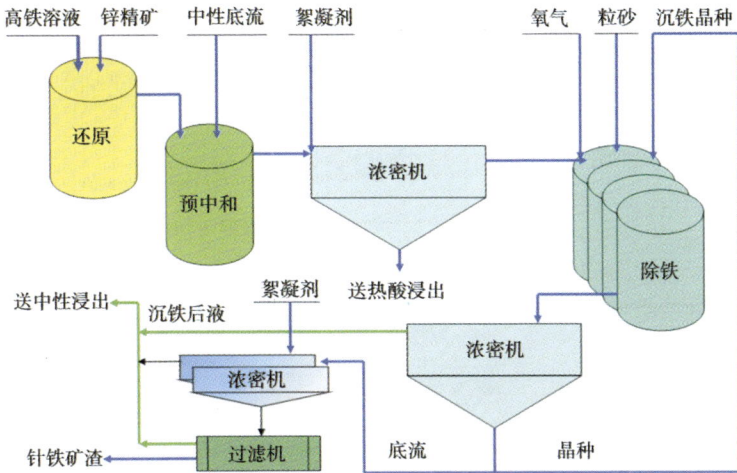

图 3-51 针铁矿法沉铁工艺流程图

主要技术条件：温度 75~85℃，反应时间 4~5 h，氧气单耗 10~50 m^3/t 精矿，终酸 pH 3.5±0.5，终点 Fe^{2+} 浓度 <1 g/L。

针铁矿法的操控条件比较严格，还原阶段复杂以及需要精矿循环，不易掌握。经过多年努力，针铁矿法目前已在丹霞冶炼厂和株洲冶炼厂实现了工业应用。

1985 年在温州冶炼厂投入生产的喷淋沉铁工艺，不需要 Fe^{3+} 的预还原和 Fe^{2+} 的氧化步骤，而是采用稀释法，把高含量的 Fe^{3+} 溶液加入到不含 Fe^{3+} 的溶液中，使 Fe^{3+} 浓度达到 <1 g/L 而生成 FeOOH 沉淀，因此其本质还是针铁矿法。技术条件为温度 80℃，pH 3.5~5.0，焙砂加入量为理论量的 1.5~2 倍，除铁率 >94.9%，沉铁后液含铁 <1 g/L，沉铁渣含锌 5%~6%。

③赤铁矿法

日本饭岛冶炼厂根据自身锌精矿含铜、铟、镓高的特点，自 1972 年以来一直采用赤铁矿法来综合回收铜、镉、银、镓和铟。其中性浸出渣首先经高酸热压和 SO_2 还原浸出，使铁酸锌和铜溶出，铅和银富集在浸出中送铅冶炼厂处理；热压浸出液再用硫化氢沉铜后，用石灰进行二段中和，分别产出较纯的石膏渣和富集了镓/铟的石膏渣，中和后液再送高压釜处理，在200℃和1.8 MPa氧分压的条件下停留3 h，使铁以不溶的赤铁矿（Fe_2O_3）沉淀析出。原则工艺流程见图3-52。

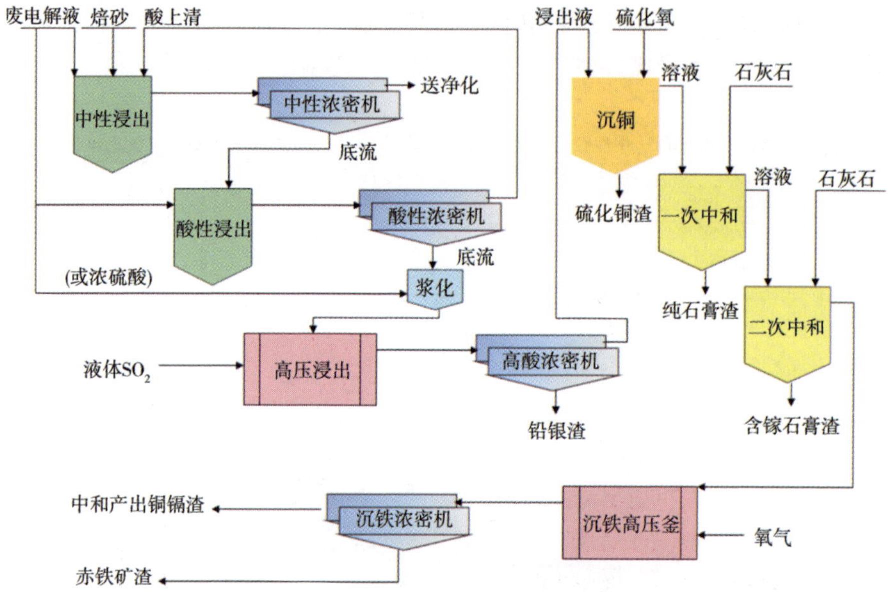

图3-52 饭岛炼锌厂赤铁矿法工艺流程

赤铁矿法对伴生铜、镉、银、铅、镓、铟的回收很有利，适用于高铜及高稀散金属锌精矿的处理，但由于需要液体SO_2和O_2以及高温高压设备，运行费用高。

（3）主要技术经济指标

三种沉铁方法的技术指标比较如表3-28所示。从技术实现的难度来说，黄钾铁矾法最容易，针铁矿法次之，赤铁矿法最难。

表3-28 三种沉铁方法的技术指标比较

	沉铁方法	黄钾铁矾法	针铁矿法	赤铁矿法
作业条件	pH	<1.5	2~3.5	>2% H_2SO_4
	温度/℃	90~100	70~90	约200
	参与的阴离子	SO_4^{2-}	无	无
	要求加入阳离子	A（Na^+，K^+，NH_4^+）	无	无

续表 3 – 28

	沉铁方法	黄钾铁矾法	针铁矿法	赤铁矿法
生产结果	形成的化合物	$AFe_3(SO_4)_2(OH)_6$	$\alpha-FeOOH$ 和 $\beta-FeOOH$	$\alpha-Fe_2O_3$
	阳离子杂质	低（除 A 以外）	中等	低
	阴离子杂质	高	中等（能较好地除氟）	中等
	过滤性能	很好	很好	很好
	滤液含铁量/$(g \cdot L^{-1})$	1 ~ 5	< 1	约 3
铁渣化学成分/%	锌	3.0	8.5	0.45
	铜	0.2	0.5	—
	镉	0.02	0.05	0.01
	铁	25	35 ~ 41	58 ~ 60
	铅	1.5	2.2	—

（4）国内应用厂家及产能

国内采用热酸浸出的生产厂家及产能情况见表 3 – 29。

表 3 – 29 国内采用热酸浸出的生产厂家及产能

编号	厂家	除铁工艺	年产能/万 t
1	巴彦淖尔紫金有色金属有限公司	黄钾铁矾法	22
2	赤峰中色库博红烨锌业有限公司	低污染黄钾铁矾	21
3	温州有色冶炼有限责任公司	针铁矿法	3
4	安徽铜冠有色金属（池州）有限责任公司	低污染黄钾铁矾	10
5	河南豫光锌业有限公司	黄钾铁矾法	25
6	湖南三立集团股份有限公司	黄钾铁矾法	11
7	广西华锡集团股份有限公司	黄钾铁矾法	6
8	河池市南方有色冶炼有限责任公司	黄钾铁矾法	30
9	柳州市龙城化工总厂	黄钾铁矾法	10
10	广西金河矿业股份有限公司	黄钾铁矾法	12

续表 3 – 29

编号	厂家	除铁工艺	年产能/万 t
11	四川宏达股份有限公司	黄钾铁矾法	32
12	蒙自矿冶有限责任公司	黄钾铁矾法	5
13	云南罗平锌电股份有限公司	黄钾铁矾法	10
14	汉中锌业有限责任公司	黄钾铁矾法	36
15	陕西锌业有限公司	黄钾铁矾法	15
16	白银有色集团股份有限公司	黄钾铁矾法	12
17	甘肃厂坝有色金属有限责任公司成州锌冶炼厂	黄钾铁矾法	10
18	甘肃宝辉实业集团有限公司	黄钾铁矾法	6
合计			276

(5)总体评价

除铁方法是否经济,取决于锌、银、铟的回收率,但日益严格的环保要求使渣的处理变得越来越重要,渣的处理是锌冶炼厂今后必须考虑的现实问题。因此,和锌冶炼相关的新技术、新工艺的开发,多围绕尽可能提高锌、银、铟、锗、铜、铅等的回收率来开展。例如,豫光金铅和株冶等企业对中性浸出渣中银浮选的药剂选择和工艺以及设备开发,可使银的浮选回收率提高到65% ~ 70%;丹霞冶炼厂对氧压浸出的高铁溶液在除铁之前,采用锌粉还原置换沉淀,提高了锗、铟回收率,避免了锗、铟进入针铁矿渣的损失;株冶将常规中性浸出渣底流搭配送入常压富氧直接浸出硫化锌精矿系统,大幅度提高了锌、铜、锰浸出率,富氧直接浸出渣再送入基夫赛特炼铅系统回收铅、银等。

3.5.3.5 氧压浸出法

(1)方法简介

氧压直接浸出法的特点是取消了硫化锌精矿焙烧、制酸和常压浸出,而采用特殊设计的压力反应器(高压釜),让浸出在高温高压和富氧的环境中进行。在有三价铁离子存在的条件下,氧压浸出能使在一般浸出条件下不会溶解的硫化锌溶解。产出元素硫而不是 SO_2,因此改善了环境条件。浸出得到的富锌溶液可用传统的净化流程来处理。

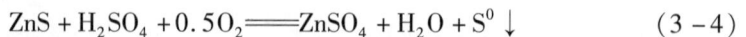

$$ZnS + H_2SO_4 + 0.5O_2 =\!=\!= ZnSO_4 + H_2O + S^0 \downarrow \qquad (3-4)$$

氧压直接浸出法的使用范围较广,包括高铁低品位硫化锌精矿、铅锌混合矿、铁酸锌渣、高硅锌精矿等。由于在高压釜中不会形成铁酸锌,因此,即使处理高铁低品位锌矿,也可以获得很高的回收率。

目前工业应用的氧压浸出工艺有两种：一段氧压浸出和两段氧压浸出。一段氧压浸出通常被用来作为采用常规浸出工艺的锌冶炼厂扩大生产能力的手段，同时避免产生多余的硫酸，一段氧压浸出经除铁后，再并入常规电锌厂的中性浸出工段。和常规焙烧—浸出技术的不同之处在于，氧压浸出需要增加硫回收工序。两段氧压浸出工艺适用于独立的氧压浸出湿法炼锌厂。第一段采用低酸条件进行浸出，产出质量较高的硫酸锌溶液，以便适应后续常规工艺来进行处理，第二段采用高酸度条件进行浸出，以便尽可能提高锌浸出率。

丹霞冶炼厂根据自身原料含镓、锗高的特点，采用二段逆流氧压浸出加两段磨矿工艺和 3.2 m^2 大极板电积锌工艺，于 2009 年 7 月建成投产了年产 10 万 t 电锌的冶炼厂。设计选用 3 台 280 m^3 高压釜，第一段采用低酸、低温、低氧压(0.3 MPa)的技术条件，控制终酸 10~15 g/L，浸出上清液含 Fe^{3+} 0.1 g/L，经焙砂中和后，用锌粉置换富集镓锗同时把 Fe^{3+} 还原为 Fe^{2+}，再用焙砂作中和剂进行针铁矿除铁，除铁后液经净化、电积、熔铸生产电锌；第二段氧压 0.8~1.2 MPa，温度 140℃，终酸 35~45 g/L，使未浸出的锌、铁、镓、锗等最大限度地浸出，二段浸出液返回一段浸出。锌浸出率 98%~99%，镓浸出率 90%，锗浸出率 95%。

云南冶金集团自 2002 年开始，在氧压浸出的工程化方面也开展了大量工作，先后建成了 1 万 t/a(一段加压)、2 万 t/a(二段逆流加压)和 14 万 t/a 规模的锌冶炼厂，所使用的 500 m^3 加压釜也实现了国产化制造。

二段逆流氧压浸出工艺流程见图 3-53。

(2)技术特点

与传统湿法炼锌工艺比较，氧压浸出工艺具有如下优势：

①取消了焙烧和烟气制酸系统，硫以元素硫形式高效回收，消除了 SO_2 和重金属粉尘污染，同时也解决了硫酸的贮存、运输和销售问题；

②对高铁闪锌矿、高铅锌精矿和富含镓锗铟等稀散金属的锌精矿有较好的适应性，对资源综合回收，特别是稀散金属的回收有利；

③有较强的灵活性，既可与传统的湿法炼锌有机结合，也可独立生产，为企业改善环境和提高资源利用率提供解决方案。

与常规浸出相比，尽管氧压浸出对环保有益，但它仍存在如下问题：

①在焙烧—浸出流程中，焙烧可除去矿物中的卤素、汞和硒。但进入氧压浸出系统的原料若含卤素过高，就会产生严重的腐蚀问题，另外，汞和硒则富集在氧压浸出系统产出的硫渣中，不易回收；

②氧压浸出系统溶出的杂质高，增加了净化工序的难度；

③硫渣的处理和银的回收比较麻烦，目前尚无理想的办法。

由于部分硫的氧化，氧压浸出可以实现自热浸出，但净化工序需要提供额外的蒸汽，因此需另外建设锅炉系统。而在焙烧—浸出流程中，由于硫化物的燃

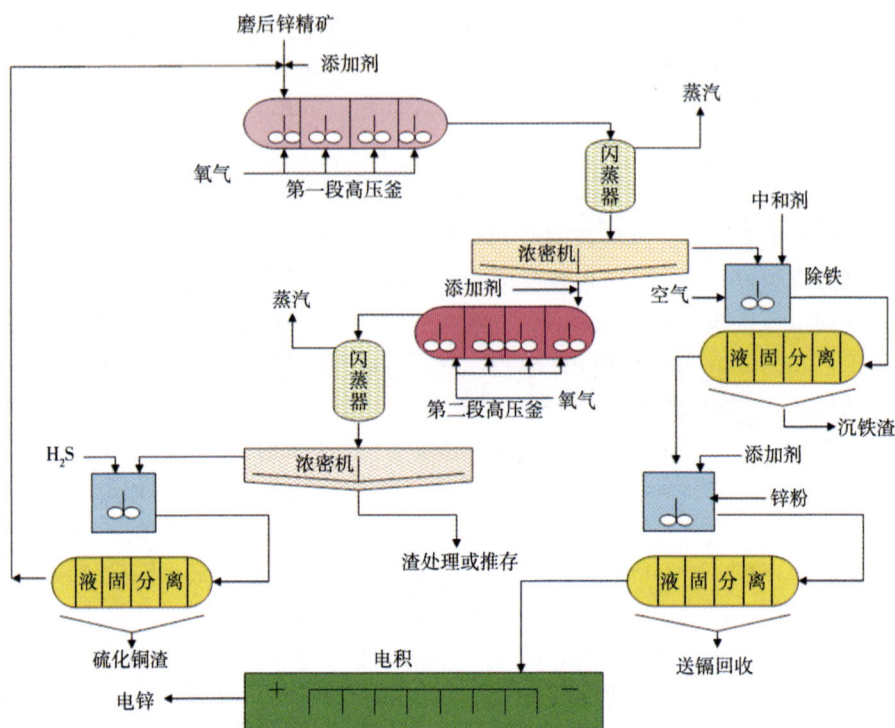

图 3-53 二段逆流氧压浸出工艺流程

烧，余热锅炉产出的蒸汽不仅可以完全满足自身生产的需要，还可以富余一部分用于发电。

（3）主要技术经济指标

锌浸出率 98.5%、浸出渣率 45%。浸出工序每吨锌的主要消耗：氧气 315 m^3/t、蒸汽 0.8 t/t、生产水 3.5 m^3/t、电 210 kW·h/t、木质素磺酸盐 2.5~3.0 kg/t。

（4）国内应用厂家及产能

目前，国内采用氧压浸出工艺的冶炼厂有：丹霞冶炼厂，生产规模 10 万 t/a；云南永昌铅锌股份有限公司，生产规模 1 万 t/a；云南澜沧铅矿有限公司，生产规模 3 万 t/a；大兴安岭云冶矿冶开发公司锌冶炼厂，生产规模 2 万 t/a；新疆鄯善县华源通盛锌冶炼厂，生产规模 2 万 t/a。此外，西部矿业锌业分公司、内蒙古山金阿尔哈达矿业有限公司的 10 万 t/a 二段逆流加压浸出锌冶炼厂和呼伦贝尔驰宏矿业有限公司 14 万 t/a 二段逆流加压浸出锌冶炼厂正在建设中。

（5）总体评价

氧压浸出历史较早，工艺成熟，但因设备腐蚀、投资偏高、操作严苛、运营费用高等原因而没有得到全面推广，但在环境要求较高的地区，氧压浸出具有竞争优势。近年来，锌冶炼企业面临的环境压力日益增大，氧压浸出又获得了新的发展。

3.5.3.6 常压富氧浸出法

（1）方法简介

常压富氧直接浸出法是在氧压浸出法的基础上发展起来的新技术。采用高温（95～100℃）和常压（100 kPa），在一组立式搅拌容器内用废电解液连续地浸出硫化锌精矿。其基本反应过程仍基于以铁作为硫化物反应的催化剂，把氧作为强氧化剂，只是用核心设备——玻璃钢反应器取代高压釜反应器。

浆化后的锌精矿矿浆泵入直接浸出反应器后，在高温高酸和自然压力（反应器底部料柱自然压力0.3MPa）下，通过氧气的氧化作用，使硫化锌精矿、铁酸锌等氧化浸出。与氧压浸出比，由于反应温度低、搅拌强烈和固体悬浮反应动力学条件好，不会出现氧压浸出那样的熔融硫磺包裹未反应锌精矿颗粒的情形，因此，无需添加反应表面活化剂。浸出渣送浮选系统，产出含硫75%～85%的硫精矿，浮选尾矿（铅银渣）送基夫赛特炉回收铅、银，浸出液送针铁矿沉铁工序。原则工艺流程见图3-54。

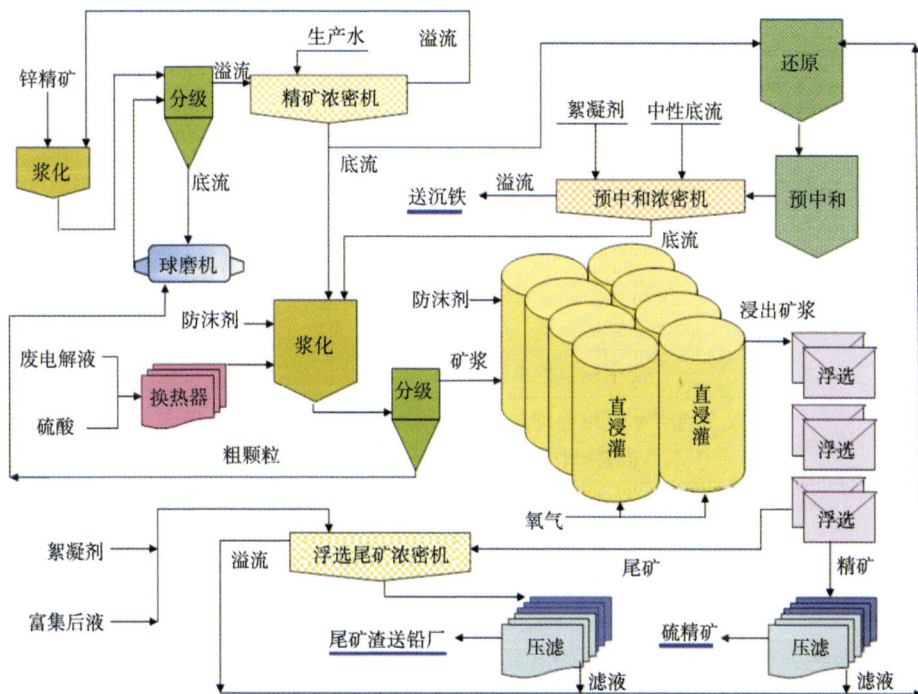

图3-54 硫化锌精矿常压富氧直接浸出工艺流程

常压富氧直接浸出法的核心设备是直接浸出反应器。株洲冶炼厂共设有 8 台直接浸出反应器，每台 1000 m³，尺寸为 φ7500 mm × 24000 mm。它是带有底部搅拌机的玻璃钢槽，搅拌机功率 250 kW。氧气从底部供给。

（2）技术特点

富氧常压浸出和高压浸出没有本质区别，富氧常压浸出是在溶液沸点以下进行，相对于加压浸出反应时间较长。加压浸出是在密闭反应容器内进行，可使反应温度提高到溶液沸点以上，使某些气体（如氧气）在浸出过程中具有较高的分压，让反应在短时间内有效进行。

氧压浸出和富氧常压浸出均要求把锌精矿中的硫化物硫转化成元素硫，而不是 SO_2 或硫酸根，因而能使锌的生产与硫酸的生产脱钩。在锌扩产改造，选择最佳技术时，厂家必须比较投资、生产成本、锌回收率、副产品回收率以及与现有工艺的兼容协调。两种硫化锌精矿直接富氧浸出工艺的比较见表 3 - 30。

表 3 - 30　两种硫化锌精矿直接富氧浸出工艺的比较

浸出类型	富氧常压浸出	高压浸出
Zn 回收率/%	98	98
反应时间/h	24	2
反应容器	较大	较小
温度/℃	95	150
叶轮尖端转速/(m·s⁻¹)	4.7	4.7
反应压力/kPa	100	1100 ~ 1300
生产控制	要求一般，安全性高	要求严格，安全性较低
原料处理	浆化设备较多，费用较高	浆化设备较少，费用较低
工艺适应性	很广，可以处理复杂精矿或者渣，不会带来操作和工艺调整的困难	一般，处理复杂矿或渣，对后期工艺的控制和调整难度较大
维护维修	不影响生产，维修费用较低	影响生产或停产维护，维修费用高
一次性投资	低	高

常压浸出液中的铁含量高于加压浸出液中的铁含量，但浸出渣中硫的赋存状态却有很大的不同：加压浸出渣中的硫经浮选后，硫精矿可以采用热滤的办法生产单质硫；富氧常压浸出渣的硫经浮选后，产出的硫精矿即便在 150℃ 下硫也不溶化，因此无法采用热滤的办法生产单质硫。

常压浸出投资比压力浸出相对要低,操作控制简单,维修费用稍低,但直接浸出反应器设备庞大,尤其采用底部搅拌要求密封难度较大;而压力浸出设备体积小,反应速度快,但高压反应器设备要求较高,建设投资较常压浸出高,运行费用也略高。株洲冶炼厂外购的原料含 F、Cl 较高,采用氧压浸出对除 F、Cl 相对较困难,氧压浸出的硫渣易结块,不利于含 Ag 锌精矿的综合利用。常压浸出与氧压浸出两者之间的回收率基本相同。从安全性角度考虑,直接浸出反应器基本无危险性,而压力浸出高压釜则可能有爆炸的危险。

(3)主要技术经济指标

温度 95~105℃,液固比(8~12):1,氧气单耗 100~150 m^3/t 精矿,终酸 20~25 g/L,$Fe^{3+}:Fe^{2+} = (1~5):1$,锌浸出率 >97%,除铁后液合格率≥95%,絮凝剂 <0.8 kg/t Zn,防沫剂 <0.05 kg/t Zn;蒸汽 0.9~1.2 t/t Zn;滤布消耗 0.3~0.5 m^2/t Zn。

(4)总体评价

常压富氧浸出对环境友好,原料适应性比氧压浸出更广,设备维护保养也比氧压浸出简单。常压富氧浸出在株洲冶炼厂投产以来,得到了进一步发展,首先是成功搭配处理了常规湿法炼锌系统的中性浸出渣,锌浸出率大于 98.5%;其次是改进了原料结构,从过去的处理锌精矿逐步发展到处理高铜、高铅、高硅或高钴锌精矿,以及铅锌多金属混合矿,取得了良好的经济效果。随着基夫赛特炼铅系统的成功投产,常压富氧浸出系统、基夫赛特系统加上铜和稀贵金属综合回收系统的工艺组合,株冶集团为我国开创了铅锌联合冶炼的循环经济产业模式。

3.5.3.7 氧化锌矿的湿法冶金

早期的锌冶炼原料主要是氧化矿中的富矿。氧化锌矿有碳酸盐矿和硅酸盐矿,以硅酸盐矿为主。对低品位氧化锌矿和高碱性脉石氧化锌矿,常用威尔兹窑挥发处理,产出氧化锌灰送湿法炼锌系统生产电锌,位于云南兰坪的云南金鼎锌业有限公司就采用该技术建成了年生产 12 万 t 锌的冶炼厂。

中和凝聚法多在小型湿法炼锌厂使用,用以处理含锌 30% 左右的硅酸锌氧化矿,锌回收率 90% 左右。中和凝聚法由浸出和硅酸盐凝聚两段组成,凝聚段主要是处理溶解的硅酸,在中和过程中加入 Fe^{3+} 和 Al^{3+} 凝聚剂,使胶质 SiO_2 在高 pH、高 Zn^{2+} 浓度和足够的反应离子 Fe^{3+}/Al^{3+} 凝聚剂存在的条件下,聚合成颗粒相对紧密、易于过滤的沉淀物。

主要技术条件:浸出时间 1.5~3 h,液固比(4~4.5):1,浸出终点 pH 1.5~2,凝聚温度 60~70℃,凝聚时间 2~3 h,凝聚终点 pH 5.2~5.4,矿浆过滤速度 0.6~1 $m^3/(m^2 \cdot h)$。

工艺流程如图 3-55 所示。矿石先球磨到 90% -74 μm 后浸出,维持矿浆 pH 1~2,浸出温度 30~40℃,浸出 4.5 h,再加入粒度 90% -44 μm 的石灰石矿快速中和，促使浸出过程中形成的硅胶凝结长大，中和后的矿浆放置 16 h 后再进行过滤和洗涤。

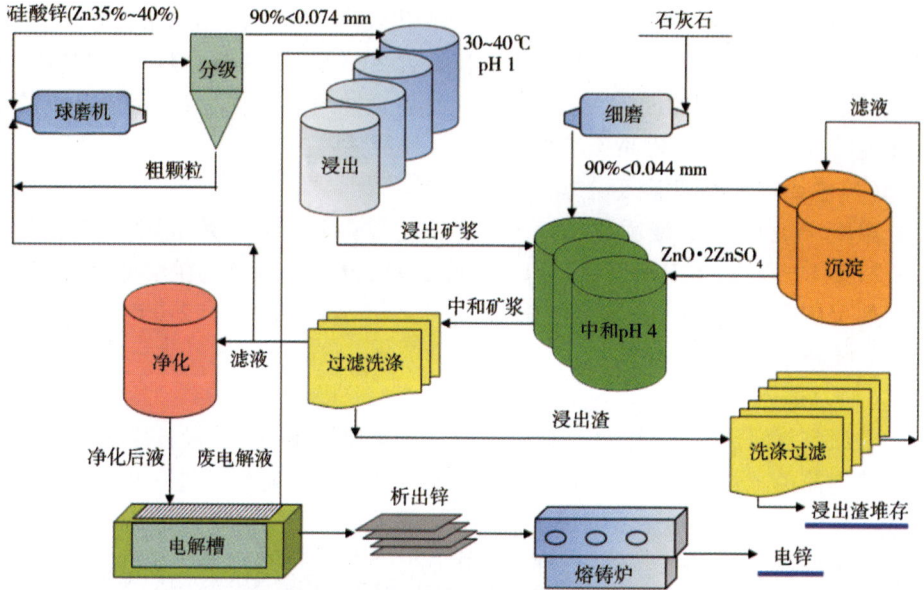

图 3 – 55　中和凝聚法工艺流程图

含锌 10% ~ 20% 的硅酸盐类低品位氧化锌矿的处理，在云南祥云飞龙有色金属股份有限公司也已实现了产业化，年生产能力达到了 8 万 t。工艺特点是将硫化锌精矿焙砂与含锌 < 20% 的氧化锌矿的浸出相结合，使用焙砂高酸浸出液浸出氧化矿，焙砂高酸浸出液无需脱铁、脱硅，不消耗中和剂，同时，引入溶剂萃取技术，解决浸出液的循环使用和系统水平衡问题。主要工艺过程为：锌焙砂与硫酸溶液同时加入浸出槽中在高温高酸搅拌下反应，温度 85 ~ 95℃，终酸 45 ~ 100 g/L；氧化锌矿粉加入到焙砂高酸浸出后的溶液中混合搅拌，初始 pH 3 ~ 3.5，终点 pH 5 ~ 5.2，得到的中性浸出液经净化、电积后得到电锌。高酸浸出渣和中浸渣经水洗后送回转窑挥发处理，含锌 20 ~ 30 g/L 的洗水采用溶剂萃取回收锌。其溶剂萃取工艺流程如图 3 – 56 所示。

萃取有机相由 30% P_{204} 和 70% 溶剂煤油组成，萃取相比 1:1，经三级逆流萃取，锌平均萃取率 66%。萃余液脱油后先用氧化矿中和至 pH 6 再返回洗渣循环利用。反萃液为锌电解废液，采用两级逆流反萃，相比为 6:1，反萃后得到含锌 100 ~ 120 g/L 的硫酸锌溶液，锌反萃率 95%。有机相中的铁采用 NH_4F 溶液反萃脱除。溶液经隔板脱油、超声波除油和纤维球吸附脱油等三步脱油后，有机物含

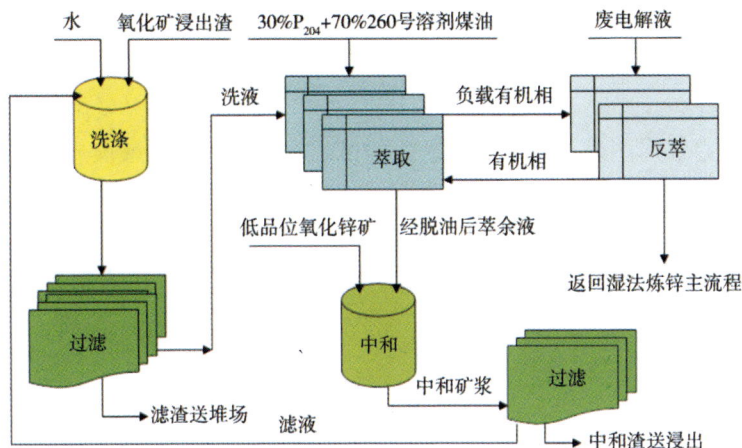

图 3-56　从浸出渣水洗液中回收锌的溶剂萃取工艺流程图

量小于 1 mg/L，P_{204} 损耗只有 2 kg/t Zn。

氧化锌矿的湿法冶炼技术相对简单，但随着高品质氧化锌矿的供应减少，国内氧化锌矿的湿法冶炼厂已逐渐转向处理氧化锌的二次物料。

3.5.3.8　氧化锌二次物料的湿法炼锌

氧化锌烟尘是烟化炉、威尔兹窑、漩涡熔炼炉等火法冶炼炉窑还原挥发处理含铅锌冶炼渣料和含锌钢铁烟尘等二次资源而得到的烟尘。在工业化国家，镀锌增加了锌的消费。当用电弧炉从废品中炼钢时，产出的含锌烟灰为投料量的 1%～2%。这种电弧炉烟尘含锌 15%～25%、铅 4%～7%、铁 30%～50%、氯 1%～2%，通常用威尔兹窑处理得到高品位氧化锌烟尘。在炼铁高炉中也能收集到含锌小于 5% 的烟尘，经旋流分级，得到含锌 20% 和铁 30% 的富锌产品，再用威尔兹窑处理。

锌冶炼厂的中性浸出渣、铁矾渣、针铁矿渣、水处理中和渣以及铅冶炼厂的鼓风炉渣、竖罐蒸馏渣也含有较高的锌。这些渣料常用火法还原挥发的方法得到高品位氧化锌烟尘。

氧化锌二次物料的显著特点是有害杂质元素 F、Cl、As 等的含量较高，但同时也含有较高含量的铟、锗、银等稀散贵金属元素，具有较高的回收利用价值。因此，氧化锌二次物料的湿法炼锌厂大都副产一定数量的铟、锗、银。如郴州丰越环保科技有限公司，年产 3 万 t 锌，副产 40 t 的铟；澧县华峰锌业有限公司，年产 3 万 t 锌，副产 25 t 的铟。

为了尽可能提高企业的经济效益，国内许多处理氧化锌二次物料的冶炼厂均以生产纳米氧化锌系列产品为主，如山西丰海纳米科技有限公司用钢铁烟尘和次氧化锌做原料，用氨法生产纳米氧化锌，原设计规模为5000 t/a，现正在进行3万t/a的扩建。我国锌冶炼厂一般都建有单独的氧化锌处理系统，不仅为了回收锌，也是为了回收铅银渣，更是为了回收稀散金属铟、锗、镓。利用氧化锌作为原料，采用浸出、置换或萃取等方法，分别回收锌铅银和铟锗镓。次氧化锌先用多膛炉火法焙烧脱氟氯或用碱洗湿法脱氟氯。脱氟氯后的氧化锌再酸浸处理。

锌70%用于钢铁防腐，而要从废钢铁中回收锌，无论从技术上还是从经济上都有很大的挑战性。如何提高锌二次物料的再生回收利用率，如何防止和降低有毒有害元素 As 等对环境的污染，是锌二次物料回收利用过程需要解决的重大研究课题之一。

3.6 镁冶金

3.6.1 镁冶金方法概述

1808 年，科学家戴维以汞为阴极电解氧化镁，在人类历史上第一次制取了金属镁。18 世纪 30 年代，法拉第第一次通过电解氯化镁得到了金属镁。直到 19 世纪 80 年代，才由德国首先建立工业规模上的电解槽，电解无水光卤石生产金属镁，从此开创了电解法炼镁的工业化时代。后经在工艺和设备方面的不断改进，形成了目前世界上较为普遍采用的电解法炼镁工艺。电解法因为其生产工艺先进，能耗较低，是一种具有诸多优势的炼镁方法。目前国外大部分金属镁是通过电解法生产的。但是电解法炼镁必须依赖于稳定的供电和较低的电价。镁冶炼技术主要特点及应用情况如表 3 – 31 所示。

与国外普遍应用电解法生产原镁的主体技术路线不同，我国几乎全部采用热法炼镁技术生产原镁，热法炼镁已逐渐成为我国炼镁的主体技术。我国热法炼镁生产原镁的技术和装备，经过近十年来大规模的创新改造，如改进还原罐结构、采用新型保温材料、提高内部介质的综合导热系数、强化废气或废渣余热的回收利用、采用现代化的控制技术和机械化装卸料设备等，实现了大幅度的节能、降耗和减排，因而具备了较高的竞争力，超越了一大批国外著名的炼镁企业，成为世界第一产镁大国。

表 3 – 31　镁冶炼技术主要特点及应用情况

镁冶炼生产方法	主要特点	应用情况
电解法炼镁	(1)工艺流程简单，但是原料的质量要求严格； (2)主要原料是无水氯化镁或光卤石，制造过程复杂； (3)需要对氯化镁进行电解，电耗较高； (4)对电解过程产生的氯气需要进行回收利用	国外基本上都是电解法生产原镁，原料是从盐湖或海水中提取国内只有青海省建设了从盐湖生产光卤石再电解原镁的工厂，至今尚未投产
热法炼镁	(1)工艺流程含有白云石煅烧、还原罐镁还原、粗镁精炼等工序，较为复杂； (2)原材料主要是优质白云石和还原剂硅铁，来源丰富； (3)可采用焦炉煤气等其他工业热源加热还原炉，能源成本较低； (4)技术较简单，易于掌握	国外基本上没有热法炼镁的工业生产 国内几乎全部原镁产业都采用热法炼镁技术

3.6.2　镁冶金方法分类

镁冶炼方法主要分为热法炼镁技术和电解法炼镁技术两类。

电解法炼镁又分为：电解熔融氯化镁和电解熔盐中的氧化镁。电解熔融氯化镁存在的缺点是：设备一次性投资大，制取无水氯化镁工艺要求严，产品质量要高，导致制取无水氯化镁成本居高不下，也使电解熔融氯化镁炼镁成本高而缺乏竞争力；一方面，电解时副产大量氯气，氯气回收和利用也不利于环境保护。电解熔盐中的氧化镁由于存在电解温度高，电解单位消耗大、工艺指标低等缺点，没有得到推广。

热还原法炼镁是一种利用还原剂，在高温下，将镁从其化合物中还原出来而制得金属镁的生产工艺。热还原法炼镁按还原剂类型可分为三类：①用金属或其合金（如硅、铝、钙、硅－铁、铝－硅、铝－铁－硅、硅－钙等）作还原剂的热还原过程，称为金属热还原法。该法中又分为皮江法（横罐周期还原）和半连续法（Magneterm 法）。②用碳质材料（木炭、煤、焦炭等）作还原剂的热还原过程，称为炭热还原法。③用碳化物（CaC_2）作还原剂的热还原过程，称碳化物热法炼镁。

3.6.3 镁冶金工艺

3.6.3.1 热法炼镁技术

1941 年加拿大教授 L·M·皮江在渥太华建立了一个以硅铁还原煅烧白云石炼镁的试验工厂，并获得了成功。1942 年加拿大在安大略省的哈雷成功建成并投运了世界上第一座皮江法生产原镁的硅热法厂（年产量 5000 t）。从此皮江法成为了炼镁的第二大方法，也是目前世界上生产原镁的主要技术之一。

由于该技术采用硅铁作为还原剂在高温下炼镁，故又称为"硅热法"。皮江法炼镁的实质是在高温和真空条件下，有氧化钙存在时，通过硅（或铝）还原氧化镁生成镁蒸气，与反应生成的固体硅酸二钙（$2CaO \cdot SiO_2$）相互分离，并经冷凝得到结晶镁。该工艺过程可分为白云石煅烧、原料制备、还原和精炼四个阶段。

由于热法炼镁具有可以直接采用分布广泛、储量丰富的白云石资源做原料，也可以因地制宜利用多种天然气、煤气、重油和交流电等为热源，工艺流程和设备比电解法简单，技术难度小、调整灵活方便，建厂投资少、生产规模灵活，成品镁的纯度高等特点，因此热法炼镁经过技术改进后在我国得到了广泛发展和应用。基于上述优势，皮江法已逐渐成为我国炼镁的主体技术。

3.6.3.2 电解法炼镁技术

自德国第一家镁厂 1886 年开始工业生产以来，电解法炼镁已有近 120 多年的历史。在此期间，对氯化镁原料的制备、电解槽大型化及工艺技术进行了改进。电解法炼镁技术是从尖晶石、卤水或海水中将含有氯化镁的溶液经脱水或熔融氯化镁熔体之后进行电解，得到金属镁。

电解镁工艺优点是工艺流程简单，但是进电解槽的原料制造工艺复杂，质量要求严格，导致综合成本高。其缺点是随着中国热法炼镁的发展，电解法炼镁受到环保、电价等的困扰，此外包括曾被誉为先进的半连续硅热法炼镁，也都因高成本的劣势而相继退出原镁生产领域。

电解法炼镁技术发展的主要方向有：优化光卤石脱水氯化过程的技术，改进电解用原料的质量；采用大容量新型电解槽结构系统，如大型无隔板镁电解槽技术等；电解法炼镁过程氯气的回收及环境治理。

目前中国尚无电解法炼镁的企业生产运行，但青海省正在建设采用盐湖光卤石电解生产原镁的企业。电解法炼镁技术是一项基本成熟的技术，但由于我国电价较高，光卤石脱水和镁电解技术较为落后，因此至今主要采用改进型热法炼镁技术生产原镁。

3.6.3.3 碳热法炼镁技术

20 世纪 20~30 年代欧美建过一套装置，其反应温度高达 2300℃以上，在此温度下副产品 CO 与还原出的镁存在可逆反应，当反应温度超过 1300℃时，可逆反应增加很快,反应温度每提高10℃,反应速度增加2~3倍;反应生成的镁粉与高温CO也易发生爆炸,同时高温气体分离,冷却设备太复杂,因此20世纪50年代碳热法炼镁企业均已停产,但从20世纪到现在对碳还原炼镁的研究还没有停止,主要进展是用氧化镁和碳还原,还原温度均高于2300℃,温度大于1300℃,皮江法炼镁因不锈钢还原罐软化而没强度,故此类也只建了些实验装置而没有工业化。因硅铁作还原剂成本太高,不利于镁企业在社会生存,因此碳还原炼镁还将是今后研究重点。

碳还原煅白工艺提供一种节能低碳环保、碳热还原煅白制备金属镁的方法,采用廉价的煤炭代替高能耗的硅铁做还原剂,将煤炭、煅白、功能性材料A和B,按照指定的配比破碎制粉成球团后,装入金属镁还原罐,在1200~1300℃、系统真空度1~20 Pa条件下,真空还原6~7 h,同时气态镁经冷凝器冷凝成粗镁,粗镁再经过精制及表面处理成商品镁锭;副产煤气作为系统的热源,本工艺把金属镁行业12 h周期缩短为8 h,提高了设备的利用率,极大地降低了生产成本,该技术正在向工业化过渡。

3.6.3.4　无渣炼镁工艺

无渣炼镁就是把含镁的化合物在真空条件下,冶炼出金属镁。工艺优点是节能,不产生工业废渣,镁生产成本约5000元/t。该工艺正在试验过程中。

3.7　国内外有色冶金工艺比较与现状评价

3.7.1　国内外铝冶金工艺比较与现状评价

3.7.1.1　氧化铝生产工艺比较与评价

国外氧化铝生产方法主要是传统的拜耳法,大约占国外氧化铝总产量的96%;其余约4%的产量由拜耳-烧结联合法生产,主要来自于俄罗斯和哈萨克斯坦的氧化铝厂,俄罗斯采用联合法处理霞石矿,生产氧化铝和副产硫酸钾,而哈萨克斯坦采用串联法从低品位三水铝石矿中生产氧化铝。

由于国内外铝土矿资源的性质和品位不同,杂质含量也相差较远,因此难于比较。国外传统的拜耳法流程基本与中国的拜耳法流程相似。中国氧化铝企业除了山东省企业采用低温拜耳法处理进口三水铝石矿外,其他中国氧化铝企业全部采用了高温拜耳法技术,同时为了解决铝土矿品位较低的难题,中国还开发出选矿拜耳法和石灰拜耳法技术,这与国外拜耳法有所不同。

中国的拜耳-烧结联合法也与俄罗斯和哈萨克斯坦的不同,中国主要采用了混联法技术,目前正在向串联法过渡,但仍然在烧结法配料中加入少量铝土矿。因此中国的能耗总体上比国外氧化铝生产平均水平高,石灰消耗和碱耗也偏高。

但中国铝土矿氧化铝含量较高，矿耗和赤泥产出量较低，见表3-32。

表3-32 国内外氧化铝生产的主要经济技术指标

消耗项	世界氧化铝工业				中国平均
	世界平均	美洲	欧、盟	澳洲	
铝土矿/($t \cdot t^{-1} Al_2O_3$)	2.54	2.2~3.0	2~2.2	2.2~3.2	1.9~2.3
苛性碱/($kg \cdot t^{-1} Al_2O_3$)	71.5	65~70	60~65	65~75	100~200
能耗/($GJ \cdot t^{-1} Al_2O_3$)	14.5	8~11	9~10	11~12	17
赤泥产出量/($t \cdot t^{-1}$)	2.5	2.0~2.5	2.0~2.5	>2.5	1.8~2.3

3.7.1.2 铝电解工艺比较与评价

国外典型电解铝生产方法与中国无大差异，自焙槽技术也因为环境污染问题正在逐步淘汰，大部分都应用大型预焙槽技术。但电解槽电流容量的多样性与中国有所不同，国外电解铝厂通常采用少数规格电流容量电解槽，如200 kA、300 kA、350 kA等槽型。而中国几乎采用了更多的槽型，从160 kA到500 kA，大约有十多种。国内外电解铝企业主要技术经济指标比较见表3-33。

表3-33 国内外电解铝企业主要技术经济指标比较

铝电解企业	ALMA	SAZ	迪拜	BOYNE	波特兰	中国电解铝平均
槽型	AP37	RA300	D20	B32	A-817	160~450 kA
直流电耗/kW·h	13490	13792	13410	13080	13860	13014
能量利用率/%	47.99	46.32	47.6	48.79	46.24	49.2
炭阳极消耗/kg	480~510					497
氟化盐消耗/kg	15~25					21
氧化铝消耗/kg	1910~1920					1918

铝电解技术方面，国外都采用高电流密度、高电流效率、低阳极效应系数的生产运行模式。因而单槽产出率高、直流电耗也高，能量利用率较低。而中国电解铝企业因电价较高，则采用低电流密度、低电压和低直流电耗以及较低电流效率的生产运行模式，因而往往单槽产出率较低，但电耗也较低。

3.7.2　国内外铜冶金工艺比较与现状评价

（1）铜冶炼先进技术及其代表企业

据国际铜研究组织（ICSG，International copper study group）报告，2011 年全球铜冶炼产量约 1580 万 t，其中矿产铜约 1300 万 t，占 82%，再生铜约 280 万 t，占 18%。2011 年冶炼铜产量前 20 位的国家排名见图 3 – 57。前 5 位分别为中国（470 万 t，占 37%）、日本（140 万 t，占 9%）、智利（140 万 t，占 9%）、俄罗斯（80 万 t，占 5%）、印度（65 万 t，占 4%）。

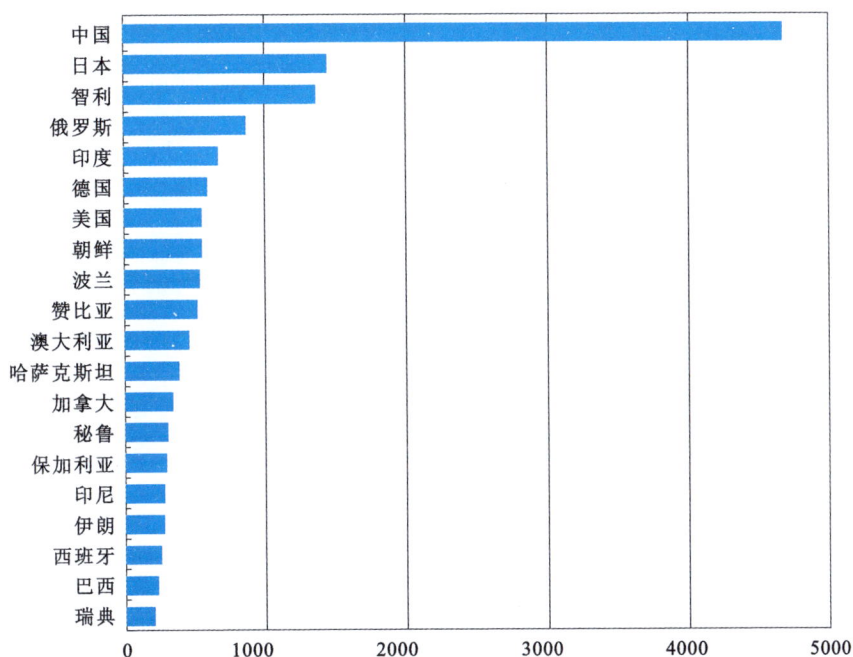

图 3 – 57　2011 年冶炼铜产量前 20 位的国家排名

表 3 – 34 为 2011 年全球按产能排名前 20 位炼铜厂的情况。我国贵溪冶炼厂产能最大，达到年产 90 万 t 铜规模。排名第 20 位为日本直岛炼铜厂，产能为 30.6 万 t，前 20 位铜厂总产能高达 772 万 t，约占火法炼铜（含矿产铜和再生铜）全球产能的 50%。因此，这些炼铜厂应能反映当前世界铜冶炼总体情况。

表 3 - 34　2011 年铜冶炼产能全球排名前 20 位的冶炼厂

名次	炼铜厂	国家	所属公司	冶炼方法	年产能/万t
1	贵溪	中国	江西铜业	奥图泰 FS—P－S 转炉吹炼	90
2	Birla Copper	印度	Birla 集团	奥图泰 FS、澳斯麦特、三菱法，P－S 转炉吹炼	50
3	Codelco Norte	智利	Codelco	奥图泰 FS、特尼恩特，P－S 转炉吹炼	45
3	佐贺关（Oita）	日本	泛太平洋铜业	奥图泰 FS，P－S 转炉吹炼	45
3	汉堡	德国	Auburis	奥图泰 FS，Contimet，电炉，P－S 转炉吹炼	45
3	东予（爱媛县别子）	日本	住友金属矿业	奥图泰 FS，P－S 转炉吹炼	45
8	祥光铜业	中国	凤翔集团	奥图泰 FS，肯尼科特－奥图泰闪速吹炼	40
8	EI Teniente（Caletones）	智利	Codelco 智利	反射炉、特尼恩特炉、P－S 转炉吹炼	40
8	金川	中国	金川有色	奥图泰 FS，P－S 转炉吹炼	40
8	诺里尔斯克	俄罗斯	诺里尔斯克 G－M	反射炉、电炉、瓦纽科夫、P－S 转炉吹炼	40
11	Sterlite	印度	Vedanta	艾萨法，P－S 转炉吹炼	38
12	IIO 冶炼厂	秘鲁	南方铜公司	艾萨法，P－S 转炉吹炼	36
13	Altonorte	智利	Xstrata Plc	诺兰达连续炼铜	35
13	金隆	中国	铜陵有色	奥图泰 FS，P－S 转炉吹炼	35
13	云南炼铜厂	中国	云铜集团	艾萨法，P－S 转炉吹炼	35
16	小名滨	日本	三菱金属等	反射炉、P－S 转炉	32.2
17	温山 II	韩国	LS－日矿	三菱连续炼铜法	32
17	Huelva	西班牙	Freeport McMoran	奥图泰 FS，P－S 转炉吹炼	32
17	Garfield 冶炼厂	美国	肯尼科特	奥图泰 FS，肯尼科特－奥图泰闪速吹炼	32
20	直岛	日本	三菱材料	三菱连续炼铜	30.6

在 2011 年产能世界前 20 位铜厂中，使用奥图泰闪速熔炼的有 11 家（少数冶炼厂使用多种技术），其中双闪法 2 家，应用最为广泛。使用 TSL（艾萨，奥图泰－澳斯麦特）法 4 家，其中艾萨法 3 家，奥图泰－澳斯麦特法 1 家。使用三菱连续炼铜法的 3 家。使用特尼恩特法 2 家、反射炉 2 家、电炉 2 家、瓦纽科夫 1 家、诺兰达 1 家。总体来看，炼铜技术领先的国家为中国、美国、日本等，这些国家大型铜厂主要采用奥图泰闪速熔炼—P－S 吹炼、奥图泰闪速熔炼—肯尼科特－奥图泰闪速吹炼、TSL（艾萨、奥图泰－澳斯麦特）法、三菱法连续炼铜等技术。智利、俄罗斯和印度，尽管铜产量位居全球前 5 位之列，但仍在应用反射炉、电炉、特尼恩特炉、诺兰达炉等技术。我国在铜冶金技术发展上走了一条引进、集成、再创新的道路，目前，一批企业在规模、技术、装备、能耗、环保和综合回收等多方面，已居于世界先进水平，部分技术和装备已开始出口国外。

表 3－35 所列为目前火法炼铜先进且应用较广的技术及其国内外代表企业。其中，双闪法、奥图泰闪速熔炼—P－S 转炉吹炼、TSL（艾萨、澳斯麦特）法，国内外均有水平高的代表性企业。

表 3 –35　火法炼铜先进技术及其国内外代表企业

先进技术	国外代表企业	国内代表企业
奥图泰闪速熔炼—肯尼科特－奥图泰闪速吹炼	肯尼科特公司 Garfield 冶炼厂	祥光铜业 金冠铜业
奥图泰闪速熔炼—P－S 转炉吹炼	日本东予冶炼厂	贵溪、金隆、金川
TSL 熔炼—P－S 转炉吹炼	美国迈阿密炼铜厂	云南冶炼厂
三菱连续炼铜	日本直岛炼铜厂	—

我国富氧底吹炉和双侧吹炉有较广泛的应用，但国外应用较少，缺乏代表性数据。三菱法也属较先进的炼铜法，我国没有应用，也无从进行比较。

奥图泰闪速熔炼—肯尼科特－奥图泰闪速吹炼、奥图泰闪速熔炼—P－S 转炉吹炼、TSL 熔池熔炼—P　S 转炉吹炼是国内外应用最广泛的几种铜火法冶金技术，富氧底吹、双侧吹近年来在国内也得到一定的推广，但在国外并未得到广泛应用，瓦纽科夫（双侧吹）法在国际上应用水平也不高。就国内外应用较广的 3 种火法炼铜方法，国内外各选 1 家水平较高的代表性工厂，就工艺、装备、技术经济与能耗和环保等指标进行了比较，见表 3 –36。

表 3-36 主要火法炼铜方法国内外代表厂家能耗及环保等情况比较

方法	炼铜厂	备料	熔炼	吹炼	阳极炉	硫酸	余热回收	低浓度 SO₂ 处理
双闪法 能耗方面祥光铜业在炉料干燥、阳极炉、制酸方面有优势，SO₂ 排放两厂大致相当	肯尼科特公司 Garfield 炼铜，年产铜 30 万 t	回转式干燥窑。N_2 为换热介质，尾气布袋收尘，苛性碱溶液吸收后排空	80%~85% O_2，铜锍品位 69%，炉渣 Fe/SiO_2 比 1.3，渣温 1315℃，烟气 SO_2 35%~40%	75%~80% O_2，渣温 1315℃，渣 CaO 16%，炉渣 Fe/SiO_2 18%~20%，粗铜含 0.3% S。烟气 SO_2 35%~40%	650 t 阳极炉 2 座，天然气稀氧燃烧加热，可减少 NO_x 排放，烟气布袋收尘，NaOH 洗涤	SO_2 14%，转化率 99.95%，尾气 SO_2 50~70 mg/m³ 排空。尾气中应有混空气设置	熔炼、吹炼、阳极炉烟气余热回收，SO_2 风机，蒸汽驱动，然后、低温位余热汇合发电 24 MW	含 SO_2 尾气及环境集烟采用 NaOH 吸收
	祥光铜业，年产 40 万铜	蒸汽干燥，能耗及尾气量较大，回转干燥分别低 13.7% 和 64.0%	75%~85% O_2，铜锍品位 67%~70%，炉渣 Fe/SiO_2 质量比 1.2~1.45，渣温 1250~1290℃，烟气 SO_2 35%~45%，烟尘率 5%。采用旋流喷嘴	80%~85% O_2，渣温 1250~1290℃，炉渣 CaO 16%，Cu 18%~20%，粗铜含 0.3% S，烟气 SO_2 35%~40%	630 t 阳极炉 2 座，采用透氧砖，通氨气无氧化还原精炼工艺，效率高，能耗低，尾气采用有机胺吸收—解析制酸	采用奥图泰高浓度 SO_2 制酸技术，SO_2 16%，转化率 99.95%，尾气 SO_2 200 mg/m³ 左右排空	熔炼、吹炼、阳极炉余热及制酸中、低温位余热均回收，蒸汽干燥和发电	转炉尾气采用有机胺吸收
奥图泰闪速熔炼—P-S 转炉吹炼在能耗方面东予与金隆大致相当，但在 SO_2 排放上，东予有优势	东予冶炼厂，年产 45 万 t，其中矿铜 35 万 t	气流和蒸汽干燥系统各 1 套，以后者为主。气流干燥采用重油加热，尾气除尘、脱硫	71.2% O_2，铜锍品位 65%，烟尘率 4.5%，炉渣 Fe/SiO_2 质量比 1.10，弃渣含铜 0.8%	φ4.2 m×11.9 m P-S 转炉 4 座，转炉渣选矿回收铜、铁。转炉液处理冷料杂铜	630 t 阳极炉 2 座。采用传统弱氧化-还原精炼工艺。余热回收，尾气收尘、脱硫	Chemico 双接触式，SO_2 12%，转化率 99.95%，尾气 SO_2 200~300 mg/m³，采用 NaOH 水溶液吸收后仅 5~15 mg/m³	熔炼、吹炼、阳极炉余热及制酸中温位余热均回收，蒸汽用于发电，料干燥和发电 10 MW	制酸尾气采用 NaOH 溶液吸收。全厂设有 30 余个环境集烟点，烟气采用 Mg(OH)₂ 料浆吸收

续表 3 – 36

方法	炼铜厂	备料	熔炼	吹炼	阳极炉	硫酸	余热回收	低浓度 SO₂ 处理
	金隆铜业年产 45 万 t 铜，其中矿铜 35 万 t 铜	气流及蒸汽干燥系统各 1 套，主要使用后者。气流干燥采用重油加热，尾气收尘脱硫	68% O_2，铜锍品位 61%，炉渣 Fe/SiO_2 质量比 1.10，弃渣含铜 0.7%，闪速熔炼烟尘率 5%~6%	P – S 转炉 3 座 $\phi4$ m×13.6 m；1 座 $\phi4.3$ m×13 m。气流干燥选矿转炉渣造矿回收铜，转炉处理冷料及杂铜	精炼炉 3 座。采用稀氧燃烧，透气砖通氮气搅拌熔体脱硫，氧等气脱硫。阳极炉烟气除尘脱硫处理	二转二吸、预转化，预吸度 14%，SO_2 浓度。I 系统尾气脱硫，SO_2 10~30 mg/m³；II 系统尾气 SO_2 小于 300 mg/m³	熔炼、吹炼及制酸中温位余热回收	设有环保烟气装置，采用亚硫酸镁清液法处理 75 万 m³/h 尾气，SO_2 30 mg/m³，吨铜电耗 50 kW·h
	迈阿密铜厂年产 20 万 t 铜	铜精矿、熔剂、返料等细磨料混合用混料机混合，圆盘造粒	54% O_2，富氧空气预热，铜锍品位 60%，炉渣 Fe/SiO_2 质量比 1.54，渣温 1185℃。转炉铜锍通过溜槽入电炉分离，渣含铜 0.8%	4 座 $\phi4.3$ m×11.6 m 霍布肯转炉。每座炉产铜 150 t，鼓风富氧 24% O_2。转炉渣在熔炼电炉中贫化	$\phi4$ m×12.2 m 阳极炉 2 座，空气氧化，天然气还原，风口 2 个，350 t 残阳极熔化炉 1 座，$\phi4$ 炉 1.5 m。均采用天然气加热	双转双吸，lurqi 式气体净化系统，Fleck 塔干燥，中间塔和尾塔，SO_2 10.5%，烟气量 232763 m³(标)/h	Ahlstrom 锅炉回收熔炼熔热，烟气量为 76000 m³(标)/h，产出 1120℃，254℃饱和蒸汽，过热至 349℃，发电 5MW	制酸尾气和环集烟气脱硫处理排放，霍布肯转炉，SO_2 泄漏较少
艾萨熔炼—P – S 转炉吹炼云南铜业在能耗和 SO₂ 排放方面全面领先	云南铜业年产 20 万 t 铜	铜和贵金属精矿及返料，熔剂、细煤料等在均场混合均匀，圆盘制粒机制 10 mm 粒料，含水 8%~10%	45%~50% O_2，铜锍品位 55%，炉渣 Fe/SiO_2 质量比 1.18，渣温 1180℃。炉渣与铜渣通过溜槽分离，渣含铜 0.7%，水淬堆存	P – S 转炉 2 座 $\phi4$ m×11.7 m，3 座 $\phi3.66$ m×8.1 m。转炉渣分离在熔炼渣分离电炉中贫化	350 t 阳极炉 2 座 $\phi4.57$ m×10.67 m，2 台，新型空气氧化，煤基炭质还原剂还原，精炼渣送转炉处理。能耗 28.4 kgce/t Cu	2 个系列两转两吸，SO_2 10%，尾气氨法吸收，产量 65 万 t/a，制酸中低温位余热回收。酸吨电耗 110 kW·h/t Cu	熔炼、吹炼及阳极炉烟气余热回收，余热发电机容量 9470 kW，年发电量 7187×10⁴ kW·h，年回收蒸汽凝结水 36.3×10⁴ t	对制酸尾气和环集烟气，低浓度 SO_2 采用氨酸法吸收，制备硫酸铵，液体 SO_2 销售。年减排 SO_2 2000 t

能耗：从铜精矿到阳极铜，上述 3 种方法国内外代表厂家，工艺能耗水平大致相当，在 11000 MJ/t 阳极铜左右，折算成标煤为 375 kgce/t 阳极铜左右。GB 21248—2007 规定的铜冶炼企业从铜精矿到阳极铜能耗先进值为 ≤380 kgce/t 阳极铜，与其相当吻合。闪速熔炼只能处理干燥物料（含水小于 0.3%），要采用回转窑、气流干燥、蒸汽干燥等方式对炉料进行干燥，从能耗和环保方面考虑，采用蒸汽干燥最为有利，目前已普遍采用这一方式。熔池熔炼（三菱法除外）炉料含水 8%～10%，仅考虑备料工序，能耗较闪速熔炼小，但由于熔炼烟气含有大量水分，在余热回收方面是不利的，因此总体而言，熔池熔炼加湿料在能耗方面并无优势。闪速吹炼由于其不能处理冷料，和 P-S 转炉比较，在能耗方面并不占有优势。双闪法工艺烟气 SO_2 浓度高，目前已普遍采用高浓度（16%～20%）SO_2 烟气制酸技术，而采用 P-S 转炉吹炼，制酸烟气浓度一般仅为 12% SO_2，在制酸能耗方面，前者吨酸能耗大致仅为后者的一半，每吨酸节能约 50 kW·h，按 1 t 铜附产 3.5 t 酸折算，能耗降低约 56 kgce/t 阳极铜，这是双闪法工艺在能耗方面的优势所在。

余热回收：国内外水平较高的厂家，都对熔炼及吹炼余热进行了回收，产出蒸汽用于干燥炉料、驱动 SO_2 主风机及发电等，由于各厂蒸汽压力等级及利用途径并不完全一致，因此，仅凭发电量难以直接比较余热回收水平。部分厂家，如我国的祥光铜业公司等，还对阳极炉、硫酸制造中、低温位余热进行了回收，因此，其工艺能耗应处于世界领先地位。铜锍、炉渣冷却余热目前国内外各厂家均未回收，这是今后进一步降低能耗应致力的研究方向。

SO_2 排放：双闪法的最大优势，在于有利于达到高的硫捕集率，实现火法炼铜中 SO_2 的大规模减排。目前，采用这一工艺的国内外厂家，硫捕集率普遍达到99.9%，吨铜 SO_2 排放量小于 2 kg。提高硫捕集率的关键在于：第一，加强环境集烟及其收尘脱硫处理，如日本东予冶炼厂，采用 P-S 转炉吹炼，全厂设有 30 多个环境集烟点，总烟量达到 45 万 m^3（标）/h，采用布袋收尘、$Mg(OH)_2$ 料浆吸收、电除雾处理后，排空气体 SO_2 浓度仅 10～20 mg/m^3。第二，制酸尾气吸收。目前，铜冶炼 SO_2 烟气制硫酸，国家标准（GB 25467—2010）规定尾气 SO_2 浓度小于400 mg/m^3。在此方面，政府要求最严格、企业减排最彻底的是日本东予冶炼厂，转化 SO_2 浓度为 11%，转化率为 99.8%，尾气未吸收前 SO_2 浓度为 579 mg/m^3，采用苛性碱溶液吸收后，排空尾气 SO_2 浓度仅为 5～15 mg/m^3。美国肯尼科特铜公司 Garfield 厂，制酸 SO_2 转化率达 99.95%，尾气加空气稀释后，SO_2 浓度为 50～70 mg/m^3。我国主要炼铜厂均采用"二转二吸"技术制酸，部分系统转化率偏低，不能达到 GB 25467—2010 标准，尾气吸收脱硫后排放，部分新的系统制酸尾气SO_2 浓度小于 300 mg/m^3，直接达标排放。

我国从 20 世纪 80 年代中期引进奥图泰闪速熔炼建成江西铜业公司贵溪冶炼

厂开始，历经 30 年努力，目前我国铜冶炼行业在技术装备及节能减排等方面，已全面赶上和超过世界先进水平，发展成为有色金属领域最具国际竞争力的行业。在能耗方面，祥光铜业、金隆铜业和云南铜业等，与国外先进水平同类铜冶炼企业比较，已处于领先水平；在 SO_2 排放方面，国内企业已全面接近甚至超过国外同类企业先进水平。

3.7.3 国内外铅冶金工艺比较与现状评价

铅的冶炼工艺几乎全是火法。铅精炼方面，我国基本上采用电解精炼，而俄罗斯和欧美等国主要采用火法精炼。目前，已经实现了工业化的直接炼铅方法有基夫赛特法、氧气顶吹熔炼法（ISA 法或 Ausmelt 法）、QSL 法、水口山法、卡尔多法、铅富氧闪速熔炼法等。这些方法的共同特点是利用氧气冶炼技术，强化熔炼炉过程，充分利用硫化铅精矿氧化自燃，生产率高，能耗低，自动化水平高，设备紧凑，占地小，特别是能生产出高浓度的 SO_2 烟气，便于制酸，解决了 SO_2 烟气污染问题。几种直接炼铅方法分析比较如下：

（1）基夫赛特法

基夫赛特炼铅法是以闪速熔炼为主的直接炼铅法，经多年生产运行，已成为工艺先进、技术成熟的现代直接炼铅技术。其技术特点为：①原料适应性强，入炉料铅品位可以在 20%～70% 间波动。②采用工业纯氧，烟气量小，烟气 SO_2 浓度高达 20%～40%。③烟尘率低，5%～10%。其主要缺点是原料准备过程相对复杂，要求炉料入炉粒度小于 1 mm，含水量小于 1%。

（2）氧气顶吹熔炼法

氧气顶吹熔炼法属熔池直接熔炼铅范畴，技术特点为：①炉料准备简单，块料和粉料均可直接加入炉内；②熔炼强度大、效率高；③设备占地面积小，但高度很高；④烟尘率较高，达 20% 以上。氧气顶吹熔炼代替烟化炉或挥发窑处理含锌含铅废渣在韩国锌业公司获得成功。

（3）氧气底吹熔炼技术

QSL 法和 SKS 法均为底吹熔池熔炼技术，QSL 法是 20 世纪 70 年代由德国 Lurgi 公司开发的一种直接炼铅技术，其特点如下：①备料简单；②以煤代焦，生产成本低；③能耗低，环境友好。主要缺点是不适用于含铅小于 47% 的中低品位铅物料的处理。

SKS 法是我国 20 世纪 90 年代在借鉴 QSL 法的基础上开发出来的一种直接熔炼技术，使用的反应器保留了 QSL 法的氧化段，而取消了还原段。不足之处是高铅渣的还原仍采用了传统的鼓风炉还原技术，因此，其生产过程存在一个"热—冷—热"的交替，热能利用不合理。为解决液态高铅渣的显热利用和铅的直接还原问题，豫光金铅、金利、万洋等多家企业对 SKS 法进行了改造并获得成功，使炼铅能耗、处理成本、生产环境污染等均明显降低，形成了具有我国自主知识产权的"三段炉"炼铅法，淘汰了鼓风炉。

（4）卡尔多法

卡尔多法炼铅是由瑞典玻立顿公司开发的一种熔池直接熔炼铅法。其特点如下：①生产全部过程在一台炉子完成，直接产出粗铅；②熔炼能力大，还原反应快。但该法为间断性作业，烟气温度和烟气 SO_2 浓度波动大，制酸难度大，能耗高，炉寿命短，渣含铅高，在炼铅行业没有推广应用前景。

（5）铅富氧闪速熔炼法

铅富氧闪速熔炼法是由北京矿冶研究总院和华宝产业集团公司合作开发的新技术，其在保留基夫赛特炼铅优点的基础上，还有如下特点：①是目前唯一取消了氧化炉的铅冶炼技术，真正实现了铅、锌的一次回收，综合能耗低；②投资小。

3.7.4　国内外锌冶金工艺比较与现状评价

现代炼锌方法分为火法炼锌与湿法炼锌两大类。湿法炼锌是锌冶炼的主流工艺，产量占世界总锌产量的 85% 以上。我国 95% 的矿产锌是由湿法冶炼生产的。

（1）密闭鼓风炉炼锌。密闭鼓风炉炼锌由英国帝国熔炼公司研究成功，又称帝国熔炼法。最大优点是原料适应广，包括铅锌混合矿、含铜的铅锌矿以及各种铅锌氧化物渣等，但能耗偏高。

（2）常规浸出法。即焙烧—中性浸出—净液—电解法，是目前我国湿法炼锌的主要生产方法。由于浸出渣含锌高，伴生有价金属回收率偏低，能耗高，污染大等，新建的湿法炼锌厂已很少采用。

（3）热酸浸出黄钾铁矾法。热酸浸出黄钾铁矾法沉铁于 1968 年开始应用于工业生产。我国于 1985 年首先在柳州市有色冶炼总厂应用于生产，20 世纪 90 年代初建成投产的西北铅锌冶炼厂采用热酸浸出黄钾铁矾法浸出流程，其设计规模为年产电锌 10 万 t。比常规浸出法增加了热酸浸出、沉矾和铁矾渣酸洗等过程，可使锌的浸出率提高到 97%，不需要再建浸出渣处理设施。该法沉铁的特点是，既能利用高温高酸浸出溶解中性浸出渣中的铁酸锌，又能使溶出的铁以铁矾晶体形态从溶液中沉淀分离出来。但渣量大，渣含铁仅 30% 左右，难以利用，堆存时其中可溶重金属会污染环境。

（4）热酸浸出针铁矿法。热酸浸出针铁矿法沉铁浸出新工艺是由法国 Vieille – Montagne 公司研发成功并于 1970 年开始应用于工业生产的。针铁矿法的沉铁过程采用空气或氧气作氧化剂，将二价铁离子逐步氧化为三价，然后以 FeOOH 形态沉淀下来。溶液中的砷、锑、氟可大量随铁渣沉淀而开路，因而中浸上清液的质量稳定良好。针铁矿法沉铁比黄钾铁矾法的产渣率小，渣含铁较高，便于处置。

（5）热酸浸出赤铁矿法。热酸浸出赤铁矿法是由日本同和矿业公司发明的，于 1972 年在饭岛炼锌厂采用。沉铁是在 200℃ 的高压釜中进行，产生 Fe_2O_3 沉淀，渣含铁高达 58% ~ 60%，可作炼铁原料，副产品一段石膏作水泥，二段石膏作为回收镓、铟等的原料，因此，该法综合利用最好，不需渣场，从而消除了渣的污染和占地。但热酸浸出赤铁矿法浸出和沉铁是在高压下进行的，所用设备昂贵，操作费用也高。

（6）氧压浸出法。除中国外，目前世界上有 5 座硫化锌精矿氧压浸出厂投入生产。与焙烧—浸出工艺相比具有原料适应性广，可以处理含铁/铅高的复杂锌矿，且浸出渣对砷的固化率也高，不会造成砷的二次污染，直接产出元素硫，无需建制酸厂，有利于环境保护。

（7）富氧常压浸出法。富氧常压浸出工业化生产是在氧压浸出之后发展起来的新工艺，其基本反应过程仍基于氧作为强氧化剂，三价铁离子作催化剂，硫以元素硫产出，与常规炼锌方法相比具有氧压浸出相同的优势，与氧压浸出工艺相比，由于过程在常压下进行，反应温度低于 100℃，所以反应速度较慢，据有关资料报道，经富氧常压和氧压对比试验证明，要求达到相接近的锌浸出率，反应时间不低于 24 h（而氧压浸出为 1 h），在相同的酸度下，富氧常压浸出终液铁含量明显高于氧压浸出终液铁含量，即增加了溶液除铁工作量，锌回收率略低于或接近氧压浸出工艺。富氧常压浸出的核心设备是 DL 反应器，DL 反应器为立式封闭搅拌槽，搅拌器设在底部，反应器体积大，但总投资仍低于氧压浸出工艺。由于是在常压下浸出，反应热回收不如氧压浸出工艺，蒸汽消耗量较大。无高压设备，黏结清理等维护工作量少，且安全性较好。

与火法炼锌相比，由于湿法炼锌具有金属回收率高、产品质量好、综合利用好、能量消耗较低、环境友好、成本低等优点，近几十年来，特别是成功地采用热酸浸出后，湿法炼锌发展非常迅速，已取得了对火法炼锌的压倒优势。

3.7.5　国内外镁冶金工艺比较与现状评价

镁冶炼的方法分熔盐电解法和热还原法两大类。热还原法工艺流程和设备较简单，建厂投资少，生产规模灵活；成品镁的纯度高；炉体小，建造容易，技术难度小；可以直接利用资源丰富的白云石作为原料。主要缺点在于热利用率低、还原罐寿命短，还原炉所占的成本较大，属劳动密集型，生产过程不连续。针对以上缺点，对其进行了一系列技术改造。改进还原罐结构、采用新型保温材料、切断热短路、提高内部介质的综合导热系数；改进炉型，比如采用水煤浆对还原罐底部加热，使其受热均匀。使用蓄热烧嘴等新型烧嘴，对排放的废气进行回收利用；采用现代化控制技术，采用机械化装卸料设备等。

与热还原法相比，电解法炼镁有产品均匀性好、易于大规模工业化生产、过程连续等优点。但也有以下不足之处：无水氯化镁制备的生产工艺较难控制；水氯镁石脱水需要较高温度和酸性气氛，能耗高，设备腐蚀严重；电解法生产过程排放的废水、废气和废渣，对环境造成污染，处理费用大。通过将电解的原材料由粒状氯化镁经过无水氯化氢脱水转变为水球氯化镁，可达到降低能耗的目的。

国外主要采用镁电解生产技术，而国内主要采用热法炼镁技术。两种方法原理不同，电解法是采用电解还原方法使氯化镁还原成液态镁，主要能耗是电耗。氯化镁主要来源于盐湖中产的光卤石，在电解前需要脱去结晶水并进行净化。电解镁的副产物氯气需要回收利用，对环境的影响是生产过程产生的烟气。而热法炼镁则主要采用硅铁还原剂，对煅烧后的白云石进行热法还原，能耗在于白云石煅烧和还原炉升温保温，对环境的影响在于还原渣的排放。由于中国白云石资源、煤等能源丰富，热法炼镁过程的污染较易控制，因此在中国热法炼镁技术具备竞争力。

世界各国的镁生产厂家都是根据自己资源的特点来选择炼镁方法。熔盐电解法炼镁由于适于连续化大规模生产、成本又较低、原料来源广泛，是当今金属镁生产的主要方法，所生产的金属镁约占镁总量的 3/4。热还原法炼镁由于早期存在单台还原炉生产能力低等缺点，就世界范围而言，曾缺乏与熔盐电解法炼镁相抗衡的竞争能力。随着工艺和设备的不断改进，加上不污染环境的特点，热还原法炼镁已越来越受到人们重视。

电解法炼镁的主要技术经济指标见表 3 - 37。

表 3 - 37 电解法炼镁的主要技术经济指标

槽型及容量 /kA	日产粗镁 /(t·槽$^{-1}$)	电压 /V	直流电耗 /(kW·h·t^{-1}粗镁)	回收氯浓度 /%	回收氯量 /(t·t^{-1}粗镁)
200 ~ 400	2 ~ 4	4.7 ~ 5.0	12500 ~ 13000	90 ~ 96	>2.8

目前我国热法炼镁生产工艺的主要技术指标见表 3 - 38。

表 3 - 38 我国热法炼镁生产工艺的主要技术指标

原燃料吨镁消耗量	白云石 /t	硅铁 /t	煤耗 /t	电耗 /kW·h	CO_2 排放量 /t
2012 年	10.4 ~ 10.9	1.04 ~ 1.06	4.3 ~ 4.8	1100 ~ 1300	10.5

参考文献

[1] M M Wong, R G Sandberg, C H Elges. Ferric Chloride Leach – Electrolysis Process for Production of Lead[R]. U. S. Bureau of Mines, Rep. Invest. 1983：8770.

[2] F A Forward, H Veltman, A Vizsolyi. Aqueous Oxidation of Galena Under Pressure in Amine Solutions[C]. International Mineral Processing Congress 1960, Instn. Min. Metall. , London：823 – 837.

[3] G C Bratt, R W Pickering. Production of Lead via Ammoniacal Ammonium Sulfate Leaching[J]. Met. Trans. , 1970I：2141 – 2149.

[4] K Y Lu, C Y Chen. Conversion of Galena to Lead Carbonate in Ammonium Carbonate Solution – A New Approach to Lead Hydrometallurgy[J]. Hydrometallurgy, 1976, 17：73 – 83.

[5] 陆克源, 陈家铺. 碳酸钠转化处理铅基金矿或铅矿工艺[P]. 中国专利 ZL89109462, 1989, 8.

第4章 有色冶金科技进步

4.1 氧化铝与电解铝科技进步

我国铝冶炼减排和清洁生产技术已经达到了世界先进水平。

我国氧化铝工业科技进步集中体现在高效强化拜耳法技术、间接加热强化溶出技术，高效节能焙烧技术，实现了大型节能设备的大规模应用，提高热利用率的技术以及赤泥防渗干法堆存技术。我国自主研发成功中低品位一水硬铝石矿生产氧化铝的世界独特的生产工艺技术，选矿拜耳法、石灰拜耳法等技术，大大提高了我国氧化铝工业的竞争力，达到了世界先进技术水平。

我国铝电解工业开发并全面推广应用了大型预焙电解槽成套技术，铝电解计算机控制技术，提高大型预焙电解槽寿命技术，优质炭阳极和内衬材料生产技术，新型结构电解槽等重大节能技术，同时也开发出了低温低电压铝电解新技术，大型铝电解系列不停电技术等。我国自主研发成功 280 kA、350 kA、400 kA 及 500 kA 等具有自主知识产权的大型预焙槽技术，达到世界先进水平，并已输出国外。铝电解工业预焙铝电解槽先进控制技术，以低窄氧化铝浓度为切入点，从而获得电解槽的稳定运行，实现了较低槽电压、能耗的降低及阳极效应和碳氟化合物排放的减少。我国相继通过改变铝电解槽阴极炭块和钢棒的结构和形状，并相应优化电解槽内衬结构等一系列创新技术，形成了新型结构电解槽、异形阴极、阻流块、新型钢棒结构等重大铝电解节能技术，构成了具有我国自主知识产权的铝电解重大节能技术。这一类技术使我国铝电解生产实现了大幅度节能降耗，实现了低极距、低水平电流、低槽电压、低电耗、低阳极效应、高电能利用率的铝电解稳定运行，吨铝直流电耗 12000～12300 kW·h，达到了国际领先技术水平。

4.1.1 氧化铝工业重大节能技术进步

（1）开发应用了高效强化拜耳法技术

高效强化拜耳法流程如图 4-1 所示，该技术是通过系统优化拜耳法循环过程中的碱浓度和氧化铝浓度系统，强化各关键工序的生产效率，最大限度提高系统循环效率和产出率，形成高循环效率的拜耳法、高产出率的各工序过程，实现系统节能。

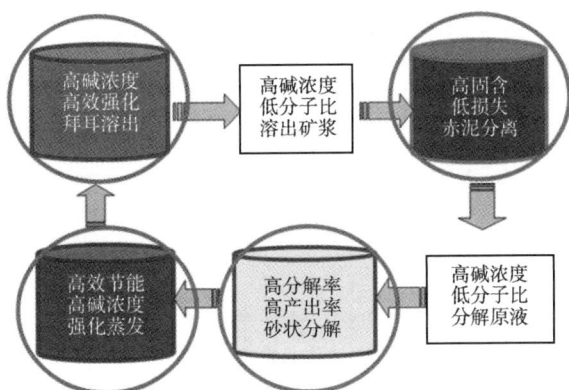

图 4 - 1　高效强化拜耳法流程

高效强化拜耳法的关键技术有：高效强化溶出、低损失赤泥分离、高产出率砂状氧化铝种分、高效节能母液蒸发等。

①间接加热强化溶出技术：图 4 - 2 为我国开发的间接加热、强化溶出技术的典型示例。

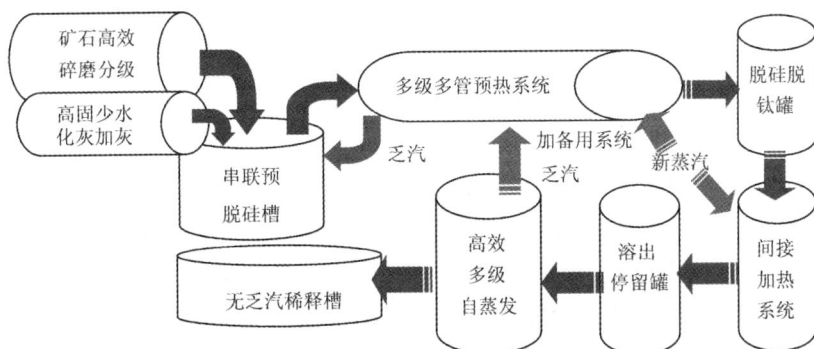

图 4 - 2　高效间接加热、强化溶出技术流程图

间接加热、强化溶出技术具体可以表示为矿浆间接加热、高温高碱浓度强化溶出技术。主要特点是：高运转率、高热效率、高产出率、低电耗、少维护、易清理。

②赤泥高效低耗分离技术：高固含沉降分离技术包含高效深锥沉降槽（见图 4 - 3）、新型絮凝剂、优化絮凝剂添加技术、沉降槽自稀释技术等。

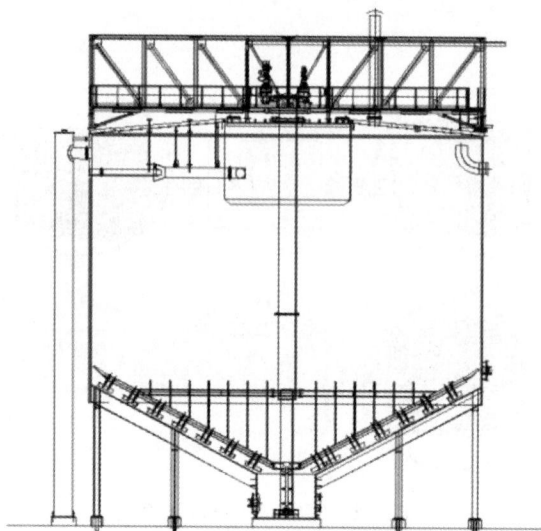

图 4 - 3　高效深锥沉降槽

此外，为减少赤泥沉降洗涤系统中氧化铝的损失，通过提高赤泥洗涤温度和效率，改进赤泥絮凝剂的应用，形成了低损失赤泥分离洗涤技术，有效地降低了赤泥洗涤损失和分解原液的分子比，提高了整个拜耳法系统的循环效率。

赤泥分离工序还开发了高效过滤技术，包括赤泥连续真空或带压过滤洗涤以及新型粗液叶滤介质。前者用于赤泥干法堆存技术，后者用于部分企业的粗液精滤(叶滤)工序，明显降低了精滤过程的氧化铝损失。

③高产出率砂状氧化铝晶种分解技术：开发应用了高浓度、低分子比原液种分生产砂状氧化铝的技术，该技术包括：实施粒度预报控制、系统优化种分工艺参数和强化中间降温。中间降温技术是合理调配种分系统温度体系和溶液过饱和度的关键技术，也是在高浓度条件下，实现高产出率并确保砂状氧化铝生产的重要措施。粒度预报和控制技术可深入分析系统中细粒子分布规律，提前预报粒度变化趋势和实施超前控制，确保产品粒度符合砂状氧化铝标准。此外，还开发应用了高效种分添加剂及氢氧化铝过滤脱水剂，以进一步确保砂状氧化铝质量并节能。实施该技术后分解率达到 50% 以上，晶种分解 Al_2O_3 产出率超过 90 kg/m^3，产品质量也达到了砂状氧化铝的标准。

④高效节能蒸发技术：我国氧化铝工业全面采用了高效节能的降膜蒸发技术，包括管式降膜、板式降膜和管板式混合降膜技术，明显降低了母液蒸发的汽水比和能耗。此外，普遍采用了蒸发缓垢剂，强化了稀释脱硅以提高溶液的硅量指数，从而减少了蒸发结疤速度，提高了蒸发器热效率及碱浓度。为进一步节

能，开发了利用精滤所含热能，提高分解母液的温度，并提前进行自蒸发以提高蒸发原液的浓度，减少蒸发能耗。

（2）开发应用了高效节能焙烧技术

我国氧化铝工业已全部采用了流态化节能氧化铝焙烧技术，包括气态悬浮焙烧、循环床流态化焙烧以及闪速焙烧技术，大部分企业采用了操作简便的气态悬浮焙烧技术，同时采用高强度、低传热的耐火材料做内衬，实现了烟气及氧化铝出料余热的充分回收利用。目前我国氢氧化铝焙烧的单位能耗已降低到 3.0 GJ 左右的国际先进水平。

（3）实现了大型节能设备的大规模应用

我国氧化铝企业，特别是新建或扩建的企业，普遍采用了大型节能的装备以达到高效节能的目标，如大直径、多管道间接加热溶出装备、大型高效深锥沉降槽、大面积、大直径过滤机和立式高效叶滤机、大容积、高效搅拌的种子分解槽、大型六效逆流降膜蒸发器、大产能氢氧化铝气态悬浮焙烧炉、大流量高压隔膜泵、高效杂质离心泵和高能效风机（鼓风机和空气压缩机）等。目前氧化铝生产装备的大型化趋势仍在继续发展。

（4）开发应用了提高热利用率的技术

我国氧化铝工业开发应用了一大批提高热利用率、回收系统中废热能的技术，包括改进流程设计，实现废蒸汽热能的回收利用，以减少废蒸汽排放、回收利用废高温烟气的热能，如煤气炉和焙烧炉烟气中的余热利用（蒸汽锅炉或加热水）、回收利用冷凝水和热溶液中的热能、回收利用热固体料中的热能、对高温管道和槽罐进行保温绝热，以降低散热损失等。

（5）开发应用了赤泥防渗堆存技术

赤泥是我国氧化铝工业最大宗的废弃物，由于赤泥含碱，因此具有一定的危害性。赤泥堆场的核心功能是分离碱液并回收，防止碱液渗漏污染。由此开发应用了优化赤泥堆存的技术，包括：干法堆存即赤泥浆在堆场压滤脱水再堆存；优化赤泥堆场结构，如形成一定角度的倾斜以利于排水、优化底部的防渗层结构形成可将碱液分离排出的沙漏层（井）等；赤泥坝的筑坝防渗技术及植被绿化等。

4.1.2　氧化铝工业节能与环保技术发展方向

（1）拜耳法技术的优化升级

选矿拜耳法存在的技术问题有：影响选矿脱硅效率限制因素较多，主要有矿石微观结构和解离性；选矿拜耳法的氧化铝回收率较低，主要取决于药剂的选择性；选矿药剂对氧化铝生产具有不利影响，包括所含的水分、有机药剂；选矿脱硅的尾矿处理难题和综合利用技术尚未解决。优化选矿拜耳法的主要技术方向是优化选矿流程和选矿药剂以提高选矿效率，降低选精矿的水含量和所含药剂的危害性，开拓选矿尾矿的综合利用途径。在上述技术开发应用的基础上，发挥选矿拜耳法的优势，实现高效强化拜耳法生产氧化铝。

拜耳法进一步节能提效的主要途径是采用高效强化拜耳法，包括强化拜耳法系统各关键工序，提高工序效率和产出率；解决拜耳法循环系统的瓶颈环节，使系统流程均匀化、高效化，实现整个系统高循环效率。高效强化拜耳法投入少、见效快、经济效益显著。

石灰拜耳法存在的技术问题主要包括石灰添加量的优化选择、碳酸钙反苛化及碱液化灰、石灰中氧化镁的影响及控制等。因此，石灰拜耳法进一步改进的方向是优化选择石灰最佳添加量、解决碱液化灰和赤泥减量外排的技术难题。

（2）高效低耗处理低品位矿的湿法串联新技术

湿法串联氧化铝生产新工艺主要是针对我国低品位一水硬铝石铝土矿而开发的。湿法串联氧化铝生产新工艺先采用高效强化拜耳法处理低品位铝土矿回收氧化铝，然后采用循环碱液，通过湿法冶金技术处理拜耳法赤泥，以回收其中的氧化钠和部分氧化铝。湿法串联全流程均为低能耗的湿法冶金过程，在采用高效强化拜耳法和高效湿法处理拜耳法赤泥两大关键技术后，氧化铝单位生产能耗可降低到 $16 \sim 18$ GJ，明显低于烧结法和混联法技术的能耗，碱耗和氧化铝回收率与烧结法相当。湿法串联新工艺的关键技术在于开发出新的高效脱硅产物，即铁钛取代铝的水化石榴石。该技术能耗较低，回收率较高，各项指标均可达到先进水平。湿法串联流程简单，能耗较低，碱和氧化铝回收率又较高，经济效益显著。湿法处理工艺也可以直接嫁接到原有的拜耳法流程，易于推广应用。对于低品位矿而言，湿法串联新工艺将优于其他类型的处理技术。随着我国铝土矿品位的逐渐降低，应大力推广应用湿法串联新工艺，实现我国低品位铝土矿资源的高效低耗利用。

（3）一水硬铝石型铝土矿浮选新工艺

我国铝土矿资源主要为中低铝硅比的一水硬铝石矿。随着铝土矿供矿铝硅比进一步降低，以现有生产工艺生产氧化铝，流程复杂、能耗高、生产成本大、缺乏国际竞争力。因此，使选矿技术经济地利用中低铝硅比矿，延长铝土矿资源保障年限，成为科技支撑发展的关键课题。要进一步优化一水硬铝石型铝土矿浮选工艺、开发高效药剂；研究开发一水硬铝石型反浮选新工艺，重点突破细粒高效分选、低成本反浮选药剂合成技术、浮选柱技术等。同时解决尾矿的高效分离、安全堆存和利用问题。

（4）开发应用氧化铝清洁生产技术

实现我国氧化铝工业的减排最重要的措施是实施清洁生产技术。氧化铝清洁生产技术主要包括：通过工艺优化，生成高效脱硅产物，并提高氧化铝溶出率及回收率，以降低干赤泥的产出率；强化赤泥洗涤，赤泥浆过滤或在堆场压滤脱水后再进行排放,以降低外排赤泥中游离附碱含量,包括附液量和附液碱浓度。

(5)开发应用先进的在线检测和系统控制技术

应大力开发应用先进的在线检测和系统控制技术,采用可靠的工艺参数在线检测元件、精确的氧化铝生产过程模拟以及先进的系统控制技术,以实现氧化铝厂稳定高效运行。氧化铝生产中最重要的控制单元是:建立最优化控制模型及关键工艺参数的精确调整;溶出准确稳定配料以及流量料位的即时控制。

(6)开发应用非铝土矿的含铝资源利用技术

这类技术包括从高铝粉煤灰、霞石和明矾石中提取氧化铝的成套技术,可作为中国氧化铝工业的应用技术和储备技术。加快进行高铝粉煤灰提取氧化铝技术的产业化研究开发,特别是应优先解决在较低成本或盈亏平衡的情况下,实现氧化铝的高效提取和残渣的全部资源化利用。

(7)提高系统热效率及加强余热回收利用技术

我国氧化铝工业目前的平均能耗高于世界平均水平。节能的余地和空间很大,其中一条重要的途径是进一步提高系统热效率及加强余热回收利用。这一领域应予开发的技术有:实现热电联合,高温蒸汽热能的优化梯级利用;生产系统中高温物料(蒸汽、溶液、水)热能的梯级利用;进行循环系统热流分布的最优化设计;开发回收低温溶液热能的技术装备;开发防结垢、少结垢的高效换热器;开发高效清洗技术及装备等。

4.1.3 电解铝工业重大节能技术进步

(1)开发并全面推广应用了大型预焙电解槽成套技术

1996年郑州轻金属研究院成功完成了280 kA大型预焙铝电解槽工业试验,标志着我国已基本掌握了大型预焙槽核心技术,并进行了推广应用,见图4-4。

图4-4 我国开发推广的280 kA大型预焙铝电解槽系列

我国所开发的大型预焙铝电解槽技术包括：

①大型铝电解槽的物理场仿真模拟技术：大型槽物理场仿真模拟技术已经在我国铝电解技术的研发与设计中得到了广泛使用。特别是在一定电解槽结构和电流密度的作用下，依靠 Ansys 和电磁流动等软件的模拟计算，可较为准确地得出电解槽内的水平电流、电磁力场以及流动场的分布规律，从而为寻找较为合理的电解槽结构设计和运行参数的制订提供重要依据。通过工业应用的大型预焙槽实际测定的物理场数据又可为模拟计算提供进一步优化的参数，从而开发出更为准确、贴近实际状况的模拟计算方法。

300 kA 铝电解槽垂直磁感应强度分布见图 4 - 5。

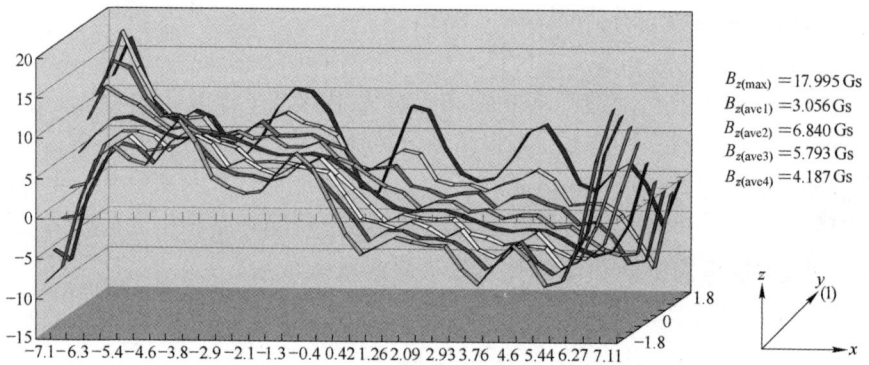

图 4 - 5　300 kA 铝电解槽垂直磁感应强度分布

②大型铝电解槽用阳极、阴极和内衬材料：随着大型预焙槽技术的大规模推广应用，与之相适应的优质、多品种的阴阳极材料及内衬材料的生产技术也得到了大力开发和应用。通过对我国石油焦、煤沥青等原材料生产条件和产品质量及炭阳极生产过程各环节技术的系统研究，成功开发出了利用国产原材料生产抗氧化性优异的炭阳极的成套关键技术，满足了我国大型预焙槽技术对优质炭阳极的需求，保证了大型铝电解槽运行的稳定性和高效率。大型预焙电解槽所需的含有 30%、50% 的石墨、全石墨质阴极、碳化硅 - 氮化硅结合的复合侧衬材料也都得到了大规模开发应用，不仅使我国大型铝电解槽的运行效率得到了提高，而且延长了电解槽寿命。

③大型铝电解槽用的重大配套装备：随着我国铝电解工业的迅猛发展，铝电解重大配套装备的生产技术也得到了快速提升。首先通过国外先进装备的引进和消化，结合我国生产工艺的特点，自主开发出了大型预焙槽配套的变压、整流电气装备、上部结构及天车、氧化铝输送、下料器以及烟气净化装置等成套铝电解装备，并得到了广泛应用。大型预焙槽配套的变压、整流电气装备已实现国产

化，替代了进口装备。目前我国已可以制造几乎所有与铝电解槽配套的供电整流设备。与大型预焙槽配套的上部结构、天车及氧化铝输送、下料器及利用新鲜氧化铝净化铝电解槽烟气的净化装置也都已实现了国产化，确保了我国大型铝电解槽技术的大规模推广应用和稳定运行。

2003—2008 年，我国相继成功开发了 300 kA、350 kA、400 kA 大型预焙电解槽设计、生产技术，从此步入了全面掌握大型预焙电解槽技术的少数国家之列。此后，我国实现了向印度、哈萨克斯坦、伊朗等国的大型预焙槽技术出口。目前我国正在进一步开发 500 kA 超大型电解槽设计、生产技术，并已取得了一定成效，年产原铝 38 万 t 的 500 kA 电解槽生产线已投入工业运行并正在进行优化试验。600 kA 超大型电解槽也已于 2012 年投入工业试验。

500 kA 以上的超大型铝电解槽需要解决如下关键技术问题：

①超大型电解槽中铝液磁流体运行的稳定性：大型电解槽的计算机物理场仿真模拟技术是超大型铝电解槽设计技术的核心。通过计算机软件的进一步研究开发和动态仿真模拟计算，研究铝电解槽内磁场、热场和运动场的变化规律，寻找合理的磁场分布及可保持铝液磁流体运行稳定性的基本条件和工艺参数，为超大型铝电解槽的设计提供重要依据。通过相关仿真模拟软件的进一步开发应用，我国已能成功地设计出 400 kA 以上的大型预焙电解槽，并保持铝液磁流体运行的稳定性。由于计算机软件仿真模拟都具有一定的误差，需要通过实验室试验和工业试验对模拟结果进行验证或修正。

②超大型电解槽中氧化铝浓度的均匀性和扩散速度：由于超大型铝电解槽尺寸容积的扩大，保持槽内氧化铝浓度的均匀性就成为技术难点。而这一点又对铝电解槽的运行稳定性和电流效率产生重大影响。通过氧化铝下料器的小型化设计，调整电解槽的控制系统，保持铝电解槽内铝液一定的流动速度，可以基本实现超大型电解槽内氧化铝浓度的均匀性。

③超大型电解槽的阳极消耗和底掌平面的均匀性：提高炭阳极质量，保证使用优质炭阳极，优化电解槽控制系统是实现炭阳极消耗均匀性的关键。这一点对超大型铝电解槽尤为重要。

④超大型电解槽的电流效率和能耗的先进性：超大型铝电解槽为达到较高的电流效率，降低能耗，就必然对铝电解槽结构设计、控制系统和下料系统的运作提出更高的要求。特别是如何通过优化的计算机模拟和结构设计，成功地降低水平电流，提高电流效率，这又是开发超大型铝电解槽技术的关键。

（2）开发应用了铝电解计算机控制技术

我国铝电解工业通过铝电解工艺与计算机控制技术相结合，开发出了多代大型预焙槽计算机控制技术，明显提高了电解槽运行的稳定性，大幅度降低了直流电耗，提高了电流效率，降低了阳极净耗、阳极效应系数以及温室气体排放量。

　　铝电解计算机控制技术的主要研究方法：深入研究大型预焙铝电解槽运行规律和特性，综合应用铝电解工程领域和专家系统、智能控制、计算机仿真、现场总线、计算机网络等交叉学科领域的方法，开发出铝电解智能控制系统。

　　目前我国铝电解控制系统中控制软件的主要特点：通过对槽电压和槽电阻的计算机检测，判别电解质中氧化铝浓度的波动，以氧化铝下料的频次控制电解质氧化铝浓度的稳定。更为先进的氟化铝下料控制技术也已有所应用。

　　我国铝电解工业界研究了低槽电压下的能量平衡，开发了一套大型预焙电解槽低窄氧化铝浓度控制技术，提高了对氧化铝浓度控制的准确性，实现了铝电解槽在低槽电压下的稳定运行，同时降低了电解槽的阳极效应系数，减少了氟化物气体排放。

　　(3) 开发应用了提高大型预焙电解槽寿命技术

　　2005 年，针对我国大型预焙槽寿命短的状况，提出了提高大型预焙电解槽寿命技术的研究项目。通过对影响铝电解槽寿命关键因素的研究，开发出了提高大型预焙电解槽寿命的关键技术。

　　延长铝电解槽寿命的关键技术：通过强化铝电解槽控制系统，降低阳极效应系数；严格控制电解质过热度，保持电解槽稳定运行；大容量电解槽使用高石墨质阴极炭块、碳化硅侧块，提高铝电解槽的热稳定性；采用焦粒焙烧启动技术，以形成稳定规整的炉帮和阴极等。

　　所开发的提高大型预焙电解槽寿命技术已经使我国电解槽寿命由 1300 天提高到现在的 2500 天以上，大大减少了废槽衬的排放量和铝电解槽的维修量。

　　(4) 开发应用了优质炭阳极和内衬材料生产技术

　　通过对我国石油焦、煤沥青等原材料生产条件和产品质量及炭阳极生产过程各环节技术的系统研究，开发出了适应我国石油焦质量特点的多种生石油焦混配原理及均化应用技术，深入研究了煤沥青性质对炭阳极质量的影响规律，系统研究了炭阳极各生产工艺过程的控制参数与阳极质量的关联性。在这些研究结果的基础上，成功开发出了利用各种石油焦进行混配、改善炭阳极氧化性的关键技术，实现了采用国产原材料即可生产出抗氧化性优异的优质炭阳极，并由此制定了优质炭阳极生产技术标准，全面提高了炭阳极质量及电解槽运行稳定性，从而使我国炭阳极的质量及铝电解炭耗达到国际先进水平。目前中国优质炭阳极已经大批量出口到世界发达地区的铝电解厂。

　　为提高铝用碳素阴极的性能，降低铝电解各项消耗，含有 30%、50% 的石墨及全石墨质阴极已大规模生产应用，石墨化阴极也已成功研制并规模化生产。碳化硅－氮化硅结合的复合侧衬材料不仅在国内大型槽上得到了广泛应用，满足了国内需求，显著降低了铝电解电耗并提高了电解槽寿命，而且已大规模出口。

　　目前，我国生产的各种规格的优质炭阳极、阴极以及侧衬材料誉满全球（见

图4-6）。我国已成为世界上最大的铝用碳素出口国。

图4-6 我国开发的各种大型铝电解槽技术所需的阴、阳极和内衬材料

（5）开发应用了新型阴极结构电解槽等重大节能技术

2005年以来，我国相继通过改变铝电解槽阴极炭块和钢棒的结构和形状，并相应优化电解槽内衬结构等一系列创新技术，形成了新型阴极结构电解槽、新型钢棒结构等重大铝电解节能技术，构成了具有我国自主知识产权的铝电解重大节能技术。这一类技术使我国铝电解生产实现了大幅度节能降耗。新型阴极结构电解槽技术见图4-7。

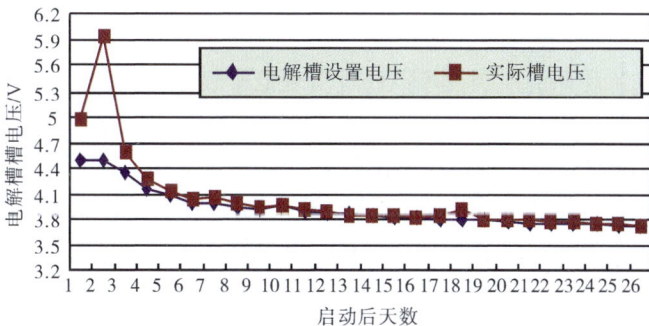

图4-7 我国开发应用的新型阴极结构电解槽等重大节能铝电解技术

这一类新型阴极结构铝电解槽技术实现了低极距、低水平电流、低槽电压、低电耗、低阳极效应、高电能利用率的铝电解稳定运行，实现了大幅度节能减排，吨铝直流电耗为12000~12300 kW·h，达到了国际领先技术水平。2011年新型阴极结构铝电解节能技术开始大规模推广，我国铝锭综合交流电耗逐年下降。我国铝电解重大节能技术的开发应用已引起了世界铝电解技术界的高度重视和关注。

（6）开发应用了低温低电压铝电解新技术

低温低电压铝电解的核心技术包括含锂盐电解质体系的物理化学性质及变化规律、低温电解电极过程、低温下 Al_2O_3 溶解性能、分布技术等参数，通过工艺试验，获得初晶温度较低的低温电解质体系，并确定了电解槽的电解质水平、铝水平、极距、槽电压、锂盐添加剂等工艺参数，成功开发了适合我国国情的低温电解技术。建立了大型铝电解槽"电流场—母线配置—磁流体"耦合模型和仿真系统，通过工业试验修正了电磁场和磁流体稳定性仿真边界条件，开发了使电解槽电磁特性运行于深度稳定区间的母线装置。低温低电压铝电解技术在云南铝业、中孚实业林丰铝电等铝电解厂进行了产业化示范应用，实现了铝电解大幅度节能的目标。

（7）开发了大型铝电解系列不停电（全电流）技术

该技术主要针对在电解槽启动或大修时的停、开槽操作时必须系列停电，因而存在对电网造成冲击、浪费电能并影响电解槽稳定运行的重大技术难题，成功开发出铝电解系列不停电技术，并研制成功了大型铝电解槽不停电停、开槽成套装置。通过低电压大电流转移的试验室研究、半工业性试验和工业规模试验，开发了铝电解系列全电流不停电停、开槽方法、技术与成套设备，解决了铝电解单台槽检修必须系列停产的技术难题。该技术已成功应用于国内外50多家铝厂70多个系列中，产生了很大的经济社会效益。

4.1.4 电解铝工业节能与环保技术发展方向

（1）计算机控制技术的优化升级

未来铝电解计算机控制技术不仅应实现低窄氧化铝浓度的精确控制，更重要的是应对铝电解过程的能量平衡进行高效控制。为此，应开发铝电解过程过热度的控制技术，进而有效控制铝电解温度并提高电流效率。研究表明，过热度与过量氟化铝浓度有密切关系，因而可以对氟化铝添加量进行调节，实现过热度控制。过热度的在线或快速监测是实现过热度控制的重要技术，因此也应加快开发应用。铝电解过程过热度控制水平的提高将进一步改善铝电解运行的热稳定性，从而提高电流效率，实现铝电解节能。

（2）新型阴极结构铝电解槽技术的优化与应用

为进一步降低电耗，需要优化应用新型结构电解槽等重大节能技术，主要优化方向和目标是降低水平电流和提高电流效率。表4-1列出了降低水平电流和提高电流效率所需开发应用的关键技术内容。我国铝电解技术界已经把这些技术的开发应用作为今后研发工作的主要方向。

表 4 - 1　铝电解节能技术的主要优化方向

技术需求	技术应用目标	所需开发的关键技术
降低槽电压和水平电流，提高电流效率，降低效应系数	得到最优化的电流分布以及尽可能小的水平电流	优化阴极和阴极钢棒的结构和形状，改进内衬材料
	提高新型结构电解槽运行的稳定性、降低阳极效应系数	进一步优化计算机控制系统
	保持电解槽的热稳定性以及炉帮的规整	最优化调整电解槽工艺参数，如电解质成分、过热度、铝水平等

（3）大力开发应用提高电流效率的技术

电流效率低是我国铝电解工业与国外相比存在的主要差距。为进一步降低电耗，需要优化应用新型结构电解槽等重大节能技术，目标是降低水平电流和提高电流效率。提高电流效率的方法主要包括：提高铝电解槽运行稳定性的技术，优化铝电解槽结构、改进磁场和水平电流分布、先进高效的控制系统及高质量的氧化铝和炭阳极等。

（4）提高铝电解槽的电流密度并保持电流效率的新技术

提高电流密度必须解决铝电解槽结构的优化、炭阳极质量的提高及控制系统的升级等技术难题。因此，提高铝电解电流密度是一个综合性的技术，也是我国铝电解行业应予开发应用的重要技术。

我国大型槽进一步节能的重要方向是提高电流密度并同时尽可能保持较低的槽电压。从国外先进铝电解技术和铝电解运行原理上看，在一定程度上提高电流密度对电流效率具有正面作用，但是在提高电流密度之后，如何保持电解槽的热稳定性和运行稳定性，尽可能保持较低的槽电压，需要进一步开发相应的关键技术。

提高电流密度与降低槽电压存在着相互影响和相互制约的关系，因为提高电流密度将带来有利于提升电流效率的可能性，但同时也会产生提高槽电压的不利结果。我国铝电解工业传统上采用较低电流密度，主要因为：①我国原来与预焙槽配套的各种材料、设备的质量不高，只得采用较低的电流密度；②低电流密度可带来较低的槽电压及电耗，有利于节电。特别是电价较高时，较低的电流密度可实现更低的电耗和生产成本。因此在适当提高电流密度时应该综合比较和考虑。

表 4 - 2 为提高电流密度、同时保持尽可能低的槽电压所需要开发应用的重大技术。

表4-2 提高铝电解电流密度的主要技术方向

技术需求	技术目标	所需开发的关键技术
提高电流密度，保持较高的电流效率	提高磁流体的稳定性、均化电流分布	优化仿真模拟和设计技术
	更稳定的操作运行、更好的热平衡、更均匀的氧化铝浓度分布	改进优化计算机控制系统
	更稳定的操作运行、减少软沉淀、更均匀的氧化铝浓度分布	应用优质炭阳极和砂状氧化铝

实施这些技术的主要目的是在高电流密度下，提高铝电解槽内磁流体稳定性、热稳定性和氧化铝浓度均匀性，从而保证在此条件下的尽可能低的槽电压、高电流效率并节能。为此所采用的主要方法是优化设计、改进控制、采用优质原材料。

(5)高质量炭阳极及新型阳极生产技术的开发应用

目前炭阳极生产的能耗主要在于炭阳极焙烧工序。每吨炭阳极的天然气消耗达到 $80 \sim 90 \ m^3$，使生阳极块中的煤沥青在焙烧过程充分燃烧并利用其中所含的热能，是降低焙烧能耗的主要方向，同时减少炭阳极焙烧炉的散热损失，也可达到同样目的。炭阳极生产过程的余热利用不仅可节能，而且有利于实现减排。石油焦煅烧如采用先进的罐式煅烧炉，烟气余热采用余热锅炉及发电设备，可将石油焦煅烧余热充分利用。高效节能的炭阳极焙烧技术及石油焦罐式煅烧炉余热利用是降低炭阳极生产能耗的主要技术发展方向。

炭阳极的理论消耗量约为 334 kg/t，而目前我国铝电解炭耗高达 400 kg/t 以上，主要原因是部分炭阳极中的成分在电解过程生成炭渣掉入电解质中而消耗，这不但提高了炭耗，而且破坏了铝电解的稳定运行。高质量炭阳极是指高性能、低消耗的碳素阳极。生产高质量炭阳极需要从原材料性质、生产工艺和生产设备等方面进行研究，目标是实现炭耗低于 380 kg/t。惰性阳极的研究仍然是一项前瞻性研究工作，主要目标是开发出一种高稳定性、抗腐蚀性、高电导率的新型阳极材料。技术难度大，可能还需要与电解质的改进、电解槽结构的优化相结合。

(6)降低效应系数及效应时间的技术

阳极效应是排放多氟化碳的主要来源，开发降低阳极效应的清洁生产技术，主要是通过优化电解槽控制，合理添加氧化铝，保持电解槽稳定运行，达到降低阳极效应的目标。目前中国铝电解企业的阳极效应系数已降低到 0.2 次/(槽·d)以下。降低阳极效应持续时间也是降低多氟化碳排放的有效途径。可以通过开发阳极效应快速和自动熄灭技术来实现。

4.2　铜冶金科技进步

4.2.1 铜冶金科技进步

我国铜冶金技术通过引进集成再创新，目前一批企业从规模、技术、装备、能耗、环保、综合回收等多方面，已居于世界先进水平，部分技术和装备已出口国外。铜闪速熔炼技术，铜、铅富氧溶池熔炼新技术，自主研发的"氧气底吹炼铜新工艺"，这些具有世界先进水平的新技术、新工艺在生产中的应用，大大提升了我国重金属冶炼技术水平。铜冶炼先进技术、富氧熔炼、余热回收及大型回转式阳极炉、稀氧燃烧、透气砖通氮气搅拌、自氧化还原等技术和装备的使用，使冶炼过程能耗大幅度降低。烟气浓度升高，烟气量减少，烟气输送动力消耗降低使得制酸能耗进一步降低。另外，奥托昆普闪速熔炼技术朝着高铜锍品位、高氧浓度、高投料量、高热负荷"四高"熔炼方向发展，可进一步实现铜闪速熔炼的高效、节能、低污染。

"双闪"冶炼（闪速熔炼、闪速吹炼）是国际上先进的铜冶炼技术，解决了铜冶炼过程中的低空污染问题，能耗大幅降低。山东阳谷祥光铜业已引进芬兰奥托昆普闪速熔炼和闪速吹炼双闪速炉炼铜技术，被国家环保部评为十大"国家环境友好工程"之一。中条山有色金属集团公司和中国恩菲工程技术有限公司开发的铜锍顶吹吹炼新工艺，有效解决了 P – S 转炉逸散 SO_2 烟气的低空污染和作业安全问题，粗铜冶炼能耗低于 490 kgce/t。

我国铜冶炼近年来所取得的成绩，主要得益于企业采用了先进的富氧闪速及富氧熔池熔炼工艺，这种工艺替代了反射炉、鼓风炉和电炉等传统工艺，提高了熔炼的强度，降低了能耗，减少了二氧化硫的排放。闪速炉、转炉、反射炉及自热炉尾部均设置余热锅炉，充分回收利用余热资源生产蒸汽，每年生产余热饱和蒸汽 70 多万 t。在"十二五"期间，氧气底吹炉连续炼铜技术、闪速炉短流程一步炼铜技术、新型侧吹熔池熔炼等铜冶炼工艺的短流程研发成功和推广，是铜冶炼节能减排的重要途径。

硫化铜精矿火法炼铜包含造锍熔炼、吹炼、火法精炼和电解精炼等主要工序。其中，造锍熔炼是最核心的环节。铜冶炼节能减排主要归因于造锍熔炼技术的进步。造锍熔炼工艺的技术进步，主要体现在新一代的强化熔炼技术——闪速熔炼和熔池熔炼，取代了传统的鼓风炉、反射炉和电炉熔炼，实现了节能及 SO_2 减排。

表 4 – 3 所示为火法炼铜造锍熔炼新技术工业应用年份。

表4-3 火法炼铜新技术工业应用年份

类别	技术名称	研发公司及国别	工业应用年份	我国工业应用年份
闪速熔炼	奥图泰	芬兰奥图泰公司	1949	1985
	INCO	加拿大 INCO 公司	1952	—
熔池熔炼	白银	中国白银公司		1972
	诺兰达	加拿大诺兰达公司	1973	1993
	三菱	日本三菱公司	1974	—
	特尼恩特	智利特尼恩特公司	1977	—
	瓦纽科夫	苏联	1977	2005
	TSL(艾萨、澳斯麦特)	澳大利亚	1992	1995
	富氧底吹	中国恩菲公司	2001	2005
连续吹炼	三菱	日本三菱公司	1974	—
	肯尼科特-奥图泰	美国肯尼科特公司芬兰奥图泰公司	1995	2006
低铁铜精矿单炉连续炼铜	奥图泰闪速炉	芬兰奥图泰	1978	—

　　20世纪70年代得到工业应用的熔池熔炼技术有白银法、诺兰达法、三菱法、特尼恩特法和瓦纽科夫法。①白银法是我国自主研发的第一种炼铜方法,20世纪70年代由中国白银有色金属公司及国内其他单位联合开发,1979年正式命名为"白银炼铜法",是一种反射炉改良技术,属侧吹熔池熔炼。白银炉历经多次改进:其一是由单室炉改为双室炉(103 m²,熔炼区与炉渣贫化区分开);其二,由空气熔炼改为富氧熔炼。目前,白银炉富氧浓度为45%~55%;第三,近年来,白银公司与中国瑞林工程技术有限公司合作,对炉体结构等进行了改进,延长了炉龄,提高了产能[目前达10万t Cu/(炉·a)],改善了车间环境。目前,白银公司有2台100 m²白银炉在运转,粗铜产能20万t/a。②诺兰达法是中国引进的第二种炼铜工艺,湖北大冶有色金属公司在20世纪90年代初引进应用。目前,大冶公司诺兰达炉已为澳斯麦特炉取代。③三菱法属非浸没式顶吹熔池熔炼,是世界上第一种成功工业应用的连续炼铜工艺,由日本三菱公司研发成功。中国没有引进三菱法。④特尼恩特炉可单独处理铜精矿生产高品位铜锍。特尼恩特法在智利得到广泛应用,目前,智利有5座炉子运转,年产铜约70万t。特尼恩特法在

中国没有得到应用。⑤瓦纽科夫法属侧吹熔池熔炼技术。2000 年以来，我国逐步掌握该技术，用于炼铅、炼铜等方面，由此该法在我国又称为"金峰炉""侧吹炉""双侧吹炉"等（统一称其为双侧吹炉）。目前，我国至少有 3 座双侧吹炉正常运行，用于造锍熔炼（金峰、富邦、和鼎），粗铜产能约 30 万 t/a。

在我国铜冶炼中，除奥图泰型闪速熔炼外，另一项得到广泛应用的技术是浸没式顶吹（TSL）熔池熔炼法（艾萨法和澳斯麦特法）。目前，TSL 技术广泛应用于铜、镍、铅、锡、锌、电子废料及工业垃圾处理等领域。在全球有数十座炉子在运转。我国铜冶金方面有 9 座炉子用于造锍熔炼和吹炼，其中澳斯麦特炉 7 座，艾萨炉 2 座。除白银法外，底吹炉熔炼是中国拥有自主知识产权的另一项炼铜技术。1990—1993 年，中国恩菲公司及水口山有色金属公司等单位，在氧气底吹炼铅试验装置上，开展了 3000 t/a 铜富氧底吹造锍熔炼半工业化试验，取得初步成功。故该法又称为水口山（SKS）炼铜法。1994—1995 年，中国恩菲公司、中科院过程所和中条山有色金属公司，联合开展了底吹炉炼铜放大冷态模型研究。2001 年，中国恩菲公司采用富氧底吹法为越南建成 1 万 t/a 的大龙铜冶炼厂，标志着该技术得到工业应用。2005 年，山东方圆公司采用富氧底吹技术，建设规模为 5~10 万 t/a 炼铜厂。2008 年建成投产，标志着富氧底吹成为较为成熟的炼铜技术。随后，国内又采用该技术相继建成山东恒邦、内蒙古包头华鼎、山西垣曲等炼铜厂。

在火法炼铜节能减排进程中，新的强化熔炼技术及氧气的应用，起到了决定性的作用。氧气的应用及富氧浓度的提高，使得烟气量减少，烟气 SO_2 浓度提高，对铜冶炼节能减排起到了关键作用，各种炼铜方法富氧浓度如表 4-4 所示。工艺模拟表明，在造锍熔炼中，使用 1 t O_2 可节能 5440 MJ，制氧厂生产 1 t O_2 耗电 285 kW·h，电厂发电效率按 38% 计算，抵消制氧能耗后，净节能为 2740 MJ，折合 93.6 kgce。

表 4-4　各种炼铜方法富氧浓度

类别	方法名称	喷枪类别	富氧浓度/%
闪速熔炼	奥图泰闪速熔炼	中央扩散型喷嘴，单只	60~90
	INCO 闪速熔炼	两侧水平喷嘴，4 只	工业纯氧
熔池熔炼	白银	侧吹	45~55
	诺兰达	侧吹	40
	三菱	非浸没式顶吹	45~55
	特尼恩特	侧吹	40

续表 4－4

类别	方法名称	喷枪类别	富氧浓度/%
熔池熔炼	瓦纽科夫	侧吹	50 ~ 90
	艾萨	浸没式顶吹	45 ~ 90
	澳斯麦特	浸没式顶吹	45 ~ 90
	底吹	底吹	70 ~ 75
连续吹炼	三菱法	非浸没式顶吹	32 ~ 35
	奥图泰—肯尼科特	中央扩散型喷嘴，单只	70 ~ 90
低铁铜精矿单炉连续炼铜	奥图泰	中央扩散型喷嘴，单只	70 ~ 90

图 4－8 所示为 1960—2007 年世界铜冶炼工业 SO_2 捕集情况。由图可见，在 20 世纪 60—70 年代，世界主要铜冶炼国家和地区中，仅日本和西欧 SO_2 捕集率达到较高水平，而当时美国、智利和中国铜冶炼烟气中 SO_2 都几乎没有回收。而到 2007 年，全球铜冶炼 SO_2 捕集率均达到 90% 左右。以方法而论，双闪法和三菱法，由于实现了连续吹炼，生产中基本消除了 SO_2 的无组织排放，SO_2 捕集率均超过 99.5%，是 SO_2 排放量最低的火法炼铜工艺。在造锍熔炼—P–S 转炉吹炼炼铜工艺中，奥图泰型闪速熔炼由于炉体密封较好，SO_2 捕集率较高，可以达到

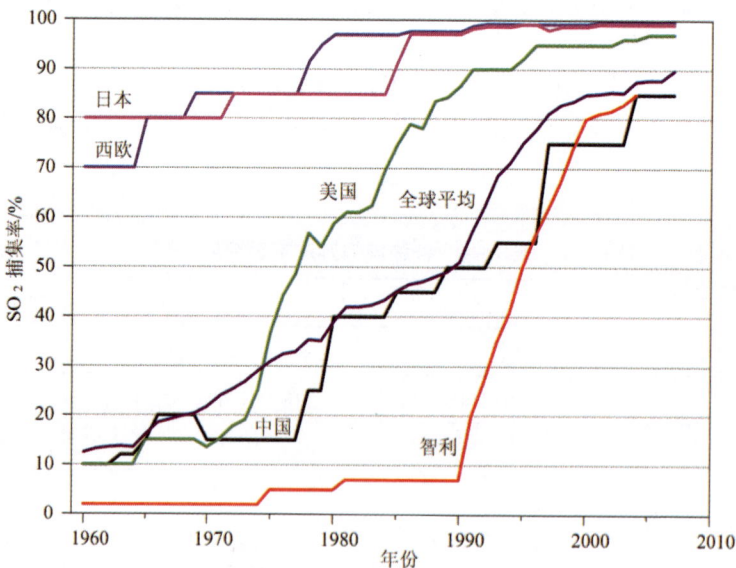

图 4－8　1960—2007 年世界铜冶炼工业 SO_2 捕集情况

99%以上。其他熔池熔炼法，SO_2捕集率在98%～99%，但炉体固定的熔池熔炼炉，SO_2无组织排放比炉体转动的稍少。

4.2.2 铜冶金科技进步发展方向

（1）富氧强化熔炼技术

富氧强化熔炼技术是指在熔炼中通入富氧（空气含氧量50%以上）或工业纯氧，强化熔炼过程，充分利用精矿中铁和硫在氧化过程中放出的热量，减少燃料消耗量，在自热或接近自热的条件下进行熔炼。采用富氧强化熔炼技术的工艺归纳为两大类：一类是闪速熔炼方法，如奥托昆普闪速熔炼、INCO氧气闪速熔炼等；另一类是熔池熔炼方法，如诺兰达熔炼、澳斯麦特/艾萨熔炼、氧气顶吹熔炼、白银法熔炼、氧气底吹熔炼等。由于入炉的氮气量减少，烟气体积降低，SO_2浓度提高，便于制造硫酸或其他硫产品，总硫利用率显著提高，同时SO_2排放量显著下降；烟气量减少使得烟气处理设施投资费用降低；烟气量减少也使热支出减少，进一步降低了能耗。

（2）连续吹炼技术

现行传统的鼓风炉、反射炉或电炉，以及先进的富氧强化熔炼的闪速炉、艾萨炉、白银炉等，都存在流程长、不连续和能耗高的问题。重点开发闪速熔炼与我国白银炉连续吹炼技术集成，形成连续强化冶炼—吹炼短流程炼铜新工艺，实现连续化；研究炉型连接方式，吹炼炉渣渣型，达到淘汰卧式（P－S）转炉，实现节能和解决SO_2的低空污染。并重视后续吹炼烟尘和精炼过程有价金属金、银、硒、碲和镉的综合回收利用。

铜冶炼减少SO_2排放的关键在于加强低浓度、特别是无组织排放SO_2烟气的收集。选用无组织排放较少的工艺，铜锍的连续吹炼对SO_2减排有积极作用。为适应高杂原料处理，提高资源利用率，减少砷等重金属污染，应着力研究从铜冶炼高砷物料中脱除砷，回收利用其他有价资源，并将砷安全固化堆存的最佳可行技术，成熟后推广应用。含重金属污水处理渣的利用，该类渣水分含量高，有价金属含量相对较低难以回收，含有毒重金属元素，安全堆存是一大难题，应研究将其资源化利用的途径。

连续吹炼取代P－S转炉是发展趋势。该技术通过溜槽加液态铜锍或通过皮带加水淬后的固态铜锍，取消了包子倒运过程，使得吹炼烟气低空污染得到彻底解决。采用连续吹炼技术的工艺有闪速连续吹炼、氧气顶吹浸没喷枪连续吹炼、侧吹连续吹炼、三菱连续吹炼等。连续吹炼技术过程连续进行，作业率高；炉子密闭性好，漏风小，冶炼烟气量少且稳定，SO_2浓度高，烟气处理成本低；作业环境好，可大幅提高硫的回收率，降低生产成本。该技术适用于铜锍吹炼生产系统。P－S转炉吹炼工艺及装备成熟，处理冷料较为便利，粗铜含硫低，目前仍是主要的铜锍吹炼方法。但 P-S 转炉吹炼效率低、设备台数多、间断操作、SO_2 泄漏及逸散问题难以彻底解决，已成为火法炼铜技术进一步向高效节能、环保清洁方向发展的制约环节。长期以来，冶金工作者致力于连续炼铜、连续吹炼技术的研发，截至目前，仅有三菱法和闪速吹炼得到推广应用。三菱法吹炼实现了铜锍连续吹炼，使得烟气 SO_2 浓度高，烟气量及浓度稳定，SO_2 泄漏少，提高了环保及清洁生产水平，减少了烟气处理及制酸系统投资与运行费用。但三菱法吹炼也存在一些不足：①与 P-S 转炉吹炼比较，铜的直收率会有所减低；②前后工序相互影响大，自动控制要求高；③粗铜锍及其他杂质含量高，质量有所降低；④三菱法熔炼、吹炼、炉渣电炉贫化自成"硬连接"生产系统，已有实践证明，其吹炼炉难以单独与其他熔炼方法组成生产系统，加之三菱法富氧浓度难以提高，熔炼强度偏低，可以预期，其连续吹炼技术不可能在我国推广应用。

闪速吹炼自 1995 年在美国问世以来，目前已推广应用 4 家，形成粗铜产能 150 万 t，其所推广的 3 家(祥光、金冠、广西金川)均在我国。实践证明，闪速吹炼已发展成为一种成熟的工艺，今后在大型铜厂将有可能逐步取代 P-S 转炉吹炼。但闪速吹炼生产能力偏大，对年产铜 20 万 t 以下的中小型铜厂并不适用。综上所述，利用我国已经掌握的富氧底吹技术，开发一种连续吹炼工艺，推广应用于国内广大采用熔池熔炼技术的火法炼铜厂，对铜冶炼绿色生产具有较大意义。

(3)粗铜高效、节能、低污染火法精炼技术

目前，不同炼铜方法熔炼和吹炼均基本自热进行，烟气余热也都进行了回收，能耗并无大的区别。而阳极炉的能耗则差别较大。近年来，阳极炉节能减排方面发展了余热回收、稀氧燃烧、透气砖通氮气搅拌、无氧化还原火法精炼等新技术，这些技术的应用，使吨阳极铜火法精炼能耗从 50 kgce 降低至 15 kgce。

(4)熔炼炉渣选矿技术

目前，火法炼铜普遍在高铜锍品位、高富氧浓度条件下操作，熔炼炉渣含铜依工艺不同，波动在 2%~8% 之间，必须对其进行贫化处理。铜熔炼炉渣贫化有电炉(或燃料加热炉)贫化和炉渣缓冷-选矿两类方法，均属成熟技术，在我国得到广泛应用。研究表明，两类方法能耗大致相当。电炉贫化的优点在于投资较低，占地面积小，但其渣含铜最低只能达到 0.6%，一般在 0.6%~1% 之间。而炉渣缓冷-选矿法，虽然一次投资及占地面积较大，但可使尾渣含铜降低至 0.3% 左右，使铜的总回收率提高 0.8%~1%，针对我国铜资源严重短缺的状况，是一项值得推广的技术。

(5)熔炼炉渣余热回收技术

熔炼(贫化电炉)炉渣带出的热量达 3.2316 GJ/t 阳极铜，相当于110.3 kgce/t 阳极铜，占火法系统总余热量的 35%，理论上讲，对其热量进行回收是火法炼铜节能应重点着力之处。以江西铜业公司贵溪冶炼厂为例，该厂每年产出初始温度

1250℃的炉渣 370 万 t, 所含热量相当于约 6.7 万 t 原煤, 如能将这部分热量回收, 回收率按 60% 计算, 年节约原煤达 4 万 t, 社会经济效益十分可观。

目前, 铜冶炼厂熔炼(贫化电炉)炉渣有下列 2 种处理方法: ①直接水淬, 产生的热水在北方地区冬季用于采暖, 而在夏季或南方地区, 用途很小, 大多数将其排放或冷却后重复利用。采用干法风淬, 是回收炉渣余热的发展方向。②缓冷后采用浮选进一步回收铜, 由于冷却速度很慢, 冷却过程中余热回收更为困难。从铜冶炼技术发展来看, 缓冷 – 选矿已成为处理铜冶炼炉渣的主流技术, 这使得铜熔炼炉渣余热回收可行性更低。

(6)烟气余热回收利用技术

火法冶金炉排烟温度均在 800℃以上, 在收尘处理前必先经过冷却。烟气冷却的目的是使烟气调节到某一低温范围, 以适应收尘设备和排风机的要求。冷却系统除了使烟气降温外, 还有一定的收尘作用, 同时将余热加以利用。余热回收方式有利用离炉烟气预热空气(或煤气);使用余热锅炉或汽化冷却装置生产中、低压蒸汽和热水;利用废气循环调节炉温和改善燃烧;利用离炉烟气加热入炉冷料。该技术适用于铜锍熔炼、吹炼、精炼生产过程。

(7)永久性不锈钢阴极电解技术

永久性不锈钢阴极铜电解技术以不锈钢阴极取代传统电解法的始极片, 且不锈钢阴极可重复使用, 省去了生产始极片的种板电解槽系统以及由始极片、导电棒及吊攀组装成阴极的制作工艺, 使整个生产流程大为简化。永久性不锈钢阴极铜电解技术还具有以下优点:电流密度高、极距小;阴极周期短、产品质量高;残极率低;蒸汽耗量低。该技术适用于现代大型铜冶炼企业。

(8)加压浸出—氧气顶吹熔炼阳极泥处理工艺

工艺流程为"阳极泥加压浸出—氧气顶吹熔炼—银电解—水溶液氯化分金—控制电位还原", 最终产品为金和银。该工艺用加压浸出代替传统的硫酸化焙烧 – 稀硫酸浸出、用氧气顶吹熔炼代替传统的还原熔炼加氧化精炼, 缩短了生产工艺流程, 提高了生产效率, 减少了污染物排放。该技术适用于单系统铜熔炼能力在 20 万 t/a 及以上的项目。

(9)回转阳极炉固体还原剂喷吹技术

采用新型固体还原剂(利用褐煤半焦与无烟煤以一定比例进行配比, 即得到新型固体还原剂)取代重油、柴油、液化石油气等传统还原剂。工艺设备主要包括还原剂制备系统及喷吹系统。采用该技术阳极精炼炉烟气黑度低于林格曼等级 Ⅰ级, 逸散烟气减少;降低了铜阳极板的生产成本, 使用新型固体还原剂较使用重油可节约生产成本 8.9 ~ 18.7 元/t 铜。该技术适用于铜回转阳极精炼系统。

4.3 铅锌冶金科技进步

4.3.1 铅锌冶金科技进步

我国引进了国外所有炼铅新技术，1985 年白银有色金属公司引进了 QSL 炼铅法，1992 年建成投产，至 2005 年的十多年间试车 3 次合计运行不足 12 个月而停产至今；1999 年，云南冶金集团曲靖冶炼厂引进 ISA 富氧顶吹熔炼—鼓风炉还原炼铅法，至今生产正常；2003 年，西部矿业引进了卡尔多炉炼铅法，2005 年建成投产，试运行 1 年多后停产至今；2008 年，江西铜业铅锌金属有限公司和株冶集团先后引进了基夫赛特炼铅法，并于 2012 年先后投料试产。

在借鉴 QSL 法基础上开发的氧气底吹—鼓风炉还原（SKS）炼铅法，是目前我国主流的铅冶炼方法，年产能已接近 300 万 t。在 SKS 法基础上开发的液态高铅渣直接还原技术也于 2010 年实现了工业应用，使铅冶炼能耗及处理成本大幅降低，铅及贵金属回收率明显提高，环境明显改善，形成了具有我国自主知识产权的"三段炉"炼铅法，淘汰了鼓风炉。

由北京矿冶研究总院和灵宝市华宝产业集团合作研发的铅富氧闪速熔炼技术也取得了成功，并于 2011 年建成投产了年产 10 万 t 铅的冶炼厂。由于融合了富氧闪速强化熔炼脱硫、炽热焦滤层高效还原和电炉强制搅拌还原等过程，铅富氧闪速熔炼法对入炉铅物料的适用范围广，使低品位铅矿、二次铅物料的经济利用成为现实，并彻底淘汰了高耗能的烟化炉，形成了清洁、高效、短流程、高适应性、伴生金属回收率高的直接炼铅新工艺。

和铅冶炼技术类似，我国同样引进了国外几乎所有的锌冶炼新技术。2008 年中金岭南股份有限公司丹霞冶炼厂引进了加拿大舍利特 - 高尔登（Sherritt Gordon）公司的锌精矿两段逆流加压氧浸技术，用于处理凡口铅锌矿富含镓锗的锌精矿，设计规模为年产电锌 10 万 t，并于 2009 年建成试产，目前已经达产；株洲冶炼厂引进了芬兰奥特昆普（Outokumpu）硫化锌精矿常压富氧直接浸出技术，设计规模为年产电锌 13 万 t，并于 2009 年建成投产，目前也已经达产。

铅锌行业技术进步取得重要进展，自主开发的"氧气底吹—鼓风炉还原炼铅"技术（SKS）已经得到推广使用，粗铅综合能耗降至 380 ~ 426 kgce /t，总硫利用率 95% ~ 96%，使我国铅冶炼技术进入世界领先行列，有效解决了传统铅冶炼工艺存在的污染问题，大大降低了能耗，是国家推荐的节能高效的先进技术，已列入最新颁布的《铅锌行业准入条件》。

国内锌湿法冶金仍以常规的锌精矿沸腾焙烧—浸出—净化—电积为主流。为解决常规浸出法存在的浸出渣回转窑还原挥发能耗高、环境污染大的弊端，又发展出了热酸浸出黄钾铁矾法和热酸浸出低污染沉铁法；针铁矿除铁法在丹霞冶炼厂和株洲冶炼厂也实现了工业应用。云南祥云飞龙实业有限责任公司以难处理含氟氯的氧化锌二次物料为原料，开发出了自主知识产权的"浸出—萃取—锌电积"的新技术，自 2005 年以来相继建成了 1 万 t、2 万 t 和 10 万 t 规模的锌冶炼厂，对我国再生锌冶炼技术的发展作出了重要贡献。

铅冶炼行业推广液态高铅渣直接还原炼铅技术，取代原有烧结机鼓风炉炼铅工艺，使我国铅冶炼工艺技术提高到世界先进水平，大大降低了铅冶炼能耗、SO_2 及含重金属烟尘的排放量。今后铅、锌冶炼重点是推广液态高铅渣直接还原工艺技术、完善和提高氧气底吹熔炼炉熔炼技术、铅富氧闪速熔炼工艺、铅漩涡柱闪速熔炼工艺及高压或常压富氧直接浸锌技术。

4.3.2 铅锌冶金科技进步发展方向

铅锌行业技术升级加快，采用清洁环保、节能降耗的先进工艺，提高资源综合利用水平的铅锌联合冶炼成为发展方向。铅锌行业技术不断进步，正在逐渐改变国内铅锌产业的生产结构，推动产业向绿色低碳发展。

铅、锌冶炼的节能减排是一个重点，要做好以下工作：①充分利用余热余压节能，充分利用热导油技术、蓄热室燃烧技术、热能高效梯级利用技术，利用氮气回收热能及中低温废热进行发电；②要重视能量的系统优化，提高能源的利用率，提高高炉窑的热效率，加强炉窑的保温，改进窑内的燃烧气氛，提高工序的连续化；③采用新技术、新设备、新工艺，让一批关键技术成为减排的重要支撑；④提高管理效益，运用现代化的管理方法，对企业耗能的各个环节进行细分，重点攻关，层层突破。铅、锌冶炼重点是推广液态高铅渣直接还原工艺技术、完善和提高氧气底吹熔炼炉熔炼技术、铅富氧闪速熔炼工艺和铅漩涡柱闪速熔炼工艺。只有依靠先进的科技成果，才能实现铅锌冶炼的节能减排难题。开发一批具有自主知识产权、短流程和连续化为主要特征的炼铅关键技术和装备，就可以提升我国铅冶炼工业的整体技术装备水平和核心竞争力。当前，除了低电耗大极板锌电解与自动剥板系统技术，生产每吨锌能够节电 200 kW·h 以外，在国内的锌冶炼过程中，其他技术或者落后工艺的节能潜力已经不大。"十二五"期间，如果液态高铅渣直接还原工艺技术普及率能够达到 30%，铅富氧闪速熔炼工艺和漩涡柱流股连续熔炼技术普及率达到 20%，低电耗大极板锌电解与自动剥板系统技术普及率达到 20%，那么通过加强余热余压回收，推广高效节能电动机、高效风机、泵，压缩机及高效传动系统等，国内铅、锌冶炼行业每年就可以减少二氧化碳排放约 120 万 t。

（1）建立铅锌联合企业

铅锌冶炼行业节能技术未来的发展必须改变传统的冶炼工艺，转变为铅锌联合冶炼循环经济产业模式，该模式是依靠工艺升级，建立铅锌联合冶炼整体化工艺流程，铅系统处理锌系统产生的二次物料，锌系统处理铅系统产生的二次物料，形成良性的内部物料循环，最终铅、锌两大系统只产生一种无害弃渣，SO₂烟气全部制酸，废气达标排放。因此，具备特有的工艺流程一体化、资源综合利用水平高、能源节约水平高等优势。

未来锌冶炼将依旧会以原生锌生产为主，而铅冶炼将以再生铅为主、原生铅为辅。从世界范围及目前的经济发展趋势看，采用铅－锌联合流程是消除锌冶炼污染的最佳途径。铅锌是共生矿，我国铅锌矿中的铅锌比约为1∶2.5。按目前年产520万t锌计算，每年将会有约210万t的铅银渣和约290万t的铁钒渣产出。如何在原生铅生产过程实现锌冶炼渣的无害化处置是必须思考的问题。通常来说，铅精矿中通常含有约4%的锌，而锌精矿中通常含有1%～2%的铅。按年产10万t锌测算，需要含锌48%的锌精矿23万t。若采用焙烧—热酸浸出工艺，其副产品有：①铅银渣4万t（伴生约10t银、约3500t铅、约3500t锌）；②铁矾渣5.5万t（伴生约2000t锌）；③锌精炼浮渣4000t（伴生约4000t锌）；④钴渣7500t（伴生约40t钴、约4000t锌）；镉渣5000t（伴生约400t铜、约500t镉、约2000t锌）。其中，最难处理的是铅银渣和铁矾渣，不仅数量大，且存在重金属污染的隐患。从世界范围及目前的经济发展趋势看，采用铅－锌联合流程，是消除锌冶炼污染的最佳途径。其中：铅冶炼建议采用闪速熔炼技术。锌冶炼建议采用"氧化焙烧—热酸浸出—针铁矿除铁"技术，具体为：锌冶炼系统产出的铅银渣送铅冶炼系统处理，实现伴生铅、锌、银的回收利用；铅冶炼系统产出的氧化锌灰送锌冶炼系统处理，实现伴生锌的回收利用。针铁矿渣送回转窑还原挥发回收锌、铟，回转窑焙砂磁选回收铁，实现伴生锌、铟、铁的回收利用。回转窑烟气、铅冶炼厂的环保烟气，采用次氧化锌吸收技术，产出亚硫酸锌返回沸腾炉焙烧。

铅锌矿往往是伴生或共生矿，在选矿过程中很难将其完全分离。铅精矿普遍采用火法冶炼工艺，在炼铅过程中锌进入炉渣，将炉渣烟化产生次氧化锌，可以作为炼锌的原料。锌精矿90%采用湿法冶炼，炼锌过程中铅进入浸出渣，然后进行浮选产出铅银渣，加入炼铅过程中回收铅、银。将湿法炼锌和火法炼铅结合得最好的应该是加拿大科明科公司的Trail冶炼厂，铅冶炼采用基夫赛特法，处理能力为1340t/d。锌冶炼采用湿法炼锌，生产能力为30万t/a，浸出渣全部进基夫赛特炉进行固化处理，基夫赛特炉渣含锌16%～18%，采用烟化炉吹炼，使废渣含Zn<1.2%、Pb<0.5%。消除了浸出渣的环境污染问题，并回收了其中的铅、锌、银、铟、硫等有价元素。在炼铅过程处理全部浸出渣，解决了回转窑处理浸出渣的高能耗和低浓度SO₂烟气污染问题。因此，铅锌联合冶炼企业可以实现铅锌冶炼过程产物的互相渗透，减少渣处理环节，节约能源，减少烟气污染和废渣污染，更有效地实现资源的综合回收。

（2）先进的铅锌冶炼工艺和技术

铅冶炼采用闪速熔炼等直接炼铅方法，每吨粗铅可节能 100 kgce 以上。铅闪速熔炼对原料适应性强，能在炼铅的同时，搭配处理大量锌浸出渣，利用硫化矿的自热，使处理锌浸出渣的能耗大幅度降低。采用三段炉炼铅技术改造氧气顶吹—鼓风炉还原工艺和氧气底吹—鼓风炉还原工艺，取消铸渣冷凝和鼓风炉还原环节。实行设备大型化，提高金属回收率和资源综合回收水平。彻底淘汰能耗高的竖罐炼锌和电炉炼锌工艺。研究开发黄钾铁矾渣和针铁矿渣的无害化处理技术。

（3）铅锌冶炼自动化控制技术

通过计算机数学模型对整个生产系统实现在线控制和在线检测，保证系统最经济最合理的运行状态，减少能耗和物耗，延长设备使用寿命。

（4）铅锌冶炼高耗能烟化炉替代技术

在现有的铅冶炼工艺中，大都采用烟化炉挥发技术处理铅冶炼渣，能耗很高（约 1500 kgce/t ZnO），产出的次氧化锌灰品质差、售价低。结合电炉炼锌和 ISP 的铅雨冷凝技术，直接产出金属锌，取消烟化炉，将会是铅冶炼渣处理的发展方向（液态铅渣直流矿热电炉还原＋铅雨冷凝器）。

（5）锌资源最大化利用技术

以锌矿山废石、选矿尾矿、传统湿法浸出渣和铁矾渣为原料，集成重选、浮选和气化冶金技术，综合回收金属铅、锌、银、镓、锗、铟等，同时治理废弃物堆存带来的环境污染问题。主要研究预选抛废技术，实现废石、尾矿氧化铅锌预富集，得到氧化铅锌混合精矿；摇床和复合技术实现铁矾渣的预富集，得到铅锌精矿；气化冶金技术回收浸出渣中的银和其他有价金属。

（6）液态高铅渣直接还原工艺和炉型

开发的底吹—鼓风炉炼铅新工艺，加快推广应用，近期应用产能将达到 100 万 t，占铅年产量 40%，综合能耗降到 0.38 tce/t Pb。但该工艺高铅渣的处理方案仍有缺陷，液态高铅渣尚不能直接还原，如能解决这一问题，则综合能耗还将进一步降低，工艺更为合理。重点研究炉型、还原剂的种类、用量、工艺参数和铅蒸气的防护等问题，综合能耗可降到 0.3 tce/t Pb 以下。

（7）铅–铅酸蓄电池联产

铅主要用来生产铅酸蓄电池。目前我国铅酸蓄电池企业主要分布在江浙等省区，从铅冶炼厂购买铅锭后，再重新熔化，浇注成栅极/磨制铅粉，过程中会产出大量铅浮渣和铅雾，对环境影响很大。若能在铅冶炼厂直接生产铅酸蓄电池，就可以很好地解决铅浮渣和铅雾的回收及污染问题，因此，铅–铅酸蓄电池联产，也是铅酸蓄电池产业的发展方向。

4.4 镁冶金科技进步

4.4.1 镁冶金科技进步

我国镁工业从没有间断过工艺提升、技术创新的步伐。2004年技术改进前，绝大多数镁冶炼厂全部以直接燃煤作能源，当时的数据表明，还原炉烟气温度1000~1100℃，出窑温度达850℃以上，废气带走的热量和设备散失的热量占热收入的65%以上，燃料消耗高、能源利用率低，同时排放大量SO_2、CO_2、NO_x等有害气体。粗放式的生产经营，低效高耗是当时镁产业的主要技术特点。2004年后，以采用清洁能源(气体燃料)和引进蓄热式高温空气的燃烧技术改造和提升装备水平得到应用。

我国镁工业经历了长达十多年的高速发展，已成为世界上最大原镁生产国，废物排放量也随之在增加。为了减少污染，近年来开发应用了多项清洁生产和污染治理方面的节能减排技术，如节能环保型白云石煅烧炉窑技术、带有蓄热式高温空气燃烧技术的新型结构还原炉、采用连续蓄热燃烧技术的粗镁精炼和镁合金冶炼、硅热法炼镁中关键节能装备、开发应用了粗镁(废镁)无熔剂连续复合精炼技术。实现热的高效回收并减少硅铁消耗。拟开发的多热源—内热式—电热法炼镁技术有望解决我国目前传统皮江法工艺诸多缺陷，将从根本上提升我国金属镁冶炼行业的技术水平。热法炼镁节能技术的推广应用使中国镁冶炼企业已经把热法炼镁过程的煤耗从2001年的11 t/t降低到4.6 t/t左右，相应地，CO_2排放也降低了60%。十多年来，热法炼镁技术的白云石、硅铁的消耗量明显降低，与2001年相比，目前硅热法炼镁技术中白云石和硅铁的单位消耗均减少了约13%，镁的回收率相应提高，减少了固废的排放量。物料消耗的降低也间接地降低了能耗。"十二五"期间，如果在镁冶炼行业，蓄热式高温空气燃烧技术的普及率能够达到100%，新型竖罐炼镁技术普及率能够达到60%左右，那么国内镁冶炼行业每年就可以减少二氧化碳排放约750万t。

(1)调整了能源结构，全面采用了清洁能源

在我国早期的皮江法炼镁工艺过程中，所采用的能源基本上都是燃煤，造成能源利用率低下，二氧化碳排放量增多，对环境的污染严重。近年来，我国炼镁企业对能源结构进行了大规模的改造升级，把燃煤转化为清洁能源，如：焦炉煤气、发生炉煤气、半焦煤气和天然气等。目前我国几乎全部镁冶炼企业都已转化成清洁能源，采用焦炉煤气的有10家，采用天然气的有5家，采用发生炉煤气的13家，采用半焦炉煤气的有46家。采用清洁能源后，炼镁企业因便于应用蓄热式高温空气燃烧技术进行节能改造，炼镁生产能耗大幅度下降。企业采用二段式

煤气发生炉冷净煤气系统是煤炭清洁燃烧技术，且含酚废水回收综合利用，经过脱硫净化和深度除尘、除焦油，可吸入颗粒物含量低于 50 mg/m³（标），硫含量低于 150 mg/m³（标），尾气排放达到国家环保排放标准后，送到还原炉的煤气是洁净的，实现从能源的源头到煤制气有效治理污染物。

（2）开发应用了节能环保型白云石煅烧炉窑技术

白云石煅烧设备有竖窑、回转窑、隧道窑和沸腾炉等多种窑炉。竖窑煅烧白云石技术应用的时间最早，但竖窑煅烧煅白的能耗高达 350 kgce/t 煅白，因而已基本被淘汰。目前我国采用回转窑技术煅烧白云石最为广泛。所开发的带竖式预热器的回转窑，其能耗降低到 185 kgce/t 煅白，仅为竖窑煅烧能耗的一半。图 4-9 所示为用于煅烧煅白的带竖式预热器的节能回转窑。

图 4-9 带竖式预热器的节能煅烧回转窑

在窑尾加装的竖式预热器可充分利用回转窑排放的高温尾气中的热能，用于加热入窑的白云石，使之温度升到 850℃ 左右，而排放出的尾气温度降低到 200℃ 以下。在窑头加装竖式冷却器代替原有的冷却筒，减少了煅白本身的热损失，使二次风的温度提高到 600℃ 左右后入窑，降低了能耗。还可采用专用的余热锅炉回收烟气余热用于产出蒸汽，补充生产过程中的蒸汽需求。采用专用的烧嘴和自动化控制系统，使得低热值燃气的利用和稳定燃烧成为可能，保证了回转窑煅烧的高效率和低能耗。由于采用了这一系列的节能减排措施，白云石煅烧工序实现了大幅度的节能减排。

（3）开发应用了带有蓄热式高温空气燃烧技术的新型结构还原炉

在热法镁生产过程中，还原工序所需要的热量占整个热法镁所需热量的 65% 以上。近年来我国镁行业还原炉普遍采用蓄热式高温空气燃烧技术以节能，并实现还原工序的大型化和规模化。

煅白还原是炼镁企业的核心工序，所用的还原炉是实施煅白在高温下还原的关键装备。通过采用复合炉衬结构和网桥炉衬墙保证了炉体在高温下的强度和稳定性。强化炉衬的保温性能，减少了还原炉的热损失。通过还原罐所用材料性能的改进以及罐体结构的优化，大大增加了还原炉的产能，降低了还原工序的单位能耗。蓄热式燃烧技术(HTAC 技术)即高温空气燃烧技术，通过蓄热体极限回收烟气余热并将助燃空气预热到 1000℃ 以上，且不存在传统燃烧过程中出现的局部高温高氧区，见图 4 – 10。

图 4 – 10 带有蓄热式燃烧技术的还原炉

带有蓄热式燃烧技术的还原炉(见图 4 – 11)的优点：①可最大限度地回收高温烟气中的余热，使烟气排放温度从 1200℃ 降低到 150℃ 左右，回收烟气中 80% 以上的余热，用于预热助燃空气或气体燃料，节能率达到 30% ~ 70%，使还原能耗降低到约 3 tce 以下；②使温室气体 CO_2 的排放量降低 30% ~ 70%，烟气中 NO_x 的含量降低 40% 以上；③可使炉内温度分布更为均匀并易于控制，还原罐氧化烧损明显减少，使用寿命延长了 3 个月，大大提高了使用寿命；④大幅度提高了窑炉产量，降低了设备造价，由于炉膛内温度升高，加强了炉内的传热，同时加大了罐体，因此相对可减小炉膛尺寸，减少炉体散热及工程造价；⑤带有蓄热式高温空气燃烧技术的新型结构还原炉可采用热值很低的燃料并高效燃烧，拓展了清洁能源的使用范围；⑥提高了系统自动化程度，工人操作环境得到了明显改善。

(4)采用了连续蓄热燃烧技术的粗镁精炼和镁合金冶炼

我国热法炼镁企业已普遍采用连续蓄热燃烧技术的粗镁精炼和镁合金冶炼。将粗镁精炼和镁合金冶炼过程的间断蓄热改为连续蓄热，该技术工作时，排烟和鼓风同时进行，高温烟气以对流及辐射形式将热能传递给蓄热体，而蓄热体中的热量又随后被传递给助燃空气，从而实现热量的高效回收。

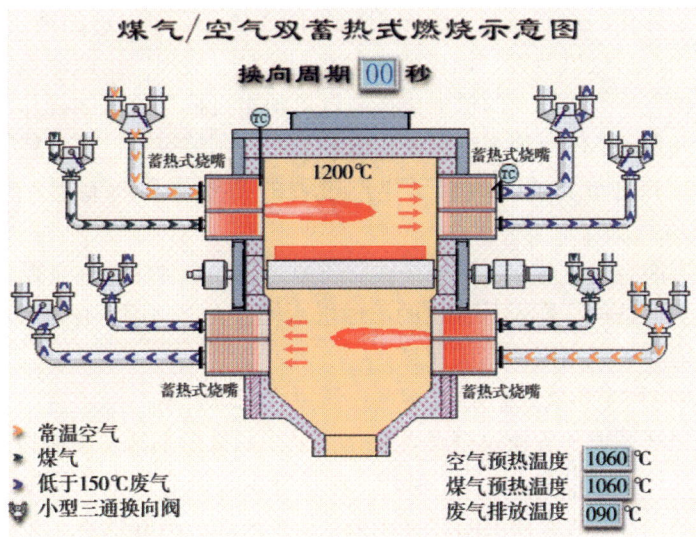

图 4-11 我国煤气/空气双蓄热式燃烧技术示意图

连续蓄热式粗镁精炼或镁合金冶炼技术具有如下优点：①所采用的蓄热材料的换热效率和换热速率高，因而可实现烟气余热的高回收率，因而窑炉热效率大幅度提高；②装置可连续运行，设备紧凑，系统简单，炉压稳定，流场和温度场无频繁波动，为低氧燃烧打下了良好基础；③运行和维护成本低，陶瓷预热部件耐高温、耐腐蚀、抗氧化、比表面积大，且无频繁运动和调节，无急冷急热，维护工作量小，寿命长，利于地下烟道的安装，运行成本也低。连续蓄热燃烧技术应用于镁精炼和镁合金冶炼后，可实现整个生产过程的自动控制，保证产品质量的稳定性，降低生产成本，节能减排效果显著。

（5）研制开发了硅热法炼镁中关键节能装备

我国镁冶炼工业开发应用了一批关键节能装备，为实现镁冶炼清洁生产和节能减排提供了重要保证。

①先进的自控技术：随着镁冶炼清洁燃料的广泛应用，主体生产设备的大型化、节能化和连续化，设置自动控制系统已成为确保生产运行稳定正常的必要因素。要实现蓄热式余热回收利用，就必须对高温气体的温度、流量、换向阀快速切换等进行有效的控制和调节；设备的大型化和连续化也需要高效控制系统的保证；清洁燃料能源的应用为高效控制系统的应用提供了重要条件。

目前我国的大型镁冶炼企业已经推广应用了大型节能的回转窑煅烧、罐式还原炉以及粗镁精炼等三大系统的自动控制技术，保证了各个主要生产系统的稳定运行，实现了安全、节能和环保的生产操作，确保了节能减排目标的逐步落实。

②机电一体化的炉料运输、装布料和排渣系统：采用先进的液压伺服系统、大倾角链辊式输送机以及控制溜槽旋转倾角等方法，实现了还原罐系统物料运输和布料的机械化作业；开发的机械化排渣机可承担机械化排渣的操作。通过这些设备的研制开发，使还原炉系统的操作方便自如，精确可控，大大减轻了操作工人的劳动强度，更重要的是确保了生产过程的精细化和高效化，改善了生产环境。

③大生产能力的压球机：压球是煅白还原之前的重要工序，是保证还原工序正常运行的关键条件。新设计开发的压球机不仅大大提高了压球工序的产能，而且越来越节能和生产出高质量的压球。

(6)开发应用了粗镁(废镁)无熔剂连续复合精炼技术

传统的粗镁精炼和废镁重熔及合金化都采用氯盐熔剂法。氯盐熔剂法可为熔池提供阻燃保护，使用简单，易于操作，且投资少。但会带来残留熔剂降低镁锭的纯度和耐腐蚀性，造成环境的严重污染，甚至腐蚀厂房和设备。为解决氯盐熔剂法存在的缺陷，国家镁合金材料工程技术研究中心和重庆硕龙科技有限公司联合开发了无熔剂连续复合精炼技术。该技术以新开发的绿色保护性气体 SL-1 代替原有的保护性气体 SF_6，并保持了保护性气体的易用性和保护效果，用量减少20%，温室气体效应降低90%，使用成本降低30%。同时该技术还保持了连续复合精炼法的优点，形成了完整的无熔剂连续复合精炼技术。

(7)开发应用了镁冶炼的清洁生产技术

镁冶炼清洁生产技术的主要目的是通过优化生产过程，减少有害烟气及固体废弃物的排放。最重要的清洁生产技术是镁冶炼节能，采用清洁能源及先进节能的高效窑炉，提高燃料的热效率，减少烟气的排放量。热法炼镁的烟气外排之前应充分回收其中的热能，并进行适当的净化。镁精炼过程应采用先进的覆盖保护剂，减少精炼过程的烟气排放。提高煅白的质量，进行精确配料、严格控制还原工艺条件，提高还原回收率，从而降低还原渣的产生量，减少固体废弃物的排放量。

(8)镁冶炼产业的减排与还原渣的综合利用

硅热法炼镁中的 CO_2 废气排放分为工艺直接排放和间接排放(全过程电消耗排放)。工艺直接排放包括：白云石煅烧分解排放 CO_2；煅烧、还原和精炼过程消耗燃气和燃料产生的 CO_2。间接排放包括电能消耗折合的 CO_2 排放。由于近年来我国镁冶炼行业大力推行节能减排关键技术装备，大规模应用清洁能源，因此CO_2的排放量也随之大幅度下降。随着镁冶炼节能技术的进一步开发应用，燃料消耗的降低，CO_2排放量还将进一步下降。

硅热法炼镁的还原渣数量大，是该技术生产出的主要固体废弃物。热法炼镁废渣的主要矿物组成是硅酸二钙，而且不含水。硅酸二钙是水泥中最重要的成分。因此镁冶炼固废还原渣可作为水泥工业的添加剂得到利用，关键是需要控制其中的镁、铁和铝的含量。这一方面应提高热法炼镁过程的配料精确性，控制好镁还原率，同时还原渣应尽快运出处理。总之，尽快实现还原渣的全部综合利用是硅热法炼镁技术急需解决的重大研究课题。

4.4.2　镁冶金科技进步发展方向

（1）进一步优化热法炼镁工艺装备

热法炼镁的核心还原炉能耗占炼镁总能耗的 70%，因此还原炉节能是关键。主要研究开发新型还原炉的结构，延长燃烧火焰在炉内行程，提高热交换效率；采用高温空气燃烧技术，改进换热器结构，回收高温烟气预热助燃空气；改进炉墙保温层结构，减少表面散热损失。提高热效率，实现高效、节能、环保，将还原周期缩短到 8~10 h，提高生产效率 20%~30%，降低能耗 30%，提高劳动生产率 50%。进一步优化白云石煅烧技术、精炼技术、开发废渣的综合利用技术。

（2）进一步开发应用高效节能的炉窑技术

开发应用高效节能的白云石煅烧炉窑技术装备，应用各种余热利用装置，促使高温烟气和煅白中的余热达到充分利用，同时减少煅烧过程中回转窑筒体的散热，从而降低煅烧能耗。在未来的 5~10 年内，我国硅热法炼镁煅烧工段的平均能耗再降低 60 kgce/t 煅白，达到 130 kgce/t 煅白，使煅烧工段的吨镁能耗降低 0.33 tce。开发更加合理先进的还原炉结构，如新型竖式还原炉等，进一步降低还原能耗。竖式还原炉技术与传统的卧式还原炉技术不同，它将还原罐竖向配置，上部加料，底部出渣，同时采用清洁能源与蓄热式高温空气燃烧技术。与传统的卧式还原炉相比，该技术装料和出渣方便快捷，可减少 60% 的劳动用工，也可提高还原炉的利用效率，升温速度提高 3 倍，还原周期缩短到 8~10 h，还原罐寿命还可以得到提高，并明显改善作业环境。通过开发应用这些更加先进的还原炉技术装备，还原工段能耗预计可再节约 0.9 tce/t Mg，使得吨镁还原能耗低于 2.1 t。

（3）广泛应用自动机械加料和自动出渣装备

广泛应用自动机械化加料和自动出渣装备，缩短还原周期，降低劳动强度，提高生产效率，是硅热法炼镁实现节能降耗及减排的重要途径。对于传统的卧式还原炉技术，加料和出渣都是劳动强度大、环境较为恶劣的操作步骤。开发快速省力的机械化和自动化加料和出渣装置势在必行。目前硅热法炼镁行业的工程技术人员已经提出气动出渣机的设计新思路，研制完成了原理样机的冷态和热态试验，即将进入工业试验阶段。在此基础上，全自动化硅热法炼镁真空还原成套设备即可得到开发应用。对于未来可能应用成功的竖式还原炉技术，加料和出渣的自动化和机械化技术更加易于开发和应用，首先是自动化布料较为简单，出料也易实施控制和调整，因此竖式还原炉技术具有更多的比较优势，可以实现还原炉操作的机械化和自动化。

(4)进一步开发应用各种余热利用技术

除了推广应用煅白煅烧和还原炉余热回收利用技术外，还应开发镁冶炼高温还原渣的余热回收利用的技术装备，因为白云石硅热法炼镁技术所产生的镁渣温度高、数量大，余热量也较大。镁渣余热利用的主要技术思路是采用水介质冷却镁渣，再充分利用热水中的余热。从镁渣中能回收相当于 25 kgce/t 渣的热量，可实现节能 0.14 tce/t Mg。

(5)精炼设备实现大型化和连续化

我国原镁的精炼设备系统较为落后，需要开发应用大型化和连续化的精炼设备，以提高精炼产能和自动化程度。需要开发应用的关键技术有开发应用大型化、连续化粗镁精炼装备、采用无熔剂复合节能精炼技术。由于目前我国已出现一批规模大、产能高的热法炼镁企业，实现大型化、连续化精炼技术的推广应用已完全具有可行性。

(6)更为高效节能的新型热法还原炼镁技术

对目前传统的硅热法还原炼镁技术进行整体优化，需要研究新的添加剂和生产工艺制度和参数，进一步提高还原反应速度和提取率，降低还原镁渣量；还可尝试其他种类镁矿物的硅热法炼镁技术。开发利用其他种类的还原剂进行热法炼镁，如利用碳类还原剂代替硅铁还原剂，高温下进行热法还原生产金属镁的技术等，以此探索开发新型的热法炼镁技术。目标是开发应用新型热法炼镁技术，实现节能降耗和减排，降低热法炼镁的成本，使之形成核心竞争力。

基于"十一五"国家科技支撑计划，由中国有色金属工业协会负责组织实施"镁冶炼及镁合金制备过程节能减排关键技术开发"重点项目，针对镁产业能源消耗高和环境污染较重的关键环节，开展了节能减排技术研究与集成创新，形成了具有自主知识产权的新型竖罐还原、低级镁废料真空蒸馏回收、粗镁精炼直接合金化及利用镁渣生产水泥等新工艺技术和替代六氟化硫的新型保护气体引用技术；实现了生产总燃料消耗由 8~10 tce/t Mg 降低至 3.7 tce/t Mg，烟气排放减少50% 以上；粗镁精炼直接合金化新工艺使金属镁回收率由93.6% 提高至98%；吨水泥镁渣综合利用量 >300 kg，镁渣添加比例达到32%；建成了 3 万 t/a 新型硅热法炼镁、3 万 t/a 镁合金清洁回收再生、3 万 t/a 镁合金短流程制备及日产 2500 t 镁渣水泥熟料等示范生产线。

4.5 有色冶金节能降耗科技进步

4.5.1 先进燃烧及燃煤工业锅炉工程技术

我国燃煤工业锅炉占全国工业锅炉总量和总蒸发量的 85% 左右,每年消耗原煤约 6.4 亿 t,占全国煤炭消费总量的 23.4%;烟尘排放量为 375.2 万 t,占全国烟尘排放量的 41.6%;排放 SO_2 519 万 t,占全国 SO_2 排放量的 22%;排放氮氧化物 250 万 t 左右,仅次于火电行业和机动车,位居全国第三。也就是说,全国的工业锅炉燃烧了 20% 的煤炭,但排放了 40% 以上的烟尘。我国工业锅炉的效率低下,虽然设计效率一般为 72% ~ 80%,但实际运行热效率大多在 60% ~ 65%,比国外先进水平低 15% ~ 20%。因为低效,每年多消耗的煤炭约为两亿吨。

先进燃烧及燃煤工业锅炉工程技术包括链条锅炉自动分层燃烧及多煤种节能改造技术;复合燃烧技术(层燃和悬浮燃烧组合,强化炉内燃烧过程,增大蒸发量,提高锅炉燃烧效率与煤种适应性);循环流化床技术(燃料随床料在炉内多次循环,燃料适应性强,燃烧效率高);富氧助燃技术(通过物理或化学方法,得到富氧空气,提升燃烧效率,减少烟气量);蓄热式高温空气燃烧技术(蓄势回收,预热助燃空气,燃料分级燃烧和高速气流卷吸炉内燃烧产物);煤气化分相燃烧技术(以空气和水蒸气为气化剂,实现煤炭气化和气固分相燃烧)。

煤粉燃烧是先进的燃煤技术,包括煤粉接收、储备、输送、燃烧及点火、锅炉换热、烟气净化、自动控制等技术构成的完整、成套、新型工业锅炉技术系统。具有燃烧速度快、燃尽率高、烟气热损失低等优点,可广泛应用于大型锅炉。新型高效煤粉工业锅炉采用煤粉集中制备、精密供粉、空气分级燃烧、炉内脱硫和全过程自动控制等先进技术,实现了燃煤锅炉的高效运行和洁净排放。其关键技术包括全密闭精确供粉、狭小空间煤粉低氮稳燃、锅炉积灰和灰黏污自清洁、除尘脱硫等,是以锅炉为核心的完整技术系统。锅炉系统的运行由点火程序控制器和上位计算机系统共同完成。煤粉燃尽率大于 98%,系统运行热效率大于 88%,烟尘排放 $\leqslant 30$ mg/m^3,SO_2 排放 $\leqslant 100$ mg/m^3,氮氧化物排放 $\leqslant 200$ mg/m^3。与传统燃煤锅炉相比,新型节能环保型煤粉工业锅炉的节能率达到 30% 以上,排放的烟尘、SO_2、氮氧化物等污染物浓度均低于国家标准,而且操作简单,锅炉运行、输煤、燃烧、脱硫除尘、出渣等实现了全自动化控制,煤和渣不落地、不需要堆放场地。与天然气锅炉相比,煤粉锅炉不受管网建设限制,可因地制宜地发展,投资少、见效快,污染物排放指标优于燃油锅炉,和天然气锅炉相近。工业锅炉燃煤污染控制是当前发展洁净煤技术的重点,大力推广使用新型煤粉工业锅炉,对节约能源和治理大气污染都有非常现实的意义。

4.5.2 余热余压余能利用工程技术

（1）有色冶金行业废气余热回收技术

余热回收利用原则：生产蒸汽的余热回收设备有余热锅炉和汽化冷却装置等。余热锅炉属低温炉，在高温炉后直接安装效果并不理想，在选用回收利用设备过程中应充分考虑企业余热的种类、介质温度、数量及利用可行性。总原则就是要将回收的余热优先用于自身系统能耗设备，减少一次能源消耗量，且高温余热必须尽可能地用于有高温需求的工艺设备，减少能量转换次数，同时要有相应的安保措施，在发生事故时不影响本体的正常生产。

余热回收利用设备：有色冶金企业废气余热回收利用设备有辐射式换热器、管式换热器、片状管换热器、热管换热器、余热锅炉、余热锅炉－汽轮机发电装置等。辐射式换热器是使用较广的换热器，多用在均热炉或加热炉上，助燃效果较好，温度效率超过 40%，不过其热回收率仅为 30% 左右。管式换热器约被 40% 的钢铁企业所采用，其热回收率平均在 26% ~ 30%。片状管换热器在联合企业及中小企业中采用得较多，其热回收率平均为 28% ~ 35%。热管换热器在中小企业应用较为广泛，主要用于预热空气或煤气，回收热风炉的烟气余热，热回收率超过 50%。余热锅炉在联合企业应用比较多，主要用于平炉，回收的热量中 70% 用于企业生产。通过电力回收余热是目前最好的利用方式，但余热锅炉－汽轮机发电装置受限于动力设备运转连续性及电力并网等因素。

（2）余热余压余能利用工程技术

有色冶金工业烟气具有如下的特点：热负荷分散、不稳定，工艺波动、间隙式生产；含尘量大，基夫赛特炉竖直烟道入口烟气含尘 450 ~ 570 g/m³（标），含低熔点烟尘时，产生黏结、积灰现象；具有腐蚀性，含有 SO_2、SO_3、HF、Cl_2 等腐蚀性气体；温度高，大部分冶炼炉烟气超过 1000℃，典型有色冶金炉烟气出口温度如表 4 - 5 所示。因此，烟气的余热回收利用在技术上有很大难度。

表 4 - 5　典型有色冶金炉烟气出口温度

冶金炉名称	烟气温度/℃	冶金炉名称	烟气温度/℃
基夫赛特炉	1200 ~ 1300	铜连续吹炼炉	900 ~ 1000
铅浮渣反射炉	900 ~ 1000	铜炉渣贫化电炉	300 ~ 500
铅炉渣烟化炉	1100 ~ 1200	锌流态化氧化焙烧炉	1000 ~ 1050
底吹炉	1000 ~ 1100	锌脱氟多膛焙烧炉	400 ~ 500
铜闪速熔炼炉	1200 ~ 1300	锌浸出渣挥发窑	700 ~ 750

烟气余热资源化的基本原则是梯级利用、系统优化。根据烟气的品质，分温度段回收，减少传热温差（不可逆损失）；功率、流量等匹配得当；烟气、被加热对象应避免大温差传热。并且利用对象尽可能在系统内部，系统布置方面使传输距离尽可能短。

推广生产过程余热、余压、余能的回收利用技术，遵循"梯级利用，高质高用"原则，优先把高品位余热余能用于做功或发电，低温余热用于空调、采暖或生活用热。

工业窑炉烟气余热可用于空气、燃料及物料的预热及炉外热回收设施。发展工业窑炉余热、余能利用技术，包括烟气废热锅炉及发电装置；窑炉烟气辐射预热器和废气热交换器；回收其他装置余热用于锅炉及发电；冶炼烟气余热梯级利用回收技术；中低温烟气余热的有机郎肯循环（ORC）发电技术；热电转换低温温差余热发电技术。

4.5.3　高浓度冶炼烟气制酸及硫酸生产余热回收技术

火法炼铜中烟气制酸能耗占总能耗比例较大。传统的制酸工艺，进入转化的烟气 SO_2 浓度在 10% 左右，未对制酸过程中、低温位余热进行回收，吨酸工艺能耗高达 $90 \sim 120 \ kW \cdot h$，即 $330 \sim 400 \ kW \cdot h/t$ 阳极铜，折算为 $106 \sim 129 \ kgce/t$ 阳极铜，约占从铜精矿到阳极铜总能耗的 1/3。因此烟气制酸是火法炼铜节能潜力最大的工序。

烟气制酸无论转化还是吸收过程，均是放热过程，不仅不需补充热量，还能对其产生的中、低温位余热进行回收。因此，能耗主要为风机、泵等动力设备耗能。要降低制酸能耗，主要措施为：①实现高浓度 SO_2 烟气制酸；②优化系统管路、催化剂等配置，减少系统阻力；③提高机电设备运行效率；④回收制酸中、低温位余热。上述措施的综合利用，已使制酸能耗大幅度降低。目前，国内技术领先的炼铜厂，制酸 SO_2 浓度已高达 18% 以上，且对制酸中产出的中、低温位余热进行了回收，吨酸电耗降低至 $60 \ kW \cdot h$，同时可回收低压蒸汽 0.38 t，扣除回收的余热，制酸不仅不消耗能源，而且还有盈余。仅此一项技术，即可使火法炼铜工艺能耗降低 $100 \ kgce/t$ 阳极铜以上。

4.6　有色冶金节能减排科技发展潜力

近年来，有色金属工业科技进步取得了显著成效。在节能减排、资源综合利用等方面取得了明显进展，行业技术水平和创新能力进一步加强。2013 年我国有色金属技术经济指标进一步提升，部分关键指标再创历史最高水平，铜冶炼总回收率等技术经济指标已接近或达到世界先进水平，大大提高了有色金属工业的国际竞争力。2008—2013 年有色金属主要技术经济指标如表 4 – 6 所示。

表 4 – 6　2008—2013 年有色金属主要技术经济指标

		单位	2008 年	2009 年	2010 年	2011 年	2012 年	2013 年
铜冶炼回收率		%	97.2	97.4	97.4	97.3	97.7	97.7
铝冶炼	氧化铝能耗	kgce/t	798	663	635	569	586	530
	氧化铝总回收率	%	83.6	84.5	81.1	81.2	78.0	—
	原铝氧化铝单耗	kg/t	1922	1918	1919	1919	1920	1917
	原铝炭阳极单耗	kg/t	501	497.4	498.6	498.6	496.4	—
	原铝氟化盐单耗	kg/t	23.2	22.4	21.9	21.9	20.0	—
铅冶炼总回收率		%	94.9	95.2	95.7	96.3	96.0	96.3
电锌冶炼总回收率		%	92.7	93.8	94.0	93.9	94.9	95.0

　　有色金属行业遵循源头预防、清洁生产、末端治理的全过程综合防控原则，针对汞、铅、镉、砷等重金属污染物产生的关键领域和环节，以重金属冶炼生产过程控制为重点，实施了清洁生产技术改造，从源头消减汞、铅、镉、砷等污染物的产生量，降低了末端治理难度和压力。通过技术改造，提高了产品技术指标，降低了能源消耗，减少了污染物排放量。如实施了"铅冶炼系统液态渣直接还原清洁生产项目"，采用富氧底吹熔炼—液态高铅渣双侧吹直接还原技术等进行升级改造，该项目粗铅冶炼系统铅的回收率提高 5% 以上，粗铅还原工序烟尘、铅尘和 SO_2 的排放量分别减少 62.4%、67% 和 39.6%。采用先进的清洁生产技术对锌冶炼渣进行综合回收利用，减少了镉等重金属的排放量。如实施了"锌冶炼废渣综合回收镉生产精镉产业化项目"，采用湿法—火法相结合的工艺路线，采用镉连续真空蒸馏等新技术，镉冶炼总回收率 97%，每年可以减少烟尘中镉排放量 3326 kg。

　　有色冶金工业是一个耗能较高、污染较重的产业，因此，也是节能减排潜力较大的行业。《有色金属工业"十二五"发展规划》提出铜、铅、镁、电锌冶炼综合能耗分别降到 300 kgce/t、320 kgce/t、4 tce/t 和 900 kgce/t 及以下，电解铝直流电耗降到 12500 kW·h/t 以下。力争完成 1500 万 t 及以上电解铝技术改造，电解铝直流电耗降到 12500 kW·h/t 以下，年节约电力 100 亿 kW·h；完成 120 万 t 落后铅熔炼以及 300 万 t 铅鼓风炉还原能力改造，年节约标煤 80 万 t；完成骨干镁冶炼企业技术改造，力争年节约标煤 100 万 t。铜冶炼、电解铝、铅冶炼、钛冶炼等主要行业技术指标居世界领先地位。2013 年工信部发布了《关于有色金属工业节能减排的指导意见》，提出到 2015 年年底，有色金属工业万元工业增加值能耗比 2010 年下降 18% 左右，累计节约标煤 750 万 t，SO_2 排放总量减少 10%，污染物排放总量和排放浓度全面达到国家有关标准，全国有色金属冶炼的主要产品综合能耗指标达到世界先进水平。主要金属品种节能减排目标见表 4-7。

表 4-7 主要金属品种节能减排目标

	指标名称	单位	2010 年	2015 年
电解铝	电解铝直流电耗	kW·h/t	13103	≤12500
	铝锭综合交流电耗	kW·h/t	13964	≤13300
	阳极效应系数	次/(槽·d)	0.15	≤0.03
	氟化物排放	kg/t Al	1	≤0.6
氧化铝	氧化铝综合能耗	kgce/t	590	≤500
	赤泥综合利用率	%	4	≥20
铜	铜冶炼综合能耗	kgce/t	398	300
	水的循环利用率	%	—	>95
	硫的回收率	%	—	>96
铅	铅冶炼综合能耗	kgce/t	421	320
	水的循环利用率	%	—	>95
	硫的回收率	%	—	>95
锌	电锌综合能耗	kgce/t	999	900
	水的循环利用率	%	—	>95
	硫的回收率	%	—	>96
镁	镁冶炼综合能耗(皮江法)	kgce/t	5122	4000

可以预见，有色冶金工业节能减排领域具有广阔的增长空间。

近年来，通过政策引导、技术改造、结构调整，有色金属行业主要产品单位能耗大幅下降，一些主要的技术经济指标接近或达到世界先进水平。但目前我国有色冶金行业节能减排仍存在的一些突出问题：部分产品单耗与世界先进水平仍存一定差距，国内企业间能耗水平相差悬殊，重金属污染问题较为突出，淘汰落后产能任务艰巨，固体废物综合利用水平偏低。我国有色冶金产业的总体能源消耗和"三废"排放与国际先进水平仍存在差距，节能减排科技发展有很大的潜力。

4.6.1 铝冶金节能减排科技发展潜力

铝工业在节约资源和能源方面，存在着巨大的潜力。如果在氧化铝生产中回收率提高 1 个百分点，全行业每年可节约 60 万 t 铝矿石，相当于一个 30 万 t 规模的氧化铝厂全年的用矿量。如果每生产 1 t 铝电耗下降 1%，生产 1000 万 t 铝可以节约电能 14 亿 kW·h。如果每年用 300 万 t 再生铝替代原铝，将节省电能 420 亿 kW·h，相当于 7 个龙羊峡水电站的发电量。国内外氧化铝生产能耗差距的缩小主要依靠我国大力推广应用节能的拜耳法以及大规模开发应用一系列重大节能关键技术和装备。尽管国内外采用的电解铝主体技术路线相同，但工艺参数的控制范围有所差别。我国由于电价较贵，主要目标是节电，因此采用了低极距、低槽电压、低电流密度、低初晶温度的工艺参数，并实施了一系列的新型结构铝电解槽的节能技术，因此直流电耗和综合交流电耗较低。但是我国铝电解槽的阳极电流密度比国外先进技术低 10% ~ 20%，铝电解电流效率低 3% ~ 4%，由此造成单位电解槽原铝产能较低，以及能耗以外的消耗增加。中国氧化铝工业的节能减排目标：2020 年前，单位氧化铝平均能耗降低到世界平均水平，即 14.5 GJ/t，拜耳法平均能耗降低到 11.2 GJ/t，赤泥全部实现无害化堆存，其中的 10% ~ 20% 得到综合利用，达到世界氧化铝工业平均技术水平。中国铝电解工业节能减排的目标：2020 年前，系列铝电解槽平均直流电耗降低到 12500 kW·h/t，平均效应系数降低到 0.1 次/(槽·d)以下，达到世界铝电解先进水平。因此，我国铝电解生产降低能耗的潜力较大。

国外氧化铝工业最先进的能耗指标已经达到 8.6 GJ/t，力拓加铝的氧化铝技术专家提出下一个奋斗目标是降低到 6 GJ/t。2010 年世界氧化铝路线图要求在 2025 年赤泥的综合利用率达到 20%。国外铝电解工业目前最先进的技术指标已达到电流效率 96%，单位直流电耗 12800 kW·h 以下，效应系数低于 0.05 次/(槽·d)。世界原铝生产路线图提出了 2020 年要实现的目标是：以低能量输入实现平均电流效率 97%；近期通过技术改造实现单位电耗达到 13000 kW·h，远期以低成本方式实现能耗 11000 kW·h，而且环境和社会可接受；净单位炭耗降低到 400 kg；阳极效应降低到 0.02 次/(槽·d)或更少，减少 PFC 排放。由此可见，我国铝镁工业在节能减排方面还需要追赶世界领先水平，开发更为先进的节能减排技术，并大力推广应用。

4.6.2　铜冶金节能减排科技发展潜力

以铜精矿为原料，采用造锍熔炼—吹炼—火法精炼—电解精炼工艺生产精炼铜，是铜冶炼的主要方法，占全球精炼矿铜总产量的 80%，在我国这一比例高达 90%。前已述及，由于能源价格的飙升以及环保标准的提高，发达国家从 1950 年代初开始，铜冶炼工业走上了一条强化过程、节能减排的发展道路，使得从铜精矿到阳极铜工艺能耗从传统工艺的约 1000 kgce/t 阳极铜，降低至目前的约 350 kgce/t 阳极铜，降低了 65%。节能效果如此显著，主要得益于以下几点：①采用闪速熔炼、强化熔池熔炼等新技术取代传统鼓风炉、反射炉和电炉；②使用富氧空气或工业纯氧熔炼，提高反应速率，改善炉子热平衡，减少烟气处理量，实现节能；③加强余热回收与利用；④提高机电设备效率降低能耗。我国铜冶炼技术更新始于 20 世纪 80 年代中期，以贵溪冶炼厂引进奥图泰闪速熔炼技术建成投产为标志，近 30 年来发展迅猛。

我国铜冶炼在规模、技术装备、能耗和环保等方面均已位居世界前列，大规模降低铜冶炼能耗的潜力不大，但是，在余热回收、降低工艺过程能耗等方面还有一定的潜力：①提高余热回收水平。目前，部分炼铜企业仅回收了熔炼及吹炼烟气余热，而对阳极炉、电炉和制酸余热均未回收。熔炼炉渣产量大，热焓高，可回收余热量大，达约 3.2 GJ/t 阳极铜，占铜冶炼火法系统余热量的 30%，目前仍无成熟技术回收铜熔炼炉渣余热。②推广新技术加强过程节能。推广稀氧燃烧、透气砖通氮气搅拌、自氧化还原火法精炼、高浓度 SO_2 烟气制酸等新技术，降低阳极炉和制酸工序能耗。③采用高效的机电设备。我国铜冶炼企业 SO_2 捕集率在 98%~99.9% 之间，平均约为 99.0%，单位产品 SO_2 排放量为 21 kg/t 阳极铜，若能提高至目前国际领先水平，硫捕集率 99.9%，单位产品 SO_2 排放量 2 kg，吨铜减少 SO_2 排放量 19 kg。与国际先进水平比较，我国铜冶炼产业 SO_2 减排还有一定潜力，假定目前我国各炼铜厂硫的总捕集率平均为 99.0%，按年冶炼 400 万 t 矿铜计算，将硫的总捕集率提升至国际先进水平的 99.9%，则吨铜减排 SO_2 19 kg，全国铜冶炼产业每年可减排 SO_2 7.6 万 t。进一步减少 SO_2 排放的措施为：推广"双闪"技术；加强环境集烟；采用高效吸收技术，处理含低浓度 SO_2 的炉、窑和环集烟气及制酸尾气。《铜冶炼行业准入条件(2013，公开征求意见稿)》规定：新建铜冶炼企业水循环利用率 97.5% 以上，吨铜新水消耗 20 t 以下，吨铜排水 2 t 以下，铜冶炼含重金属废水必须达标排放。现有企业水循环利用率 97% 以上，吨铜新水消耗 20 t 以下。《清洁生产标准——铜冶炼业(HJ 558—2010)》规定：火法炼铜厂单位产品新水消耗清洁生产一、二、三级标准(t/t 铜，≤)分别为 20、23 和 25；废水排放清洁生产一、二、三级标准(t/t 铜，≤)分别为 15、18、20。《铜、镍、钴工业污染物排放标准(GB 25467—2010)》对火法炼铜企业废水排放作出规定，其要点如下：①单位产品基准排放量：新建企业 10 m^3/t 铜、现有企业 25 m^3/t铜；②主要重金属离子排放限值（mg/L）：新建企业 Zn 2.0、Pb 1.0、Cu 0.5、Cd 0.1、Ni 1.0、As 0.5、Hg 0.05、Co 1.0，现有企业 Zn 1.5、Pb 0.5、Cu 0.5、Cd 0.1、Ni 0.5、As 0.5、Hg 0.05、Co 1.0。从以上法规及标准可见，铜冶炼企业废水准许排放量日趋减少，排放标准日益严格。加强铜冶炼企业各类废水的分类收集、处理，实现梯级回用，提高企业水循环利用率，逐步实现重金属废水零排放，是铜冶炼工业发展的必由之路。目前，我国水平较先进的企业，吨铜新水消耗约 8 t，水循环利用率在 97% 左右。我国是世界上最大的矿铜冶炼生产国，据估算，每年随铜精矿进入铜冶炼系统的砷达 4.0 万 t 之巨，目前，仅有部分砷转化为白砷产品。铜冶炼高砷物料中砷的脱除与固化/稳定化，虽然有一些研究，但在工业应用上还未起步，应引起重视并尽快付诸行动，为砷的减排和污染防治奠定坚实基础。

4.6.3　铅锌冶金节能减排科技发展潜力

《铅锌冶炼工业污染防治技术政策》规定铅锌冶炼业新建、扩建项目应优先采用一级清洁生产标准或更先进的清洁生产工艺，改建项目的生产工艺不宜低于二级清洁生产标准。企业排放污染物应稳定达标，重点区域内企业排放的废气和废水中铅、砷、镉等重金属量应明显减少，到 2015 年，固体废物综合利用（或无害化处置）率要达到 100%。铅锌冶炼业具有较大的污染减排潜力。

4.6.4　镁冶金节能减排科技发展潜力

镁冶炼中的电解工艺能耗为 7.5 tce 已是先进值，潜力不大。而热还原法目前的能耗为 4.3~4.7 tce，可通过加强对还原时煅烧杂质形成的成因分析，进一步挖掘节能减排的潜力。镁冶炼的短流程和新工艺的开发应适应"十三五"达到能耗 3.5 tce 的标准。

国外铝镁工业十分重视节能减排技术的开发和应用，特别是如下几个方面值得中国铝镁工业借鉴。①树立铝镁工业的节能减排目标，世界铝工业每隔几年就修订铝工业发展路线图，同时也修订节能减排的阶段性目标；②制订铝镁工业的节能减排技术发展战略和主要研究课题，铝工业发展路线图中特别制订出重大的研究领域和研究方向，每个领域均设定若干重大研发课题；③发挥产学研结合的优势，集中力量开发关键技术。铝镁工业界承担重大研究课题的经费，组织大学、研究机构共同实施研发课题，定期开会讨论，结束后验收；④产业界快速推广应用节能减排关键技术，铝镁工业界尽快把成果应用于产业中。

4.6.5　有色冶金环境管理发展方向

4.6.5.1　有色冶金环境管理现状

（1）相关法规、政策、标准体系现状

近年来，有色行业加强环境保护工作，逐步建立健全环保管理体系。有色金属标准化工作取得了很大成绩，标准数量和标准水平与我国有色金属行业的发展需求基本相符。如铜、铅、铝、锌、锡、锑、镍、镁、铝建筑型材、铜管材等 10 项强制性能源消耗限额标准，是有色金属行业首批国家标准，为后续能耗标准的制订积累了经验。为了加强有色金属行业污染防治工作，环境保护部大力推进有色金属工业污染物排放标准的制订工作。在 2010 年、2011 年先后发布了《铝工业污染物排放标准》(GB 25465—2010)、《铅、锌工业污染物排放标准》(GB 25466—2010)、《铜、镍、钴工业污染物排放标准》(GB 25467—2010)、《镁、钛工业污染物排放标准》(GB 25468—2010)等污染物排放标准。新制定的《锡、锑、汞工业污染物排放标准》(GB 30770—2014)规定新建企业污染物排放限值接近发达国家的标准要求，特别排放限值达到国际领先或先进水平。现有企业实施并达到新标准中的新建企业限值后，二氧化硫(SO_2)、化学需氧量(COD_{Cr})、氨氮($NH_3 - N$)年排放量将分别削减 41%、47% 和 57%，废气中各类重金属的削减率均在 65% 以上。

（2）污染控制管理现状

2013 年，受工信部委托，中国有色金属工业协会组织编制了有色金属行业能源岗位负责人培训教材，内容以提高能源管理人员能力为核心，理论与实践相结合，保证科学性、实用性、规范性、前瞻性、原创性和特色性。包括以下五大部分：①行业发展现状、能源消耗情况、能源消费结构、行业节能设计规范、国家和行业节能管理相关法律法规等。②有色金属（铜、铝、铅、锌）行业能效指标体系，主要包括能源基础知识、产品能耗标准及计算方法。③有色金属（铜、铝、铅、锌）行业重点节能技术应用情况及未来技术发展趋势。重点节能技术分为节点（工艺）节能技术和专项节能技术，重点描述节能技术应用条件、适用范围、主要装备、典型投资、节能减排效果、典型应用案例并分析技术的优缺点。④分析有色金属（铜、铝、铅、锌）行业节能机制与方法。从技术节能、结构节能、管理节能等几方面，探讨有色金属行业实现节能的途径和效果，研究提出可行重点任务和工作，切实为提高企业能源管理者认识提供理论支撑。分析有色金属（铜、铝、铅、锌）行业主要的冶炼工艺，特别是不同生产工艺能源的流向、找出能源消费的主要环节，针对不同工艺分别提出可行的节能措施和建议。⑤有色金属（铜、铝、铅、锌）行业能源管理体系建设实施情况。全面介绍有色金属行业能源管理体系建设的主要内容，能源管理体系建设途径和方法，并结合典型企业案例和实践分析能源管理体系建设的关键环节，为企业建立能源管理体系提供示范。

2009 年 5 月 11 日，国务院全文发布了《有色金属产业调整和振兴规划》。推进有色金属产业调整和振兴，要以控制总量、淘汰落后、技术改造、企业重组为重点，推动产业结构调整和优化升级。国内有色金属需求的稳定和扩大，必然会涉及诸如电力、建筑、汽车、机械、家电、电池等大范围的产业，从而使有色行业成为一系列产业振兴规划的受益者。我国有色金属行业的节能减排、绿色生产相关政策、法律及其节能标准的配套、完善和有效实施，对短期的影响相对有限，但从长期考虑是利多，会加速落后产能的淘汰，促进再生金属利用，促进产业升级，规划企业能源统计。

（3）自动化控制与管理现状

有色冶炼过程在自动化控制方面目前存在不少问题。冶炼过程操作条件恶劣，部分检测和控制装置难以适应恶劣条件，影响冶炼过程自动化控制的实施；冶炼原料成分波动大，传统单一的控制方法不能确保整个冶炼过程的稳定运行，严重影响产品质量的稳定；在环境保护方面缺乏有效的自动化检测与控制手段，导致严重的环境污染；采用集散控制系统缺乏优化控制的支持，没有发挥集散控制系统的作用，难于保证整个过程运行达到最优状态；大多冶炼企业尚未建立过程控制与信息管理一体化网络，难于实现冶炼过程高质量和低成本的控制目标；各类信息收集、处理、共享及应用水平低，没有建立实用的企业信息及决策系统，影响企业决策和管理现代化水平的提高，可通过以下方法实现冶炼过程的自动化。

4.6.5.2　有色冶金过程环境管理发展方向

有色行业污染治理政策仍存在一定的问题，如有色金属污染治理技术评估体系缺乏完整的、系统设计的技术思想做指导；技术评估方法和程序缺少量化的技术评估检测平台；环境治理模式为企业封闭、孤立的"三废"治理模式；缺乏行业污染治理技术管理嵌入环境管理和形成常态化管理的机制；有色金属行业污染治理技术的产业化、市场化机制尚不健全。

（1）有色冶炼过程自动化信息化技术

在基础自动化方面，各生产控制区通过网络互联信息共享，机组设备也通过其自有控制器实现与主控制系统的连接，建立生产系统全面监控系统。电仪一体化自动系统方面，电气、仪表采用同一套 DCS、PLC 或采用各自的控制系统，控制于相同局域网及操作站，统一组态及操作，信息充分共享，构建覆盖全过程的生产级自动化系统。管控一体化上，基础自动化的控制局域网与管理信息系统网络实现互联，DCS 系统功能深入到管理层，在管理系统计算机上可监视动态生产过程，管理者可随时了解实时生产情况，下达生产指令、完成工作安排及各种调度工作。

（2）合同能源管理系统

有色冶炼行业运营存在问题：政策方面，企业缺乏实施节能项目的动力；节能服务产业的市场不规范，缺乏评价标准；融资方面，节能服务公司融资困难；缺乏信用评价机制，银行授予信用额度低；管理方面，能源服务公司专业化不强，缺乏运营能力；缺乏权威的节能核准手段。

节能服务公司与用能单位以契约形式约定节能项目的节能目标，节能服务公司为实现节能目标向用能单位提供必要的服务，用能单位以节能效益支付节能服务公司的投入及其合理利润的节能服务机制。合同能源管理示意图见图 4 – 12，流程见图 4 – 13。

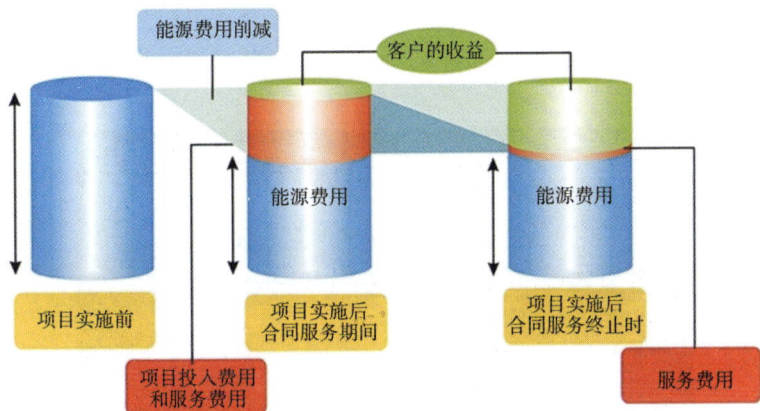

图 4 – 12　合同能源管理示意图

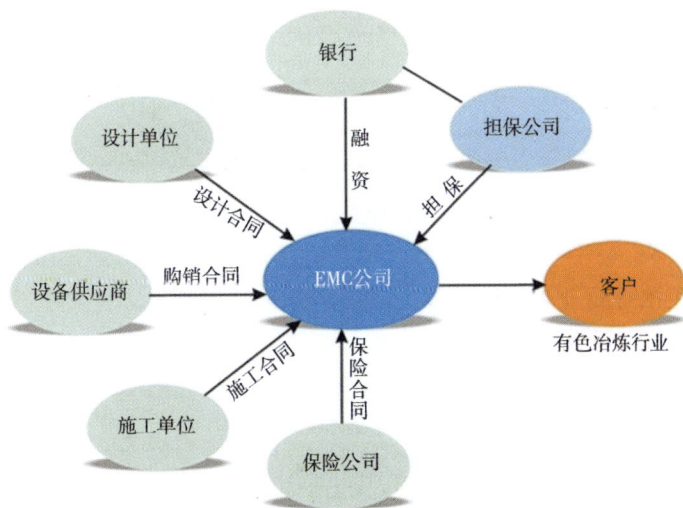

图 4 – 13　合同能源管理流程

（3）合同环境管理系统

合同环境服务是合同能源管理在环境综合服务业的另一种体现模式，用户获得了既定的环境效果，才付费给治理企业。其责任主体包括两类：第一类为排污企业，即"谁污染谁负责"；第二类为政府部门，以收费的方式将环境责任集中起来，进而由政府集中采购服务。

我国有色冶炼合同环境服务发展阶段如图4－14所示。我国有色冶炼行业合同环境服务现状：过度依赖政府，行业重视不足，市场化程度不高；政府资金缺乏，市场资金富余；金融创新不足；缺少具备将融资能力、技术集成能力、运营能力、品牌建设能力多方融合，并具备一定规模的综合环境服务商。我国有色冶炼行业合同环境服务处于试点工程阶段。

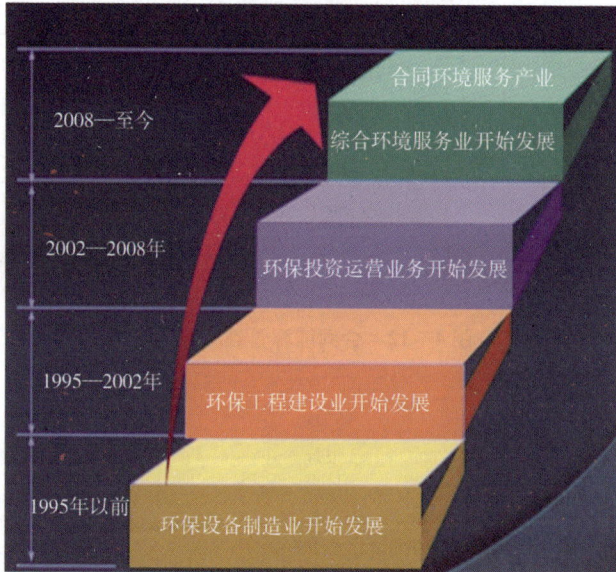

图4－14　有色冶炼行业合同环境服务发展阶段

我国有色冶炼行业合同环境服务发展趋势：①由单个技术服务向综合环境服务转型；②以实现具体环境效果为目标，针对有色冶炼行业的节能减排，提供总体的系统解决方案；③以环境服务总包为出口，涵盖咨询服务、评估设计、专业运营管理、工程服务以及相关联的投资等有色冶炼相关产业单元。有色冶炼行业合同环境服务各方关系如图4－15所示。

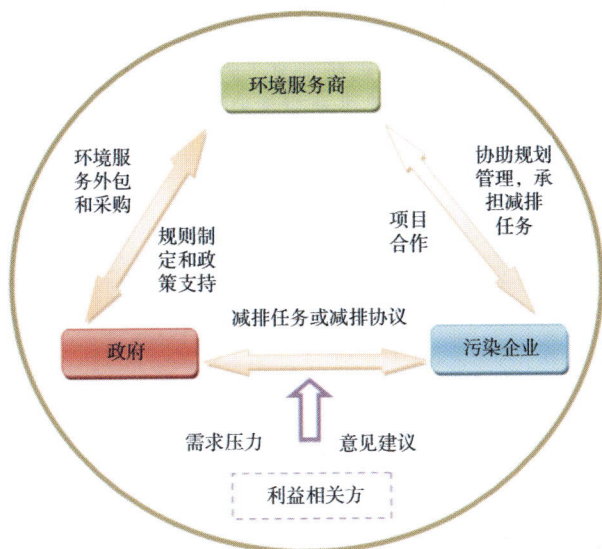

图 4 - 15　有色冶炼行业合同环境服务各方关系

参考文献

[1] 柴立元，彭兵. 冶金环境工程学[M]. 北京：科学出版社，2010.

[2] 陈喜平. 电解铝废槽衬处理技术的最新研究[J]. 轻金属，2011(12)：21 - 24，29.

[3] 朱祖泽，贺家齐. 现代铜冶金学[M]. 北京：科学出版社，2003.

[4] 朱屯. 现代铜湿法冶金[M]. 北京：冶金工业出版社，1998.

[5] 陈雯. 铜转炉烟尘选冶联合处理新工艺研究[J]. 有色矿冶，2003(6)：45 - 46.

[6] 李卫锋，杨安国，郭学益，等. 河南铅冶炼的现状及发展思考[J]. 中国金属通报，2009 (15)：34 - 37.

[7] 李卫锋，张晓国，郭学益，等. 我国铅冶炼的技术现状及进展[J]. 中国有色冶金，2010 (2)：29 - 33.

[8] 武小娟，王志宏，杜文博，等. 镁工业的环境协调性发展[J]. 中国建材科技，2007(5)：46 - 48.

第5章　有色冶金过程能耗

节能减排长期以来就是全球工业发展的共同目标，现今全球都面临能源短缺问题，这对于能源费用占生产总成本20%～30%的冶金企业来说同样面临着新的挑战。企业消耗的能源指用于生产活动的各种能源，包括：①一次能源（原煤、原油、天然气等）、二次能源（如电力、热力、石油制品、焦炭、煤气等）、耗能工质（水、氧气、压缩空气等）和余热资源。②能源及耗能工质在企业内部进行贮存、转换及计量供应（包括外销）中的损耗。③用做原料的能源，不包括生活用能和批准的基建项目用能。有色冶金工业节能减排效果对完成我国中长期节能减排目标具有重要意义。加大有色金属工业节能减排力度，既是国家整体节能减排的战略需要，也是有色金属工业转变发展方式、走可持续发展道路的必然选择。

5.1　有色冶金过程能源消耗及品种结构

5.1.1　铝冶金过程能源消耗及品种结构

中国氧化铝工业消耗的能源主要是原煤，用于生产蒸汽和发电，生成煤气用于焙烧氢氧化铝，部分还可作为燃料直接用于回转窑煅烧。部分氧化铝厂利用天然气进行氢氧化铝焙烧。

中国铝电解工业消耗的能源主要是电力。部分铝电解企业直接从电网买电，电价较高；而部分铝电解企业则主要依靠采购原煤进行自发电，电价则较低。低温低电压铝电解技术、新型结构铝电解槽、新型阴极钢棒等一批节能技术的投入运行，使我国铝锭综合交流电耗进一步降低。2013年中国铝锭综合交流电耗降到13740 kW·h/t。

5.1.2　铜冶金过程能源消耗及品种结构

赫氏（Hatch）公司 Guo Xianjian 在其题为《铜冶炼节能研究（Consideration of energy save in copper smelting）》的报告中指出，新技术的应用、氧气的使用、冶炼中余热回收的改进，是铜冶炼能耗降低的主要原因。该报告从采选冶多环节、历史与现实、不同冶炼方法等多角度对铜冶炼能耗进行了分析比较。

图5-1所示为铜生产采选冶各环节能耗值。在铜生产各环节中，冶炼（粗

炼、精炼)仍是能耗最大的环节,但随着技术进步,其能耗值已大幅度降低,从铜精矿到阳极铜,能耗值小于 9000 MJ/t。比较而言,湿法炼铜(浸出—溶剂萃取—电积)工艺,仅从冶炼能耗角度而言,要比火法高约 65%,且以电能为主。但全面考虑采选冶能耗,湿法炼铜在能耗上仍具有优势。

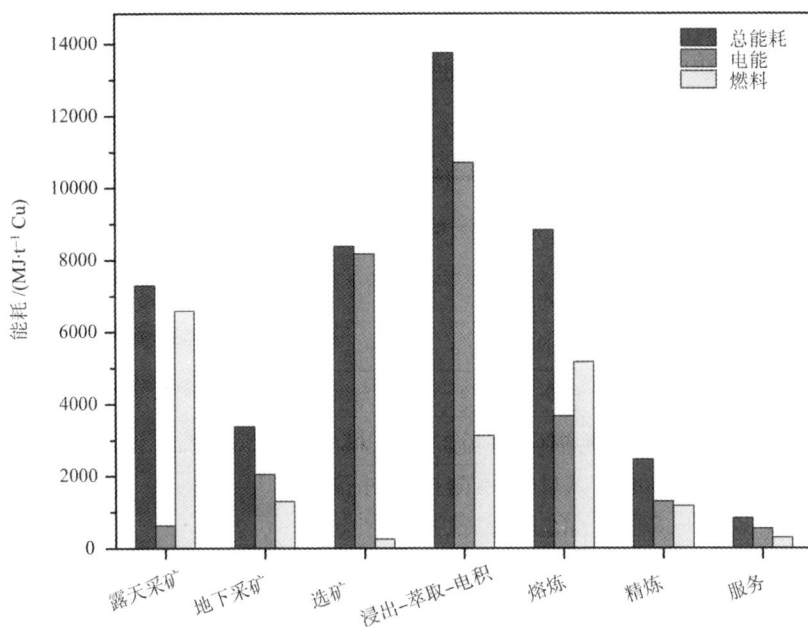

图 5 - 1　铜采选冶能耗

表 5 - 1 所列为 1980 年美国与 2008 年智利两国不同时期铜冶炼能耗比较。

表 5 - 1　1980 年和 2008 年铜冶炼能耗比较

国家及时间	工艺	能耗/(MJ·t⁻¹阳极铜)
美国 1980 年 铜冶炼能耗	反射炉	32633
	闪速炉	19962
	三菱法	20795
	诺兰达法	25331
智利 2008 年 铜冶炼能耗	共 7 个冶炼厂,5 台特尼恩特转炉, 2 台闪速炉,总产能每年 123 万 t 铜	9080

表 5 - 2 列出了不同研究者报道的各种铜冶炼工艺能耗。目前，主流的炼铜方法能耗均较为接近，但能源结构有所区别，有的方法如双闪法、三菱法等，电能所占比例要高一些。

表 5 - 2　不同研究者报道的各种铜冶炼工艺能耗

专家学者	工艺	总能耗 /(MJ·t⁻¹ 阳极铜)	电耗 /(MJ·t⁻¹ 阳极铜)	燃料消耗 /(MJ·t⁻¹ 阳极铜)
H. H. Kellogg (1976)	反射炉	18108	2173	15935
	闪速炉	14237	7477	6760
	三菱法	16210	6904	9306
	诺兰达法	14265	9045	5220
P. Coursol (2009)	双闪法	10784	9266	1518
	艾萨法	11078	6903	4175
	三菱法	11006	8508	2498
	诺兰达 - 特尼恩特	12746	10088	2658
N. I. Piret(2009)	闪速熔炼—P - S 转炉吹炼	13581	8411	5170
J. O. Marsden (2009)	艾萨法	11342	5046	6296

1980 年，美国反射炉炼铜能耗高达 32633 MJ/t 阳极铜，当时即使是先进的闪速炉、三菱法及诺兰达炉炼铜，能耗也在 20000 MJ/t 阳极铜左右。目前智利是仅次于中国的世界第 2 大精炼铜生产国，2008 年，智利共有 7 座炼铜厂，生产 123 万 t 铜，其中 2 座采用奥图泰闪速熔炼工艺，5 座采用特尼恩特工艺，整体技术水平大致属世界中等程度，其平均能耗仅为 9080 MJ/t 阳极铜。

表 5 - 3 比较了双闪法与艾萨法能耗及其构成。其中重要的信息为：双闪法工艺铜锍的破碎、磨细等能耗并不高；炉渣贫化能耗为 1503 MJ/t 阳极铜，折算标煤为 51.3 kgce/t 阳极铜，这部分能耗应主要为电能。

表 5 - 3 所列能耗数据代表了当前世界铜冶炼能耗较为先进的水平。双闪法工艺从铜精矿到阳极铜工艺能耗为 10784 MJ/t 阳极铜，其中电能消耗为 9266 MJ/t阳极铜；折算成标煤为 368.1 kgce/t 阳极铜；艾萨炉熔炼—炉渣贫化—P - S 转炉工艺，从铜精矿到阳极铜工艺能耗为 11078 MJ/t 阳极铜，其中电能消耗为 6903 MJ/t 阳极铜；折算成标煤，则为 378.5 kgce/t 阳极铜，略高于双闪法工艺。中国铜冶炼能耗国标(GB 21248—2014)规定，从铜精矿到阳极铜工艺能耗限

额先进值为 280 kgce/t 阳极铜，应属世界先进水平。

表 5 - 3　双闪法与艾萨法能耗及其构成比较

项目	闪速熔炼—闪速吹炼 /(MJ·t⁻¹ 阳极铜)	艾萨炉—贫化渣—P - S 转炉 /(MJ·t⁻¹ 阳极铜)
燃料	1479	3962
氧气	2957	2152
高压空气	95	674
低压空气	154	317
可燃气体及混合气体	35	177
工艺气体	256	702
二次尾气	436	720
铜锍/渣处理	54	—
辅料(溶剂等)	59(39 燃料)	230(213 燃料)
渣选矿	1503	
酸厂	3216	3316
照明及其他	284	284
蒸汽回收	- 194	- 1456
总计	10784	11078

改革开放以来，我国铜冶炼行业通过技术引进、消化吸收再创新，已完全淘汰落后的鼓风炉、反射炉和电炉工艺，采用较为先进的闪速熔炼、熔池熔炼工艺，加上富氧、高铜锍品位、烟气余热回收、高浓度 SO_2 烟气制酸、制酸中低温位余热回收、透气砖通氮气搅拌阳极精炼新工艺、阳极炉稀氧燃烧等技术措施。目前，无论是从产业规模、技术的多样性与先进性，还是对铜精矿原料的适应性等方面，均居于世界先进水平，这已是不争的事实。

在铜冶炼能耗方面，各企业报道过一些数据，但由于采用的炼铜方法较多，不同方法间由于技术参数及原料成分差别较大，用这些数据来直接比较是不恰当的。参照国外研究报道的较为可行的数据，比较国内外在技术、装备、工艺参数、余热回收、制酸等方面的情况，可以判断我国铜冶炼从铜精矿到阳极铜的工艺能耗，大致在 200～500 kgce/t 阳极铜。规模较大、工艺与装备先进、余热回收较好的企业，一般都能达到 GB 21248—2014 中的准入值，部分企业能耗已低于其先进值。这标志着我国铜冶炼企业在工艺、装备和节能方面，已居于世界先进水平。

5.1.3　铅冶金过程能源消耗及品种结构

铅冶金分两大部分(贵金属提炼除外)，即粗铅冶炼和电解精炼。随着铅火法冶炼技术的进步，消耗的能源品种也有很大变动，并且随铅冶炼工序的不同，所使用的能源品种结构也有不同。

传统的烧结—鼓风炉熔炼工艺，所消耗的能源与动力包括有煤气(精矿干燥)、焦炭(鼓风炉还原)、煤(烟化炉烟化)、电、水、压缩空气等。先进的直接炼铅工艺，所消耗的能源与动力主要有蓝炭(闪速熔炼法)，煤(还原、烟化)，煤气或天然气(还原)，电，水，氧气，氮气，压缩空气等。

目前国内主流的"三段炉"炼铅工艺，氧化熔炼阶段，所消耗的主要能源与动力有氧气、氮气、压缩空气、电、水等；还原熔炼阶段，所消耗的主要能源与动力有煤、煤气(或天然气)、氮气、压缩空气、电、水等；炉渣烟化阶段，所消耗的主要能源与动力有煤、压缩空气、电、水等。粗铅电解精炼过程，所消耗的主要能源与动力有煤气或天然气、电、水、蒸汽等。烟气制酸过程，所消耗的主要能源与动力有电、水和压缩空气等。粗略统计，铅冶炼能耗中 44% 为化石能源。

目前，我国在粗铅冶炼上主要采用的火法冶金方法有传统的烧结焙烧—鼓风炉炼铅法、我国新研发的 SKS 炼铅法(水口山炼铅法)、改进型 SKS 炼铅法及引进的基夫赛特直接炼铅法。基于不同的冶炼方法，其能耗也大不相同。就是同种冶炼方法，由于原料、技术、设备等各异，也会出现能耗参差不齐的情况。传统的烧结焙烧—鼓风炉炼铅法虽然具有工艺成熟，操作简单，投资省等优点，但其存在高能耗、高排量、环境污染严重等弊端，已经逐步被新工艺所替代。水口山炼铅法实现了自热熔炼回收高温烟气中的余热，熔炼炉已产出一次初铅，鼓风炉炉料处理量大幅减少，焦炭消耗相应节省了 30% ~40%。

粗铅冶炼过程中能源的消耗主要体现为精矿的选择、渣型的合理配置、焦炭的块度及正确的操作。两种冶炼模式能耗列于表 5 - 4 和表 5 - 5。

表 5 - 4　烧结焙烧—鼓风炉炼铅法能耗表

能源品种	电 /(kW·h·t^{-1})	原煤 /(kg·t^{-1})	焦炭 /(kg·t^{-1})	备注
消耗量	378	86.4	375	每生产 1 t 粗铅的消耗

表 5 – 5　SKS 炼铅法能耗表

能源品种	电 /(kW·h·t⁻¹)	焦炭 /(kg·t⁻¹)	重油 /(kg·t⁻¹)	原煤 /(kg·t⁻¹)	焦粉 /(kg·t⁻¹)	备注
消耗量	210	257	20	6.2	5.1	每生产 1t 粗铅的能耗，其中原煤和焦粉只用其一

根据《中国有色金属工业年鉴》统计，过去 10 年我国铅冶炼综合能耗平均为 660 kgce/t，粗铅冶炼焦耗 413 kg/t，电解铅的直流电耗平均为 132 kW·h/t。随着 SKS 工艺及改进型 SKS 工艺的升级改造，2013 年我国铅冶炼综合能耗为 469.3 kgce/t。

冶炼工艺是影响能耗的最重要因素。在火法冶炼过程中，引入富氧或纯氧冶炼技术，实现精矿直接熔炼，使生产流程缩短，设备床能力大幅度提高，使冶炼过程的烟气量大幅度减少，烟气带走的热量也大幅度减少，消耗的动力也相应减少，单位产品能耗大幅度下降。湿法冶炼工艺引入富氧直接浸出技术，硫化锌精矿不需经过沸腾焙烧，在氧气条件下直接浸出，不产生 SO_2 烟气，硫转化元素硫，经过浮选和热滤得到含硫 99.9% 的硫磺。

(1)铅冶炼工艺对能耗的影响：目前世界用于工业生产的冶炼方法有传统的烧结—鼓风炉法和现代直接炼铅法(基夫赛特法、富氧闪速熔炼法、QSL 法、卡尔多法、氧气顶吹—鼓风炉法、氧气底吹—鼓风炉法、三段炉炼铅法)。现代直接炼铅法的共同特点是采用富氧或纯氧熔炼技术，基夫赛特法、富氧闪速熔炼法、QSL 法、三段炉炼铅法的能耗较低。氧气顶吹和氧气底吹都只能完成氧化熔炼，产出 40% ~45% 的粗铅，然后将高铅渣铸块冷却后加入鼓风炉还原熔炼，产出二次粗铅，综合能耗相对较高。一般来说，生产规模扩大有利于单位能耗降低，有利于设备大型化。技术水平和自动化水平的提高，资源综合利用率的提高，均有助于单位产品能耗的降低。统计数据表明，我国大型铅锌冶炼企业生产能耗明显好于中小企业，部分达到了世界先进水平。

(2)原料品位的影响：国外的能耗指标通常是按处理的物料量进行计算，原料品位不会影响能耗评价指标。但我国是按产品计算能耗评价指标，对于处理含铅锌品位较低的原料或其他含铅锌废料，单位产品所需的物料量增加，单位产品的能耗指标就会增高，例如冶炼含铅 50% 以上的炉料，2 t 炉料能产 1 t 铅，如果炉料含铅 26%，就要 4 t 炉料才能产 1 t 铅，单位产品能耗可能增加一倍。

5.1.4　锌冶金过程能源消耗及品种结构

锌的冶炼方法分为火法和湿法两大类。火法炼锌过程所消耗的能源品种包括煤气、焦炭、煤、电、水、压缩空气等。湿法炼锌包括常规浸出法、热酸浸出法、直接浸出法三大类,此外,氧化锌矿的浸出—净化—电积也有一定的市场份额。常规浸出法和热酸浸出法所消耗的能源品种包括电、水、压缩空气、煤、柴油、氩气等;氧压浸出法所消耗的能源品种包括电、水、氧气、蒸汽、柴油、氩气等。粗略统计,锌冶炼能耗中25%为化石能源。

火法炼锌工艺有 ISP 工艺、竖罐炼锌和电炉炼锌,ISP 工艺综合能耗为1900~2000 kgce/t,竖罐炼锌为2400~2700 kgce/t,电炉炼锌规模很小,能耗更高,竖罐炼锌与电炉炼锌工艺已被淘汰。湿法炼锌的常规流程是硫化锌精矿采用沸腾炉低温硫酸化焙烧,焙砂采用中性和低酸浸出,焙砂中的铁酸锌不能在低温低酸的条件下浸出而进入浸出渣,浸出渣含锌 20% 左右,然后用火法将浸出渣中的锌挥发,产出次氧化锌,再用湿法回收锌。现在一般采用挥发窑挥发,能耗很高,每吨浸出渣要消耗 0.5 t 焦粉,导致每吨电锌能耗增加 400~450 kgce,这样常规法比其他的湿法炼锌能耗高出 10% 左右。但是黄钾铁矾渣和针铁矿渣,采用堆存处理,存在潜在的环境污染问题。世界普遍采用的处理方式是火法进行固化处理、水泥固化处理或深度填埋,如果采用火法进行固化处理能耗也会升高。

过去十年来依靠技术进步,逐步淘汰落后的高能耗高污染竖罐炼锌工艺,我国湿法炼锌工艺平均综合能耗指标逐年下降。一些大型炼锌企业如株冶、韶冶、葫芦岛、豫光金铅、西北冶炼厂等,其炼锌能耗接近世界先进水平。世界湿法炼锌工艺能耗为 1900 kgce/t,锌电积直流电耗平均为 3100~3200 kW·h/t。株冶由于常规湿法炼锌高能耗,浸出渣采用高能耗的回转窑工艺,综合能耗为 2100 kgce/t 左右,其锌电积直流电耗平均为 3100 kW·h/t 左右,最低达到 2970 kW·h/t,属于世界先进水平。2013 年中国电解锌冶炼综合能耗下降到 909.3 kgce/t,同比下降 0.1%。2013 年随着低电耗大极板锌电解与自动剥板技术创新及产业化示范工程等先进技术的示范推广,以及淘汰一批落后的火法炼锌工艺,电锌、精锌冶炼综合能耗均呈下降趋势。2013 年精锌综合能耗 1805.6 kgce/t,比 2012 年同期下降了 1%;电解锌综合能耗降到 909.3 kgce/t。

5.1.5 镁冶金过程能源消耗及品种结构

中国镁工业消耗主要能源是原煤、焦炉煤气和蓝煤等,依据原镁企业当地的不同能源来源进行生产。如陕西原镁企业往往采用当地丰富的蓝煤资源做能源生产,而焦炉煤气较多的山西原镁企业则采用焦炉煤气生产原镁。

制约镁产业发展的主要因素是原镁冶炼中能源消耗和环境污染控制。过去我国金属镁的生产带来了较为严重的资源浪费和环境污染。目前,镁冶炼综合能耗为 7000 kgce/t 左右,下降幅度约 40%。镁冶炼产品能耗列于表 5-6。

表 5-6　镁冶炼产品能耗表

序号	单位	炉料 吨镁单位煤耗/(折标煤吨)	炉料 煤气平均热值/(kcal·m⁻³)	炉料 煤气实际数值	炉料 吨镁电耗/(kW·h)	还原 吨镁单位煤耗/(折标煤吨)	还原 煤气平均热值/(kcal·m⁻³)	还原 煤气实际数值	还原 吨镁电耗/(kW·h)	精炼 吨镁单位煤耗/(折标煤吨)	精炼 煤气平均热值/(kcal·m⁻³)	精炼 煤气实际数值	精炼 吨镁电耗/(kW·h)	吨镁煤耗合计	吨镁电耗合计	备注
1	A	2.303			523	6.2			194	0.354			30	8.857	747	11 h 还原周期
2	B	2.28			596	6.5			212	0.325			42	9.105	850	11 h 还原周期
3	C	2			528.83	6.55			242.48	0.334			359.31	9.114	1130.62	13 h 还原周期
4	D	3.17				4.71				0.104				7.984	0	12 h 还原周期
5	E	1.94	≤300	3150	430	3.69	4300	6000	450	0.215	4300	350	20	5.845	900	12 h 还原周期
6	F	0.706			507.24	5.76			232.51	0.325			10.25	6.791	750	11 h 还原周期
7	G	2.1	1650	3500	1050	4.2	1650	19000	360	0.25	1650	1200	124	6.55	1534	10 h 还原周期
8	H	3.06			485.58	6.04			408.13	0.345			70.24	9.445	963.95	总消耗吨镁电耗 3262.23 kW·h
9	I	3.25	6800	3120		5.18	5600	7334.67	461.35	0.332	5400	431.1		8.762	0	
10	J	2.73			487.87	4.35				0.4		198.1	60.46	7.48	1009.68	10.5~11.5 h 还原周期
	平均	2.3769	1275	977	460.852	5.318	1155	3234.04	256.05	0.30	1135	256.05	71.63	7.99	788.525	

注：1 kcal = 4.1868 kJ。

5.2　有色冶金企业单位产品能源消耗

2014 年 12 月 15 日，工信部首发《全国工业能效指南》，对主要有色金属产品和工序能效提出了明确要求。《指南》不但对企业减少能耗具有重要指导意义，而且对行业和地方化解产能过剩、结构调整、招商引资、完善布局等工作提供了可参考的"硬指标"。《指南》包括：现有企业限定值、新进企业准入值、行业平均值、标杆企业值参考值和国际先进值等。表 5 - 7 ~ 表 5 - 11 分别为氧化铝、电解铝、铜冶炼、铅冶炼、锌冶炼单位产品的综合能耗。

表 5 - 7　氧化铝单位产品综合能耗/(kgce · t⁻¹)

	现有限定值	新进准入值	行业平均值	标杆参考值	国际先进值
拜尔法	520	500	530	391	350
联合法	900	800	543	675	700

表 5 - 8　电解铝单位产品能耗/(kW · h · t⁻¹)

	现有限定值	新进准入值	行业平均值	标杆参考值	国际先进值
铝液交流电耗	13700	12750	13340	12847	13200
铝液综合交流电耗	14050	13150	13458	13167	13300
铝锭综合交流电耗	14400	13200	13720	13244	13500

表 5 - 9　铜冶炼综合能耗/(kgce · t⁻¹)

	现有限定值	新进准入值	行业平均值	标杆参考值	国际先进值
粗铜工艺	300	180	223	183	150
阴极铜工艺	340	220	289	171	190
铜冶炼工艺	420	320	364	288	280
电解工艺	140	100	93	81	
杂铜 - 粗铜	260	240	180		
杂铜 - 阳极铜	360	290	252		
粗铜 - 阳极铜	290	270	198		
杂铜 - 阴极铜	430	360	315		
粗铜 - 阴极铜	370	350	279		

表 5 – 10　铅冶炼单位产品综合能耗/(kgce·t⁻¹)

	现有限定值	新进准入值	行业平均值	标杆参考值	国际先进值
粗铅工艺	400	260	327	287	220
电解精炼	140	110		95	
铅冶炼	540	370	466	369	300

表 5 – 11　锌冶炼单位产品综合能耗/(kgce·t⁻¹)

	现有限定值	新进准入值	行业平均值	标杆参考值	国际先进值
火法粗锌	1650	1600		1350	
火法精馏锌	2100	2000	2197	1714	1700
湿法有浸出渣处理	1300	1250	1115	754	
湿法无浸出渣处理	1000	900		765	
湿法氧化锌 – 电锌	1000	900	786	570	
析出锌电耗/kW·h	3200		3099	2959	2900

5.2.1　铝冶金企业单位产品能源消耗

（1）氧化铝企业单位产品能源消耗限额（GB 25327—2010）

现有氧化铝企业单位产品能耗限额限定值见表 5 – 12。表中指标基于拜耳法矿石入磨铝硅比大于 8.5，其他工艺入磨铝硅比大于 7 的条件下提出。

表 5 – 12　现有氧化铝企业单位产品能耗限额限定值

工艺分类		能耗限额限定值/(kgce·t⁻¹)
拜耳法	工艺能耗	≤490
	综合能耗	≤520
其他工艺	工艺能耗	≤850
	综合能耗	≤900

新建氧化铝企业单位产品能耗限额准入值见表 5 – 13。表中指标基于拜耳法矿石入磨铝硅比大于 8.2，其他工艺入磨铝硅比大于 7 的条件下提出。

表 5 - 13 新建氧化铝企业单位产品能耗限额准入值

工艺分类		能耗限额限定值/(kgce·t⁻¹)
拜耳法	工艺能耗	≤470
	综合能耗	≤500
其他工艺	工艺能耗	≤750
	综合能耗	≤800

氧化铝企业单位产品能耗限额先进值见表 5 - 14。表中指标基于拜耳法矿石入磨铝硅比大于 8.5，其他工艺入磨铝硅比大于 7 的条件下提出。

表 5 -14 氧化铝企业单位产品能耗限额先进值

工艺分类		能耗限额限定值/(kgce·t⁻¹)
拜耳法	工艺能耗	≤450
	综合能耗	≤480
其他工艺	工艺能耗	≤700
	综合能耗	≤750

(2) 电解铝企业单位产品能源消耗限额 (GB 21346—2013)

现有电解铝企业单位产品能耗限额限定值、新建电解铝企业单位产品能耗限额准入值和电解铝企业单位产品能耗限额先进值分别如表 5 - 15，表 5 - 16 和表 5 - 17 所示。

表 5 -15 现有电解铝企业单位产品能耗限额限定值

指　标	能耗限额限定值
铝液交流电耗	≤13700(kW·h)/t
铝液综合交流电耗指标	≤14050(kW·h)/t
铝锭综合交流电耗	≤14100(kW·h)/t
重熔用铝锭综合能源单耗	≤1760 tce/t

表 5 – 16 新建电解铝企业单位产品能耗限额准入值

指　标	能耗限额准入值
铝液交流电耗	≤12750(kW · h)/t
铝液综合交流电耗指标	≤13150(kW · h)/t
铝锭综合交流电耗	≤13200(kW · h)/t
重熔用铝锭综合能源单耗	≤1680 tce/t

表 5 – 17 电解铝企业单位产品能耗限额先进值

指　标	能耗限额先进值
铝液交流电耗	≤12650(kW · h)/t
铝液综合交流电耗指标	≤13050(kW · h)/t
铝锭综合交流电耗	≤13100(kW · h)/t
重熔用铝锭综合能源单耗	≤1660 tce/t

（3）我国氧化铝生产的主体流程

图 5 – 2 所示为我国各种氧化铝生产技术的产量分布。与 2005 年之前相比，我国氧化铝生产的主体技术结构已经发生了根本性的变化，节能的拜耳法已经替代混联法，成为我国氧化铝生产的主体流程，拜耳法生产的氧化铝已占我国总产量的 86% 左右。即使在铝土矿品位较低的北方地区，新建或扩建的氧化铝厂也均采用拜耳法或改进的拜耳法。

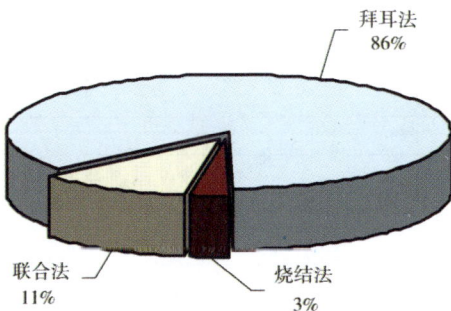

图 5 – 2 我国各种氧化铝生产技术的产量分布

改变主体生产流程的主要驱动力是节能。只有拜耳法才能保证氧化铝生产的低能耗。主体流程的改变主要通过如下途径实现：部分关停高能耗的烧结法，或转为生产化学品氧化铝；混联法逐渐向串联法过渡，提高了拜耳法在联合法中的比例；新建的氧化铝厂全部采用拜耳法；开发应用处理中低品位铝土矿的改进型拜耳法：如选矿拜耳法和石灰拜耳法。

(4)国内外氧化铝生产的能耗比较

世界 2010 年氧化铝平均能耗为 14.5 GJ/t，即 495 kgce/t。世界 2011 年氧化铝平均能耗 14 GJ/t，折合 478 kgce/t。世界拜耳法平均能耗为 11.2 GJ/t，即 382 kgce/t，其中低温拜耳法溶出为 8~11 GJ/t；高温拜耳法溶出为 9~14 GJ/t。

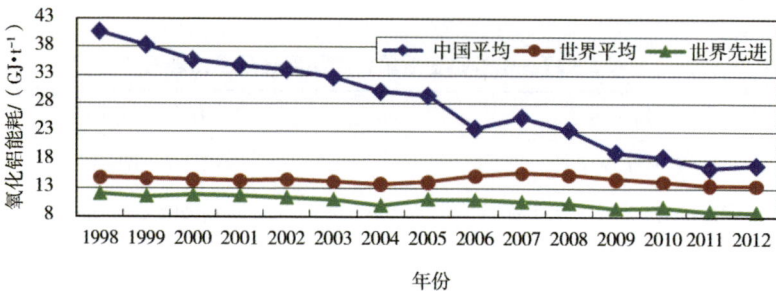

图 5-3　国内外氧化铝生产能耗的比较

世界能耗最高的是以霞石为原料的阿钦斯克氧化铝厂，高达 57.89 GJ/t，即 1978 kgce/t。世界上能耗最低的氧化铝厂是巴西的阿鲁诺特氧化铝厂，能耗仅为 8.37 GJ/t，即 285 kgce/t。由图 5-3 可见，南美洲氧化铝企业的平均能耗达到了世界领先水平，目前已低于 10 GJ/t，比世界平均能耗低约 5 GJ/t。

我国氧化铝能耗在过去的七年来持续快速下降(见图 5-4)，累计降低幅度超过 40%；2011 年至 2012 年间达到 17 GJ/t 左右，明显缩短了与国外的差距，已接近世界氧化铝平均能耗。

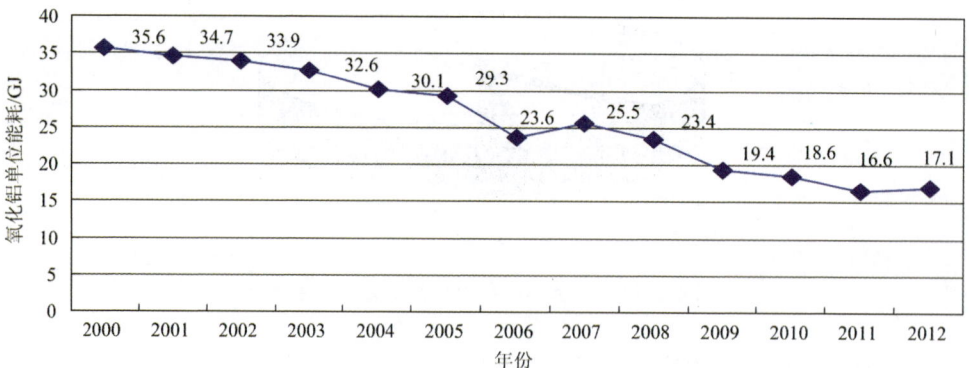

图 5-4　我国氧化铝生产能耗的变化

国内外氧化铝生产能耗差距的缩小主要依靠我国大力推广应用节能的拜耳法以及大规模开发应用一系列重大节能关键技术和装备。但同时也可以看出，仍有很大的节能潜力和空间。

（5）我国电解铝的主体技术

图 5 - 5 所示为我国现有铝电解槽的电流强度分布比例。我国已基本淘汰 160 kA 以下的自焙槽和小型预焙槽，大型预焙槽铝电解技术已成为我国铝电解的主体技术，300 kA 以上的大型预焙槽技术在新建或扩建的电解铝厂得到了广泛应用。

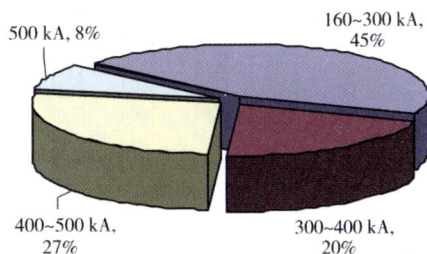

图 5 - 5　我国铝电解槽电流强度分布比例

近年来所有新建的铝电解厂普遍采用了大于 400 kA 的大规模、大容量铝电解技术。400 kA 以上的大型预焙槽生产线已建成近 20 条，数家 500 kA 大型预焙槽生产线已建成投产，600 kA 铝电解槽技术已于 2012 年在中国铝业连城分公司开始进行工业试验。铝电解槽预焙化、大型化、节能化和智能化已成为我国铝电解产业技术的主要发展方向。

（6）国内外电解铝的能耗状况

节能已成为世界铝电解工业技术发展的主流。在世界原铝工业的发展路线图中，节能是铝电解新技术开发的核心目标：以低能量输入实现平均电流效率 97%；通过技术改造实现能耗 13 kW·h/kg，远期以低成本方式实现能耗 11 kW·h/kg，而且环境和社会可接受。

图 5 - 6、图 5 - 7 为国内外铝电解企业平均能耗随时间的变化情况。中国铝电解平均能耗逐年以较快的速度下降，2012 年平均综合交流电耗已降低到 13844 kW·h/t。

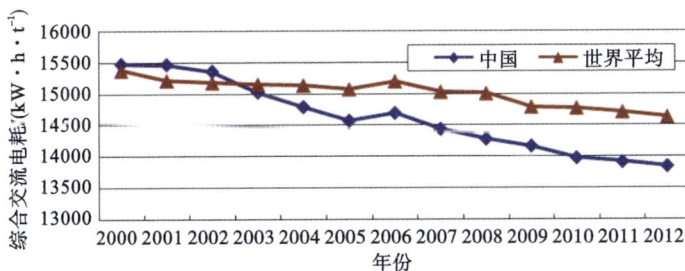

图 5 - 6　国内外铝电解企业能耗状况比较

从 2003 年起我国铝电解平均能耗就低于世界平均值。而世界上能耗较低的

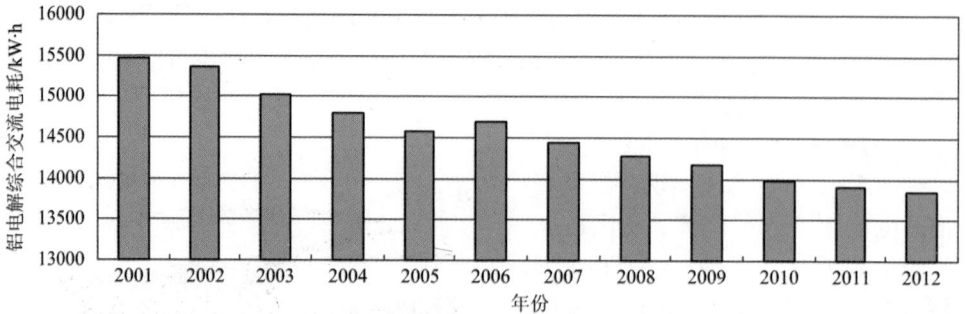

图 5 - 7 我国铝电解单位综合交流电耗逐年降低

大洋洲(包括澳大利亚和新西兰)的电解铝企业的能耗却仍然维持在 14500 ~ 15000 kW·h/t 的较高水平。

中国电解铝近几年大幅度的节能有力地推动了世界铝电解平均能耗的降低。2011 年中国铝电解平均能耗已比世界平均能耗低 800 kW·h/t。由此可见,中国已经成为世界铝电解节能的主力军,也是世界铝电解能耗最低的原铝生产国。

5.2.2 铜冶金企业单位产品能源消耗

《中华人民共和国节约能源法》规定生产过程中能耗高的产品的生产单位应当执行单位产品能耗限额标准。对超过单位产品能耗限额标准的用能单位,由管理节能工作的部门按照国务院规定的权限责令限期治理。在此背景下,国家相关部门出台了《国家产品能源消耗产品标准》。

中国铜冶炼企业单位产品能源消耗限额(GB 21248—2014)对铜冶炼企业单位产品能耗限额的限定值、准入值和先进值作出了规定。2015 年 1 月 1 日起实施的铜冶炼企业单位产品能源消耗限额标准对现有及新建铜冶炼企业分铜精矿冶炼工艺和粗、杂铜冶炼工艺的单位产品能耗限额限定值、准入值和先进值作出了相应规定,见表 5 - 18 ~ 表 5 - 23。

表 5 - 18 现有铜冶炼企业单位产品能耗限定值(铜精矿冶炼工艺)

工艺、工序	限定值/(kgce·t⁻¹)	
	工艺能耗	综合能耗
铜冶炼工艺(铜精矿 - 阴极铜)	≤400	≤420
粗铜工艺(铜精矿 - 粗铜)	≤280	≤300
阳极铜工艺(铜精矿 - 阳极铜)	≤320	≤340
电解工序(阳极铜 - 阴极铜)	≤110	≤140

表 5-19　现有铜冶炼企业单位产品能耗限定值(粗、杂铜冶炼工艺)

工艺、工序		限定值/(kgce·t⁻¹)
		综合能耗
粗铜工艺(杂铜-粗铜)		≤260
阳极铜工艺	(杂铜-阳极铜)	≤360
	(粗铜-阳极铜)	≤290
铜精炼工艺	(杂铜-阴极铜)	≤430
	(粗铜-阴极铜)	≤370

表 5-20　新建铜冶炼企业单位产品能耗准入值(铜精矿冶炼工艺)

工艺、工序	准入值/(kgce·t⁻¹)	
	工艺能耗	综合能耗
铜冶炼工艺(铜精矿-阴极铜)	≤300	≤320
粗铜工艺(铜精矿-粗铜)	≤170	≤180
阳极铜工艺(铜精矿-阳极铜)	≤210	≤220
电解工序(阳极铜-阴极铜)	≤90	≤100

表 5-21　新建铜冶炼企业单位产品能耗准入值(粗、杂铜冶炼工艺)

工艺、工序		准入值/(kgce·t⁻¹)
		综合能耗
粗铜工艺(杂铜-粗铜)		≤240
阳极铜工艺	(杂铜-阳极铜)	≤290
	(粗铜-阳极铜)	≤270
铜精炼工艺	(杂铜-阴极铜)	≤360
	(粗铜-阴极铜)	≤350

表 5-22　铜冶炼企业单位产品能耗先进值(铜精矿冶炼工艺)

工艺、工序	先进值/(kgce·t⁻¹)	
	工艺能耗	综合能耗
铜冶炼工艺(铜精矿-阴极铜)	≤260	≤280
粗铜工艺(铜精矿-粗铜)	≤140	≤150
阳极铜工艺(铜精矿-阳极铜)	≤180	≤190
电解工序(阳极铜-阴极铜)	≤80	≤90

表 5-23　新建铜冶炼企业单位产品能耗先进值(粗、杂铜冶炼工艺)

工艺、工序		先进值/(kgce·t^{-1})
		综合能耗
粗铜工艺(杂铜-粗铜)		≤200
阳极铜工艺	(杂铜-阳极铜)	≤280
	(粗铜-阳极铜)	≤220
铜精炼工艺	(杂铜-阴极铜)	≤350
	(粗铜-阴极铜)	≤310

　　《铜冶炼行业规范条件·2014》中有关能源消耗的规定如下：铜冶炼企业须具备健全的能源管理体系，配备必要的能源(水)计量器具，有条件的企业应建立能源管理中心，所有企业能耗必须符合国家相关标准的规定。新建利用铜精矿的铜冶炼企业粗铜冶炼工艺综合能耗在 180 kgce/t 及以下，电解工序(含电解液净化)综合能耗在 100 kgce/t 及以下。现有铜冶炼企业粗铜冶炼工艺综合能耗在 300 kgce/t 及以下。新建利用含铜二次资源的铜冶炼企业阴极铜精炼工艺综合能耗在 360 kgce/t 及以下，其中阳极铜工艺综合能耗在 290 kgce/t 及以下。现有利用含铜二次资源的铜冶炼企业阴极铜精炼工艺综合能耗在 430 kgce/t 及以下，其中阳极铜工艺综合能耗在 360 kgce/t 及以下。

　　我国铜冶炼已完全淘汰落后的鼓风炉、反射炉和电炉工艺，全部采用较为先进的闪速熔炼、熔池熔炼工艺，加上富氧、高铜锍品位、烟气余热回收等技术措施的应用，各企业工艺与综合能耗，一般都能达到 GB 21248—2014 中的准入值。

　　新建再生铜冶炼企业阳极铜工艺综合能耗(杂铜-阳极铜)在 290 kgce/t 及以下，现有企业在 350 kgce/t 及以下。新建和改造的黄杂铜/紫杂铜直接利用熔炼项目综合能耗须在 80 kgce/t 铜及以下，现有黄杂铜/紫杂铜直接利用企业综合能耗在 100 kgce/t 及以下。现有冶炼企业要通过技术改造节能降耗，在"十二五"末达到新建企业能耗水平。

5.2.3　铅冶金企业单位产品能源消耗

　　《铅冶炼企业单位产品能源消耗限额》(GB 21250—2014)中规定现有铅冶炼企业单位产品综合能耗限定值如表 5-24 所示。

表 5 – 24　现有铅冶炼企业单位产品综合能耗限定值

工序、工艺	综合能耗限定值/($kgce \cdot t^{-1}$)
粗铅工艺	≤400
铅电解精炼工序	≤140
铅冶炼工艺	≤540

新建铅冶炼企业单位产品综合能耗准入值如表 5 – 25 所示。

表 5 – 25　新建铅冶炼企业单位产品综合能耗准入值

工序、工艺	综合能耗限定值/($kgce \cdot t^{-1}$)
粗铅工艺	≤260
铅电解精炼工序	≤110
铅冶炼工艺	≤370

铅冶炼企业单位产品综合能耗先进值如表 5 – 26 所示。

表 5 – 26　铅冶炼企业单位产品综合能耗先进值

工序、工艺	综合能耗限定值/($kgce \cdot t^{-1}$)
粗铅工艺	≤250
铅电解精炼工序	≤105
铅冶炼工艺	≤355

铅冶炼产品主要包括粗铅、精铅、硫酸、阳极泥和次氧化锌五类产品。由粗铅到精铅的电解精炼过程，能耗较低，其中直流电耗约 120 kW·h/t，因此，作为中间产物的粗铅生产，是铅生产过程的主要耗能工序。

生产粗铅的能耗和所使用的原料铅品位密切相关。一般来说，入炉料的铅含量越低则能耗越高，炉料中的硫酸铅含量越高则能耗越高。传统的烧结—鼓风炉工艺，由于无法利用硫的氧化热，按 1 kW·h 折合 0.36 kgce 的等当量热值计算，其吨粗铅综合能耗约 485 kgce；借鉴国外 QSL 法开发出来的氧气底吹—鼓风炉还原工艺(SKS 法)，其吨粗铅综合能耗约 380 kgce；随着液态高铅渣直接还原技术的成功应用，以豫光金铅为代表的"三段炉"炼铅法的吨粗铅综合能耗也大幅降至 250 kgce 左右。上述的吨粗铅综合能耗均不含烟化炉挥发锌的能耗。

以豫光金铅的底吹熔炼—底吹还原—烟化炉挥发"三段炉"炼铅法为例,不同产品的单位生产能耗见表 5 - 27。表 5 - 27 数据表明,采用烟化炉挥发,吨氧化锌的能耗高达 1482.5 kgce。按常规每生产 1 t 粗铅副产 135 kg 烟化炉氧化锌计算,烟化炉氧化锌的能耗约 200 kgce,非常接近粗铅生产的能耗。因此,研究开发低能耗铅冶炼渣的处理新技术,是铅冶炼企业技术发展的重要方向之一。

表 5 - 27 "三段炉"炼铅法不同产品的单位生产能耗/$(kgce \cdot t^{-1})$

	折合系数	粗铅	电解铅	硫酸	烟化炉氧化锌
燃料					
其中: 煤	0.72	110.00			1400.00
氧气	0.40	215.00			370.00
天然气	1.33	26.00	16.06		
氮气	0.13	112.00			
动力					
其中: 水	0.24	1.83	0.22	2.00	17.34
电	0.36	91.50	168.00	111.40	895.42
折合标煤		247.72	81.89	40.58	1482.51

中国有色金属工业协会统计的 2000—2010 年铅锌生产单位能耗和行业能源消耗数据见表 5 - 28、表 5 - 29。

2012 年我国工信部和环保部联合发布《再生铅行业准入条件》。在能源消耗及资源综合利用方面,《条件》要求,单独处理含铅废料的新建、改建、扩建再生铅项目综合能耗应低于 130 kgce/t 铅,铅的总回收率大于 98%,废水实现全部循环利用。现有再生铅企业综合能耗应低于 185 kgce/t 铅,铅的总回收率大于 96%,冶炼弃渣中铅含量小于 2%,废水循环利用率应大于 98%。

据综合分析测算,与生产原生铅相比,每吨再生铅相当于节能 659 kgce,节水 235 m³,减少固体废物排放 128 t,减少 SO_2 排放 0.03 t。与开发利用原生铅矿资源相比,2013 年中国再生铅产业相当于节能 98.9 万 tce,节水 3.5 亿 m³,减少固废排放 1.92 亿 t,减少 SO_2 排放 4.5 万 t,为实现中国铅工业节能减排目标作出了重要贡献。

表 5-28　2000—2010 年铅锌生产单位能耗

项　目	单　位	2000年	2001年	2002年	2003年	2004年	2005年	2006年	2007年	2008年	2009年	2010年
铅冶炼												
铅冶炼综合能耗	kgce/t	720.98	685.37	607.05	606.87	633.36	654.6	542.27	551.3	463.31	475.7	421.11
粗铅综合能耗	kgce/t							379.16		375.72		329.06
粗铅焦耗	kgce/t	408.3	432.82	436.55	431.28	437.18	360.65	357.26	333.55	322.52	299.65	298.74
电解直流电单耗	kW·h/t	134.5	127.27	125.67	123.86	121.56	125.95	137.75	127.34	122.15	119.89	115.68
冶炼综合新水耗	m³/t	—	—	—	—	—	—	—	9.18	7.44	6.07	5.24
锌冶炼												
蒸馏锌综合能耗	kgce/t	1640.9	1479.3	1609.8	1661.19	1690.17	1770.34	1775.79	1669.25	1470.44	1375.8	1392.94
精锌综合能耗	kgce/t	2234.1	2222.9	2251.4	2276.72	2404.09	2397.05	2246.61	2023.87	1888.36	1749.47	1810.95
电解锌直流电耗	kW·h/t	3198.53	3148.8	3229.35	3258.07	3240.89	3101.28	3219.05	3233.3	3145.55	3165.86	3205.02
电锌综合能耗	kgce/t	2306.93	2050.2	1887.71	1889.59	2013.06	1953.05	1247.49	1063.27	1027.6	963.14	999.08
冶炼综合新水耗	m³/t	—	—	—	—	—	—	—	15.50	14.48	9.92	11.62

表 5-29　2000—2010 年我国铅锌行业能源消耗量/万 t

	2000年	2001年	2002年	2003年	2004年	2005年	2006年	2007年	2008年	2009年	2010年
铅冶炼能耗总量(标煤)	73.25	70.14	68.33	81.39	101.04	128.26	122.90	126.18	130.12	139.58	135.51
原生铅能耗(标煤)	71.95	67.43	65.11	77.78	95.61	121.38	115.38	117.86	118.75	124.90	118.23
再生铅能耗(标煤)	1.31	2.71	3.23	3.62	5.44	6.87	7.51	8.33	11.38	14.69	17.28
锌冶炼能耗总量(标煤)	444.54	432.59	439.88	472.24	489.35	589.71	627.62	647.03	663.53	652.63	812.99
电锌能耗(标煤)	232.03	241.53	235.25	271.52	320.18	333.19	385.79	388.69	416.34	431.39	515.11
精馏锌能耗(标煤)	212.51	191.06	204.63	200.73	169.18	256.52	241.83	258.33	247.19	221.24	297.88

5.2.4 锌冶金企业单位产品能源消耗

锌冶炼企业单位产品能源消耗限额(GB 21249—2014)中规定现有锌冶炼企业单位产品综合能耗限定值见表 5 – 30。

表 5 – 30 现有锌冶炼企业单位产品综合能耗限定值

生产工艺		限定值 /(kgce · t⁻¹)
火法炼锌工艺	粗锌(精矿 – 粗锌)	≤1650
	精馏锌(精矿 – 精馏锌)	≤2100
湿法炼锌工艺	电锌锌锭(有浸出渣火法处理工艺)(精矿 – 电锌锌锭)	≤1300
	电锌锌锭(无浸出渣火法处理工艺)(精矿 – 电锌锌锭)	≤1000
	电锌锌锭(氧化锌精矿 – 电锌锌锭)	≤1000

新建锌冶炼企业单位产品综合能耗准入值见表 5 – 31。

表 5 – 31 新建锌冶炼企业单位产品综合能耗准入值

生产工艺		限定值 /(kgce · t⁻¹)
火法炼锌工艺	粗锌(精矿 – 粗锌)	≤1600
	精馏锌(精矿 – 精馏锌)	≤2000
湿法炼锌工艺	电锌锌锭(有浸出渣火法处理工艺)(精矿 – 电锌锌锭)	≤1250
	电锌锌锭(无浸出渣火法处理工艺)(精矿 – 电锌锌锭)	≤900
	电锌锌锭(氧化锌精矿 – 电锌锌锭)	≤900

锌冶炼企业单位产品综合能耗先进值见表 5 – 32。

表 5 – 32 现有锌冶炼企业单位产品综合能耗先进值

生产工艺		限定值 /(kgce · t⁻¹)
火法炼锌工艺	粗锌(精矿 – 粗锌)	≤1500
	精馏锌(精矿 – 精馏锌)	≤1850
湿法炼锌工艺	电锌锌锭(有浸出渣火法处理工艺)(精矿 – 电锌锌锭)	≤1150
	电锌锌锭(无浸出渣火法处理工艺)(精矿 – 电锌锌锭)	≤850
	电锌锌锭(氧化锌精矿 – 电锌锌锭)	≤850

　　锌冶炼企业的产品较为单一,主要包括精锌、硫酸和溶液净化的副产品三大类。锌电积是锌生产过程的主要耗能工序。

　　以某采用常规锌精矿焙烧—浸出—净液—电积工艺的锌冶炼厂为例,不同生产过程的系统能耗分析如下:

　　备料工序:主要能源消耗为电能和各种炉窑燃料,如表 5 – 33 所示,该厂备料工序全年共消耗电能 425.78 万 kW·h,折合标煤 1532.81 t,各种炉窑燃料消耗折合标煤 2243.87 t。备料工序全年总能耗约 0.38 万 tce,其中电能占 40.59%。

表 5 – 33　备料工序年能源消耗

项　目	电/万 kW·h	燃料消耗	合　计
实　物	425.78		
折合标煤/t	1532.81	2243.87	3776.68
所占比例/%	40.59	59.41	100.00

　　焙烧工序:能源消耗如表 5 – 34 所示,包括各种机械设备电耗 3209.19 万 kW·h/a,折合标煤 11553.08 t;各种燃料消耗 10117.14 tce/a、制酸系统能耗 6841.92 tce 和水耗 107.48 万 m³/a。焙烧工序全年总能耗约 2.90 tce。其中电能占焙烧工序总能耗的 40.45%,各种燃料消耗占 35.42%,制酸系统占 23.96%。

表 5 – 34　焙烧工序年能源消耗

项　目	电/万 kW·h	燃料消耗	制酸系统	水耗/万 m³	合　计
实　物	3209.19			107.48	
折合标煤/t	11553.08	10117.14	6841.92	47.68	28560
所占比例/%	40.45	35.42	23.96	0.17	100

　　浸出工序:能源消耗如表 5 – 35 所示,包括各种槽罐、机械设备的电耗 744.65 万 kW·h/a,折合标煤 2680.74 t,浸出渣挥发窑能耗 159476 tce、浸出新水耗 9.83 万 m³/a,折合标煤 4.36 t。浸出工序全年总能耗标煤 16.22 万 tce。其中,浸出渣挥发窑能耗占浸出工序总能耗的 98.34%。

表5-35 浸出工序年能源消耗

项 目	电/万 kW·h	浸出渣挥发能耗	水耗/万 m³	合 计
实 物	744.65		9.83	
折合标煤/t	2680.74	159476	4.36	162161
所占比例/%	1.65	98.34	0.00	100

净化工序：能耗如表5-36所示，包括锌粉制备能耗2639 tce/a，各种槽罐、机械设备电耗1117.31万 kW·h/a，折合标煤4022.32 t。净化工序全年总能耗标煤0.67万 t，其中电能消耗占净化工序总能耗的60.38%。

表5-36 净化工序年能源消耗

项 目	电/万 kW·h	锌粉制备能耗	合 计
实 物	1117.31		
折合标煤/t	4022.32	2639	6661.32
所占比例/%	60.38	39.62	100

电积工序：能耗包括析出电锌直流电耗133466.50万 kW·h/a，折合标煤480479.4 t；电解其他动力消耗2607.92万 kW·h/a，折合标煤9388.51 t。电积工序全年总能耗标煤48.99万 tce。

熔铸工序：能耗折合标煤0.015 t/t锌，按该典型工厂2009年锌产量43.84万 t计，能耗折合标煤6576 t。

基于上述计算可知，对应2009年该湿法炼锌典型工厂43.84万 t锌产量，其冶炼能源消耗折合标煤如表5-37所示，吨锌能耗折合标煤1591 kg。

表5-37 某典型湿法炼锌厂2009年总能源消耗

工 序	备料	焙烧	浸出	净化	电积	熔铸	合计
能耗折合标煤/t	3776.68	28560	162161	6661.3	489868	6576	697602.9
所占比例/%	0.54	4.09	23.25	0.95	70.22	0.94	100

在湿法炼锌工艺过程中，浸出和电积工序能耗是最大的，分别占总能耗的23.25%和70.22%，两者共占总能耗的93%以上。相对而言，备料、净化、熔铸三个工序能耗仅占总能耗的2.43%。因此，在湿法炼锌生产中，浸出和电积应成

为节能减排最主要工序。

浸出渣挥发窑能耗占浸出工序总能耗的 98.29%，消耗大量碳质燃料，直接排放大量 CO_2，是浸出工序节能减排的重点所在。应积极开发低能、高效的浸出渣处理工艺，降低能源消耗，减少 CO_2 排放量。

电积工序能耗主要为电能消耗，其中析出电锌直流电耗占该工序总能耗的 99% 以上，电解其他动力消耗占比不到 1%，因此，电积工序减排的重点在于降低析出电锌直流电耗。应积极开发锌电解过程在线监控及节能降耗优化控制系统，实时监控电解电流、冷却塔温度、电解液温度、地槽液位情况、新液与废液流量及各生产设备的运行情况，同时优化计算各时段的电流密度，合理采用分时供电制度等。

5.2.5　镁冶炼企业单位产品能源消耗

镁冶炼企业单位产品能源消耗限额（GB 21347—2012）规定了硅热法生产能源消耗，现有镁冶炼企业单位产品综合能耗限定值不大于 6 tce/t；新建镁冶炼企业单位产品综合能耗准入值不大于 5 tce/t；镁冶炼企业单位产品综合能耗先进值不大于 4.5 tce/t。

十多年来，我国镁冶炼工业通过一系列节能减排技术的推广应用，不仅增加了产量，而且使各种技术指标得到了明显优化，原燃料的消耗大幅度降低。表 5-38 比较了我国硅热法炼镁工艺的能耗及 CO_2 排放指标的变化。由于镁冶炼装备水平的逐年提升，2012 年吨镁平均能耗降到 4.6 tce 左右，比 2005 年节能 40% 左右，与 2001 年比节能约 60%。

表 5-38　我国热法炼镁生产工艺的主要能耗及 CO_2 排放指标

原燃料	煤耗	电耗	CO_2 排放量
吨镁消耗量	t	kW·h	t
2001 年	11~12		45
2011 年	4.5~5.0	1000~1350	11.2
2012 年	4.3~4.8	1100~1300	10.5

2001 年，我国原镁生产普遍直接采用原煤做燃料，吨镁生产过程中 CO_2 排放量高达 45 t；至 2004 年 CO_2 排放量仍达到 32.5 t。目前，许多镁冶炼厂以焦炉煤气为燃料，吨镁产量仅排放 10.5 t CO_2。

5.3　中国有色冶金过程节能降耗现状与差距分析

5.3.1　中国有色冶金过程节能降耗现状

冶金属于耗能型行业，其能耗占全国能耗的 10%，占工业部门能耗的 15.25%。有色金属工业是以开发利用矿产资源为主的基础原材料产业，也是我国能源资源消耗和污染物排放的重点行业之一。2010 年，有色金属行业能耗占全国能源消耗的 2.8%，但工业增加值只占全国的 1.99%；有色金属工业能源消费主要集中在冶炼环节，约占行业能源消耗总量的 80%，加工占 11%，矿山占 5%。在冶炼环节中，铝冶炼占 61%，铅锌冶炼占 7%，镁冶炼占 6%，铜冶炼占 2%。其中，电解铝行业的电力消费占有色金属工业电力消费总量的 80%，占全国电力消费的 5%。

近年来，我国有色金属工业节能降耗取得显著成效，部分产品综合能耗达到世界先进水平。2012 年，有色金属行业总能耗约 16020 万 tce，占全国能耗总量的 4.38%。根据调研和计算，我国从铜精矿到阳极铜工艺能耗，不同企业（方法）间波动在 200~400 kgce/t 阳极铜之间，部分企业铜冶炼能耗已位居世界领先水平。2013 年初步统计铜冶炼综合能耗为 316.4 kgce/t；氧化铝综合能耗为 527.8 kgce/t，铝锭综合交流电耗 13740 kW·h/t，达世界先进水平；铅冶炼综合能耗为 469.3 kgce/t；电解锌综合能耗为 909.3 kgce/t。2013 年有色金属行业主要产品单位能耗大幅下降，主要技术经济指标接近或达到世界先进水平。我国由于铝工业规模大，铝电解节能更是受到我国政府、社会乃至全球的高度关注。另据统计，2008—2013 年期间，电锌冶炼总回收率由 92.7% 提高至 95.0%，铅冶炼总回收率由 94.9% 提高至 96.3%，铜冶炼回收率由 97.2% 提高至 97.7%。其中我国铜冶炼总回收率等技术经济指标已接近或达到世界先进水平。

清洁生产减排技术的进步对我国有色金属行业发展起到了重要的推动作用。遵循源头预防、清洁生产、末端治理的全生命周期综合防控原则，针对汞、铅、镉、砷等重金属污染物产生的关键领域和环节，以重金属冶炼生产过程控制为重点，实施了清洁生产技术改造，不仅提高了产品技术指标，而且从源头消减汞、铅、镉、砷等污染物的产生量，降低了末端治理难度和压力。如实施了"铅冶炼液态渣直接还原清洁生产技术"进行升级改造，使铅的回收率提高 2% 左右，粗铅还原工序烟尘、铅尘和 SO_2 的排放量分别减少 62.4%、67% 和 39.6%；采用镉连续真空蒸馏技术等新技术改造锌冶炼系统，镉冶炼总回收率 97%，每年可以减少烟尘中镉排放量 3.326 t；实施选矿拜耳法等重大关键技术，使过去没有工业开采价值的中低品位一水硬铝石矿资源得到大规模开发利用，使矿产资源服务年限延长

3 倍以上，从产业链的源头上找到了一条节约资源之路。

2013 年 2 月，工业和信息化部发布了《关于有色金属工业节能减排的指导意见》，分析了有色金属行业节能减排形势和存在的主要问题，提出了"十二五"有色金属行业节能减排目标。总体目标是：到 2015 年年底，有色金属工业万元工业增加值能耗比 2010 年下降 18% 左右，累计节约标煤 750 万 t，SO_2 排放总量减少 10%，污染物排放总量和排放浓度全面达到国家有关标准，全国有色金属冶炼的主要产品综合能耗指标达到世界先进水平。

我国能源消费量逐年增长，成为仅次于美国的第二大能源消费国，其中工业能源消费量已超过总消费量的 70%，环境污染、资源和能源短缺成为经济增长的瓶颈。余热属二次能源，分高温烟气余热、高温炉渣余热、高温蒸汽余热、冷却介质余热、可燃废气余热等。在各种工业炉窑能量支出中，废气余热占 15% ~ 35%。近年来我国余热利用方面技术有了很大进步，但与世界先进水平相比还有差距。能源价格攀升成为有色冶金企业的新挑战，节能降耗应作为有色冶金企业的长期战略任务。余热回收利用现状中国能源利用率仅为 30%，大部分余热未经利用直接排放。目前回收利用的余热主要是高温烟气和生产过程中排放的可燃气，中低温余热回收利用量极少。相对于高品位能源来说，低品位余热能量低，利用难度大，有效利用低品位余热是产能和用能的关键。低品位余热回收利用普遍采用水冷介质，受水资源、运输、地域等因素制约，难以推广应用。以色列低温余热发电技术在全球处于领先地位，日本、美国、俄罗斯也进行了大量研究，并开发了有机朗肯循环余热锅炉发电系统等。20 世纪末，美国 Recurrent 工程公司开发 Kalina 系统的工业废热回收发电系统已在少数钢铁厂和化工厂进行中试。

5.3.1.1　铝冶金节能降耗现状

有色冶金节能降耗方面，电解铝技术发展最快，自主研发了 300 kA、400 kA、甚至 500 kA 特大型铝电解槽，为铝电解工业节能提供了重大技术支撑。另外，中孚铝业"大型铝电解系列不停电技术及成套装置"和万基铝业的全石墨化阴极材料的推广应用，都对节电起到了重要作用。国内电解铝平均吨铝直流电耗 13084 kW·h，距国际先进水平 12100 ~ 12500 kW·h 仍有差距。

（1）国内外氧化铝生产能耗差距的原因分析

国内外氧化铝生产能耗的差距主要来源于铝土矿资源性质的不同。国外绝大多数氧化铝企业采用优质高品位的三水铝石矿，只需要应用较低溶出温度的拜耳法处理即可，流程简单、节能低耗。而我国氧化铝企业需要处理中低品位一水硬铝石矿，大部分还不能采用传统的拜耳法生产工艺，拜耳法溶出温度必须高达 260℃以上，造成工艺流程复杂、额外能耗增多、效率下降。

因此，我国必须自主创新开发和应用适合于我国中低品位一水硬铝石矿资源特点的生产工艺，尽可能采用先进的改进型拜耳法，推广高效强化拜耳法技术，减少高能耗烧结法比例，或以湿法冶金过程取代烧结法，才能大幅度降低整体能耗，以世界平均能耗水平处理难处理的中低品位一水硬铝石矿。

（2）国内外铝电解生产能耗差距的原因分析

尽管国内外采用的电解铝主体技术路线相同，但工艺参数的控制范围有所差别。我国由于电价较贵，主要目标是节电，因此采用了低极距、低槽电压、低电流密度、低初晶温度的工艺参数，并实施了一系列的新型结构铝电解槽的节能技术，因此直流电耗和综合交流电耗较低。

我国铝电解槽的阳极电流密度比国外先进技术低10%～20%，铝电解电流效率低3%～4%，由此造成单位电解槽原铝产能较低，能耗以外的消耗增加。因此，我国铝电解生产仍然存在着降低能耗的潜力。

我国铝电解的技术经济指标距离世界铝工业技术发展路线图的高水平目标仍有差距。特别是由于我国铝电解用的电价属世界上最高（见图5－8），因此节电仍是我国铝电解工业最重要的当务之急。

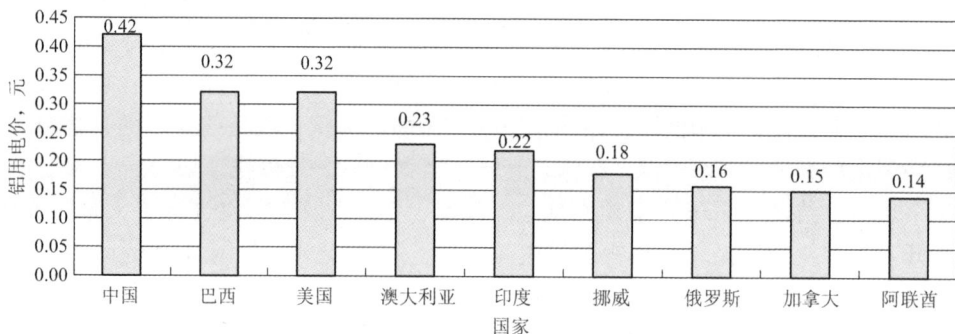

图5－8　世界上主要产铝国的铝用电价（含税价）

5.3.1.2　铜冶金节能降耗现状

云南冶金集团在世界上首次将"艾萨"炉炼铅技术与自主创新的"富氧渣鼓风炉还原工艺技术"相结合，形成了具有自主知识产权的高效节能技术。江铜、铜陵的闪速炉、云铜的澳斯麦特炉、金川的合成炉和西部矿业的卡尔多炉，分别加大了节能技术改造力度，采用高效富氧强化熔炼技术和余热、余能综合利用技术，减少了排放，实现了清洁生产。

5.3.1.3　铅锌冶金节能降耗现状

随着行业的科技进步，我国铅锌冶炼单位综合能耗呈逐年降低趋势（见图5－9）。但由于我国铅锌产量递增较快，铅锌行业的总能耗则呈逐年增加的态势（图5－10）。2010年，铅、锌冶炼总能耗分别达到135.51万tce和812.99万tce，铅锌行业总能耗达到998.01万tce。

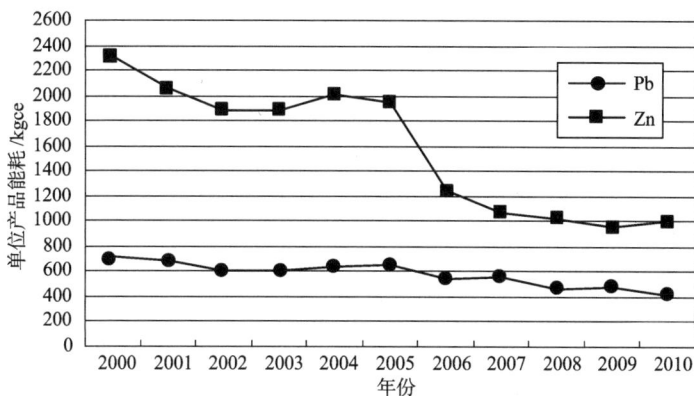

图 5 – 9　2000—2010 年我国铅锌冶炼企业单位综合能耗变化情况

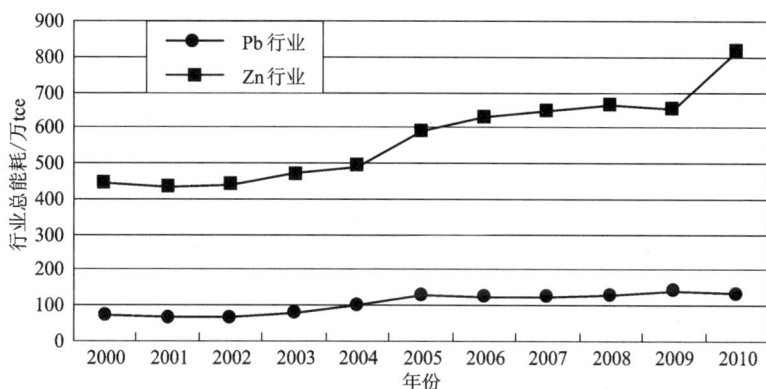

图 5 – 10　2000—2010 年我国铅锌行业能源消耗变化情况

就独立的铅冶炼企业和锌冶炼企业来说，我国的工艺能耗指标和国外先进水平差距不大，在某些方面还居于世界领先水平。但由于我国铅锌冶炼企业相对独立和分散，大型铅锌联合冶炼企业相对较少，铅锌冶炼的互补优势没能充分体现，如余热蒸汽利用等，和韩国高丽亚、加拿大 Trail 等世界大型铅锌联合企业相比，在资源综合回收、废水/废渣处理与处置、能耗水平等方面，尚存在一定差距。

在铅锌大极板电解装备方面，我国和国外先进水平存在着较大差距，目前也主要依赖进口。

我国铅锌冶炼行业技术装备水平并没有与其产能得到同步提高，高能耗高污染的状况没有得到根本改善。不仅与世界铅锌冶炼行业有较大差距，与我国铜铝冶炼行业也有一定差距。主要表现在产能集中度较差、企业数量多、技术水平不平衡、整体技术装备水平比较落后、自动化控制水平低。

5.3.1.4 镁冶金节能降耗现状

国内生产原镁的技术主要是热法炼镁技术，与国外普遍采用的电解法截然不同，因此难以直接进行能耗比较。

国外电解法从无水氯化镁中提取金属镁技术最先进的单位直流电耗已降低到12000 kW·h左右，电耗降低的主要原因是采用大型、无隔板的多极镁电解槽技术。近年来，我国通过国家科技支撑计划项目立项资助，在前人研究的基础上进一步开发从盐湖提取光卤石、再采用电解法炼镁的工艺流程，拟建设电解法炼镁企业。

目前，我国有色金属大公司的能耗已经达到或接近国际先进水平，单位节能降耗下降的空间已经非常有限。我们应转变思路，将达到国际先进水平的电解铝技术输出国外。国家应该制定相关的优惠政策，鼓励企业走出去开发海外资源或在海外建设工厂。这样不仅可以大大缓解我国有色资源不足的压力，而且可以大大节约能源。

5.3.2 中国有色冶金过程节能降耗与世界先进水平差距及原因分析

能源价格攀升成为有色冶金企业的新挑战，节能降耗应作为有色冶金企业的长期战略任务。尽管我国有色金属工业节能减排依靠科技进步取得了显著成效，但与世界先进水平相比仍有较大的差距。《关于有色金属工业节能减排的指导意见》（工信部节〔2013〕56号）中指出2011年我国铅冶炼综合能耗与国外先进水平相比，仍然存在较大差距。国内企业间能耗水平相差悬殊。我国电解铝综合交流电耗已处于世界先进水平，但是国内电解铝企业之间差距较大。国外铝电解工业目前最先进的技术指标已达到电流效率96%，单位直流电耗12800 kW·h以下，效应系数低于0.05次/（槽·d）。

我国铝电解工业不仅采用了大型预焙槽技术，而且开发应用了一系列先进的节能铝电解技术，我国铝电解工业的能耗已达到了世界先进技术水平。我国大型预焙槽的使用寿命为1300天左右，与国际先进指标（2000～2500天）存在差距；我国铝电解用的电价属世界上最高，节电仍是我国铝电解工业最重要的当务之急。我国铝电解工业节能减排的主要方向应该是提高电流效率、降低效应系数。

国内镁冶炼主体技术是改进型的皮江法技术，与国外普遍采用的电解法截然不同，因此难以直接进行能耗比较。在炼镁工业的节能减排技术方面，中国已经取得了长足的进步，但是由于中国的镁资源及生产流程上的问题，在生产能耗、清洁生产、污染物达标排放以及综合利用等方面还有较大的差距，需要进一步开发并大力推广应用适合我国镁资源和环境条件的节能减排技术，才能实现我国炼镁工业的健康和可持续发展。

5.3.3 中国有色冶金过程节能降耗存在的问题

我国有色金属工业节能减排依靠科技进步取得了显著成效,然而,产业的总体能源消耗和"三废"排放与国际先进水平仍存在差距:

(1)部分产品单耗与世界先进水平仍存一定差距。2011 年我国铅冶炼综合能耗 433.8 kgce/t,与国外先进水平 300 kgce/t 相比,仍然存在较大差距。

(2)国内企业间能耗水平相差悬殊。我国电解铝综合交流电耗已处于世界先进水平,但是国内电解铝企业之间差距较大,最好的企业为 13000 kW·h/t 左右,最差的企业为 15000 kW·h/t,相差 2000 kW·h/t。

(3)重金属污染问题较为突出。有色金属工业的行业特征决定了其在生产过程中重金属污染物产生和排放量较大,铜冶炼、铅锌冶炼等重金属污染防治重点行业面临新增污染源防治与历史遗留污染解决的双重任务,工作难度和压力较大。

(4)淘汰落后产能任务艰巨。尽管有色金属工业在淘汰落后生产能力方面已取得积极进展,但从整体上看,能源消耗高、环境污染大的落后生产能力在有色金属工业中仍占相当比例,尤其是铅锌冶炼行业,仍存在大量的中小生产企业,淘汰落后产能任务仍十分艰巨。

(5)固体废物综合利用水平偏低。2013 年我国氧化铝产量 4438 万 t,占全球产量约 42%,年产赤泥量已达 5000 万 t 左右。目前我国赤泥整体综合利用率较低。

同时,也应清醒地认识到我国冶金工业节能减排存在的巨大潜力。技术进步仍是有色金属工业"十二五"期间节能的重要内容,但随着能源技术达到或接近国际先进水平,单纯依靠技术引进的节能潜力将逐渐缩小,未来必须加强能源技术的研发和原始创新,提高节能技术创新能力;有色金属再生利用在未来节能中的作用将更加突出。按照目前的技术状况,2015 年有色金属再生利用的年节能量将超过 2000 万 tce,即使考虑到原生金属技术水平提高,2015 年有色金属再生利用的年节能量也将接近 1500 万 tce;通过多产业协同发展可以实现节约能源和提高经济效益的双重效果,循环经济的节能潜力巨大。有色金属再生利用和发展循环经济是未来有色金属行业节能的重要途径。

"十二五"有色金属行业节能减排的具体任务是采用先进适用技术,对现有生产能力进行技术改造,提高产业技术装备水平,淘汰落后、增加品种,改善质量,降低物耗、水耗和能耗等。规划提出到 2015 年,力争完成 1500 万 t 及以上电解铝技术改造,电解铝直流电耗降到 12500 kW·h/t,年节约电力 100 亿 kW·h;完成 120 万 t 落后铅熔炼以及 300 万 t 铅鼓风炉还原能力改造,年节约标煤 80 万 t;

完成骨干镁冶炼企业技术改造，力争年节约标煤 100 万 t。

参考文献

[1] 中华人民共和国节约能源法. 2007 年 10 月 28 日修订. 2008 年 4 月 1 日起施行.

[2] 工信部. 全国工业能效指南. 2014.

[3] GB 25327—2010 氧化铝企业单位产品能源消耗限额.

[4] GB 21346—2013 电解铝企业单位产品能源消耗限额.

[5] GB 21248—2014 铜冶炼企业单位产品能源消耗限额.

[6] 工信部. 铜冶炼行业规范条件(2014).

[7] GB 21250—2014 铅冶炼企业单位产品能源消耗限额.

[8] GB 21249—2014 锌冶炼企业单位产品能源消耗限额.

[9] GB 21347—2012 镁冶炼企业单位产品能源消耗限额.

[10] 工信部. 关于有色金属工业节能减排的指导意见. 2013.

第 6 章　有色冶金过程环境保护

6.1　有色冶金与环境保护的关系

有色金属冶金生产过程往往伴随着废气、废水及固体废物的环境污染。当环境保护成为制约有色冶金发展主要因素的同时，环境压力却又成为推动有色冶金技术进步的动力。人类总是在社会的发展中不断进行调整，科学技术的进步可以很好地协调有色冶金与环境保护的关系，有色冶金全过程污染控制、三废终端深度治理是实现有色冶金可持续发展的有效途径。

纵观有色冶金的发展史，当社会对环境保护提出更高的要求时，环境对有色冶金的压力加大。企业要生存，就要避免造成环境污染。一些落后的工艺将被淘汰，一批污染严重的企业面临关闭，而一批清洁的新工艺，如闪速熔炼、基夫赛特法、加压浸出、生物冶金和各种新的湿法冶金，便应运而生，只有那些在环境保护方面具有明显优点的新的冶金工艺，才有可能被广泛采用。近年来，几乎所有取得重大进展的有色冶金技术都是在环境保护压力加剧的背景中产生，而又在环境保护方面取得突破后而告成功的。

环境保护是保障有色金属工业可持续发展的重要条件。工业发达国家在发展工业生产的初期，未充分注意保护环境，走了一条先污染后治理的弯路。20 世纪 50 年代到 60 年代，因工业"三废"所造成的社会"公害"，已成了当时一个严重的社会问题。中国的有色金属工业主要是在新中国成立以后建立和发展起来的。旧中国遗留下来的少数几个有色金属冶炼厂和分布在各地的小矿山，生产技术落后，规模很小，对环境未构成严重的污染和破坏。从有色金属恢复生产到第一个五年计划完成，安全生产工作做得好，环境污染问题也不突出。在"大跃进"和"十年动乱"的年代里，有色金属工业的环境保护、安全生产和工业卫生工作受到了严重的干扰和破坏。1973 年第一次全国环境保护工作会议后，特别是 1978 年 12 月中共十一届三中全会召开以后，有色金属行业环境保护才得到迅速发展。全行业建立健全了各级环境保护、安全生产和工业卫生三个完整的工作体系；大力开展了对"三废"的治理；重新确立了各项安全生产和防治职业病的规章制度，主要环境污染已经基本得到控制，为有色金属工业的发展创造了良好的条件。

以铅冶炼为例，传统的烧结锅、烧结机冶炼工艺能耗高，二氧化硫烟气污染重，为此国家出台了铅冶炼行业准入制度，促进技术创新。由水口山有色金属集团公司和中国恩菲工程公司联合资助开发的氧气底吹工艺（SKS 法），从根本上解决了二氧化硫的低空污染问题。SKS 氧气底吹工艺在全国大量推广，底吹＋鼓风炉工艺需要将底吹炉形成的高铅渣从 1200℃ 高温冷却破碎再送入鼓风炉，升温到 1200℃ 以上进行还原，一方面能耗高，另一方面存在含铅粉尘的污染。国家颁布的《铅锌工业污染物排放标准（GB 25466—2010）》提高了污染物排放的限值，进一步推动了液态高铅渣直接还原技术的诞生，随即在我国全面推动 SKS＋液态高铅渣直接还原技术，实现节能减排。与此同时，新的排放标准要求又推动了"三废"治理技术的进步，生物制剂法实现重金属废水的深度净化，"生物制剂＋膜法"极大地提高了废水的回用率，从而替代了传统的石灰中和沉淀法，解决了石灰法处理难以稳定达标的瓶颈问题。在国家宏观政策调控下，环境保护与有色冶金技术相互推动和相互促进。

"十一五"以来，有色金属行业通过淘汰落后产能，推广成熟的先进技术，推进关键技术突破及产业化应用，节能减排取得了显著成效，但总体环境污染状况不容乐观。《关于有色金属工业节能减排的指导意见》（工信部节[2013]56 号）中指出我国重金属污染问题较为突出。有色冶金行业工艺过程中 SO_2 排放量为 36.7 万 t，铝电解温室气体（CO_2，PFC）排放 3.2 亿 t，有色金属工业的行业特征决定了其在生产过程中重金属污染物产生和排放量较大，铜冶炼、铅锌冶炼等重金属污染防治重点行业面临新增污染源防治与历史遗留污染问题解决的双重任务，工作难度和压力较大。尽管有色金属工业在淘汰落后生产能力方面已取得积极进展，但从整体上看，能源消耗高、环境污染大的落后生产能力在有色金属工业中仍占相当比例，尤其是铅锌冶炼行业，中小企业居多，淘汰落后产能任务仍十分艰巨。近年来，重金属污染物、化学需氧量、SO_2 排放量等都有不同程度的下降，尾矿、冶炼渣等大宗固体废物综合利用水平不断提高。进一步加大有色金属工业节能减排力度，既是国家整体节能减排的战略需要，也是有色金属工业转变发展方式、走可持续发展道路的必然选择。

2010 年以来，有色金属工业生产工艺技术进步显著，清洁生产水平迅速提升，主要污染物排放总量得到有效控制。其中铅锌行业技术进步取得重要进展，自主开发的"氧气底吹—鼓风炉还原炼铅"技术已经得到推广使用，骨干铅冶炼企业的技术装备整体已经进入世界先进水平。近年用于工业生产的精矿富氧浸出湿法炼锌技术，浸出效率高，生产过程中无 SO_2 产生，环境污染小，锌回收率高，是一种具有发展潜力的工艺。在我国有色金属工业生产中，世界先进的金属冶炼工艺得到应用，如"双闪"铜冶炼和氧气底吹熔炼工艺——鼓风炉还原炼铅新工艺的正常生产，铁闪锌矿氧压浸出新工艺和锌的长周期电解技术的应用等，提高了生产效率、减少了污染物排放，大大提升了有色金属工业清洁生产水平，有效地解决了传统冶炼工艺存在的污染问题，使中国主要品种的重金属冶炼技术和环保进入世界先进水平。近年来，通过自主创新及引进技术消化再创新等手段，在废气、废水、废渣等领域获得了多项关键技术突破，建立了工程示范项目，为进一步高效污染控制技术的研发及工艺推广奠定了坚实的理论及应用基础。

有色冶金工业能源消耗量大，污染物排放多，加快有色冶金行业循环经济发展进程，促进节能减排新理论、新方法、新技术、新工艺、新材料和新装备的发展，是有色冶金工业持续发展最为重要的前提和条件。《关于有色金属工业节能减排的指导意见》明确指出 2015 年年底，有色金属工业万元工业增加值能耗比 2010 年下降 18% 左右，累计节约标煤 750 万 t，SO_2 排放总量减少 10%。污染物排放总量和排放浓度全面达到国家有关标准，全国有色金属冶炼的主要产品综合能耗指标达到世界先进水平。为达到这个目标，政府应加大对再生金属产业的支持，提高有色金属的综合利用率；加大对新材料产业的支持，控制我国对有色金属产品需求的增长速度，尤其是限制电解铝、铅冶炼等高能耗、高污染项目的规模；鼓励有色金属企业往深加工和国际化方向发展，淘汰一些粗加工企业，推动行业并购重组，促进我国有色金属产业的升级。

有色金属行业要想在今后的节能减排工作中取得突破，依靠科技创新始终是关键。而政府通过法规、政策及标准的宏观调控是推动有色冶炼技术与"三废"治理技术进步的重要举措。

6.2　有色冶金过程污染源

6.2.1　铝冶金过程污染源

6.2.1.1　氧化铝生产过程污染源

由于国内铝土矿资源的铝硅比普遍偏低，因此氧化铝的生产过程一般都需要使用大量的水，同时也产生了大量外排废水。据有关资料统计，国内大型氧化铝厂外排废水可达 4 ~ 6 万 m^3/d。氧化铝生产废水主要来源于现场的含碱废液、生产设备冷却水、工厂自备热电厂的生产污水及其他附属单位的生产排水。赤泥及其含碱附液是氧化铝厂的主要环境污染因素。赤泥附液的成分有 K^+、Na^+、Ca^{2+}、Mg^{2+}、OH^-、F^-、Cl^-、SO_4^{2-} 等，含 Na_2O 2 ~ 3 g/L，pH 为 13 左右。含碱附液的渗透或流失是造成氧化铝厂周围地区水体和土壤碱污染的主要原因。我国氧化铝产量 2013 年为 4438 万 t，年产赤泥量已达 5000 万 t 左右，但目前我国赤泥整体综合利用率不到 10%。中国氧化铝生产废水排放已得到控制，大部分氧化铝企业的碱性生产废水基本上已实现回收利用，实现了废水零排放。氧化铝厂各种炉窑和干物料破碎、储运设施排放的颗粒物和含有 SO_2、NO_x、CO、CO_2 等污染物的废气，也是对厂区周围环境空气造成污染的因素。我国氧化铝企业均采用收尘系统减少粉尘排放，并对此制定了排放标准。

6.2.1.2 电解铝生产过程污染源

电解铝生产中的大气污染源主要来自三个部分：电解槽、物料储运系统以及阳极组装系统。其中电解槽烟气是主要的大气污染源，目前铝电解槽烟气中的氟化物均采用烟气净化系统进行净化，采用氧化铝吸附脱去烟气中的氟化物及烟尘，再返回电解槽；净化后的烟气排放到大气中。国家对铝电解烟气排放制定了标准。电解铝厂产生的固体废物主要是电解槽大修时产生的废渣——电解槽废槽衬，主要由废阴极炭块、阴极糊、沉积物、耐火砖、保温砖等组成，以废阴极炭块数量为最大。废槽衬吨铝产生量 20~35 kg，以此计算，全国目前废槽衬年排放量高达约 50 万 t。由于废阴极炭块在电解槽运行过程中吸收了大量的氟，使其中含氟量最高可达 10% 以上。废槽内衬中的废炭块、扎糊、沉积层浸出液中可溶氟浓度大于 100 mg/L，废炭块中氰化物浓度大于 5 mg/L，属危险废物。

6.2.2 铜冶金过程污染源

铜冶金过程中产生的废气主要来源于备料过程产生的含尘废气、工业炉窑烟气、环保通风烟气、电解槽等散发的硫酸雾、氯化处理工段产生的含氯尾气、制酸尾气等。铜冶炼过程中产生的废水主要来源于 SO_2 烟气净化洗涤排出的废酸、湿法冶炼中的阳极泥工段、中心化验室排出的含酸废水、车间地面冲洗水、工业冷却循环水的排污水、余热锅炉排污水、锅炉化学水处理车间排出的酸碱废水和硫酸场地的初期雨水。其中烟气净化排出的废酸中含重金属离子等有毒有害物质，对环境的污染最为严重。铜冶炼排放的固体废物主要有冶炼水淬渣、渣选矿尾矿、浸出渣、制酸系统铅渣、污酸处理系统的砷滤饼及石灰中和渣、脱硫副产物等，污酸处理砷滤饼和石灰中和渣属于危险废物，砷害的安全处置是铜冶炼系统亟待解决的难题。

6.2.3 铅锌冶金过程污染源

铅冶炼企业铅尘的来源可分为三类：①低温作业区的机械尘，主要包括原料库、配料、混料、物料制备、转运、烟灰输送等过程产生的铅灰尘，含铅量一般在40% 以上；②炉窑的加料口、喷枪口的机械尘和挥发尘，以及由于操作失误导致的烟气外溢等；③高温作业区的挥发尘，包括炉窑排铅口、放渣口外溢的含铅烟尘等。铅尘具有粒径分布范围广，分散度高的特性，普通的布袋收尘效果不理想，加之工厂产尘点多，通风量大，导致铅尘的无组织排放量较高。铅冶炼企业的废水主要来源于制酸的动力波净化工段，该废水含有 10~30 g/L 硫酸和少量F、Cl、As 等，通常采用石灰中和法处理。对厂区内收集的前期雨水，通常采用过滤后返回水淬的办法,基本不外排。铅冶炼企业烟化炉产出的水淬渣,目前大都作为一般的工业固废外售给水泥厂。由于该水淬渣中仍含有约 1% 的铅和锌,作为水泥原料,其对环境的影响在短期内尚不明朗,需要引起相关部门和生产企业的关注。

铅冶炼企业的另一个隐性污染源是 As 污染。由于铅物料中或多或少均含有一定量的砷,在熔炼过程大部分砷进入粗铅,并最终在铅阳极泥中富集。目前铅冶炼企业的铅阳极泥大都采用转炉灰吹的办法,首先脱除阳极泥中大部分的铅、锑、铋、锡和砷,得到贵铅再精炼回收贵金属。

锌冶炼过程的主要污染源是冶炼废渣和废水。锌冶炼渣在某种程度上也是造成"血铅"事件的帮凶。锌冶炼渣有浸出渣和除铁渣两大类。根据冶炼工艺的不同,锌浸出渣和除铁渣的成分也有很大的变化。目前我国的锌冶炼以沸腾焙烧—热酸浸出—铁矾除铁工艺为主流,热酸浸出渣中通常含有 6%～10% 的铅、6%～10% 的锌和 200～300 g/t 的银,铁矾渣中通常含有 3%～5% 的锌,和锌精矿伴生的铟、镓等也富集在铁矾渣中。粗略估算,一个年生产 10 万 t 锌的冶炼厂每年约产出 4 万 t 的热酸浸出渣和 5.5 万 t 的铁矾渣(干基)。上述冶炼渣中通常含有 30% 以上的水分,无害化处理成本高,因此,除少数处理高铟锌精矿的冶炼企业采用回转窑挥发进行无害化处置外,大多数均采用堆存的方法,把热酸浸出渣和铁矾渣区别堆存或填埋,存在着较大的污染隐患。锌冶炼废水主要来自浸出、固液分离、净化、电解等车间的跑、冒、滴、漏和地面冲洗;制酸工序的稀污酸及厂区内收集的前期雨水等。锌冶炼废水中通常含有一定量的铅、锌、汞、镉、铜等重金属阳离子和氟、氯、砷、硫酸根等有害阴离子。由于我国南方雨水较多,当地的锌冶炼厂很难做到冶炼废水的"零"排放。

氧气浸出技术(包括氧压浸出和常压富氧浸出)解决了 SO_2 的产生和由此导致的 SO_2 污染问题,但仍然没有从根本上解决浸出渣中伴生铅、银、汞的回收和无害化处置问题,还带来了硫磺渣后续处理的安全隐患。采用氧压浸出的丹霞冶炼厂产出的浸出渣经热滤回收单质硫后,富含铅、锌、银、汞的热滤渣目前临时堆存在库房中,尚无好的处理办法;采用常压富氧浸出的株冶集团产出的浸出渣目前临时外售给某制酸企业生产硫酸,硫酸烧渣再返回株冶集团的铅冶炼系统。

锌冶炼企业的另一个隐性污染源是汞污染,尤其是高汞锌精矿,在焙烧过程,大部分汞进入烟气,虽然可以采用专门的脱出技术(KI 法、氯化汞配合法、硫化钠法等)回收大部分汞,但仍有少量汞会进入稀污酸中。

6.2.4　镁冶金过程污染源

白云石煅烧和还原炉焙烧产生的含粉尘及 SO_2、CO_2 等的烟气,必须采用收尘和净化系统处理后再排放。目前,我国热法炼镁企业主要采用收尘系统对冷却后的烟气进行净化；各种上下料、运输和配料系统产生的粉尘，一般均进行收尘后排放。还原渣是热法炼镁的主要固体废弃物，吨镁产量产生 5～6 t 还原渣，其中主要矿物组成是 $2CaO \cdot SiO_2$，还有少量的氧化镁和氧化铁，特别适合于水泥生产。目前部分原镁生产企业已回收还原渣用于生产水泥。

6.3 有色冶金过程污染物排放特征

6.3.1 有色冶金固体废物排放情况

冶金工业生产过程中产生各类冶金渣、各种泥状物以及随烟气一起排出被除尘器收集的烟尘。例如，铜鼓风炉的水淬渣、氧化铝生产中的赤泥、湿法收尘的尘泥等。其他为燃烧锅炉产生的炉渣、粉煤灰及各种工业垃圾等。有色金属冶炼渣是指采用以原生矿石或半成品冶炼提取铝、铜、铅、锌、镁等金属后，排放出来的固体废物。有色金属冶炼渣分为湿法冶炼渣和火法冶炼渣。湿法冶炼渣是原生矿石经提取或电解出金属后的剩余残渣；火法冶炼渣为原生矿石熔融分离出金属后的产物。有色金属冶炼是一个复杂的物理化学过程，冶炼目的金属后所排放的废渣成分复杂，排放量大，这些废渣不仅占用大量堆放场地，而且污染周围环境。

有色冶金固体废物按危害程度分为一般性固体废物、危险固体废物以及介于两者之间、要经过测定后才能确定其危害程度的固体废物。一般性固体废物，如铜、铅的水淬渣、锌（罐、窑）渣；危险固体废物，如湿法炼铜浸出渣、砷铁渣、铅冶金砷钙渣、含砷烟尘、锌冶金湿法炼锌浸出渣、锌焙烧铁钒渣、铅银渣、制酸的废触煤；此外，赤泥、污水处理产生的重金属污泥。

有色冶金固体废物的种类繁多，化学成分复杂。有色冶金固体废物按生产工艺可分为：有色金属矿物在火法冶炼中形成的熔融矿渣；有色金属矿物在湿法冶炼中排出的浸出渣；冶炼过程中排出的烟尘和残渣污泥等。其中数量多、利用价值高的是各种有色金属渣。有色金属渣按金属矿物性质，分为重金属渣、轻金属渣和稀有金属渣。

6.3.1.1 有色冶金固体废物特点

（1）产生量大

我国有色金属矿产具有贫矿多、富矿少；小矿多、大矿少；共生矿物多、单一矿物少的特点，造成有色金属行业生产工艺复杂，生产流程长，再加上我国目前生产工艺水平不高等原因，使单位产品的固体废物产生量大。在采选过程中，一般大中型露天矿山年剥离量都在数百万吨；地下采矿井巷工程每年要产生数十万吨以上的废石；在选矿作业中每选出 1 t 精矿，平均要产出几十吨甚至上百吨的尾矿。到目前为止，我国尾矿堆存总量已超过 50 亿 t，有色金属矿山每年排放尾矿 7000 万 t。在冶炼过程中，每冶炼 1 吨金属也要产生数吨的冶炼渣。据统计，每吨粗铅平均排放 0.95 t 炉渣，每吨锌平均排放 0.77 t 渣。

（2）可作为二次资源开发利用

在有色金属原矿中，除一种主要金属矿物以外，一般还伴生一些其他金属矿物或有用成分。由于我国长期实行粗放型经济，同时在一次资源开发利用时大多只关注主金属的回收提取，导致大量的有价金属、伴生金属废弃在冶金废渣中，造成巨大的资源浪费。在冶炼过程中产生的冶炼渣、冶炼粉尘等，也有具有回收利用价值的有价金属组分，其品位常常大于相应的原生矿品位。因此，有色冶金固体废物可作为二次资源开发和利用，这对充分利用资源、延缓矿产资源的枯竭具有重要意义。

（3）毒性大

部分有色冶金固体废物含有毒重金属元素，如铅锌窑渣、重金属废水处理污泥等，这些废渣常含有砷、镉、汞、铅和锑等有毒重金属。由于重金属污染物具有不可降解性，因此对环境构成极大的污染和潜在的威胁。

6.3.1.2　氧化铝生产赤泥

赤泥是制铝工业提取氧化铝过程中排出的污染性废渣，是有色行业排放的大宗固体废物。一般含氧化铁量大，外观与赤色泥土相似。近年来，随着我国氧化铝年产量的迅速增长，赤泥排放量也随之成倍上升。我国氧化铝产量 2013 年为 4438 万 t，年产赤泥量已达 5000 万 t，累积堆存量约 2 亿 t。

（1）赤泥的性质

赤泥的颗粒直径 0.088 ~ 0.25 mm，比重 2.7 ~ 2.9，容重 0.8 ~ 1.0，熔点 1200 ~ 1250℃。赤泥的化学成分取决于铝土矿的成分、氧化铝生产方法、添加剂的物质成分以及新生成的化合物成分等。典型的赤泥化学成分见表 6 - 1。

赤泥矿物成分主要为文石和方解石，含量为 60% ~ 65%，其次是蛋白石、三水铝石、针铁矿，含量最少的是钛矿物、菱铁矿、天然碱、水玻璃、铝酸钠和火碱。其矿物组成复杂且不符合天然土的矿物组合。其中，文石、方解石和菱铁矿既是骨架又有一定的胶结作用，而针铁矿、三水铝石、蛋白石、水玻璃起胶结和填充作用。

表 6 - 1   赤泥化学成分/%

序号	成分	烧结法					混联法		
		山东	贵州	山西	中州	平均	郑州	山西	平均
1	SiO_2	22.00	25.90	21.43	21.36	22.67	20.50	20.63	20.56
2	TiO_2	3.20	4.40	2.90	2.64	3.29	7.30	2.89	5.09
3	Al_2O_3	6.40	8.50	8.22	8.76	7.97	7.00	9.20	8.10
4	Fe_2O_3	9.02	5.00	8.12	8.56	7.68	8.10	8.10	8.10
5	烧碱	11.70	11.10	8.00	16.26	11.77	8.30	8.06	8.18
6	CaO	41.90	38.40	46.80	36.01	40.78	44.10	45.63	44.86
7	Na_2O	2.80	3.10	2.60	3.21	2.93	2.40	3.15	2.77
8	K_2O	0.30	0.20	0.20	0.77	0.38	0.50	0.20	0.35
9	MgO	1.70	1.50	2.03	1.86	1.77	2.00	2.05	2.02

（2）赤泥的危害

①赤泥排放量大，据统计，我国赤泥利用率仅为10%左右，赤泥的堆存不仅需要排污控制设施，而且投资建立赤泥堆场需占用大量土地，污染环境，并使赤泥中许多有价组分得不到合理利用，造成资源的严重浪费。

②氧化铝生产企业湿法过程物料呈碱性，因此赤泥中含有大量的强碱性物质，其附液中含碱量较高，pH有的甚至超过12.5，对生物和金属、硅质材料有强烈腐蚀性。此外，赤泥中还含有氟化物、钠及铝等污染物。赤泥中的化学成分渗入土地易造成土地碱化及地下水污染。

6.3.1.3 电解铝废槽衬

废槽衬，又称大修渣，是铝电解槽定期排出的固体废物，主要包括阴极炭块、阴极糊、耐火砖、保温砖、防渗料及绝热板等。废槽衬中含有约40%的碳质材料，约30%的氟化物，约30%的耐火材料。随着电解铝新技术的不断运用，电解槽设计的不断改进和优化，电解操作的规范化和精细化，废槽衬和排出量略有下降，约为26 kg/t Al。废槽衬中含有较多的氟化物和氰化物，且分散度大，其中氟化物含量约4000 mg/L，属于危险废物。有研究表明，随着废槽衬堆存时间的延长，其中的有害物质逐步向堆场周边的地下水和土壤中转移，两年后，废槽衬中的可溶氟化物有54%转移进入地下水和土壤。如不对废槽衬进行无害化处理或堆存处理不当，将对堆场周边土壤和地下水造成长期潜在的污染。废槽衬中气体HCN的析出更难防范，直接危害周边生态环境。

6.3.1.4 铜冶金固体废物

目前，我国铜生产主要采用火法冶炼，其生产过程包括熔炼、吹炼、火法精炼、电解精炼，最终得到精炼铜。铜冶炼过程伴随着各类固体废物的产生，典型工艺流程及固废产生环节如图 6 - 1 所示，主要有冶炼渣、浸出渣、酸泥（砷滤饼、铅滤饼）、水处理污泥等，见表 6 - 2。铜冶炼固体废物数量巨大，且富集铅、砷、镉、铬等重金属。

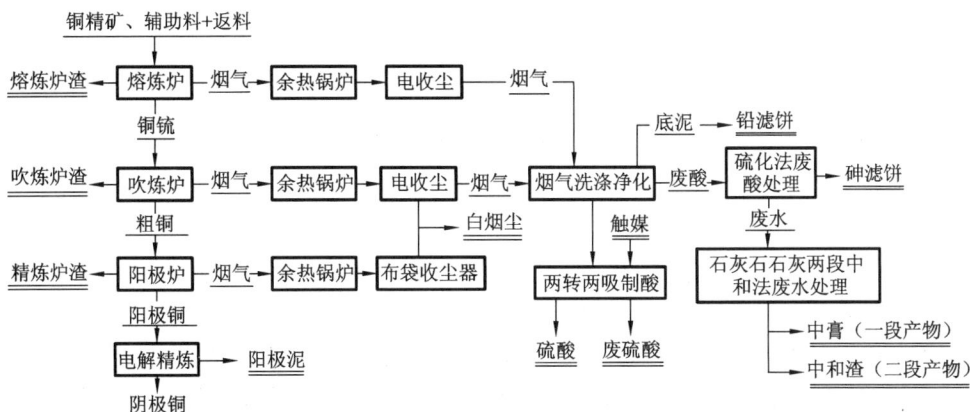

图 6 - 1　铜冶炼过程固废产生节点

表 6 - 2　铜冶炼过程产生的主要固体废物

固体废物	产生过程	主要污染物
炉渣	火法冶炼过程中产出的废渣	主要含氧化物、盐类
浸出渣	湿法冶金的废渣	重金属和酸根离子
白烟尘	转炉烟气除尘器收集的烟尘	重金属（铅）
水处理污泥	污水处理站产出的沉淀渣	重金属和石膏渣
酸泥（砷滤饼、铅滤饼）	制酸工序产生的酸泥	铅、砷
阳极泥	粗铜电解精炼产生的副产物	含有 Au、Ag、Se、Te、Cu 等有价金属

（1）熔炼炉渣

铜熔炼炉渣的主要成分是 SiO_2 和铁氧化物（FeO、Fe_3O_4 所含的总铁量常以TFe表示），次要成分有 CaO、MgO、Al_2O_3 等。产率为 2.5 ~ 3.0 t/t，密度约为 3.5 t/m^3，渣中铜品位一般在 2% ~ 3%，具有回收价值。这种复杂的铁硅酸盐炉渣一般属于 FeO - SiO_2 系和 FeO - SiO_2 - CaO 系炉渣，其化学成分如表 6 - 3 所示。

表6－3　铜炉渣化学成分/%

冶金方法	SiO_2	TFe	CaO	MgO	Al_2O_3	Cu	Fe_3O_4	Fe/SiO_2
传统法熔炼	35～42	30～40	5～10	1～2	2～5	0.3～0.5	3～10	0.8～1
奥托昆普法闪速熔炼	28～33	38～43	1～4	1～2	3～5	1～2	12～15	1.1～1.4
诺兰达法熔池熔炼	22～23	40～42				5～7	20～25	1.5～1.9
铜锍吹炼	22～30	40～50				2～5	20～25	

铜炉渣的组成按冶金方法的工艺特点可分为两种类型，一种是在熔炼体系采用低氧势操作下产生的含 Fe_3O_4 及铜均很低的炉渣，这种炉渣不必进行处理即可废弃，传统熔炼方法，如鼓风炉、反射炉及电炉的炉渣属于此类型；另一种是在熔炼体系采用高氧势操作下产生的含 Fe_3O_4 及铜均很高的炉渣，这种炉渣需要返回熔炼炉贫化，闪速熔炼、熔池熔炼以及铜锍吹炼等产生的炉渣属于此类型。吹炼炉和阳极炉产生炉渣含铜量在20%～50%，可作为返料直接使用。

铜炉渣具有如下的性质：①熔点：虽然铜炉渣中的各种氧化物具有很高的熔点，但在熔炼过程中，这些氧化物相互作用形成了低熔点共晶物、化合物和固溶体，因此炉渣的熔点较低，一般为1050～1150℃。②黏度：铜炉渣一个重要特点是黏度大(0.2～1 Pa·s)，比铜锍和液态铜的黏度大很多，特别是存在过饱和磁性氧化铁或过量 SiO_2 时，炉渣黏度会更大。生产经验表明，炉渣黏度小于0.5 Pa·s时极易流动，黏度在0.5～1.0 Pa·s时流动性较好，当黏度在1～2 Pa·s时，流动性差，能明显影响炉渣与铜锍的分离和炉渣的排放。③密度：炉渣的密度可以直接影响铜锍和炉渣的沉降分离操作。在组成炉渣的各组分中，SiO_2 密度最小(2.2～2.66)，而铁氧化物密度最大(大于5)，因而含铁量高的炉渣密度大。铜炉渣的密度一般为3.0～3.7。铜锍和炉渣的密度差为1左右。

（2）白烟尘

熔炼过程中产生的高温烟气含有高浓度的 SO_2 和烟尘，一般采用"余热锅炉—电除尘器—硫酸系统"回收热量、烟尘和 SO_2。回收的烟尘大部分可用为返料，但因为原料中含有砷、铅等杂质，为保持冶炼系统的正常生产，需将电除尘器收集的烟尘开路一部分。该部分烟尘的砷、铅、锌含量较高，外观呈灰白色，习惯上称其为"白烟尘"。除含铜外，还富集了原料中的铅、锌、砷、铋、锡、镉等有价金属，具有较高的回收利用价值。白烟尘带走的砷一般占铜精矿带入砷量的10%左右。

据统计，闪速炉炼铜过程中以烟灰形式进入闪速炉的砷量占进入闪速炉砷总量的50%以上，这使得砷在系统内不断循环和富集，最终对电铜及硫酸的质量产生不可低估的负面影响。在铜的闪速熔炼和转炉吹炼过程中，砷主要以氧化物形式进入冶炼烟气。

（3）铅砷滤饼

烟气净化产生的固废主要为铅滤饼、砷滤饼。高浓度 SO_2 烟气首先需净化除杂，以保证硫酸的品质，烟气净化主要采用稀酸洗涤工艺。洗涤产生的底泥含铅量较高，称之为铅滤饼。洗涤产生的废酸多采用 Na_2S 法进行沉淀处理，沉淀物中砷含量较高，称之为砷滤饼或硫化滤饼。这两种固废性质相似，砷滤饼约为铅滤饼的 3~5 倍，铅滤饼、砷滤饼的主要成分见表 6-4。

表 6-4　铅滤饼、砷滤饼的主要组成/%

成分	PbSO₄	As	Cu	S	SiO₂	CaSO₄	H₂SO₄	H₂O	其他
铅滤饼	34.71	—	—	15.49	5.07	4.24	2.10	20	18.39
砷滤饼	—	32.53	11.13	26.37			4.47	25	0.50

（4）铜阳极泥

铜阳极泥是在电解精炼过程中沉在槽底的泥状细粒物质，主要由阳极粗金属中不溶于电解液的金属和化合物组成，其成分和产率主要取决于阳极成分、电解技术条件等。火法精炼产出铜品位一般为 99.2% ~ 99.7%，还含有 0.3% ~ 0.8% 的杂质，主要为砷、锑、铋、金、银、硒、碲等。这些杂质会使铜的使用性能或加工性能变坏。铜电解精炼的目的就是把火法精炼铜中的有害杂质去除，得到性能良好的电解铜。而铜阳极泥就是铜电解过程中产出的一种副产品，由铜阳极在电解精炼过程中不溶于电解液的各种成分组成。铜阳极泥的化学组分见表 6-5，铜阳极泥中含有 Au、Ag、Se、Te、Cu 等有价金属，应进一步处理，进行有价金属的回收。

表 6-5　铜阳极泥化学成分/%

厂别	Au	Ag	Cu	Pb	Bi	Ni	Se	Te	SiO₂	As	Sb
1	0.602	10.59	21.63	10.02	0.62	—	3.47	0.51	—	4.21	20.58
2	0.8	18.84	9.54	12.0	0.765	2.77	1.25	0.5	11.5	3.06	11.5
3	0.49	15.5	15.0	4.5	2.31	1.63	3.12	0.03	—	6.5	10.21
4	0.19	17.54	12.8	9.32	0.41		2.09	0.91	15.05		
5	0.24	12.49	27.41	—	—	1.56	12.75	0.21	—		

　　另外，烟气转化及尾气处理过程产生的固废有废触媒。废触媒的产量较小，一般年产生量不足百吨。有些铜冶炼企业对制酸后的尾气进一步脱硫处理，会产生一定量的脱硫渣。目前大部分冶炼企业采用石灰石 - 石灰两段中和法、生物制剂法、硫化中和法等处理污酸、重金属废水等，相应产生石膏渣或中和渣。

　　铜冶炼企业中各种固废从性质上可分为两大类：一般工业固体废物，包括尾矿、石膏渣、中和渣等；危险废物，包括白烟尘、铅滤饼、砷滤饼、废触媒等。在数量上，尾矿和石膏渣占了绝对优势，占铜冶炼企业固废量的98%以上，危险废物中以白烟尘和砷滤饼为主。对各类固废的处理处置，一般遵循厂内设暂存场地，自身回收利用加外委处置的综合利用方案。

6.3.1.5　铅冶金固体废物

　　炼铅的原料主要为硫化铅精矿和硫化铅与硫化锌混合精矿。铅精矿伴生的可回收的有价金属多达二十余种，大体分为三类：①重金属，其占伴生金属综合回收总量的95%以上，包括铜、镉、铋、镍、钴、砷、锑、汞等；②贵金属，包括金、银、铂、钯等；③稀散金属，包括镓、铟、锗、碲、硒、铊、铼等。铅精矿中的有价元素的含量不同，产出的中间产物中有价元素的波动也很大，但在冶炼过程中，有价元素的分布有明显的规律。烧结过程中95%的汞进入烟气，70%的铊，30% ~40%的镉、硒、碲及部分的砷、锑进入烟尘；鼓风炉熔炼过程中几乎全部的金、银和大部分的铜、砷、铋、锡、硒、碲进入粗铅，80%以上的锑、锗及50%以上的铟进入炉渣，80% ~90%的镉进入烟尘。

　　铅冶炼过程所产生的固体废物或残余物可以分为以下几类：粗铅中的铜、锡、铟大部分进入铜浮渣，金、银、铋等进入阳极铅后大部分再进入阳极泥。

　　铅冶炼过程分为粗铅生产和粗铅精炼。粗铅生产工艺可分为两类，即烧结 - 熔炼法和直接熔炼法。粗铅精炼包括火法精炼和电解精炼。粗铅火法精炼包括粗铅熔析和加硫除铜、氧化精炼、加锌除银与除锌、除铋等过程。直接炼铅法与粗铅精炼生产过程中产生的固体废物与残余物如表 6 -6 和表 6 -7 所示。

　　铅冶炼过程中所产生的固体废物或残余物可分为如下几类：

　　(1)炼铅炉渣

　　在火法炼铅过程中，除得到粗铅以外，同时得到另一种熔体，这种熔体主要由炼铅原料中的脉石氧化和冶炼过程中生成的铁、锌氧化物所组成，这种熔体就是炼铅炉渣，是铅冶炼过程中产生量较大的废物，包括烧结、熔炼、精炼等所产生的渣。铅冶炼炉渣的产生量是金属产量的10% ~70%。

　　炼铅炉渣主要来源于以下几个方面：一是矿石或精矿中的脉石，如 SiO_2、Al_2O_3、CaO、MgO、ZnO 等以及被部分还原形成的氧化物 FeO 等；二是因熔融金属和熔渣冲刷而侵蚀的炉衬材料，如炉缸或电热前床中的镁质或镁铬质耐火材料带来的 MgO、Cr_2O_3 等，这类化合物的量相对较少；三是添加的熔剂，矿石中的脉

石如 SiO_2、CaO、Al_2O_3、MgO 等单体氧化物的熔化温度很高，为了能形成低熔点渣层，把要提取的铅分离开来，必须配入熔剂，如河沙(石英石)、含硅高的矿石等。

表 6－6　直接炼铅法生产过程中产生的固体废物与残余物

过程源	废物/残余物	潜在去向	过程源	废物/残余物	潜在去向
Kivcet			QSL		
熔炼装置	炉渣	控制处置	熔炼装置	炉渣	铺设道路
	烟道粉尘Ⅰ	返回熔炉		烟道粉尘	浸出镉后返回熔炼
	烟道粉尘Ⅱ	至锌浸出		蒸汽	能量转化
	蒸汽	能量转换	硫酸装置	硫酸	出售
硫酸装置	硫酸	出售		甘汞	出售
	甘汞	出售		酸泥	返回熔炼
	酸泥	控制处置	镉回收	镉锌沉淀	出售
水处理	污泥	返回熔炼	水处理	淤泥	返回熔炼
ISA/Ausmelt			Kaldo		
熔炼装置	原炉渣	返回熔炼	TBRC(Kaldo)	炉渣	至烟化
	最终炉渣	建筑材料或处置		烟道粉尘	返回熔炼
	烟道粉尘	熔炼或浸出		蒸汽	能量转化
	浮渣	返回熔炼	硫酸装置	硫酸	出售
	氯化锌粉尘	至锌熔炼		甘汞	出售
	蒸汽	能量转化		酸泥	控制处置
硫酸装置	硫酸	出售	水处理	污泥	
	汞沉淀	生产甘汞			
	酸泥	返回熔炼			
粉尘浸出	镉锌沉淀	至锌熔炼			
	铅残余物	返回熔炼			
水处理	淤泥	返回熔炼			

表 6－7　粗铅精炼过程中产生的固体废物与残余物

精炼过程	废物/残余物	潜在去向
除铜	铜浮渣	回收铜与铅
电解	阳极泥	回收金银铋等稀贵金属
	溢流电解液	回收金属
	阳极屑	返回熔炼炉或熔化炉

炼铅炉渣是一种非常复杂的高温熔体体系，由 FeO、SiO_2、CaO、Al_2O_3、ZnO、MgO 等多种氧化物组成，并相互结合而形成化合物、固溶体、共晶物，此外还含有一些硫化物、氟化物等。虽然炉渣成分会随炼铅方法(如传统的烧结—鼓风炉炼铅

法、ISP 法、Kivcet 法、QSL 法、Kaldo 法、Ausmelt 法等)的不同而有所差异,但基本成分含量在下列范围波动:Zn(3% ~20%),SiO$_2$(13% ~30%),Fe(17% ~31%),CaO(10% ~25%),Pb(0.5% ~5%),Cu(0.5% ~1.5%),Al$_2$O$_3$(3% ~7%)和 MgO(1% ~5%)等。

铅炉渣为低硅高钙渣,含 SiO$_2$ 一般比铜炉渣低得多,而含 CaO 又比铜炉渣高得多。现在许多冶炼厂降低渣含铅,广泛采用高锌高钙渣型(10% ~20% Zn,15% ~25% CaO)以提高原料的综合利用率,主要体现在以下几个方面:

① CaO 高的熔体凝固间隔较短,可以在烧结时得到具有较大孔隙度的烧结块,使熔体具有良好的还原性和透气性。

② 在 PbO – SiO$_2$ – Fe$_2$O$_3$ – CaO 体系中,固熔体的软化温度随 CaO 的增加与 SiO$_2$ 的减少而升高,而含 PbO 高的则软化温度低。提高渣中 CaO 含量,有利于处理高品位烧结块,可防止其在炉内过早软化影响透气性和 PbO 的充分还原。

③ 提高渣中 CaO 含量,降低炉渣的比重,可置换硅酸铅中的 PbO,提高铅在液相中的活度,有利于熔渣中 PbO 的还原,提高金属铅的回收率。

④ 适当提高渣中 CaO 含量,可使 Si—O 及 Fe—O—Zn 的结合能力减弱,从而增大锌和铁在熔渣中的活度,有利于锌从渣中还原挥发出来。

⑤ 配合离子(Si$_x$O$_y$)$^{2+}$ 使炉渣黏度增大,提高渣中 CaO 的量,可获得较高的炉温,并破坏硅酸配合离子,降低炉渣的黏度。

⑥ CaO 可降低金属与炉渣之间的界面张力,有利于金属铅和渣的分离。

(2)浮渣与浮沫

铅精炼、熔化等过程产生的浮渣、浮沫富含金属铅,一般直接返回工艺过程熔炼或精炼。

(3)铅阳极泥

粗铅精炼主要有火法精炼和电解精炼,目前世界上大部分的粗铅采用火法精炼,我国的粗铅精炼基本上采用湿法电解工艺,仅在电解前有一小段火法精炼除铜,有时还需除锡。电解精炼的优点是除铋效果好。铅阳极泥是铅电解精炼过程中的副产物,一般含有 Co、Ni、Cd、Zn、Te、Se、Sb、Bi、As、Cu、Au、Ag、Sn、铂系金属等。铅阳极泥的化学组分见表 6 – 8。

表6 – 8 铅阳极泥化学组分/%

厂别	Pb	Bi	Au	Ag	Te	Sb	Cu	As	Se
1	8 ~10	5 ~8	0.32	15.35	0.43	45 ~55	0.6	2 ~3	微量 ~0.2
2	8 ~10	约 12	0.051	10.25	0.432	20 ~30	0.83	12 ~13	0.2
3	20	10	0.0205	5	—	18	0.8	<1	—

(4)铅烟尘

　　铅冶炼烟气净化系统产生的废物与残余物包括烟尘、酸泥。烟尘主要来源于烧结、熔炼等工段,富含有价金属,如锗、镓、铟、砷及铅。烟气洗涤产生的污酸过滤后产生的酸泥,如砷滤饼、铅滤饼。铅冶炼烟尘所含主要元素为 Pb、Zn、Cd、Cl、S、As;烟尘是氧化物、硫酸盐、硅酸盐、硫化物和砷化物等物质的混合物,主要物相为 ZnO、PbO、$PbSO_4$、CdO、CdS;烟尘颗粒大小不一,形状各异,多呈相互黏结或包裹状。此外,铅冶炼过程也会产生非工艺过程废物,如烧结机、熔炼炉、熔化炉以及电解槽等更换下来的废旧内衬与耐火材料。

6.3.1.6　锌冶金固体废物

　　湿法炼锌的传统工艺流程及渣产出环节见图6-2,锌冶炼过程中产生的主要固体废物见表6-9。

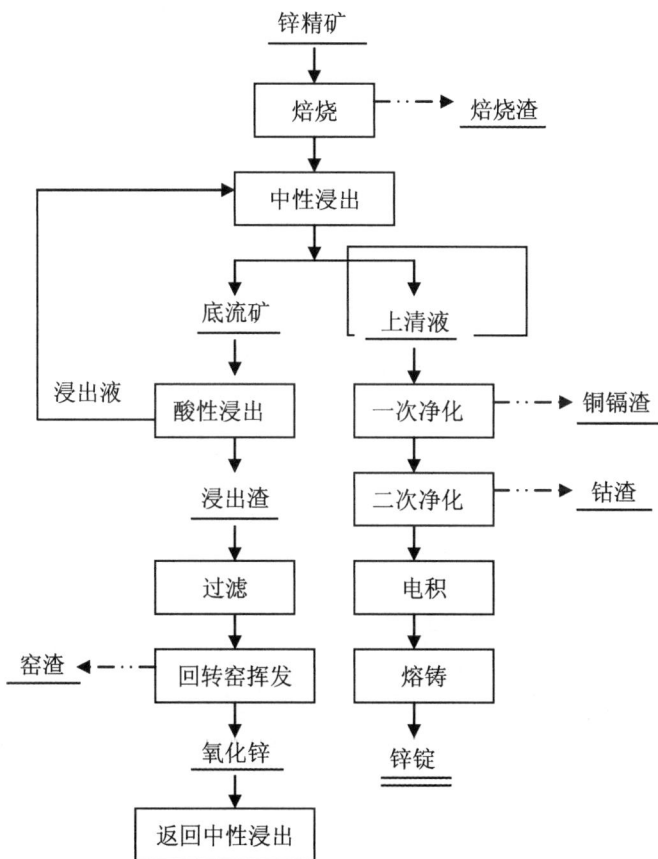

图6-2　湿法炼锌的传统工艺流程及渣产出环节

表6-9 锌冶炼过程中产生的固体废物

固体废物	产生工序	主要成分
铅银渣	锌焙砂热酸浸出黄钾铁矾法、热酸浸出针铁矿法产生的铅银渣	Zn、Fe、Pb、Ag
硫渣	锌焙砂热酸浸出针铁矿法产生的硫渣	Zn、Fe、S、Hg、Pb
氧化锌浸出渣	氧化锌浸出处理产生的氧化锌浸出渣	Fe、Zn、S、Pb(以$PbSO_4$、PbO 存在)、少量 Ag、In
铜镉渣	一次净化	Cu、Zn、Cd、S
钴渣	二次净化	Co、Zn
铁矾渣	高酸浸出液除铁	Fe、Zn、S
窑渣	回转窑挥发	焦粉、Fe_3O_4、SiO_2

(1)铅银渣

湿法炼锌浸出作业有低温常规浸出和高温高酸浸出两种。常规浸出工艺产生的浸出渣含锌较高,达20%以上,国内除云南驰宏锌锗股份公司采用烟化炉挥发工艺回收渣中有价金属外,其他企业多采用回转窑挥发锌。高温高酸浸出渣,即铅银渣,有价金属银、铅含量高。铅银渣化学成分如表6-10所示。其中元素锌主要以 ZnS 和 $ZnO \cdot Fe_2O_3$ 形式存在;铁主要以 Fe_2O_3 和 FeO 形式存在;铅主要以 PbS 和 $PbSO_4$ 形式存在;硅主要以 SiO_2 形式存在;砷主要以 $Me_3(AsO_4)_2$ 形式存在;锑主要以 $Me_3(SbO_4)_2$ 形式存在;银主要以 Ag_2S 和 AgCl 形式存在。

表6-10 铅银渣化学成分/%

Pb	Ag[①]	Zn$_总$	Zn$_水$	Fe$_总$	Fe$_水$	Mn	Cd	Cu
3.53	185.1	5.08	3.86	16.36	14.42	2.46	0.072	0.43
S	Ge	Ga	SO_4^{2-}	SiO_2	H_2O	As	Co	In
10.6	0.011	0.0070	15.23	10.3	15.2	0.946	0.03	0.041

注:①单位为 g/t。

(2)硫渣

ZnS 精矿氧压浸出新工艺中 ZnS 精矿直接在氧气气氛的常压或加压酸性液中浸出,硫被氧化成单质硫,浸出结束后硫浮选获得硫渣,由于氧压直浸工艺不产生 SO_2 气体,且可从硫渣中直接回收硫磺,在环保和经济方面都有很强的竞争力。除锌湿法冶炼新工艺外,氯化浸出过程及电解过程也会产生含单质硫的硫渣,硫磺比例在 25% ~90%。硫渣中还含大量贵重金属,提硫后贵重金属得到富集,可回收利用。

（3）氧化锌浸出渣

目前锌的生产主要采用常规湿法冶炼和直接浸出工艺,最为常用的仍是氧化焙烧—酸浸—净化—电积四段产锌工艺。但是,高铁锌精矿的使用,导致氧化焙烧阶段生成大量的铁酸锌,铁酸锌的生成以及未完全氧化的硫化锌共同阻碍锌铁的回收。据统计,每生产 1 t 锌产生约 0.52 t 铁渣,全国年产铁渣约 270 万 t,渣中平均含铁 35% 左右,含锌 20% 左右,此外还有大量的铅、铜、银等有价金属。

（4）铜镉渣

湿法锌冶炼工业中,在酸浸后的浸出液中加入一定量的 $CuSO_4$,促使浸出液中的 Co、Ni 沉淀分离,并在后续工艺中加入过量的锌粉置换除去其他杂质的过程中产生了大量铜镉渣。铜镉渣的主要成分为 Cu、Zn、Cd,其次为 Pb、Fe、Co、Ni 等,还有少量硅土等酸不溶物。

（5）钴渣

湿法炼锌净化过程中产生的钴渣是一种典型的多金属渣泥,锌含量 40% ~50%,钴含量 0.3% ~4%,铜含量 4% ~5%,镉含量 2% ~3%。目前,以一个 10 万 t/a 湿法炼锌企业为例,每年产出的钴渣约 4000 t。锌精矿经硫酸化焙烧和浸出后,铜、镉、镍、钴、砷、锑、铁等杂质进入中性浸出液,其中钴是一种难以除去的杂质。国内外湿法冶炼厂除钴的方法总体有两类:一是化学试剂除钴法,如添加黄药除钴法和 α - 亚硝基 - β 萘酚除钴法;二是添加砷盐、锑盐和锡盐等活化剂的锌粉或合金锌粉置换除钴。国内湿法冶炼厂通常采用逆锑净化法,即添加锑盐活化剂的锌粉或合金锌粉置换除钴。所产生的净化钴渣成分复杂,主要的处理工艺有氨 - 硫酸铵法、置换除钴法、氧化沉淀法、选择性浸出和溶剂萃取法。

（6）铁矾渣

在湿法炼锌厂中,45% 采用热酸浸出—铁矾除铁工艺处理中性浸出渣,其他 5% 采用回转窑还原挥发。在热酸浸出—铁矾除铁工艺中产出大量铁矾渣,含 Fe 25%,Zn 6% ~8% 以及其他有价金属,如 Ga、Ge、In、Ag 等。在所有的铁氧化物中,铁矾是最不稳定的结构。

（7）挥发窑渣

在锌常规浸出工艺中,焙砂经中性及低酸两段逆流浸出,所含 Pb、Au、Ag、In、Ge、Ga 及 Cu 60%、Cd 30% 和 Zn 15% 进入浸出渣中。浸出渣采用威尔兹法进行处理,即干燥后配入 45% ~55% 的焦粉,混合后送入回转窑,在 1100 ~1300℃高温下,Zn、Pb 和 Cd 等还原挥发产出次氧化锌,半熔融状态的炉渣从窑尾排出水淬成窑渣。窑渣主要有价元素成分:0.7% ~1.2% Cu、35% ~40% Fe、15% ~18% C、0.1 ~0.3 g/t Au、250 ~300 g/t Ag、100 ~250 g/t In 和 100 ~

300 g/t Ge。采用常规湿法炼锌工艺，生产 1 t 电锌约产出浸出渣 1.05 t，窑渣 0.8 t。我国每年约产出窑渣 150 万 t。窑渣的硬度高、粒度细，其成分、物相及嵌布状态复杂，历经数十年研究，其综合回收工艺仍未取得突破。

6.3.1.7　镁还原渣

镁渣是提炼金属镁时排出的工业废渣。硅热法工艺过程包括白云石煅烧、原料制备、还原和精炼四个阶段。还原反应方程式为：

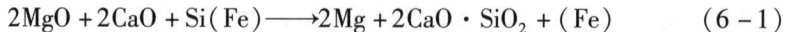

$$2MgO + 2CaO + Si(Fe) \longrightarrow 2Mg + 2CaO \cdot SiO_2 + (Fe) \qquad (6-1)$$

还原后生成的废渣即为镁渣，每生产 1 t 金属镁约排出 8 ~ 9 t 镁渣。镁渣外观上大部分呈 5 ~ 10 mm 灰色块状，少部分呈粉状。镁渣的主要成分为 CaO（40% ~ 50%）、SiO_2（20% ~ 30%）、MgO（6% ~ 10%）、Fe_2O_3（约 9%）、Al_2O_3（2% ~ 5%）。

随着我国金属镁工业的快速发展，镁渣的排放量逐年增加。目前我国镁渣的排放量已达数百万吨，但是我国镁渣的利用率很低。镁渣的大量排放堆积，占用了大量的土地资源，并对农作物和周围环境造成了极大的影响。由于镁渣中含有较高的 CaO 和 SiO_2，具有一定的火山灰活性，可以用来代替部分原料配料、煅烧熟料以及用来作为胶凝材料使用。因此，镁渣的处理及资源化具有显著的社会效益和环境效益。

6.3.1.8　废水处理污泥

废水处理过程中产生的污泥含有很多有毒有害的重金属（如 Cr、As、Cu、Cd 等），具有易积累、不稳定、易流失等特点。铅锌冶炼厂排出的重金属废水一般呈酸性，首先须进行中和处理，然后加入去除各种重金属离子所需的药剂。在投加药剂时，会产生大量的渣，其中主要的是由中和作用产生的渣（中和渣）。目前国内所采用的中和剂大都为碳酸钙和氧化钙，其主要原因是其价廉，易就地取材，易脱水，但产生的渣量大。

在铅锌冶炼废水处理中，产生的污泥与加入的中和剂种类有关。产生的污泥一般有两种，一种是硫酸钙（$CaSO_4$），一种是金属氢氧化物或金属硫化物。当用消石灰作中和剂时，产出硫酸钙污泥，即

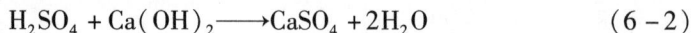

$$H_2SO_4 + Ca(OH)_2 \longrightarrow CaSO_4 + 2H_2O \qquad (6-2)$$

$$MSO_4 + Ca(OH)_2 \longrightarrow CaSO_4 + M(OH)_2 \qquad (6-3)$$

当用硫化钠作中和剂时，产出硫化物污泥，即

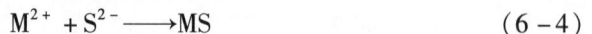

$$M^{2+} + S^{2-} \longrightarrow MS \qquad (6-4)$$

式中：M 代表 Pb、Cd、Hg、As 等金属元素。

针对污泥的特点及其危害性，从环境污染防治和资源循环利用的角度考虑，主要采用以下两种处理方式：一是进行无害化处置；二是对污泥中的有价金属进行综合回收与资源化利用。对重金属污泥的处理应首先考虑回收利用，经回收处

理后的污泥必须进行稳定化/固化处理,无害化后进行填埋处置。当前国内对于重金属污泥稳定化/固化处理处置的研究相对较少,缺乏成熟技术和方法,远远不能满足我国冶金工业高速发展和环境保护标准日益提高的要求。

6.3.2　废水排放情况

6.3.2.1　有色金属冶金废水污染特征

有色冶金废水排放特征总体表现为:产排放量大,规模达到数万吨/天。目前,中国氧化铝生产废水排放已得到控制,大部分氧化铝企业的碱性生产废水通过回收利用,基本上达到了废水零排放。

铜冶炼过程中产生的废水主要来源于 SO_2 烟气净化排出的废酸,湿法冶炼中的阳极泥工段、中心化验室排出的含酸废水、车间地面冲洗水、工业冷却循环水的排污水、余热锅炉排污水、锅炉化学水处理车间排出的酸碱废水和硫酸场地的初期雨水。其中,烟气净化排出的污酸废水中含有高浓度的砷及重金属离子等有毒有害物质,对环境的污染最严重。

铅冶炼企业的废水主要来源于制酸的动力波净化工段,该废水含有 10 ~ 30 g/L硫酸和少量 F、Cl、As 等,通常采用石灰中和法处理。

锌冶炼废水主要来自浸出、固液分离、净化、电解等车间的跑、冒、滴、漏和地面冲洗;制酸工序的稀污酸以及厂区内收集的前期雨水等。锌冶炼废水中通常含有一定量的铅、锌、汞、镉、铜等阳离子和氟、氯、砷、硫酸根等有害阴离子。

6.3.2.2　冶金烟气洗涤污酸

有色金属的冶炼过程产生大量夹杂铅、砷、汞等重金属烟尘的 SO_2 烟气,烟气在制硫酸过程中采用湿法除杂,在空塔、填料塔、动力波以及电除雾过程中均会产生大量的酸性废水,即为有色重金属冶炼烟气洗涤污酸废水。污酸废水为强酸性,硫酸浓度在4% ~11%之间,铜冶炼产生的污酸废水中,污染物以砷浓度最高、危害最大,同时还含有铅、镉、锌等重金属离子;铅锌冶炼产生的污酸废水中以汞和砷为主要污染物,还含有高浓度的锌和铅,阴离子主要为氟离子、氯离子。污酸废水具有成分复杂、重金属浓度高、波动大、重金属形态复杂及酸度高等特点,是目前冶炼厂酸性重金属废水的主要来源。国内外开发的污酸废水处理技术主要针对其中的砷,对于铜与砷的分离、砷与锌的分离以及酸的回收却鲜见研究,冶炼烟气洗涤污酸废水的处理与资源化利用仍是有色冶炼行业面临的巨大难题。

6.3.2.3　重金属废水

重有色金属冶炼废水中的污染物主要是各种重金属离子,污染物种类多含量高,大多呈酸性,污染严重。主要来源于以下几种:①设备冷却水,排放量占总量的40%;②烟气洗涤净化废水,组成极复杂,含有酸、碱及大量重金属离子和非金属化合物；③冲渣水，在火法冶金中产生的熔融态炉渣进行水淬冷却时产生的，其中含有炉渣微粒及少量重金属离子等；④冲洗废水，对设备、地面、滤料等进行冲洗过程中产生的废水及湿法冶金过程中因跑、冒、滴、漏而产生的废水。

6.3.2.4 轻金属废水

如铝生产，我国氧化铝的生产主要用铝矾土为原料采用碱法生产。废水来源于各类设备的冷却水、石灰炉排气的洗涤水及地面冲洗水等。废水中污染因子有 pH、COD、挥发酚、悬浮颗粒物、石油类等。

几种不同生产工艺的氧化铝厂废水水质见表 6-11。

表 6-11 氧化铝厂废水水质/(mg·L^{-1})

水质项目	生产工艺			
	烧结法	联合法	拜耳法	用霞石生产时
pH	8~9	8~11	9~10	9.5~11.5
总硬度	9~15	4~5		
暂硬度	11.6			
总碱度	78~156	440~560	84	340~420
Ca^{2+}	150~240	14~23	40	
Mg^{2+}	40	13	11.5	
Fe^{2+}	0.1		0.07	10~18
Al^{3+}	40~64	100~450	10	10~18
SO_4^{2-}	500~800	50~80	54	40~85
Cl^-	100~200	35~90	35	80~110
CO_3^{2-}	84	102		
HCO_3^-	213	339		
SiO_2	12.6		2.2	
悬浮物	400~500	400~500	62	400~600
总溶解固体	1000~1100	1100~1400		
油	15~120			

金属铝以氧化铝为原料采用熔盐电解法生产。具有一定规模的电解铝厂基本上配套铝用阳极生产系统，吨铝废水排放量一般在 5~20 m^3 之间。废水中的主要污染物为氟化物、悬浮颗粒物、COD、挥发酚以及石油类。

　　镁工业在冶炼过程中产生的废水主要为酸性废水，来自含 SO_2 烟气的湿法洗涤酸性污水、镁锭酸洗包装含铬酸性废水，冶炼废水的水质水量相对稳定。

6.3.3　气态污染物排放情况

6.3.3.1　有色金属工业废气排放情况

　　在铝工业中，氧化铝厂废气和烟尘主要来自熟料窑、焙烧窑等。此外，物料破碎、筛分、运输等过程也产生大量的粉尘，包括矿石粉、熟料粉、氧化铝粉、碱粉、煤粉和煤粉灰。电解铝厂主要的大气污染物是氟化物，其次是氧化铝卸料、输送过程中产生的各类粉尘。在金属镁生产过程中，硅热法镁厂生产的主要污染源是白云石煅烧回转窑，主要污染物是破碎、筛分、输送等过程产生的粉尘及煅烧、还原等过程燃料燃烧产生的 SO_2。电解法生产过程中会产生有毒的氯气。

　　自然界中重有色金属矿主要以硫化物状态存在，所以在重有色金属冶炼过程中均产生大量含 SO_2 的废气，在熔剂和燃料的破碎、筛分、物料运输等机械过程中还将产生大量的粉尘。在燃烧、高温熔融和化学反应等过程，将产生含有一些有毒有害金属（如铅、锌、铬、砷及汞等）的氧化物和未完全燃烧的细颗粒的烟气。

6.3.3.2　铝冶炼烟气

　　氧化铝的生产方法有拜耳法、烧结法和联合法。其中拜耳法工艺最简单、能耗低、大气污染排放量小，是氧化铝生产的最佳工艺，目前国际上 90% 以上的氧化铝是采用拜耳法生产的，但是该方法只适用于处理铝硅比 8.0 以上的铝矿石。由于我国铝矿石铝硅比相对较低（80% 以上铝土矿铝硅比为 4~8）以及技术水平的限制，我国氧化铝生产除了采用纯拜耳法，还有联合法、烧结法、石灰拜耳法和选矿拜耳法。氧化铝产生的主要大气污染物是颗粒物和 SO_2，烧结法和联合法工艺的主要大气污染源是熟料烧成窑，其次是氢氧化铝焙烧炉，拜耳法没有熟料烧成窑，氢氧化铝焙烧炉是主要污染源。

　　金属铝生产采用的是冰晶石-氧化铝熔盐电解法，是目前生产金属铝的唯一方法。以冰晶石作为熔剂，氧化铝作为熔质，以碳素体作为阳极，铝液作为阴极，通入强大的直流电后，在 950~970℃ 下，在电解槽内的两极上进行电化学反应。电解铝工业对环境影响较大，属于高耗能、高污染行业，是铝厂主要的大气污染源。电解铝生产中排出的废气有 CO_2、以 HF 气体为主的气-固氟化物、粉尘、沥青烟（自焙槽）及 SO_2 等。每生产 1 t 铝，从电解槽排出含氟烟气为 15~25 万 m^3，产生大气污染物 0.387 t。据美国统计，在排出氟化物的各工业部门中，电解铝占 15.6%。我国铝工业大气污染物排放状况见表 6-12。

表6-12 铝工业单位产品所产生及排放的大气污染物

项目	大气污染源	单位	污染物			
			氟化物 （以F计）	沥青烟	颗粒物	SO_2
氧化铝厂	熟料烧成窑	kg/t Al_2O_3			1.6~2.0	0.55
	氢氧化铝焙烧炉				0.15~0.43	0.77~2.6
	原料制备及贮运				0.13~1.2	
电解铝厂	预焙槽	kg/t Al	0.6~1.6		1.2~3.0	3.5~15
	自焙槽		16~18	18~40	18~25	4.0~15
铝用碳素厂	阳极焙烧炉	kg/t C	0.083	0.17~1.0	0.22~0.67	1.67
	煅烧炉				0.5~0.9	2.33
	物料制备系统		0.02	0.083	1.67~2.5	

含氟气体：工业生产排放的氟化物以氟化氢数量最多、毒性最大；四氟化硅的毒性与氟化氢相近。据美国统计，在排出氟化物的各工业部门中，电解铝占15.6%。

沥青烟：冶金行业沥青烟来自碳素行业焙烧炉和浸渍工序以及炼铝业焙烧炉。沥青主要是由碳、氢、氧、硫和氮等5个元素所组成，而沥青烟是沥青热解而散发出来的。一般情况下，沥青烟主要表现为沥青蒸气，其凝结点高达200℃，显著特点是易黏附、高温时电阻大，在250℃以上易燃爆。沥青烟由液态烃类颗粒物和气态烃类衍生物组成，所含多环芳烃[苯并(a)芘]对人体危害很大。在沥青烟气的收集、输送及消烟过程中极易黏着在管道及设备表面上形成液态至固态沥青，凝结后的沥青很难除掉，往往造成管道堵塞，设备破坏，使系统无法正常运行。

沥青烟成分相当复杂：①沥青烟的组分与沥青相近，一般含有2.61%~40.7%的游离碳，其余就是多环芳烃(PAH)及少量的氧、氮、硫的杂环化合物等。②作为一个成分复杂的污染体系，沥青烟主要的产生源煤沥青就是由数以千计的复杂化合物组成的混合物。③气-质联机分析表明，沥青烟污染物含有成分达196种，其中含量较高并被确认的有81种，主要是芴、苊、菲、蒽、咔唑、萘、荧蒽、芘、呋喃、噻吩、茚、联苯及上述物质的衍生物。沥青烟的成分只有定性分析结果，还没有成分比例分布的定量分析数据。沥青烟中不同污染物在同一温度处于不同的相态，同时具有气相(有机蒸气)、液相(中沸点凝聚化合物)、固相(高熔点高分子聚合物)。

6.3.3.3　铜冶炼烟气

当前,全球矿铜产量的 75%~80% 来自以硫化物形态存在的硫化铜矿,采用火法冶炼工艺提炼铜。主要过程:经开采、浮选后获得铜精矿,然后经造锍熔炼获得铜锍,经吹炼产出粗铜,再经过火法精炼、电解精炼后得到 99.95% 以上的电解铜。造锍熔炼的传统方法有鼓风炉熔炼、反射炉熔炼和电炉熔炼。新的强化熔炼有闪速熔炼和熔池熔炼两大类,其中闪速熔炼包括奥托昆普型闪速熔炼和加拿大国际镍公司闪速熔炼等,熔池熔炼包括诺兰达法、特尼恩特法、三菱法、艾萨法、澳斯麦特法、瓦纽科夫法和白银法等。强化熔炼技术可以提高金属和硫的回收率,减少环境污染,特别是 SO_2 污染可以得到有效控制。铜锍吹炼方法有传统的卧式转炉、连续吹炼炉、虹吸式转炉。近年来,吹炼技术又有创新,如 ISA 吹炼炉、三菱吹炼炉和闪速吹炼炉等。

铜火法冶炼生产过程中,产生了大量有害冶炼废气:①备料废气:原料的运输、贮存、配料、干燥等工序中产生的工业粉尘;②熔炼、吹炼烟气:采用不同熔炼工艺,所产生的烟气 SO_2 和烟尘浓度不同,如闪速熔炼、熔池熔炼等富氧强化熔炼炉所排出烟气中 $SO_2 \geqslant 8\%$,可用于制酸。敞开鼓风炉和反射炉的烟气含 $SO_2 \leqslant 3.5\%$,不能回收制硫酸,烟气治理困难。各种熔炼炉产生烟气的 SO_2 浓度和烟尘含量见表 6-13 和表 6-14。③硫酸尾气:熔炼烟气与转炉烟气除尘后,进入制酸系统回收 SO_2,制取硫酸;制酸后排放的硫酸尾气含有残留的 SO_2 和硫酸雾;④阳极炉烟气:主要污染物为烟尘和 SO_2,而且 SO_2 浓度较低,不能用于制硫酸。此外,还有熔炼车间环保通风烟气(含烟尘和低浓度 SO_2)和电解车间含硫酸雾的废气。

表 6-13　铜冶炼烟气 SO_2 浓度

冶炼炉窑	SO_2 浓度/%	冶炼炉窑	SO_2 浓度/%
烧结机(抽风)	1~2	转炉(造铜期)	6.6
烧结机(鼓风返烟)	5.25	液态炉(白银式)	5~7
沸腾炉	4.3~15.3	闪速炉(氧气)	75~80
反射炉	0.5~1.5	闪速炉(空气)	10~15
反射炉(密闭富氧)	2.5~6.5	连续炼铜(三菱)	10
鼓风炉(敞开)	1~2	连续炼铜(奥克拉)	8~12
鼓风炉(密闭)	4~4.5	连续炼铜(诺兰达)	16~20
转炉(造渣期)	6.9		

表6-14 铜冶炼烟气含尘量

炉窑	氧化沸腾焙烧炉	反射炉	电炉	密闭鼓风炉	闪速炉	转炉	连续吹炉
烟气含尘量/(g·m⁻³(标))	200~300	30~40	20~80	15~40	50~100	3~15	1~5
烟尘占炉料比例/%	40~50	3~7	5~7	2~6	5~10	1~5	<1

6.3.3.4 铅冶炼烟气

采用不同铅冶炼方法，所产生的烟气性质也会有所差异：①烟气SO_2浓度不同，见表6-15，基夫塞特炉、QSL法、卡尔多炉等直接炼铅工艺产生的SO_2浓度高，传统烧结—鼓风炉产生的SO_2浓度低不能用于制酸；②SO_2产生量不同，采用SKS炼铅法的企业SO_2产生量在8~10 kg/t粗铅左右，采用卡尔多炉法企业SO_2排放量约3.32 kg/t粗铅，而传统炼铅工艺的SO_2产生量达到20 kg/t粗铅以上；③废气排放量和颗粒物排放量不同，烧结—鼓风炉法每吨铅废气排放量在5~10万m^3之间，而直接炼铅法废气量则较小，有的甚至在1万m^3/t铅以内。铅冶炼企业颗粒物排放量一般为1.12~8.26 kg/t铅。水口山法炼铅吨粗铅颗粒物排放量为1.854 kg/t，ISP法进行改造后可达到3.82 kg/t，而卡尔多炉颗粒物排放量可达到1 kg/t以下。

表6-15 各冶炼炉窑出口烟气SO_2含量

炉窑	QSL炉	SKS炉	艾萨炉	卡尔多炉	基夫塞特炉	炼铅鼓风炉
烟气SO_2含量/%	8~18	12~14	8.21	0~16	20~50	0.05~0.5

6.3.3.5 锌冶炼烟气

锌冶炼有火法和湿法两类，湿法炼锌是当今世界最主要的炼锌方法，主要是"焙烧—浸出工艺"，其产量占世界总锌产量的85%以上。"焙烧—浸出"工艺包括焙烧、浸出、净液、电积、阴极锌熔铸五个工序，主要生产设备有精矿干燥窑、焙烧炉、浸出设备、反射炉或感应电炉、浸出渣挥发窑、烟化炉、多膛焙烧炉等。冶炼过程中产生的废气污染物主要是SO_2和粉尘。各种锌冶炼炉窑出口烟气SO_2浓度和含尘量见表6-16。

表6-16 各种锌冶炼炉窑出口烟气SO_2浓度和含尘量

炉窑	锌焙烧炉	浸出渣挥发窑	多膛焙烧炉	干燥窑	烟化炉
SO_2浓度/%	8~10	0.5~1	<0.1	—	0.02
含尘量/(g·m⁻³(标))	100~150	40~55	5~10	10~20	50~100

6.4　有色冶金固废处理与资源化

6.4.1　有色冶金固废处理与资源化方法概述

固体废物的处理是通过物理化学和生物手段将废物中对人体或环境有害的物质分解为无害成分或转化为毒性较小的物质进行运输、资源化利用和最终处置的过程，如废物解毒、有害成分的分离和浓缩、废物的稳定化等。固废的处置是通过焚烧、填埋或其他改变废物的物理、化学、生物特性的方法减少已产生的固体废物数量、缩小固体废物体积、减少或者消除其危险成分，并将其置于与环境相对隔绝的场所，避免其中的有害物质危害人体健康或污染环境。

有色冶金固废处理与处置技术主要包括化学处理法、物理处理法、生物处理法、稳定化/固化方法、焚烧法、填埋法及综合处理法。

（1）化学处理法

化学处理法主要用于处理无机废物，如酸、碱、重金属、氰化物等，冶金过程固体废物处理方法有焚烧、溶剂浸出、化学中和、氧化还原等。

（2）物理处理法

物理处理法通常有重选、磁选、浮选、拣选、分选等各种相分离及固化技术。固化工艺用以处理残渣物，如飞灰及不适于焚烧处理或无机处理的废物，特别适用于处理金属废渣、工业粉尘等。

（3）生物处理法

生物处理法适用于有机废物的堆肥和厌氧发酵，冶金工程提炼铜等金属的细菌冶金，有机废液的活性污泥法。

（4）稳定化/固化技术

固体废物的稳定化/固化占有举足轻重的地位，经其他无害化、减量化处理的废物都要全部或部分地经过稳定化/固化处理才能进行最终处置或利用。目前已经应用和正在开发的稳定化/固化技术有水泥固化、石灰固化、熔融固化、热塑性固化、自胶结固化、化学药剂稳定化等。其中，水泥固化工艺简单、成本低，为最常用的危险废物固化方法。工业发达国家从 20 世纪 50 年代初期开始研究水泥固化处理放射性废物，后来研究出沥青固化、玻璃固化等。目前固化主要是采用无机胶结剂处理重金属废物，属于以水泥和石灰为基材的工艺方法。日本固体废物处理处置领域强调减量化，除传统的水泥固化仍在应用外，其他技术均考虑了减量化的因素，在焚烧基础上开始研究熔融固化技术，并针对传统固化工艺增容比大的特点研究开发了化学药剂稳定化技术。国内的稳定化/固化技术研究起步于放射性废物处理，在水泥和沥青固化方面积累了许多经验，广泛应用于危险废物处理。但传统的固化技术由于固化基材添加量大，使废物增容比较大，给后续处理带来诸多技术和经费的问题。因此，今后的研究重点为开发新型化学药剂稳定化技术和设备，筛选和研制高效稳定化药剂，在对废物进行无害化处理的同时实现最小量化。

（5）焚烧法

一般有毒、高能量的有机废物采用焚烧处理。固体废渣经过焚烧处理可蒸发表面水分，燃烧后进行热分解并聚集成高热量和释放挥发组分，最终烧尽形成灰渣。焚烧法具有显著的减容、稳定和无害化效果，但也有明显的缺点，不仅一次性投资大，还存在操作运行费用高、热值低、产生会造成二次污染的多种有害物质与有害气体。

（6）填埋处理技术

将固体废渣填入大坑或洼地中利于地貌的恢复和维持生态平衡，根据不同有害废物的特点宜采用不同的填埋方法。一般工业固体废物填埋场的修复可参照城市生活垃圾卫生填埋场的建设标准。填埋物对含湿量、固体含量、渗透性、长期稳定性等有一定要求，毒性较大的废物要经过妥善的预处理后才可送填埋场，具有特殊毒性及放射性的废物严禁填埋，两种或两种以上废物混合时应不会发生反应、燃烧、爆炸或放出有害气体。填埋废渣经过微生物作用之后会产生废气，主要有 CH_4、CO_2、H_2S 等，这些废气必须进行安全排放或收集、净化处理和利用。排气设施可采用耐腐蚀性强的多孔玻璃钢管，根据地形垂直埋设于废渣层内，管周填碎石，碎石用铁丝网或塑料网围住，围网外径为 1 ~ 1.5 mm，垂直向上的排气管设施随废渣层的填高而接长，导排气管收集废气的有效半径约为 45 m。填埋场的封场应填满之后覆一层 200 ~ 300 mm 厚的黏土，再覆盖 400 ~ 500 mm 厚的自然土并均匀压实，最终覆土之上加营养土 250 mm，总覆土厚度在 1 m 以上，封场顶面坡度不大于 33%，填埋场两侧的山坡需修建截洪沟排除山坡雨水汇流，使场外径流不得进入填埋场内，截洪沟的设防能力按 25 年一遇的洪水量考虑。填埋法建设和运行费用比较低、操作简单，但由于技术上的不完善所造成的环境问题仍很多，如废渣中的有机组分在填埋场厌氧环境中产生甲烷造成大气污染并易引起甲烷爆炸事故，废渣受雨水淋滤或地下水的侵蚀造成大量污染物进入地下水或地表水，渗滤液的成分复杂，有害物质浓度高。

（7）综合利用方法

综合利用方法是实现固体废物资源化、减量化的最重要手段之一。在废物进入环境之前对其进行回收利用，可减轻后续处理处置的负荷。如工业废物采用人工和气流、磁力等分选法进行回收利用；粉煤灰、煤渣等制作成水泥、烧结砖、蒸养砖、混凝土、墙体材料等建材。

6.4.2 有色冶金固废处理与资源化技术

6.4.2.1 赤泥无害化堆存技术

赤泥堆存最大的污染控制目标主要是减轻赤泥附水的碱渗透和污染。目前最为有效的赤泥安全堆存的控制技术是赤泥进行压滤后形成干滤饼再予堆存的技术。赤泥干滤饼含附液量低于 30%，成干块状，堆存时不会产生大量的附液积聚，因此安全性较高；由于附液大量进入滤液被返回氧化铝厂，不仅降低了赤泥堆存碱污染的风险，而且还降低了氧化铝和碱消耗。此外，赤泥堆场底部及周边的防渗技术、烧结法赤泥混合筑坝、赤泥坝边坡加固绿化、赤泥库内回水聚集回收等技术已经推广应用。采用具有防渗功能的防渗薄膜填衬在堆场底部，可起到附液防渗作用。该技术已在所有氧化铝企业得到了应用。

6.4.2.2 赤泥高效资源化利用技术

（1）赤泥高效资源化利用技术

赤泥是铝土矿用碱提取氧化铝残留的工业废渣。赤泥主要成分为 SiO_2、Al_2O_3、CaO、Fe_2O_3，同时含有大量的稀土元素，造成有价资源流失。高盐度、强碱性的赤泥造成土壤碱化，地下水污染，浪费土地资源，必须要进行赤泥中有价资源的综合回收。赤泥的利用是一项世界性技术难题。赤泥高效资源化利用技术的主要途径见表 6 - 17。针对赤泥中的主要成分，相应选择具有可大批量处理、经济可行的技术路线，开发出适应的关键技术，并进行工业应用。

表 6 - 17　赤泥高效资源化利用的主要途径

赤泥中利用成分	赤泥的用途方向
碱性化合物	生产含碱（钠）建筑或结构材料； 中和处理酸性废气、废水或废料； 生产碱性添加剂（用于酸性土壤、配料组分）
氧化铁	还原提取金属铁；选出铁精矿
有价金属	提取钛、钪、镓等稀土稀有金属
低价格废弃物	生产建筑材料、筑炉材料、硅肥、填料等

拜耳法赤泥选铁、生产建筑胶凝材料（见图 6 - 3、图 6 - 4）是目前赤泥利用研究的重要方向。

（2）赤泥选铁技术

铁是赤泥的主要成分，一般含 10% ~45%，但若直接作为炼铁原料，其含量还很低，因此有些国家先将赤泥预焙烧后入沸腾炉内，在 700 ~800℃下还原，使

拜耳法赤泥选铁	钪的回收	硅的回收	钛的回收	其他
在还原剂作用下，使赤泥中弱磁性的赤铁矿和针铁矿还原熔烧成磁铁矿，再磁选分离，获得含铁63%~81%的铁精矿作炼铁原料	还原熔炼法；硫酸化焙烧；酸洗液浸出；硼酸盐或碳酸盐熔融法	用CO_2与赤泥中的硅酸钙反应，再用NaOH浸出，形成硅酸钠溶液	通过酸浸提取，然后与碳酸钠一起高温熔烧，水洗富集	……

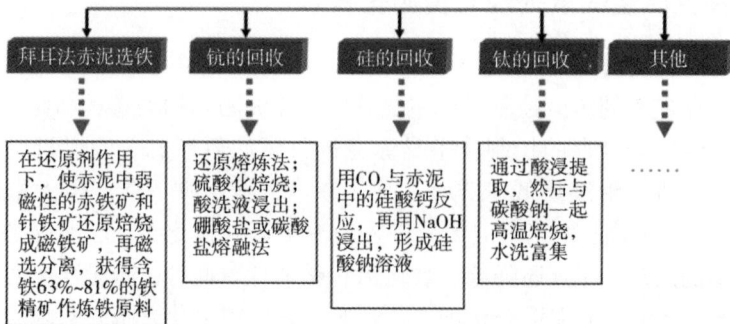

图6-3　拜耳法赤泥选铁及资源回收

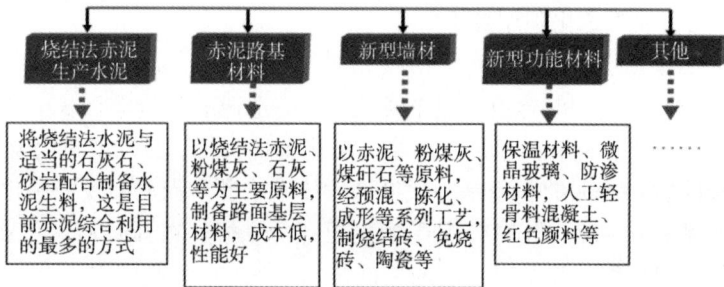

烧结法赤泥生产水泥	赤泥路基材料	新型墙材	新型功能材料	其他
将烧结法水泥与适当的石灰石、砂岩配合制备水泥生料，这是目前赤泥综合利用的最多的方式	以烧结法赤泥、粉煤灰、石灰渣等为主要原料，制备路面基层材料，成本低，性能好	以赤泥、粉煤灰、煤矸石等原料，经预混、陈化、成形等系列工艺，制烧结砖、免烧砖、陶瓷等	保温材料、微晶玻璃、防渗材料、人工轻骨料混凝土、红色颜料等	……

图6-4　赤泥生产建筑材料

赤泥中的 Fe_2O_3 转变为 Fe_3O_4。还原物经过冷却、粉碎后用湿式或干式磁选机分选，得到含铁63%~81%的磁性产品，铁回收率为83%~93%，是一种高品位的炼铁精料。美国矿务局研究了赤泥焙烧还原—磁选—浸出工艺流程。该流程将赤泥、石灰石、碳酸钠与煤混合，磨碎后在800~1000℃条件下进行还原烧结，烧结块粉碎后用水溶出，89%的铝被溶出，过滤后滤液返回拜耳法系统回收铝，熔渣进行高强度磁选机分选，磁性组分在1480℃进行还原熔炼生产生铁。非磁性组分用硫酸溶解其中的钛，过滤后的钛氧硫酸盐经水解、煅烧制得 TiO_2。该工艺经实验室、半工业试验，可制得含铁93%~94%的生铁。该工艺的主要问题是铁的磁选效率低。我国采用高梯度磁选技术将赤泥中的赤铁矿分离，得到低品位的铁精矿，可掺和用于炼铁生产，从而减少了赤泥的实际排放量。该技术已应用于某些采用高铁铝土矿的氧化铝企业。

　　(3)从赤泥中回收铝、钛、钒、锰等多种金属

　　利用苏打灰烧结和苛性碱浸出，可以从赤泥中回收90%以上的氧化铝，而沸

腾炉还原的赤泥，经分离出非磁性产品后，加入碳酸钠或碳酸钙进行烧结，在 pH 为 10 的条件下，浸出形成的铝酸盐，再经加水稀释浸出，使铝酸盐水解析出，铝被分离后剩下的渣在 80℃ 条件下用 50% 的硫酸处理，获得硫酸钛溶液，再经过水解而得到 TiO_2；分离钛后的残渣再经过酸处理、煅烧、水解等作业，可以从中回收钒、铬、锰等金属氧化物。赤泥还可以直接浸出生产冰晶石(Na_3AlF_6)。

（4）从赤泥中回收稀有金属

从赤泥中回收稀有金属的主要方法有：还原熔炼法、硫酸化焙烧法、非酸洗液浸出法、碳酸钠溶液浸出法等。国外从赤泥中提取稀土稀有元素的主要工艺是酸浸—提取工艺，酸浸包括盐酸浸出、硫酸浸出、硝酸浸出等。由于硝酸具有较强的腐蚀性，且随后的提取工艺不能与之衔接，因此，大多采用盐酸、硫酸浸出。苏联等国将赤泥在电炉里熔炼，得到生铁和渣。再用 30% 的硫酸在 80~90℃ 条件下，将渣浸出 1 h，浸出溶液再用萃取剂萃取锆、钪、铀、钍和稀土类元素。

（5）赤泥生产环境修复材料

赤泥可用于除去废水中的重金属离子及磷酸根、氟离子、亚砷酸根。已有研究表明，赤泥对此类物质有较好的吸附性能，如脱磷率可达 72%，成本低，方法简单。赤泥用于烟气脱硫，通过与硫酸烧渣等配合制备氧化系脱硫剂，脱硫效率可达 80%。另外，赤泥对土壤中重金属离子有较好的固着性能，使其活性降低，有利于微生物和植物的生长，降低土壤空隙水、农作物种子、叶子中的重金属含量，因此可利用赤泥生产环境修复材料用于修复土壤(如图 6 - 5 所示)。

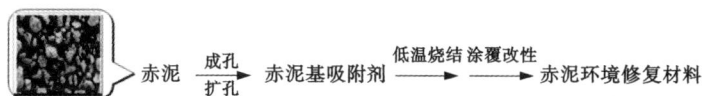

图 6 - 5　赤泥生产环境修复材料

（6）赤泥生产水泥

烧结赤泥作为水泥原料，配以适当的硅质材料和石灰石，赤泥的配比可达 25%~30%。用赤泥可生产多种型号的水泥，其工艺流程和技术参数与普通的水泥厂基本相同：从氧化铝生产工艺中排出的赤泥，经过滤、脱水后，与砂岩、石灰石和铁粉等共同磨制得到生料浆，使之达到技术指标后，用流入法在蒸发机中除去大部分的水分，而后在回转窑中煅烧成熟料，加入适量的石膏和矿渣等活性物质，磨至一定细度，即得水泥产品。每生产 1 t 水泥可利用赤泥 400 kg。该水泥熟料采用湿法生产工艺，因为生产水泥所用黏土质原料是赤泥，其含水率高达 60%，细度高、比表面积大，难以烘干，烘干赤泥后的熟料，不仅飞扬损失多，而且废气也不易净化处理，故不便采用干法处理。实践表明，采用湿法工艺生产的普通硅酸盐水泥质量达标，具有早强、抗硫酸盐、水化热低、抗冻及耐磨等优越性能，在工业建筑、机场跑道、桥梁等处的使用效果良好。需要注意的是对所用赤泥的毒性和放射性须先进行检测，以确保产品的安全。

(7)赤泥制造炼钢用保护渣

烧结赤泥含有 SiO_2、Al_2O_3、CaO 等组分，为 CaO 硅酸盐渣，而且含有 Na_2O、K_2O、MgO 等熔剂组分，具有熔体的一系列物化特性，而且资源丰富，组成成分稳定，是钢铁工业浇注用保护材料的理想原料。赤泥制成的保护渣按其用途大体可分为：普通渣、特种渣和速熔渣，适用于碳素钢、低合金钢、不锈钢、纯铁等钢种和锭型。实践证明，这种赤泥制成的保护渣可以显著降低钢锭头部及边缘增碳，提高钢锭表面质量，可明显改善钢坯低倍组织，提高钢坯成材质量和金属回收率，具有比其他保护材料强的同化性能，其主要技术指标可达到或超过国内外现有保护渣的水平。生产工艺简单，产品质量好，可以明显提高钢锭(坯)质量，钢锭成材金属收率可提高4%，具有明显的经济效益，当生产规模为 15000 t/a 时，可处理赤泥量9000 t/a，该方法是处理赤泥的有效途径之一，具有推广价值。

(8)利用赤泥生产砖

利用赤泥为主要原料可生产多种砖，如免蒸烧砖、粉煤灰砖、装饰砖、陶瓷釉面砖等。以烧结法赤泥制釉面砖为例，其所采用的原料组分少，除赤泥作为基本原料，仅辅以黏土质和硅质材料，其工艺过程为：原料→预加工→配料→料浆制备(加稀释液)→喷雾干燥→压型→干燥→施釉→煅烧→成品。此外，北京矿冶研究院对拜尔法赤泥成分、特性进行了研究，利用拜耳法赤泥制作釉面砖，用该法可以烧成合格的釉面砖，赤泥掺加量达40%。

赤泥在建材工业中的其他用途还有：制备赤泥陶粒、生产玻璃、防渗材料、铺路等。目前已有部分投入生产运营，有的赤泥中尚含有 U、Th、Se、La、Y、Ta、Nb 等放射性元素和稀有金属，如长期身处这类建材中，将直接危害人体健康，故使用前需要注意的是对所用的赤泥的毒性和放射性问题进行检测，以确保产品的安全。

(9)利用赤泥生产硅钙肥料和塑料填充剂

赤泥中除含有较高的硅钙成分外，还含有农作物生长必需的多种元素，利用赤泥生产的碱性复合硅钙肥料，可以促使农作物生长，增强农作物的抗病能力，降低土壤酸性，提高农作物产量，改善粮食品质，在酸性、中性、微碱性土壤中均可用作基肥，特别对南方酸性土壤更为合适。此外，用赤泥作塑料填充剂，能改善 PVC 的加工性能，提高 PVC 的抗冲击强度、尺寸稳定性、黏合性、绝缘性、耐磨性和阻燃性，这种塑料还有良好的抗老化性能，是普通 PVC 制品寿命的 4～5 倍，生产成本低2%左右。山东淄博市罗村塑料厂试制和生产的赤泥聚乙烯塑料证明，烧结法产生的赤泥对 PVC 树脂有良好的相容性，是一种优质塑料填充剂，可以取代轻质碳酸钙且起部分稳定剂的作用。

（10）赤泥除去水中的重金属离子

国外曾进行拜耳法赤泥处理含有 Cu^{2+}、Zn^{2+}、Cd^{2+}、Pb^{2+} 废液的探索试验，不经焙烧的赤泥直接处理废液就可使其达到排放标准，焙烧后的赤泥处理废水效果更加显著。赤泥还表现出较好的重金属吸附能力。用赤泥与硬石膏的混合物加水制成在水溶液中稳定性好的集料，这种集料对重金属离子吸附性能较强。将拜耳法赤泥用 H_2O_2 处理去除表面有机物，500℃下活化处理，用于吸附水体中的 Pb^{2+}、Cr^{6+} 重金属离子。结果表明，活化赤泥对 Pb^{2+}、Cr^{6+} 有显著的吸附性能，可在较宽的浓度范围内有效地清除水体中的 Pb^{2+} 和 Cr^{6+}。吸附柱实验表明，赤泥吸附剂具有工业应用价值，可直接用 1 mol/L HNO_3 处理吸附柱，使被吸附的金属脱吸，吸附剂可以重复使用。

（11）赤泥除去废水中的 PO_4^{3-}、F^-、亚砷酸根离子等

采用赤泥可除去电厂废水中的氟。试验结果表明，赤泥有良好的除氟能力，可在一定程度代替某些铝盐或钙盐净水剂。配以絮凝剂聚合硫酸铁，能使排放废水的氟含量降到 10 mg/L 以下。该方法简单、成本低、不产生二次污染。日本曾用20%盐酸处理过的赤泥除去溶液中的 PO_4^{3-}，取得了较好的结果。其吸附效果与当时被认为是最好的脱磷剂相当。将赤泥用作亚砷酸根离子的吸附剂，该方法比用 $Fe(OH)_3$ 共沉淀法更简单。

（12）赤泥用作某些废水的澄清剂

筛选粒径为 0.1 mm 的赤泥为原料，加入硫酸，升温通入氧气并搅拌，然后在90℃的恒温水浴中反应 2 h，冷却、过滤，即得 $Fe_2(SO_4)_3$ 和 $Al_2(SO_4)_3$ 溶液，该溶液与在一定酸度条件下聚合的硅酸混合，陈化 2 h，即得聚铝铁复合絮凝剂，其兼有聚铁絮凝剂和聚铝絮凝剂的优点，具有工艺简单、投资少、净水效果好的特点，但由于赤泥本身含有大量的化学物质，赤泥在对废水有害物质的吸附过程中，势必对水的浊度和毒性有一定的影响。

（13）赤泥对水体中有机物污染的环境修复

有机污染物特别是有机氯污染已成为日益严峻的环境问题。由于含氯有机物肥料的焚烧成本高(需900℃以上高温)，且焚烧产物会形成碳酰氯、二苯呋喃等二次污染物，因此不能用焚烧法处理。在催化剂的作用下，用氢脱氯反应可将其转化为无毒或低毒性化合物。常用的催化剂是过渡金属硫化物，大规模使用时成本高。赤泥中含有大量的铁氧化物和氢氧化物，硫化处理后可将其转化为硫化物。

（14）赤泥在废气治理中的应用

拜耳法赤泥中含有赤铁矿、针铁矿、一水硬铝石、含水硅铝酸钠、方解石等物相，经热处理后可形成多孔结构，比表面积可达 40~70 m^2/g，因此，在硫化氢

废气污染治理过程中，可利用其较佳的吸附性能，和硫酸烧渣、平炉尘等一道为主要原料制备廉价的氧化系脱硫剂。对赤泥作烟气脱硫的研究表明，其脱硫效率可达 80%，如果在赤泥中添加碳酸钠，可提高赤泥吸附 SO_2 的能力。此外赤泥还可以处理硫化氢、氮氧化物等污染气体。

(15)赤泥对重金属污染土壤的修复作用

土壤中的重金属污染将导致植物中毒，微生物活性降低，一些对土壤肥力起关键控制作用的过程如生物固氮、植物残渣分解、养料循环等将受到严重影响，最终影响农作物的生长和产量。赤泥对土壤重金属污染有一定的环境修复作用，经过赤泥的修复，土壤中微生物含量增加、土壤孔隙大、农作物种子和叶中的重金属含量降低。赤泥修复作用机理主要是赤泥对土壤中的 Cu^{2+}、Ni^{2+}、Zn^{2+}、Cd^{2+}、Pb^{2+} 有较好的固着性能，使其从可交换状态转变为键合氧化物状态，从而使土壤中重金属离子的活性和反应性降低，有利于微生物活动和植物生长。

6.4.2.3 废槽内衬综合利用技术

铝电解废槽衬的主要化学成分有碳素材料、冰晶石、剩余的耐火材料和保温材料等。我国废旧阴极大部分采用露天或掩埋堆放的方式处理，废内衬中含有可溶氟和氰化物等有毒物质，会随雨水渗入土壤，造成污染。

目前处理废槽衬的方法分为如下几大类：①浮选处理技术：浮选法是将废阴极炭块磨粉，与水和浮选剂一起加入浮选槽，经多次浮选，得到电解质和炭粉。②硫酸酸解法：将废槽衬粉碎后投入预先注入水和浓硫酸的酸解罐中进行酸解，产生的气体用水反复淋洗，回收氢氟酸，其滤渣可制取石墨粉和工业氢氧化铝、氧化铝。③用废阴极炭块生产阳极保护环：将废阴极炭块破碎后作为干料，以糖浆或淀粉为黏结剂，混匀后即成保护料直接捣固安装在阳极钢爪上，通过自焙烧形成牢固的保护环。④火法处理技术：在废槽衬中配入石灰石等添加剂，混合料在高温下进行处理，最终产品可利用或填埋处理。

国外废槽衬无害化处理技术，以 Alcoa 的 SYNTHETI SAND 工艺，Comaico 的 COMTOR 工艺和 Alcan 的 SPLIT 工艺、LCLL 工艺为代表，已得到了不同规模的工业应用。废槽衬经无害化处理后，回收氟化钙可用于钢铁工业的添加剂或氧化铝、水泥生产的矿化剂、熔炼渣可用于生产水泥或耐火材料，氟化盐可返回电解槽使用。国外处理废槽衬有如下的技术发明：①用作固体填土材料的废槽衬无害化处理方法(美国)：将破碎后的废槽衬与 $CaCl_2$/HCl 溶液置于 Fe 存在的球磨机中反应，以除去氰化物、氟化物和多环芳烃，并使氟化物转化为氟石。产出的固体渣适于填埋处理，并可回收反应后的溶液。②以铝电解废槽衬为原料制备耐火材料(美国)：将废槽衬加入硫酸分解槽中进行分解，得到含 HF 和 HCN 的气体，加热到有效温度使 HCN 分解得到不含 CN^- 的气体，直接通过湿式捕集器回收 HF 生成氢氟酸，或进一步反应生成 AlF_3。得到的含 C、SiO_2、Al_2O_3、硫酸钠等物质的浆液经过漂洗，逐步分离出碳、氧化铝、二氧化硅、硫酸钠、$Al(OH)_3$，最后将固体物与 SiO_3/Al_2O_3 混合物在高温富氧气氛中氧化并与 SiO_2、Al_2O_3 反应生成耐火材料。③从废槽衬中回收氟化盐和可燃气体(美国)：首先将废槽衬制成约 1 mm 的细粒，在有 CO_2 的条件下进行处理，当废槽衬的温度达到 1100℃ 时，通入水蒸气开始反应，生成 CO、HF、H_2 和 CO_2 的混合气体，HF 最终转化为 AlF_3，回收气体可作为其他工艺的原料。④从废槽衬中回收熔融 SiO_2(美国)：将废槽衬加入酸解槽中，调整酸解条件，将生成的气相从酸解槽中除去，并在氧化加热器中加热到一定温度，然后将熔融 SiO_2 与 HF 分离，回收熔融的 SiO_2，用水溶解吸收 HF 形成氢氟酸。⑤处理含氟化物的固体废物(美国)：在分解槽中使废槽衬与碱液和钙源接触、充分混合，然后进行固液分离，液相浓缩回收浓度为 180~300 g/L 的碱液，固相为含较低 可溶 F^- 的固体渣。⑥废槽衬的热水解工艺(南斯拉夫)：将废槽衬与水混合使氰化物和氟化物浸出，含氰化物和氟化物的浸出液在 453K 的温度下热水解 200 min，使氰化物分解，消解后滤液中的氟化物用 $Ca(OH)_2$ 沉积，从而使废槽衬无害化。⑦旋风燃烧炉处理废槽衬(美国)：采用天然气加热的 CYCOM 技术，在 875 kW·h 的试验设备中高温条件下氟化物挥发、氰化物氧化分解，废槽衬转变为渣，从而使废槽衬无害化。⑧废槽衬无害化处理的闭路循环工艺(美国)：采用回转窑加热处理废槽衬与石灰石和金属硅酸盐的混合物，破坏氰化物并将可溶 F^- 转化为相对不溶的 CaF_2。处理后的固体料含有大量有用的组分，如萤石、碳、氟化物，可被工业利用。⑨富氧工艺回收废槽衬和电弧炉渣(美国)：通过富氧焚烧工艺处理危险废物并使金属氧化物玻璃化，形成类同于岩石或矿渣棉的矿渣。⑩从废槽衬中回收有价元素的 Ausmelt 技术(澳大利亚)：将废槽衬反应生成有用的或安全的产品，反应过程中氰化物被破坏，氟化物以 HF 形式逸出；碳被氧化，耐火材料分解为满足环保要求的惰性渣；HF 回收，最终以 AlF_3 形式返回电解槽。⑪石墨化炉处理废槽衬的埃肯工艺(挪威)：将废槽衬破碎至小于 15 mm 的粒子，用废槽衬中的 C 作为铁矿的还原剂生产生铁，用蒸汽吹渣挥发 HF，用 $Al(OH)_3$ 吸收 HF 生产 AlF_3。熔炼工艺产出的渣可与石英一起玻璃化，生成对环境无害的渣。⑫处理废槽衬的天然气燃烧内部循环流化床工艺(加拿大)：在废槽衬中添加氧化钙、氧化镁或二氧化硅，在内循环流化床的高温下进行热处理，除去其中的氟化物和氰化物。

开发应用废槽衬的无害化处理和综合利用技术也是我国电解铝工业迫在眉睫的重要减排课题。应积极借鉴国外已有的处理技术，开发应用适合我国实际情况的废槽衬综合利用技术。特别是对废槽衬进行处理后，作为少量的添加剂应用于大规模的水泥工业、钢铁工业和耐火材料工业，利用这些工业的高温处理过程，将其中的炭阴极作为燃料，氟化盐作为矿化添加剂，从而使废槽内衬得到综合利用。

根据我国国情，比较切实可行的技术是废槽衬配入水泥窑生成水泥。将废槽衬进行破碎磨细，直接配入少量水泥原料，入窑焙烧，烧制成水泥，其中的碳素材料可作为燃料，冰晶石之类物质在焙烧过程中是一种矿化剂。这是目前国外普遍使用且行之有效的技术。我国铝电解厂也可与附近的水泥厂进行合作，处理铝电解废槽衬，但配入量应予控制，防止水泥中的钠含量超标。此外，铝电解废槽衬还可用于炼铁行业的造渣剂，其中的碳素材料可以作为某些工业的热源加以利用。

6.4.2.4　有色冶金烟尘处理与资源化技术

随着环保要求的不断提高和处理工艺的不断改善，铜烟尘的综合利用方法逐渐从传统火法处理工艺向湿法处理工艺发展，全湿法工艺、湿法—火法联合工艺和选冶联合工艺等方法得到了广泛的应用。

（1）火法处理铜烟尘

20世纪60年代初，主要采用全火法流程回收铜烟尘中的锌、铅，其他有价元素未得到有效回收利用。传统全火法处理铜烟尘的工艺主要有反射炉熔炼、电弧炉熔炼、鼓风炉熔炼及直接回炉熔炼等，其中采用较多的是鼓风炉熔炼，主要流程为：铜烟尘先经鼓风炉还原熔炼得出铅铋合金，铅铋合金经处理后浇铸成阳极进行电解，析出的铅经碱性精炼后铸成电铅锭；铋残存于阳极泥中，再熔化并除铜，加碱熔铸则得到粗铋和含铜残渣。粗铋经碱法除锑、加锌除银、氯化除铅锌，最终精炼后得到精铋。银锌渣用来回收银，氯化锌渣生产氯化锌，氯化铅渣回收铅。该工艺优点在于处理量大、成本较低、铅和铋回收率高（回收率分别可达90%和80%），缺点是操作环境差、会产生二次污染，且没有对烟尘中其他有价元素进行有效回收。

（2）全湿法工艺处理铜烟尘

火法处理铜烟尘存在着回收率低，操作环境较差，会产生二次污染等问题，因此，湿法冶金技术逐渐在铜烟尘的综合利用上得到了应用。全湿法工艺处理铜烟尘的基本流程为"浸出—置换沉铜—氧化中和除铁—浓缩结晶"生产硫酸锌，浸出渣则用于生产三盐基硫酸铅。

酸浸—碳酸铵转化法是全湿法工艺回收铜烟尘中的有价元素。将铜烟尘酸浸之后，浸出液采用置换沉铜—氧化除铁—浓缩结晶生产硫酸锌有效的回收浸出液中的铜、锌，并采用P204做萃取剂回收浸出液中的铟。铅以硫酸铅形式存在于浸出渣中，渣中同时还含有铋，故先对浸出渣进行铅、铋分离，再采用碳酸铵转化—硝酸溶解—硫酸沉铅的转化法生产三盐基硫酸铅。首先将浸出渣水洗去酸后，在常温常压下加碳酸铵使硫酸铅转化为碳酸铅，其后加硝酸将碳酸铅溶解，固液分离后，浸出液再次使用硫酸沉铅生产三盐基硫酸铅，铅的回收率可达到75%以上，浸出渣中的铋得到有效富集和回收。

水浸—氯化浸出的全湿法工艺回收铜烟尘中的铜、铅、银、锌。将烟尘进行水浸后，浸出液采用置换沉铜—中和除杂—浓缩结晶生产硫酸锌的工艺回收铜、锌，浸出渣用 $CaCl_2$ - NaCl 溶液加热常压浸出，将渣中的铅浸出生产三盐基硫酸铅。经氯化浸出后，铅以氯化铅形式结晶析出，银以海绵银形式被置换回收。结晶析出的氯化铅水洗去残留 Cl^- 后，加入硫酸，在 80℃ 下充分搅拌使氯化铅转化为硫酸铅，再将硫酸铅水洗至中性，缓慢加入 NaOH 溶液生产三盐基硫酸铅。

全湿法处理铜烟尘工艺具有污染小、操作环境好、有价元素的综合回收率高、技术成熟等优点，但也存在流程长、操作条件复杂等缺点。

（3）湿法—火法联合工艺处理铜烟尘

采用联合法处理铜烟尘时，铜、锌的回收工艺与全湿法回收铜锌的工艺基本相同，两种方法的主要区别在于浸出渣的处理工艺上，联合法使用火法处理浸出渣。按浸出方式的不同，联合法处理铜烟尘可分为水浸、酸浸、氯盐浸出等方法，其中使用最多的是水浸和酸浸。

（4）水浸—火法工艺

铜烟尘中主金属铜、锌、铅主要以硫酸盐形式存在，铋以氧化物形式存在，由于铜、锌硫酸盐易溶于水，铅、铋化合物难溶于水，因此，采用水浸处理铜烟尘可有效使铜、锌与铅、铋分离。浸出液经处理后回收铜、锌、铟、镉等有价元素，浸出渣则使用反射炉或鼓风炉熔炼回收铅、铋等有价元素。

采用水浸—火法的工艺从含 Cu 12.73%、Pb 13.18%、Zn 8.98%、In 0.046%、Ag 238g/t 的铜烟尘中回收铜、铅、锌、铟、银。铜烟尘经水浸后，首先对浸出液进行氧化除铁，随后加石灰控制 pH 分离与回收铜、锌，得到纯度达 96% 以上的硫酸铜和纯度达 98% 以上的硫酸锌。In 和 Pb、Ag 在铜烟尘的水浸过程中被富集到渣中，其后采用酸浸将 In 与 Pb、Ag 分离，浸出液用 P_{204} 做萃取剂，并经反萃、置换后获得纯度达 80% 以上的海绵铟。银、铅渣采用硫脲浸出法分离银、铅，银的回收率在 95% 以上，浸出银后的含铅渣用反射炉熔炼回收铅。

以含 Cu 2.26%、Pb 30.30%、Zn 10.79% 的铜烟尘为原料回收铜、铅、锌。烟尘在液固比为 5 的条件下加水进行常温搅拌浸出 40 min，铜、锌的浸出率可达 85% 以上，浸出液进行铜、锌分离后生产海绵铜和硫酸锌。浸出渣中铅含量升高到 57.5%，经鼓风炉熔炼回收粗铅，铅回收率可达 75% 以上。该工艺流程短、设备简单，废液可循环使用，二次污染小，铜、铅、锌三种金属的回收率高。水浸—火法处理铜烟尘因浸出过程中不加酸，对设备的腐蚀较小，且浸出液中游离酸较少，更利于对溶液中铜与锌的回收。

（5）酸浸—火法处理铜烟尘

酸浸法处理铜烟尘，流程与水浸法基本相同，但更有利于铜、锌等有价元素的浸出。日本佐贺关冶炼厂采用"硫酸浸出—加铁盐除砷—控制 pH 除锌—砷酸铁沉淀硫酸浸出—浸出液加氢氧化钠脱砷—滤液中和回收其他金属"的工艺处理铜烟尘,铅铋渣经鼓风炉熔炼回收铅和铋,锌以氢氧化锌形式回收并作为锌冶炼厂原料使用,砷形成稳定硫化物进行回收,其余残渣返回铜冶炼厂处理。

酸浸—鼓风炉熔炼的工艺处理铜烟尘回收其中的铜、锌、镉、铟、铅、铋。铜烟尘酸浸液用 P_{204} 萃取回收铟,铟的回收率可达95%。萃余液加铁置换回收铜,得到品位为55%的海绵铜,其后将溶液氧化除铁,加锌粉置换回收溶液中的镉,经浓缩结晶回收其中的锌。酸浸渣采用鼓风炉熔炼—铅铋合金电解—高铋阳极泥熔炼的工艺回收铅、铋。湿法—火法联合工艺处理铜烟尘虽然部分解决了砷和铅的污染问题,但仍然存在工艺流程长、操作条件复杂和环境污染大的缺点。

(6)选冶联合法处理铜烟尘

近年来,选冶联合工艺在铜烟尘的综合利用上也得到了应用。铜烟尘经浸出和固液分离后,浸出液经置换法回收铜、沉淀法除砷铁后,溶液进行蒸发、浓缩生产硫酸锌,浸出渣通过浮选或重选产出铅精矿及铜精矿,进一步简化了工艺流程。

含有 1.45% Cu、35.50% Pb、10.20% Zn、0.86% Cd、2.06% Bi、1.03% As、0.038% In、2.40% Fe 和 12.90% S 的铜烟尘在120~130℃、硫酸浓度74~98 g/L、液固比为 3~5 的条件下加压酸浸 2~3 h,烟尘中80%的砷进入溶液,铜的浸出率小于液固比10%,实现了铜和砷的有效分离。将浸出液中的砷、铁除去后,采用常规湿法冶金的方法回收锌、镉、铟,分别产出硫酸锌、海绵镉和海绵铟,溶解的砷和铁以砷酸铁的形式沉淀入渣。浸出渣中的铋采用 $H_2SO_4 - NaCl$ 溶液浸出,铋浸出率为93%,浸出液用铁粉置换得到海绵铋。浸出铋后的浸出渣采用浮选方法回收铜和铅,分别得到铜精矿和铅精矿。

铜烟尘先用水浸,然后通过固液分离、浸出液置换沉铜、调节 pH 除铁、砷,除铁、砷后的浸出液浓缩结晶生产七水硫酸锌,浸出渣采用重选分离出铜精矿、次精矿、中矿和尾矿,铜大部分富集于精矿和次精矿中,铜的回收率达98%,可直接返回铜熔炼工序,渣中砷则富集于尾矿。该工艺铜的总回收率可达98.15%,且实现了杂质开路,大大减轻了后续工艺除杂的压力。选冶联合工艺的分离成本低、污染小,具有良好的应用价值,同时可以实现砷在尾矿中的富集,便于集中处理。

与传统火法回收工艺相比,全湿法工艺、湿法—火法联合工艺和选冶联合工艺由于污染小、金属回收率高、劳动条件好等优点,将在铜烟尘的综合利用过程中具有明显的应用前景。同时,在选择铜烟尘处理工艺时,应从原料成分和性质出发,选择合适的处理工艺,以降低生产成本,使效益最大化。

针对成分如表 6-18 所示的含锡炼铜烟尘,采用浸出—置换—沉淀的全湿法工艺综合回收其中的铅、锡、铋、铜、锌和银,分别产出铅渣、海绵铜、海绵铋、锌渣和锡渣，银富集在铋渣中，砷以稳定性比较好的砷酸铁的形式进入渣中。原则工艺流程如图 6-6 所示。

表 6-18　铜烟尘多元素分析结果/%

Pb	Bi	Zn	As	Cu	Sn	Sb	Fe	Ag/$(g \cdot t^{-1})$
32.5	13.48	7.36	6.58	2.24	1.68	0.05	0.2	102.8

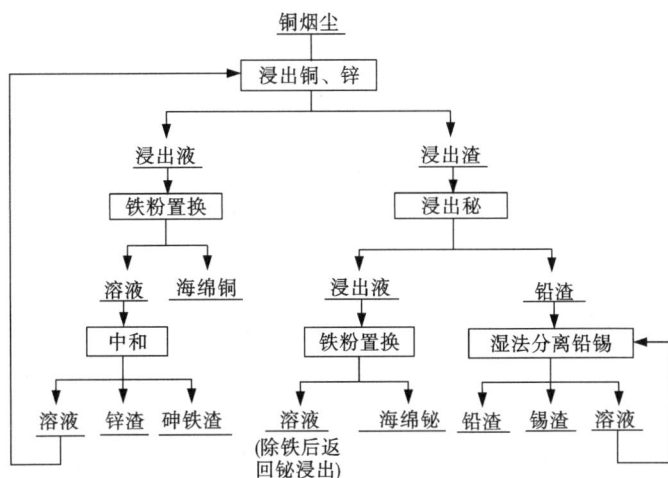

图 6-6　铜烟尘综合回收有价金属的原则工艺流程

各产物的主要成分为：铅渣 >70% Pb、海绵铋 >45% Bi、Ag >500 g/t、海绵铜 >30% Cu、锡渣 >20% Sn、锌渣 >30% Zn。各有价金属的回收率为铅 >90%、铋 >96%、铜 >90%、锌 >90%、银 >98%、锡 >95%。可见，铜烟尘中的铅、锡、铋、铜、锌、银等有价金属都得到了较好的回收，砷得到了无害化处理。

（7）铅烟尘的处理方法

国内炼铅企业通常将铅烟尘返回与原料混合后继续冶炼，以回收利用烟尘。由于近年炼铅原矿的铅品位下滑，导致烟尘中锌、镉、铜等重金属增多，返回冶炼会降低精矿品位且严重影响炉况。近年来对烟尘的综合利用开展了大量研究，如用硫酸浸出法将烟尘中的铅富集到浸出渣中，而其他大量金属进入溶液中，再用氯化钠溶液浸出铅；用浓硫酸焙烧—水浸法提取烟尘中的大量金属，用氨浸法由烟尘制取 ZnO 等。

6.4.2.5 铜渣处理与资源化技术

(1)铜渣的火法贫化

返回重熔和还原造锍是铜渣火法贫化的主要方式。炉渣返回重熔可回收铜，得到的铜锍返主流程，炉渣的钴、镍回收采取在主流程之外的单独还原造锍。炉渣贫化方法很多，熔炼工艺是确定炉渣贫化工艺技术的主要因素，含铜炉渣的火法贫化基于以下反应：

$$3Fe_3O_4 + FeS \longrightarrow 10FeO + SO_2 \uparrow \tag{6-6}$$
$$(Fe, Co, Ni)O \cdot Fe_2O_3 + C \longrightarrow CoO + NiO + 3FeO + CO \uparrow \tag{6-7}$$
$$2(Co, Ni)O \cdot SiO_2 + 2FeS \longrightarrow 2FeO \cdot SiO_2 + 2(Co, Ni)S \tag{6-8}$$

为降低渣中 Fe_3O_4 含量，还原可使 Fe_3O_4 转化为 FeO 并与加入的石英熔剂造渣以改善铜锍的沉降分离，并产生了一些新的贫化方式。①反射炉贫化：反射炉是炉渣贫化传统方法，在炉顶采用氧/燃烧喷嘴的反射筒形反应器，将含铜和磁性氧化铁矿物分批装入，通过风口喷粉煤、油或天然气进入熔池，还原磁性氧化铁使含量降低到10%，然后分离出熔融渣中铜锍，这种方法至今仍在日本小名浜冶炼厂和智利的卡列托勒斯炼铜厂应用。②电炉法贫化：用电炉提高熔体温度使渣中铜的含量降低，同时还原熔融渣中氧化铜，回收熔渣中细颗粒铜。电炉贫化不仅可处理各种成分的炉渣，而且还可以处理各种返料，电能在电极间的流动产生搅拌作用，可促使渣中的铜粒凝聚长大。③真空贫化：炉渣真空贫化使诺兰达富氧熔池炉渣 1/2 ~ 2/3 的渣层含铜量从 5% 降到 0.5% 以下，真空贫化可迅速消除或减少 Fe_3O_4 而降低渣的熔点、黏度和密度，以提高渣-锍间的界面张力而促进渣-锍分离。真空的作用是迅速脱除渣中的 SO_2 气泡，利用气泡的迅速长大上浮对熔渣进行强烈搅拌，增大了锍滴碰撞合并，但存在的主要问题是成本较高和操作复杂。④渣桶法：用渣桶作为沉淀池为常用的降低废渣含铜的一种最简便的方法，其关键是保持桶内炉渣温度，回收桶底富集的部分渣或渣皮再处理，利用渣的潜热来实现铜滴沉降和晶体粗化。⑤熔盐提取：利用铜在渣中与铜锍中的分配系数差异，以液态铜锍为提取相使其与含铜炉渣充分接触，从而提取溶解和夹杂在渣中的铜，该方法用于处理哈萨克斯坦的瓦纽科夫法产生的炉渣取得较好的效果，此外最近熔盐提取出现了直流电极还原和电泳富集等方法。

(2)炉渣选矿

利用金属赋存相表面亲水、亲油性质及磁学性质的差别，通过磁选和浮选分离富集。铜渣黏度大，阻碍铜相晶粒的迁移聚集使晶粒细小，造成铜相中硫化铜的含量下降，使铜选矿困难。①浮选法：从富氧闪速熔炼渣和转炉渣中浮选回收铜在工业上已广泛应用，浮选法铜收率高且能耗低，将 Fe_3O_4 等杂质除去可降低吹炼过程石英消耗，回收率达90%以上，尾渣含铜 0.3% ~ 0.5%。②磁选法：铜渣中强磁相为铁合金和磁铁矿，钴、镍在铁磁矿物中集中，铜存在于非磁相，世界上多家铜冶炼厂用选矿方法回收转炉渣中的铜。

（3）湿法浸出

湿法过程可克服火法贫化过程的高能耗以及产生废气污染的缺点，其分离的良好选择性更适合于处理低品位铜渣。①直接浸出：炼铜炉渣中 Cu、Ni、Co、Zn 等金属的矿物可经氧气氧化而溶于稀硫酸介质中。随着铁的溶解，损失在渣中的铜及占据部分 Fe 晶格的钴、镍等被释放出来，实践中采用 0.7 mol/L 硫酸在氧压 0.59 MPa 及 130℃条件下单段浸出转炉渣，铜浸出率达 92%，镍钴浸出率大于 95%。②间接浸出：预处理可改性铜渣中的有价金属赋存状态，使其易于分离回收，氯化焙烧和硫酸化焙烧为常用的方法，焙烧产物直接水浸，酸性 $FeCl_3$ 浸出经还原焙烧的闪速炉渣及转炉渣的镍钴浸出率分别达 95% 和 80%。③细菌浸出：细菌浸出能浸溶硫化铜，因其具有一系列优点而快速发展。但细菌浸出的最大缺点是反应速度慢、浸出周期长，通过加入某些金属（如 Co、Ag）催化加速细菌氧化反应的速率，使金属阳离子取代矿物表面硫化矿晶格中原有的 Cu^{2+}、Fe^{3+} 等离子以增加硫化矿的导电性，从而加快了硫化矿的电化学氧化反应速率。

（4）用于水泥和建筑行业

炼铜炉渣水淬后是一种黑色、致密、坚硬、耐磨的玻璃相。密度为 3.3 ~ 4.5 g/cm^3，孔隙率 50% 左右，细度 3.37 ~ 4.52，属粗砂型渣。表 6 - 19 为铜渣在水泥工业及建筑行业的应用情况。

表 6 - 19　铜渣在水泥工业及建筑行业的应用情况

用途	性能
代替砂配制混凝土和砂浆	铜渣混凝土力学性能之间的关系和普通混凝土力学性能之间的关系基本一致，铜渣碎石混凝土比铜渣卵石混凝土力学性能优，力学性能也随铜渣混凝土标号增加而成比例提高
修筑铁路、公路路基	利用炼铜炉渣作铁路、公路路基，必须掺配一定的胶结材料，如石灰、石灰渣或电石渣等，不能单独使用。
在水泥生产中的应用	以炼铜渣为主要原料，掺入少量激发剂（石膏和水泥熟料）和其他材料细磨而成。具有后期强度高、水化热低、收缩率小、抗冻性能好等特点，符合 GB 164—82257 的 275 号和 325 号标准
生产铜渣磨料作防腐除锈剂	铜渣磨料为最佳除锈材料，可代替黄砂石，降低成本。应用于船舶、桥梁、石油化工、水电等部门，这种磨料在国内外市场上有广阔的应用前景
其他利用途径	生产矿渣棉，采矿业中作充填料，应用于砖、小型砌块、空心砌块和隔热板制作

(5)铜渣的选择性析出

炉渣的选择性析出是利用炉渣的高温热能，通过合理控制温度、添加剂、流体的运动行为改变渣的组成和结构，从而实现渣中有价组分的回收和资源化，已成功应用于含钛高炉渣、硼铁矿等复杂矿物的处理。向含铜熔渣加入还原剂首先降低渣的黏度促进铜的沉降，待铜沉降到一定程度后使渣迅速氧化，提高磁性氧化铁的含量，缓冷粗化晶粒，磁选分离含铁组分，实现铜渣中残余铜的含量从5%降低到0.5%以下，渣中 Fe_3O_4 含量从26.8%提高到50%以上。

(6)铜冶炼高砷物料中砷的脱除与固化—稳定化技术

砷是伴生于铜精矿中且对铜冶炼过程及环境保护极其有害的元素。我国铜精矿行业标准(YS/T 318—2007)将铜精矿分为5级，1级至5级铜精矿 As 含量分别限定为不大于0.1%、0.2%、0.2%、0.3%、0.4%。国家强制性标准《重金属精矿产品有害元素限额规范》规定，铜精矿中 As 含量不得大于0.5%。

近年来，由于优质铜资源减少，国内生产及国外进口铜精矿中砷含量均呈现上升趋势，根据有关铜冶炼厂报道数据估计，目前我国铜冶炼厂所用铜精矿，平均砷含量为0.25%。2013年，我国精炼铜产量达到663万 t，其中矿产精炼铜产量约400万 t。据此推算，我国随铜精矿进入铜冶炼系统的砷量达4.0万 t/a。

砷在铜精矿中主要以硫化物形式存在，如硫砷铜矿、砷黝铜矿、黝铜矿、含砷黄铁矿、砷黄铁矿、雄黄和雌黄等。在铜火法冶炼中，砷分散分布于烟尘、炉渣、铜锍或粗铜中，其行为与原料成分、冶炼工艺及技术条件等相关，十分复杂，但其最终出口主要有以下几处(以奥图泰闪速富氧熔炼为例)：熔炼炉渣(电炉渣)，占进入系统总砷量的30%，如果直接外销，这部分砷将开路，如果对电炉渣进一步选矿处理，这部分砷将大部分(约80%)随渣精矿返回熔炼系统；吹炼白烟尘，占进入系统总砷量的10%，在火法炼铜各类烟尘中，白烟尘含砷最高，达15%左右，且含有其他有价金属，因此大部分企业都将其单独或外销处理以便从系统中开路部分砷；熔炼和吹炼 SO_2 烟气净化污酸，所含砷量占进入系统总砷量的40%左右，一般企业将其硫化沉淀，得到硫化砷渣，再进一步湿法处理生产白砷产品或返回配料或外销；粗铜，所含砷占进入系统砷总量的20%左右，在电解精炼溶液净化中，砷大部分进入黑铜板或黑铜粉返回系统。随着铜精矿砷含量的升高，产生了两方面的问题：第一是系统中砷开路不足，形成累积导致硫酸及电解铜生产受到不利影响。一般是将含砷较高的物料，如白烟尘、黑铜粉和硫化砷渣等，从系统中开路出来，单独处理。国内外都有成熟的技术和工业实践，如美国肯尼科特公司 Garfield 炼铜厂、智利国家铜公司(Codelco)下属含砷烟尘处理厂、我国云南铜业公司等。第二是砷的安全环保处置问题，目前在我国还未能很好解决。

(7)铜冶炼高砷物料中砷的脱除与稳定化

在火法炼铜中,砷从废气、废水途径的排放,通过采用严格的环保控制措施,均能实现达标,目前至少技术上已无问题。存在的问题是随着优质铜资源的减少,复杂、低品位铜矿的开发,随铜精矿带入冶炼厂的砷量日益增大,而安全稳定的砷开路出口仅有电炉贫化后水淬熔炼渣,或熔炼及吹炼渣选矿尾矿,对多数炼铜厂而言,会造成砷开路不足而在系统中累积,影响生产、环保和卫生。前已述及,在铜资源日趋紧张的情况下,炉渣选矿已成为从铜冶炼渣中回收铜的主流技术,在我国得到普遍应用。在炉渣选矿的情况下,炉渣中的砷约80%进入渣精矿返回熔炼,选矿尾矿中仅能开路进入系统总砷量的约6%(30%×20%),这将使砷在系统内循环累积的问题更为凸显。因此,从硫化砷渣、高砷烟尘或黑铜粉等火法炼铜高砷物料中将砷脱除开路,然后将铜等有价金属回收返回系统,已成为发展趋势,目前在国内外很多原料含砷较高的炼铜厂,正是通过这一技术措施解决了砷累积的问题。仍存在的问题在于,砷属剧毒、致癌和"过剩"元素,冶炼回收的砷远远超过其应用所需,因此大部分的砷只能固化后堆存,而这一问题目前在我国仍未很好解决。

据美国地质调查局(USGS)报道,2011 年全球主要砷生产国白砷(砒霜,As_2O_3)产量为 5.2 万 t,其中,我国是最大生产国,达 2.5 万 t。据估算,我国随有色金属精矿或矿石进入冶炼系统的砷量,每年至少达到 10 万 t 以上,而随炉渣带走的量,估计只有约 3 万 t,其余除少量随含砷废水净化渣带走外,大部分富集于各类高砷物料中,或在系统中循环累积,或转化成白砷产品,甚至还有部分流向中小企业,造成严重的安全与环境隐患,这也正是近年来我国砷污染事故频发的原因之一。

从铜冶炼高砷物料中脱除的砷,全部转化成白砷或金属砷产品,是没有销路和经济效益的,使其固化—稳定化后堆存是主要的方向。针对这一问题,国内外开展了大量研究,国外研究主要集中在加拿大、日本和智利等国的学术与产业界。国内近年来也有一些研究和实践。曾研究过使含砷物料与高温熔融炉渣混合,将砷固化在炉渣玻璃体中而实现稳定化,结果表明,在这高温过程中,砷化合物会大量挥发,由此也证明玻璃包封方案不可行。水泥包封固化是一种可行的方案,但其固砷产物量太大,成本过高,并未得到广泛采用。硫化砷、砷酸钙在堆存中与空气和水接触,均会发生分解而不能稳定固化砷。这种方法沉砷渣含砷低、含水高,只适用于含砷浓度相对较低的废水处理,而不适合于作为高砷物料中脱除砷的固化方案。

在水热或常温条件下,通过对结晶过饱和度的控制,均可使溶液中的 As(V)和 Fe(III)以臭葱石沉淀。目前,智利国家铜公司已建成一家处理高砷铜烟尘的工厂,采用加拿大 McGill 大学 Demopolos 教授研发的分步控制过饱和度的方法,使砷从含 Fe(III)的浸出液中以臭葱石沉淀堆存,然后再从沉砷后液中采用萃取法回收铜、锌等有价金属，目前年处理高砷烟尘 5～7 万 t。最近的研究也表明，不同条件下沉淀的臭葱石，其稳定性相差甚大，这是值得进一步深入研究的问题。

我国是世界上最大的矿铜冶炼生产国。目前，仅有部分砷转化为白砷产品。对铜冶炼高砷物料中砷的脱除与固化—稳定化，虽然有一些研究，但在工业应用上还未起步，应引起重视并尽快付诸行动，为砷的减排和污染防治奠定坚实基础。

6.4.2.6 铅渣处理与资源化技术

炼铅炉渣中含有 0.5%～5% 的铅、4%～20% 的锌，既污染环境也浪费金属资源，其中的锌、铟可以氧化物烟尘的形式回收后送湿法炼锌厂，铅进入浸出渣返回炼铅，高温熔渣含有大量的显热，可以蒸汽的形式部分回收。炼铅炉渣可用回转窑、电炉和烟化炉等火法冶金设备进行处理。

（1）回转窑烟化

回转窑烟化法即 Waeltz 法，主要用于处理低锌氧化矿、采矿废石及湿法炼锌厂的浸出渣和铅鼓风炉的高锌炉渣。将物料与焦粉混合，在长回转窑中加热，使铅、锌、铟、锗等有价金属还原挥发，呈氧化物形态回收。

回转窑处理铅水淬渣以渣含锌大于 8% 为宜，低于 8% 时则锌的回收率小于 80%，且产出的氧化锌质量差。水淬渣与焦粉比例一般为 100:(35～45)，窑内焦粉燃烧所需空气靠排风机造成的炉内负压吸入供给以及窑头导入压缩空气和高压风，喷吹炉料强化反应以延长反应带使锌铅充分挥发。炉料中焦粉燃烧发热不够时，需补充煤气或重油供热。窑内气氛为氧化性气氛，常控制烟气中含 CO 20% 左右、O_2 大于 5%。回转窑内可分为预热段、反应段和冷却段，表 6－20 为回转窑各段温度实例。

表 6－20　回转窑内各段温度及其长度

项目	单位	预热段	反应段	冷却段
长度	m	8～9	21～23	1～2
温度	℃	650～800	1100～1250	950

注：冷却段为窑渣温度，其余为烟气温度。

回转窑产物有氧化锌、窑渣和烟气。氧化锌分烟道氧化锌（38.2% Zn、13.5% Pb）和滤袋氧化锌（70% Zn、8% Pb），其产出率取决于铅水淬渣含锌，一般为渣量的 10%～16%。烟道氧化锌与滤袋氧化锌的比率约为 1:3。窑渣产出率为炉料量的 65%～70%，其典型成分为 1.45% Zn、0.3%～0.5% Pb、22.8% Fe、26.6% SiO_2、12.6% CaO、3.3% MgO、7.8% Al_2O_3、15%～20% C。回转窑的最大缺点是窑壁黏结、窑龄短、耐火材料消耗大、处理冷料燃料消耗大、成本高。随着烟化炉在炉渣烟化中的广泛应用,现很少使用回转窑处理炼铅炉渣。

(2)电热烟化

电热烟化法是在电炉内往熔渣中加入焦炭使 ZnO 还原成金属挥发,随后锌蒸气冷凝成金属锌,部分铜进入铜锍中回收。此法 1942 年最先在美国 Herculaneum 炼铅厂采用。日本神冈铅冶炼厂曾用电热蒸馏法回收鼓风炉渣(3% Pb、16.2% Zn),其生产流程见图 6 - 7。

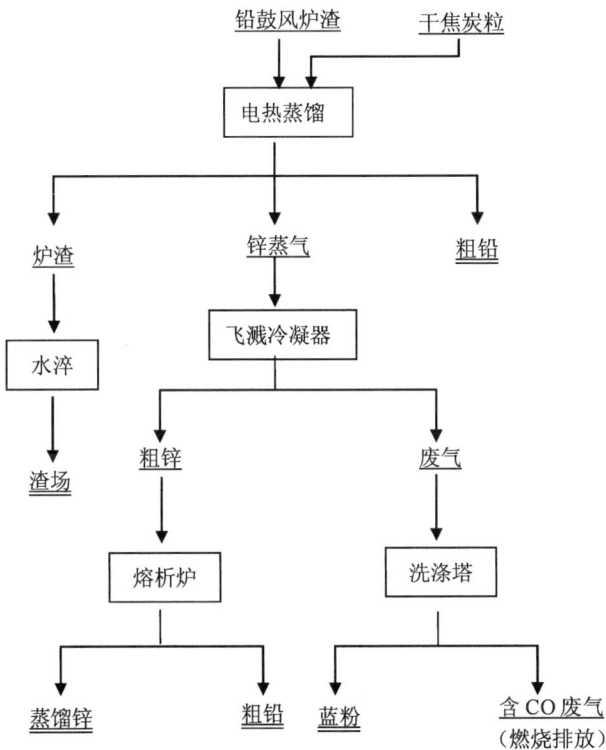

图 6 - 7　电热蒸馏法回收鼓风炉渣工艺流程

铅鼓风炉渣以液态加入 1650 kVA 电炉内加焦炭还原蒸馏,蒸馏气体含锌 50%,进入飞溅冷凝器中冷凝产出液态金属锌。电热蒸馏炉是矩形电炉,通常有 6 根电极,炉底、炉壁为炭砖,炉壁下部设水套,飞溅冷凝器内设石墨转子。冷凝得到的粗锌(91.6% Zn、6.2% Pb)送熔析炉降温分离铅后得到蒸馏锌(98.7% Zn、1.1% Pb)。熔析分离产出的粗铅与还原炉产出的粗铅送去电解精炼,电炉蒸馏后产出的炉渣含锌降至 5%、铅降至 0.3%。

（3）烟化炉烟化

将含有粉煤的空气以一定的压力通过特殊的风口鼓入烟化炉液体炉渣中，使化合态或游离态 ZnO 和 PbO 还原成铅锌蒸气，遇风口吸入的空气再度氧化成 ZnO和 PbO，在收尘设备中以烟尘形态被收集。这种方法具有金属回收率高、生产能力大、可用廉价的煤作为发热剂和还原剂，且耗量低、过程易于控制、余热利用率高等优点，目前广泛应用于炼铅炉渣的处理。

回转窑烟化、电热烟化及烟化炉烟化等处理方法存在许多问题，如银和铅进入窑渣难以回收，稀散金属分散不利于回收；铁导致渣量大且资源无法回收；回转窑挥发存在能耗高、烟尘无组织排放严重、银全部损失、弃渣未无害化等严重不足，这就迫切需要开发铅锌渣有价金属和铁资源清洁高效回收技术。

（4）澳斯麦特顶吹熔池熔炼处理铅锌冶炼渣新技术

借鉴澳斯麦特技术研发出了浸没熔池熔炼处理铅锌渣新技术。澳斯麦特顶吹熔池熔炼处理铅锌冶炼渣新技术烟化回收稀贵金属，回收率高；熔池炼铁回收铁资源，已开发 AusIron；终渣稳定化防止污染环境。而且新技术具有原料适应性强，备料简单，燃料和还原剂多样，可严格控制反应气氛，环保控制技术世界领先，占地面积小，冶炼效率高的优点，已在韩国温山长期稳定运行。

（5）高铁含铅工业固废清洁处理与资源利用技术

我国有色金属资源基地内有色金属冶炼每年产生大量高铁、含铅工业固体废物。针对现行高铁、含铅工业固废处理存在金属回收率低、SO_2 及铅尘污染严重、资源很难得到回收利用等缺点，中南大学对有色冶炼高铁、含铅固废清洁处理与资源回收关键技术进行了研发与攻关。开发了典型高铁、含铅工业固体废物同时强化还原造锍熔炼技术、固废资源全量利用技术和熔炼过程炉渣、铁锍成分控制技术；研发了低碳、高效强化熔池熔炼炉关键装置，形成具备行业推广前景的有色冶炼高铁、含铅工业固废清洁处理与资源利用技术体系，并建立了 4 万 t/a 高铁、含铅固废资源综合利用示范工程。

6.4.2.7 铅银渣资源化技术

铅银渣综合回收方式分为直接法和间接法。直接法是以铅银渣作为主要原料，选择适宜的工艺对铅银渣中有价金属进行回收。间接法是将铅银渣以配料的方式加入铅精矿，在铅冶炼的工艺过程中进行回收。

（1）直接法

浮选法：铅银渣综合回收方式不同，渣中有价金属回收的侧重点也不同。日本三菱金属公司的秋田电锌厂采用浮选方式，处理的铅银渣含银 239 g/t，浮选产出的银精矿含银 4150 g/t，尾矿 53 g/t，银的浮选回收率为 78.8%。内蒙古赤峰元宝山厂采用浮选的方式，铅银渣含银 189 g/t，通过浮选产出银精矿，银的浮选回收率约为 60%。白银西北铅锌冶炼厂对铅银渣的综合回收进行了研究，对铅银渣中银和铅进行浮选，银的浮选回收率约为 58%，银精矿品位 3324 g/t，铅的回收率较低。通过浮选对铅银渣进行综合回收，侧重点是银的回收，银回收率较低，约 60%。

回转窑挥发：内蒙古赤峰松山区安凯有限公司对赤峰中色库博红烨锌业有限公司湿法炼锌工艺产生的铅银渣采取回转窑挥发处理，即采用"铅银渣 + 石灰 + 焦粉—回转窑挥发—布袋收尘—尾气脱硫"工艺回收铅银渣中的有价金属。在配料过程中加入部分石灰，以减少 SO_2 进入烟气。通过回转窑还原挥发，锌、铅、银、铟等以烟尘的形式在布袋收尘器中回收；窑渣给水泥厂作为生产水泥的原料；烟气中的 SO_2 通过双碱法脱硫进入石膏。锌、铅、铟的回收率为 80% ~90%，银的回收率为 35% 左右。此外，华锡集团来宾冶炼厂、温州冶炼厂也是采用回转窑挥发工艺回收铅银渣中的有价金属。回转窑挥发工艺侧重点是锌、铅、铟的回收，缺点是回转窑要用昂贵的焦炭，并且耐火材料消耗大。

（2）间接法

QSL 炼铅工艺：利用 QSL 炼铅工艺处理铅银渣，国外有很多成功经验。韩国高丽锌公司 Onsan 冶炼厂在铅精矿中配入约 47% 二次物料及粉煤，通过配料、混合、制粒后得到的混合粒料入炉。二次物料包括铅银渣、锌浸出渣、精炼浮渣、厂外来渣、废蓄电池糊等。在还原区，锌只有 30% ~40% 挥发，终渣含铅小于 5%、锌小于 15%，送澳斯麦特炉烟化处理，炉渣中的铅、锌分别降到 1% 和 3% ~5%。通过 QSL 炼铅工艺，铅和银以粗铅的形式回收，银进入粗铅；产生的炉渣进一步处理，锌、铅等易挥发元素在布袋收尘器中回收；烟气 SO_2 浓度 12% ~14%，用于制酸。德国 Stolberg 冶炼厂 QSL 炼铅工艺二次物料在铅精矿中的配比达 51%，其中铅银渣 27%、废蓄电池糊 21%、其他含铅料 3%，QSL 炉渣含铅 3% ~5%，水淬后堆存。

基夫赛特炼铅法：基夫赛特炼铅法由苏联开发，各种不同品位的铅精矿、铅银渣、浸出渣、含铅烟尘等都可以作为原料入炉冶炼，能以较低的成本回收原料中的有价金属，并可以满足日益严格的环境保护要求。加拿大 Cominc 公司 Trail 铅厂采用基夫赛特法，在铅精矿中配入浸出渣，浸出渣量占 45% ~50%。浸出渣与铅精矿配料、干燥和细磨后，喷入基夫赛特炉的反应塔中，铅和银以粗铅形式回收，银进入粗铅。渣含锌 16% ~18%，经烟化炉处理后含锌 1% ~2.5%，烟气经布袋收尘，以氧化锌、氧化铅形式回收锌及铅，冶炼烟气 SO_2 浓度 14% ~18%，用于制酸。

氧气底吹：云南祥云飞龙有限公司采用氧气底吹方法直接熔炼铅精矿、铅银渣，铅银渣配比 30%，主要设备是只有氧化段而无还原段的反应器、密闭鼓风炉、烟化炉。铅精矿、铅银渣、熔剂及烟尘经过配料混合、制粒后得到的混合粒料入炉熔炼，产生一次铅、高铅渣和烟气，烟气经余热锅炉、电收尘后送制酸。

高铅渣经密闭鼓风炉还原熔炼，产生二次铅、鼓风炉渣和烟气，烟气经布袋收尘后排放。鼓风炉渣经烟化炉处理后，Zn、Pb、In、Ag 等有价金属进入烟气，经布袋收尘器回收。

(3)铅锌渣综合回收工艺

目前，国内外在铅冶炼过程中搭配铅银渣回收有价金属的工艺主要有：QSL炼铅工艺、基夫赛特炼铅法、水口山法。以上工艺都具有银回收率高，铅银渣加工成本低，可回收冶炼烟气余热提高产值，利用丰富、价廉的粉煤，产生的固化渣无污染、可销售；渣中的硫能回收，减少烟气治理成本的优点。受熔炼炉能力及工艺的限制，氧气底吹熔炼只能搭配处理部分铅银渣，剩余部分需要其他途径处理。目前铅银渣直接处理有回转窑挥发工艺、浮选工艺、烟化炉挥发工艺及澳斯麦特工艺，但都存在一些不足，如回转窑挥发工艺利用昂贵的焦炭，耐火材料消耗大，银回收率低，成本高；浮选工艺只能回收银，且回收率仅60%；澳斯麦特工艺专利不转让。

赤峰中色库博红烨锌业公司提出了一种铅银渣的综合处理工艺。铅银渣经制粒后，经过化矿烟化炉化成熔渣后，加入到铅冶炼系统液态渣直接粉煤还原炉，通过液态渣直接粉煤还原工艺及烟化炉还原挥发回收有价金属。由于铅银渣量较大，而富氧底吹熔炼系统是利用原焙烧制酸系统余热锅炉、电收尘及制酸系统，受能力的制约，其只能处理部分铅银渣，因此剩余铅银渣利用烟化炉系统处理。确定的工艺流程见图6-8。

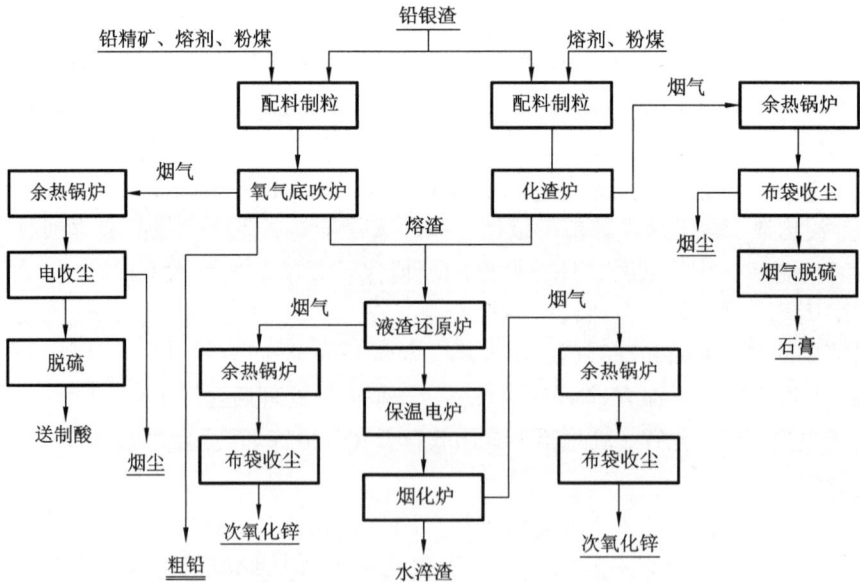

图6-8 铅银渣综合回收工艺流程

6.4.2.8　锌浸出渣无害化处理技术

湿法炼锌无论采用哪种工艺，最终都会产出相当数量的浸出渣。这些浸出渣颗粒细小并含有一定量的锌、铅、铜、铟及金、银等伴生有价元素。为了综合利用浸出渣，减少环境污染同时充分有效地利用二次资源，国内外学者做了大量的研究，提出了一系列的方法，归纳起来可分为湿法工艺和火法工艺。

(1)湿法工艺

1)热酸浸出黄钾铁矾法

热酸浸出黄钾铁矾法于 1986 年开始应用于工业生产。我国于 1985 年首先在柳州市有色冶炼总厂应用，1992 年西北铅锌厂采用该法生产电锌，其设计规模为年产电锌 10 万 t。热酸浸出黄钾铁矾法是基于浸出渣中铁酸锌和残留的硫化锌等在高温高酸条件下溶解，得到硫酸锌溶液沉矾除铁后返回原浸出流程，其流程包括五个过程，即中性浸出、热酸浸出、预中和、沉矾和矾渣的酸洗，比常规浸出法增加了热酸浸出、沉矾和铁矾渣酸洗等过程，可使锌的浸出率提高到 97%，不需要再建浸出渣处理设施。该法沉铁的特点：既能利用高温高酸浸出溶解中性浸出渣中的铁酸锌，又能使溶出的铁以铁矾晶体形态从溶液中沉淀分离出来。渣处理工艺流程短，投资少，能耗低，生产环境好，但渣量大，渣含铁仅 30% 左右，难以利用，堆存时其中可溶重金属会污染环境。

2)热酸浸出赤铁矿法

热酸浸出赤铁矿法由日本同和矿业公司发明，1972 年在饭岛炼锌厂采用。该法沉铁是在 200℃ 的高压釜中进行，浸出渣中的 Fe^{3+} 生成 Fe_2O_3 沉淀，渣含铁高达 58% ~ 60%，可作炼铁原料，副产品一段石膏作水泥，二段石膏作为回收镓、铟等的原料，因此，该法综合利用最好，不需渣场，从而消除了渣的污染和占地。但热酸浸出赤铁矿法浸出和沉铁在高压下进行，所用设备昂贵，操作费用高。

3)针铁矿法

热酸浸出针铁矿法沉铁浸出工艺是法国 Vieille – Montagne 公司研究成功并于 1970 年开始应用于工业生产的。热酸浸出针铁矿法处理浸出渣的流程包括中性浸出、热酸浸出、超热酸浸出、还原、预中和、沉铁等六个过程，可使锌的浸出率提高到 97% 以上。针铁矿法的沉铁过程采用空气或氧气作氧化剂，将二价铁离子逐步氧化为三价，然后以 FeOOH 形态沉淀下来。溶液中的砷、锑、氟可大量随铁渣沉淀而开路，因而中浸上清液的质量稳定良好。针铁矿法比黄钾铁矾法的产渣率小，渣含铁较高，便于处置。

4)热酸浸出法后利用石灰和煤灰渣处理锌浸出弃渣

热酸浸出法浸出的弃渣是湿法炼锌所产生的固体废物，渣中含有大量的重金属离子。目前一般是填埋处置。为了防止浸出渣中有害物质的溶出对环境造成污染，浸出渣应先进行无害化处理，然后再做最终处置。无害化处理的方法很多，通过用石灰、煤灰渣处理含锌浸出渣，该方法不仅简单，易于操作，而且处理效果较好，处理后的浸出渣达到国家所规定的控制标堆。某单位使用石灰、煤灰渣成功处理锌含量为 21.43% 、镉含量为 0.178% 的锌浸出渣，其工艺过程是：备料—混合—成型浸出渣。浸出废渣风干过 100 目筛，石灰、煤灰渣分别粉碎后过 40 目筛，浸出渣、石灰、煤灰渣以一定的配比投入到原料混合机中，经搅拌混合均匀，然后通过出料装置成型，再将成型的坯体养护，使之形成具有一定强度的固化产品，然后送往处置场进行处置。

5）富氧直接浸出搭配处理锌浸出渣

常压富氧直接浸出工艺由奥国泰公司开发，该工艺是在氧压浸出基础上发展起来的，避免了氧压浸出高压釜设备制作要求高、操作控制难度大等问题，但同样达到了浸出回收率高的目的。株洲冶炼集团股份有限公司采用引进奥国泰公司硫化锌精矿常压富氧直接浸出技术搭配处理浸出渣，同时综合回收铟，沉铟渣送铟回收工段，硫渣与浮选尾矿压滤后送冶炼系统处理。整个工艺过程中大幅消减 SO_2 烟气排放量，锌的总回收率达到 97% 、铟回收率达到 85% 以上；沉铁渣的品位达 40% 左右，提高了资源综合利用率；能耗明显降低，达到了综合回收有价金属的目的，同时治理环境，解决了锌浸出渣的污染问题。

6）基于铁酸锌选择性还原的锌浸出渣处理技术

锌冶炼过程中铁酸锌的生成导致后续沉铁工艺复杂，渣量大，造成资源浪费和环境污染。针对这一问题，提出一种在 CO/CO_2 弱还原气氛下，将铁酸锌选择性分解为氧化锌和四氧化三铁的锌浸出渣处理方法，焙烧产物可通过酸浸和磁选实现铁锌分离和回收。这一选择性还原焙烧方法使锌浸出渣量降低 30%，同时实现了锌、铁的资源化，具有较高的经济和环境效益。

（2）火法工艺

1）回转窑挥发法

回转窑挥发法是我国处理锌浸出渣所使用的典型方法，该法是将干燥的锌浸出渣配以 50% 左右的焦粉加入回转窑中，在 1100 ~ 1300℃高温下实现浸出渣中 Zn 的还原挥发，然后以氧化锌粉回收，同时在烟尘中可回收 Pb、Cd、In、Ge、Ga 等有价金属。Zn 的挥发率为 90% ~95%，浸出渣中的 Fe、SiO_2 和杂质约 90% 进入窑渣，稀散金属部分富集于氧化锌中利于回收，窑渣无害，易于弃置也可以加以利用。但该工艺存在窑壁黏结造成窑龄短、耐火材料消耗大、设备投资和维修费用高、工作环境差、能耗高等缺点。

2）矮鼓风炉处理浸出渣

我国鸡街冶炼厂采用矮鼓风炉处理湿法炼锌浸出渣。锌浸出渣经过干燥，根据其化学成分，选择合适的渣型，配入一定的还原剂、熔剂和黏合剂，经制成具有一定规格和强度的团块后，与一定量的焦炭一起加入矮鼓风炉中在 1050 ~

1150℃进行还原熔炼。在熔炼过程中，铁将被还原。为了避免炉底积铁，通过风口鼓风将还原出来的铁再次氧化，使其进入渣中而排出炉外。该厂用矮鼓风炉处理浸出渣的主要技术经济指标为：锌回收率为 90%，铅回收率为 95%，渣含锌小于 2%，每吨氧化锌粉耗焦 700 kg、耗粉煤 112 t、炉床能率为 25 t/(m²·d)。该法具有操作简单，处理能力大，对原料适应性强等特点，而且投资少，适合企业中小型炼锌使用。

3）漩涡炉熔炼法

漩涡炉熔炼是通过沿炉子切线方向送入高速风在炉内产生高速气流，当炉内有燃料燃烧时，则为灼热气流。高速灼热气流与具有巨大反应表面的细小颗粒作用，加速传热和传质，强化工艺过程。由切线风口向送入的高速气流在炉内形成强烈旋转的涡流，炉料在高速旋转气流形成的离心力作用下被抛到炉壁上进行燃烧、熔化和易挥发组分的挥发，依靠碳和必要时添加的辅助燃料的燃烧，炉内温度可达 1300～1400℃，炉料中的金属锌、铅、锗、铟等挥发进入炉气，最终以氧化锌状态回收，未挥发的熔体从炉壁上连续经隔膜口落入沉淀池。漩涡炉处理锌浸出渣，浸出渣与焦粉混合料中含碳必须大于 30%，温度高于 1300℃，才能确保渣含锌小于 2%。漩涡炉熔炼法处理浸锌渣具有金属挥发全面、渣中有价金属含量低、余热能充分有效利用、设备寿命较长、生产过程连续稳定、经济效益好等优点。其缺点是对资源和能源的要求较高、原料制备复杂、生产流程长、产出的烟尘再处理难度大。

4）澳斯麦特技术处理锌浸出渣

澳斯麦特技术是近年来发展起来的强化熔池熔炼技术，该熔炼技术在各种有色金属冶炼、钢铁冶炼及冶炼残渣回收处理生产应用方面都曾涉足。利用澳斯麦特技术处理锌浸出渣最成功的工业化应用范例是韩国锌公司温山冶炼厂。该厂于 1995 年 8 月采用澳斯麦特技术处理锌渣，产出无害弃渣，而且将各种有价金属回收在产出的氧化烟尘中。澳斯麦特技术具有设备简单、对炉料要求低、占地面积小、各种有价元素回收率高、能耗低等优点，但是对于含砷较高的物料，澳斯麦特炉产出的烟灰含砷较高，会污染环境，而且高砷物料的处理难度也很大，还会影响锌系统的正常生产，并且给氧化锌烟灰中稀散金属的回收带来困难。

5）烟化炉连续吹炼工艺

烟化炉吹炼处理湿法炼锌过程中产生浸锌渣工艺的实质是还原挥发过程，与回转窑挥发工艺原理基本相同，不同的是烟化法是在熔融状态下进行，而回转窑挥发工艺是在固态下还原挥发锌。烟化炉挥发工艺过程是将浸锌渣、粉煤或其他还原剂与空气混合后鼓入烟化炉内，粉煤燃烧产生大量的热和一氧化碳，使炉内保持较高的温度和一定的还原气氛，渣中的金属氧化物被还原成金属蒸气挥发，并且在炉子的上部空间再次被炉内的一氧化碳或从三次风口吸入的空气所氧化。

炉渣中锗、铟等金属氧化物以烟尘形式随烟气一起进入收尘系统收集。该工艺的优点是缩短了工艺流程，能耗较低，劳动环境得到改善，加工成本降低。但其缺点是锌渣烟化炉连续吹炼全过程在原料粒度一定、含水稳定、给料均衡的情况下，将微机在线检测变为微机自动控制是可行的，但要实现其稳定运行，还需进一步深入研究。

6）基夫赛特工艺搭配处理锌浸出渣

基夫赛特法技术特点是作业连续，氧化脱硫和还原在一座炉内连续完成；原料适应性强；烟尘率低（5% ~7% ）；烟气 SO_2 浓度高（ > 30% ），可直接制酸；能耗低；炉子寿命长，炉寿可达 3 年，维修费用省。其主要缺点是原料准备复杂（如需干燥至含水 1% 以下），一次性投入较高。根据基夫赛特原料适应性强的特点，将铅精矿与湿法炼锌浸出渣搭配冶炼，不仅可以实现铅冶炼技术及装备的全面升级，而且有望解决回转窑和铅鼓风炉排放的低浓度 SO_2 烟气问题，以及与铅锌联合企业循环经济建设中锌精矿直接浸出所产出的渣料（硫渣、高酸浸出渣）的综合处理问题，形成先进的直接铅冶炼湿法炼锌浸出渣处理配套技术。

国内自主开发的富氧低吹—鼓风还原工艺（SKS 法）虽然解决了低浓度 SO_2 污染问题，但仍然存在能耗高、气型重金属污染问题。与此同时，锌生产系统产出大量含有价金属的铅锌渣料，传统回转窑处理工艺金属回收率低、污染严重；而且大量窑渣堆存，造成资源浪费和环境污染。该技术围绕重金属固体废物全过程污染控制和资源化高效利用，通过引进和再创新研究原料适应性强的基夫赛特直接炼铅技术，突破基于搭配浸锌渣为原料的铅闪速熔炼微观场调控下炉结抑制与消除、氧位 - 硫位控制有价金属定向分离等关键技术，创建搭配铅锌渣料闪速熔炼直接炼铅新工艺，取代传统的"烧结机—鼓风炉"炼铅系统。以株冶集团为依托，建设年产 10 万 t 粗铅的直接炼铅生产系统，同时搭配处理 10 万 t/a 以上含铅锌渣料，实现铅冶炼高效清洁生产的同时实现锌生产系统铅锌渣料资源化。

韩国锌业公司温山冶炼厂为建成一座"绿色"工厂，曾对渣处理流程做过多方案的比较和改进。其原则是消除浸出渣的堆场，使未来不可知责任最小化，而不是公司当前利益的最大化，其目标是研究一种与铅渣烟化炉相同的化学反应过程，实现连续化操作的锌渣处理工艺，渣烟化的连续化过程有利于含硫烟气的后续处理，也有利于操作管理。在澳大利亚进行试验后，于 1995 年建成两段澳斯麦特炉处理炼锌厂残渣，投产初期遇到了许多机械问题，经过一段时间的设计修改取得了很好的效果，证明两段连续烟化炉处理锌浸出渣或铅锌冶炼过程残渣，产出无污染可利用的废渣是一个比较好的方法。该项目的正常生产逐步消除了该厂生产过程产出的铁矿渣和堆存的铁矾渣。烟化炉放出的渣经水淬后出售给水泥厂，从而真正地实现了"无弃渣锌冶炼厂"的初衷。温山锌冶炼厂澳斯麦特渣处理工艺，设计能力为 12 万 t/a（干基）浸出渣。含水 25% 浸出渣与粒煤（5 ~20 mm）、石英溶剂经配料、混合后加入第一段澳斯麦特熔炼炉。熔炼炉顶部喷枪送入富氧空气、粉煤，二次燃烧空气进行浸没熔炼，产出的含锌氧化物烟尘和 SO_2 烟气经沉降室余热锅炉降温，电收尘机除尘后，尾气含有 SO_2 1% 左右，通过氧化锌吸收后排空。沉降室收集的粗尘返回熔炼炉，余热锅炉和电收尘器收集的混合氧化物作为尾气洗涤吸收剂，经洗涤产出的亚硫酸锌矿浆回炼锌厂回收锌和硫酸。熔炼炉下部排渣口将熔融渣送往第二段澳斯麦特炉进一步贫化，第二段炉设有单独的烟气处理系统，由于第二段炉的烟气不含 SO_2，所以无尾气吸收装置。烟气经沉降室、热回收降温至 200℃，再经布袋收尘器除尘后直接排放，二段炉的氧化锌烟尘送浸出厂。二段炉设有放渣口和底部放出口，废渣由放渣口排出后水淬外售，铜锍由底部放出口间断排放，送铜厂处理。熔炼炉操作温度 1270℃，贫化炉操作温度为 1300~1320℃。该厂 1995 年初产遇到的主要问题是：由于喷溅造成上升烟道的堵塞，喷枪下部寿命短；耐火材料过度损坏。经温山冶炼厂不断改进已取得了很好的效果。生产实践数据为：锌回收率 86%，铅回收率 91%，银回收率 88%（其中，71.5% 进入氧化锌烟尘，其余进入铜锍）。废渣含锌小于 3%，含铅小于 0.3%，铜、锑以黄渣形式得以回收。

6.4.2.9　硫渣资源化技术

硫渣中硫磺的回收方法主要包括物理法和化学法，物理法包括高压倾析法、浮选法、热过滤法、制粒筛分法、真空蒸馏法等，化学法包括有机试剂溶解和无机试剂溶解等方法。物理法利用硫的熔点、沸点、黏度等物理性质回收硫。

高压倾析法用高压釜加热含硫物料，熔融态的元素硫沉积，排出冷却得含硫量高的硫磺产品，但该法获得的硫磺产品品位不高。热过滤法将物料加热、过滤，使硫与其他固体物料分离，该法应用非常广泛，但一般要求含硫量大于 85%。浮选法工艺简单，成本低，但硫渣硫磺品位低，一般只能起到富集硫的作用。真空蒸馏法蒸馏效果受蒸馏温度影响很大，但产品纯度很高，很少有"三废"产生，介质可循环使用，绿色环保，但成本高、设备复杂。制粒筛分法是将含硫物料加热、骤冷，元素硫形成硫粒筛分回收，工艺上较难掌握，硫磺品位不高。

化学法用溶剂从含硫物料中溶解硫，再提取得硫磺产品。由于硫在四氯乙烯、煤油和二甲苯中的溶解度均随温度升高而快速增加，可通过高温溶解—低温结晶方法提取硫渣中的硫磺，回收率高，产品纯度高，但有机溶剂有毒、易挥发、易爆，脱硫渣中残留有机溶剂。无机溶剂主要采用 $(NH_4)_2S$ 与单质硫形成多硫化物而与其他杂质分离，多硫化物进一步加热分解可生成单质硫沉淀，氨气和硫化氢气体收集循环使用。此法物料范围广，浸出速率快，反应易控制，但由于 $(NH_4)_2S$ 能溶解金属硫化物，使产品纯度不高，且操作环境差。锌精矿常压富氧直浸工艺产生的硫渣除含大量单质硫磺外，还含贵金属 Ag 等，可从中提取硫磺，还可富集贵重金属。热滤法是一种较经济和实用的硫磺回收方法，但热滤法对原料中单质硫含量有一定要求，需在85%以上。

6.4.2.10 铜镉渣处理与资源化技术

根据分离过程中各金属的物理化学性质及其回收工艺流程的不同，从铜镉渣中提取分离回收金属成分有火法贫化、湿法分离及炉渣选矿等方法。火法工艺历史较久，工艺成熟，但能耗高，需要价格较高的冶炼焦及庞杂的回收炉灰和净化气体设备，生产过程中常产生腐蚀性氯气，对设备的要求较高，近年来较少采用；而湿法工艺能耗相对较低，生产易于自动化和机械化，对于品位低、规模小的含镉物料，生产成本低，工艺过程相对简单。浸出—净化—置换—电积联合法生产工艺是国内回收铜镉渣最主要的工艺，此工艺主要包括浸出、压滤、除铁、一次净化、二次净化、电解精炼等工序；另一种是浸出—净化—萃取—反萃工艺，萃取分离能达到高效提纯和分离的目的，同时，萃取剂能够循环重复利用，具有很好的经济效益。

湿法工艺也分为酸法和氨法工艺，两者各有特色。目前我国湿法炼锌工艺大多采用酸法路线，因氨浸工艺路线得到的锌–氨溶液难与现有炼锌系统衔接，所以铜镉渣氨浸工艺未得到广泛采用。目前，国内部分大型锌冶炼厂对铜镉渣等含镉料渣只进行粗分离。如来宾冶炼厂首先将锌、镉进行浸出，浸出后滤液送镉回收工序生产粗镉，未浸出的铜渣直接售出。铜渣中还含有约3%镉和20%锌，对后续铜的回收带来不利影响。还有厂家将铜镉渣送入回转窑进行预处理，镉挥发进入氧化锌烟尘。烟尘浸出时镉又重新溶解，镉在此过程中并未得到回收，只是在系统内循环，重复耗酸和锌粉，生产成本增加。

近年来，研究人员围绕铜镉渣等含镉料渣中有价金属回收工艺进行了诸多研究，但研究内容大多集中在对常规的浸出—净化—置换工艺进行调整和改进。廖贻鹏等提出了一种从铜镉渣中回收镉的方法，主要流程包括硫酸浸出—净化除铜—氧化除铁—锌粉置换等最后得到海绵镉、镉锭；曹亮发等公开了一种从海绵镉直接提纯镉的方法，其工艺过程包括铜镉渣酸性浸出及沉钒除杂、锌粉置换的一次海绵镉直接生产镉锭、海绵镉压团熔铸、粗镉蒸馏精炼等工序，省去了一次海绵镉的堆存场地，缩短了镉提炼的工艺流程和生产周期，节省了二次置换所需的锌粉。锌粉的消耗量降低45%以上。

北京矿冶研究总院的邹小平等对驰宏锌锗的铜镉渣现有酸浸—置换—电积镉工艺加以改进，将原有流程产出的镉绵通过火法工艺经粗炼和真空精炼生产高纯精镉，实现镉品位由50%~60%提高到80%以上，镉绵经压团熔炼后直接进行连续精馏，取消间断熔炼工序和电积，实现精镉生产的连续化作业；韶关冶炼厂的袁贵有研究了酸浸—铜镉渣中和—锌粉除铜法处理铜镉渣的工艺，工艺条件优化后，镉直收率达到88%；石启英等研究了湿法炼锌中铜镉渣的酸浸和铜渣的酸洗过程对系统杂质氯的脱除效应，研究发现，用铜渣的酸洗液、锌电解废液及各种过程洗涤水配制成始酸为 80～100 g/L 的前液，蒸汽加热到 60℃以上，对湿法炼锌中的一次净化渣即铜镉渣进行浸出，并将终酸控制在 10 g/L 以上，回收锌和镉，所得的铜渣在 50～60℃的条件下，用锌废液对其中的锌和镉进行再浸出，可达到最大限度地提高铜渣中铜的品位并具备铜渣除氯的条件；商洛冶炼厂对铜镉渣的处理采用锌电解废液或硫酸浸出其中的锌、镉。当浸出达到终点时控制液体的酸度 2～4 g/L，然后加入锰粉将 Fe^{2+} 氧化成 Fe^{3+}，再加入石灰乳中和溶液 pH 到 5.2～5.4，借助铁的水解沉淀除去砷、锑等杂质，澄清压滤液固分离。滤液送镉回收工序，而固体铜渣用来回收铜。铜渣中还有 3% 以上的镉和 20% 左右的锌，为了解决此问题，在不影响提镉的前提下，该厂技术人员采用烟尘代替石灰乳中和溶液，取得了较好的效果；株冶集团针对目前镉生产工艺处理能力日趋饱和、溶液中锌含量高、操作困难、浸出液铁含量高、有害杂质内部循环、锌粉质量差、镉绵杂质含量高、镉电解困难等问题，对现有镉生产工艺进行了改进。改进后的工艺增加了一个铜镉渣过滤工序，从而降低了镉工段处理量，降低了镉生产溶液中锌的含量，使得后续工序的技术条件易于控制。

此外，近年来还有研究人员提出了加压酸浸法、微生物浸矿法、流化床电极等技术方法，以进一步改善铜镉渣处理效果。但加压酸浸法在高温高压下进行，对设备的要求较高，不利于工业化的广泛应用；微生物浸矿法等则难以与现有铜镉渣处理体系衔接；流化床电极法电流效率低、能耗高、铜镉深度分离困难，工程化实现困难等。

总体来看，现有含镉料渣的处理工艺存在流程复杂、处理周期长、所需要的化学原料种类和设备多、中间副产二次物料多、锌粉消耗量大，生产流程中累积的金属锌多、且只能生产出铜、锌、镉等粗级产品等缺点，尤其是现有处理工艺存在镉浸出率、回收率低、镉在处理回收过程中易分散流失等问题，更是目前含镉物料处理技术急需突破的瓶颈问题。

6.4.2.11　镁还原渣的综合利用

热法炼镁，每吨产品将产生 6.5 t 固体废渣，导致生产过程及清渣运输过程中粉尘污染严重，且堆积占地，造成二次污染。镁渣自身具有很高的水化活性，可生成水化硅酸钙凝胶。因此，不仅可以利用镁渣作为胶凝材料，也可用于制备矿化剂、墙体材料、脱硫剂等产品，代替部分矿渣生产水泥，研究生产农业肥料等。国家新标准《镁渣硅酸盐水泥》(GB/T 23933—2009) 的正式颁布，有利于镁渣的综合利用。镁冶炼还原渣生产镁渣硅酸盐水泥，新的镁渣用于钢铁冶金造渣，利用镁渣制作免烧砖，或制造镁渣蓄热材料和镁渣环保陶瓷材料等技术均是镁冶炼还原渣综合利用的主要方向。

（1）利用镁渣制作新型墙体材料

国内已有研究报道将镁渣直接与磨细的矿渣，按照一定比例混合，添加复合激发剂，配制胶结料。利用镁渣生产墙体材料的工艺简单、成本低廉、节省能源，并且胶结材料具有良好的胶凝性能，制成的墙体材料密度小、强度高、耐久性好，产品质量符合相关标准。大部分企业只是单一地应用镁渣材料制砖，其实还可以在镁渣中掺入一定量的轻骨料，制作轻质保温、隔热墙体材料或制成屋面材料。

（2）利用金属镁渣制作矿化剂

镁渣是近年来开发的新型矿化剂，经过1200℃左右的高温煅烧后的镁渣，具有一定的化学活性，能够降低晶体的成核势能，诱导晶体，加速矿物的转化及形成，减少了从生料到熟料的热耗。因此，可以试烧不同镁渣配比下的生料，研究熟料抗拉、抗压强度较高的配方。有研究表明：生料中加入10%左右的镁渣，煅烧时可以起到良好的矿化效果。镁渣与萤石价格悬殊，利用镁渣代替部分萤石作矿化剂对降低生产成本，提高经济效益的作用十分显著。

（3）利用镁渣生产建筑水泥

镁渣可以替代部分矿渣生产混合水泥混合材，生产出的水泥质量较稳定，但是随着镁渣掺入量的增加，水泥早期强度有降低的趋势，凝结时间延长。因此当镁渣用作水泥生产的混合材时，应该满足国家标准的相关技术要求。

生产砌筑水泥：砌筑水泥是由一种或一种以上的活性混合材料或具有水硬性的工业废料为主要原料，加入适量的硅酸盐水泥熟料和石膏，经磨细制成的水硬性胶凝材料。这种水泥强度较低，不能用于钢筋混凝土或结构混凝土，主要用于工业与民用建筑的砌筑和抹面砂浆、垫层混凝土等。研究表明：镁渣的活性高于矿渣，易磨性比矿渣和熟料要好，利用炼镁废渣生产砌筑水泥，可以明显的提高水泥的活性，增加产量，降低水泥的生产能耗。

生产复合硅酸盐水泥：水泥中混合料总掺加量按质量百分比应大于20%，不超过50%。利用镁渣生产复合硅酸盐水泥的原理是在水泥生料中加入炼镁废渣，煅烧成硅酸盐水泥熟料后，再加入适量镁渣等掺料，磨细制得复合水泥（MgO质量分数约为4.0%）。需要注意的是利用镁渣生产复合硅酸盐水泥，掺量范围应满足水泥中方镁石含量的限制要求。

（4）利用镁渣做脱硫剂

由于循环流化床锅炉脱硫技术主要是利用氧化钙进行脱硫，而镁渣中氧化钙的质量分数在50%左右，所以对镁渣进行脱硫性能的研究是有意义的。有研究表明：脱硫剂按25.5%计，Ca/S摩尔比为3，则在相当条件下（粒径小于0.105 mm，900℃，O_2为5%，SO_2为0.2%，N_2作为平衡气），预计脱硫效率可达76.5%。分析结果得出脱硫效果主要与镁渣的粒径、孔隙率、脱硫温度等因素有关。粒径越小，孔隙率越高的镁渣，在适当的空气过量系数和温度下，可提高镁渣的脱硫效率。

（5）利用金属镁渣和粉煤灰为主要原料生产加气混凝土

镁渣属钙质材料，粉煤灰属硅质材料，均属于固体工业废渣，性能互补，在水热合成和激发的条件下，其活性可以激发出来，用以生产硅酸盐混凝土，在水化过程中可以抵消部分体积不稳定引起的变形。因此加气混凝土生产工艺和还原渣综合治理结合是镁生产厂家处理工业废渣、改善环境的理想方案之一。加气混凝土生产所用原材料为粉煤灰、还原渣、硫酸钙、铝粉和气泡稳定剂等，经大量实验分析，CaO/SiO_2 质量比、硫酸钙的掺量是主要影响因素。配合比范围为粉煤灰 60% ～71%；还原渣 25% ～35%；硫酸钙 2% ～5%；铝粉 0.04% ～0.06%；气泡稳定剂 0.01% ～0.2%。

(6)镁渣应用于混凝土膨胀剂

镁渣颗粒粗以及 CaO 和 MgO 含量高是产生膨胀性危害和膨胀滞后性的主要原因；实际生产应用中可以通过磨细粒状渣、掺加其他活性掺和料、充分陈化、添加引气剂、加快出罐冷却速度等方法来减轻镁渣膨胀带来的危害。采用镁渣及其激发剂配制混凝土膨胀剂，单独使用镁渣制备混凝土膨胀剂，水中养护 7 d 的限制膨胀率达不到 JC 476—2001 标准 0.025% 的要求，添加激发剂后可以显著提高镁渣的早期膨胀性能，并且各龄期的限制膨胀率及强度均符合混凝土膨胀剂的标准要求。

(7)利用镁渣研制环保陶瓷滤料

将镁渣直接磨细与一定比例的磨细成孔剂及天然抗物烧结助剂混合，然后经过成球、干燥，并在隧道窑或梭式窑中于 1050 ～1150℃烧成，得到环保陶瓷滤料。此方法的镁渣利用效率高，且所烧成的陶瓷滤料抗压强度达 20 MPa，气孔率为 37%，耐酸性为 99.4%，耐碱性为 99.9%，是一种具有广泛应用价值的高品质滤料。

(8)镁渣作为路用材料

镁矿渣掺加 5% 石灰或 2% 水泥稳定土，完全可以用做高级或者次高级路面的基层，镁矿渣经过球磨机或其他工艺磨碎后，其路用效果会更好，细度应小于 0.9 mm 为宜。镁渣可作为良好的路用材料在于镁矿渣中钙镁的含量很高，且具有比较高的活性，在基层中与土反应，生成不溶性含水硅酸钙与含水铝酸钙，呈凝胶状态或纤维状结晶体，使混合料颗粒之间的联结和黏结力加强，随着龄期的增长，这些水化物日益增多，使镁矿渣混合料基层获得越来越大的抵抗荷载作用的能力。

(9)镁渣综合利用新技术

2014 年，山西金星镁业有限公司设计建设了一条还原渣干法快冷处理生产线。生产产品经分级处理分别达到镁渣硅酸盐水泥配方及钙镁复合肥工艺要求。年处理量达 10 万 t，实现了还原渣的综合利用，达到了还原工序固体废物的零排放。

6.4.2.12 多金属复杂高砷物料脱砷解毒及综合利用技术

砷是铜铅锌等有色金属矿石中的主要伴生元素之一。在冶炼过程中，砷分散到了生产各环节，使得脱砷困难。目前，我国有色行业对多金属复杂高砷物料一直沿用传统的火法和湿法脱砷工艺，脱砷率低，脱砷及实现有价资源的综合利用，已经成为我国有色行业急需解决的共性问题。该技术重点针对多金属复杂高砷物料脱砷难、伴生有价金属综合回收率低等难题，通过攻克高砷多金属复杂料高选择性捕砷剂碱浸脱砷、脱砷液臭葱石沉砷与捕砷剂再生、脱砷后多金属料控电位浸出高效分离铋和铜、高铅料低温熔炼回收贵金属关键技术难题，以期突破含砷物料脱砷及资源综合回收的关键技术。并依托郴州金贵银业股份有限公司建立 2000 t/a 高砷多金属复杂物料处理生产示范，并向全国辐射推广。

6.4.2.13 重金属废渣回收硫化物精矿清洁工艺

重金属废渣毒性大，污染严重。回收渣中的有价金属对延缓矿物资源的枯竭具有重要意义。该技术针对重金属废渣的环境污染和资源浪费问题，以重金属的无害化和资源化为目标，开发出重金属废渣深度硫化—表面诱导—絮凝浮选回收有价金属新技术。通过突破重金属废渣硫化过程强化与促进新技术，提高金属的硫化率；控制金属硫化物的晶形与粒度，提高可浮性；通过表面诱导与絮凝强化实现微细粒人造硫化矿的高效浮选，并对浮选残渣进行毒性评价和无害化处理与处置。依托株冶集团建立了 500 t/a 的重金属废渣硫化—浮选回收金属硫化矿的中试示范。

6.4.2.14 冶炼废水治理污泥的处理与资源化

冶炼废水污泥是指冶炼行业中废水处理后产生的含重金属污泥废物，为列入国家危险废物名单中的第十七类危险废物。废水处理将水中的 Cu、Ni、Cr、Zn、Fe 等重金属转移到污泥中。因此，必须对重金属污泥进行无害化处置和资源化综合利用。

（1）冶炼废水重金属污泥的无害化处置

污泥处理与处置的无害化技术是实现污泥资源化利用的前提条件。我国 2001 年 12 月 17 日发布的《危险废物污染防治技术政策》（环发〔2001〕199 号）要求到 2015 年所有城市的危险废物基本实现环境无害化处理处置。

1）固化处理

危险固体废物诸多处理方法中，固化技术是一项重要技术，与其他处理方法相比具有固化材料易得、处理效果好、成本低的优势。固化过程是利用添加剂改变废物的工程特性，如渗透性、可压缩性和强度等。近年来，美国、日本及欧洲一些国家对有毒固体废物普遍采用固化处置，并认为这是一种将危险物转变为非危险物的最终处置方法，所采用的固化材料有水泥、石灰、玻璃和热塑料物质等。其中，水泥固化是国内外最常用的固化方法，对一些重金属的固定非常有效，美国国家环保局确认它对消除一些特种工厂所产生的污泥有较好的效果。

2）填埋

填埋技术是比较适合中国国情的一项危险废物无害化处置途径，但针对冶炼废水污泥这一类危险废物的填埋技术仍处于较低的水平，对环境的破坏相当严重，特别是对地下水的污染十分突出。危险废物的安全填埋，即在填埋前进行预处理使其稳定化，以减少因毒性或可溶性造成的潜在危险。2001 年，国家颁布了《危险废物填埋污染控制标准》（GB 18598—2001），对冶炼废水污泥实现无害化处置提出了要求。

（2）重金属污泥的资源化利用

由于资源贫化和环境污染的加剧，冶炼废水污泥作为一种重要的重金属资源其回收利用日益受到重视。作为一种廉价的二次资源，采用适当的处理方法，冶炼废水污泥可变废为宝，带来可观的经济效益和环境效益。

1）回收重金属

浸出—沉淀：冶炼废水污泥进行选择性浸出，使其中的重金属溶出，有酸浸和氨浸两种工艺，目前国际上偏向于采用选择性相对较好的氨浸。沉淀法分离回收浸出液中的重金属工艺简单、应用较为广泛。

浸出—溶剂萃取：20 世纪 70 年代，瑞典国家技术发展委员会支持 Chalmers 大学开发了 Am – MAR"浸出—溶剂萃取"工艺回收冶炼废水污泥中的 Cu、Zn、Ni 等重金属物质，并逐步形成工业规模。我国采用溶剂萃取工艺从冶炼废水污泥中回收有价金属，应用氨络合分组浸出—蒸氨—水解硫酸浸出—溶剂萃取—金属盐结晶，回收冶炼废水污泥中有价金属，并得到含 Cu、Zn、Ni、Cr 等高纯度金属盐类产品。

电解：一些冶炼厂对污泥进行了电解法处理，将一定量的水和硫酸加入到污泥中，沸腾后静止 30 min 过滤，滤液移至冷冻槽加入理论量 1～2.5 倍的硫酸铵使之生成硫酸铬和硫酸铁转变为铁矾，根据铬矾和铁矾在低温（75℃）条件下溶解度的不同而实现铬、铁的分离，可回收 90% 以上的铬。

氢还原分离：采用湿法氢还原综合回收冶炼废水污泥氨浸产物中的 Cu、Ni、Zn 等，分离出金属铜粉和镍粉。在弱酸性硫酸铵溶液中，可以获得较好的铜镍分离效果，两种金属粉末的纯度可达到 99.5%，铜回收率达 99%、镍回收率达 98%。该法流程简单、投资少、产品纯度高。

煅烧酸溶法：含铜污泥通过酸溶、煅烧、再酸溶后以铜盐的形式回收，是一种简便可行的方法。在高温煅烧过程中，大部分杂质如 Fe、Zn、Al、Ni、Si 等转变成溶解缓慢的氧化物，从而使铜分离以 $Cu_4(SO_4)_6H_2O$ 的形式回收。这种方法不需要添加较多试剂，具有较强的经济性和简便性，但回收得到的铜盐含杂质较多。

2）铁氧体综合利用技术

铁氧体技术应用铁氧体综合利用处置冶炼废水重金属污泥，并制成合适的工业产品。由于一些冶炼废水污泥是经亚铁絮凝的产物，污泥中含有大量的铁离子，采用适当的无机合成技术可使其变成复合铁氧体，污泥中的铁离子以及其他多种金属离子被束缚在反尖晶石面心立方结构的四氧化三铁晶格中，其晶体结构稳定可避免二次污染。铁氧体法分为干法和湿法两种工艺，湿法工艺可合成铁黑产品，并以铁黑颜料为原料开发黑色醇酸漆和铁黑油性防锈漆等产品。干法可合成性能优良的磁性探伤粉，该工艺简单、成品率高、无二次污染、处理成本低。

3）生产改性塑料制品

冶炼废水污泥生产改性塑料制品是国内一项独创的新技术，由上海多家科研单位联合开发。其基本原理是采用塑料固化的方法，将冶炼废水污泥作为填充料与废塑料在适当的温度下混炼，经压制或注塑成型等过程制成改性塑料制品。冶炼废水污泥在专用 TGZS300 型高湿物料干燥机中，经 $400 \sim 600℃$ 高温干燥稳定重金属，冶炼废水污泥与塑料之间属物理混合包裹型固化，经用表面活性剂（如油酸钠）改性处理后提高了污泥的疏水性，接触角达 $100°$ 左右，与塑料有较好的相容性、充填均匀、机械性能改善。该工艺生产的塑料制品（包含改性、干化后的冶炼废水污泥），重金属的浸出率和塑料制品的机械强度都能达到规定指标。冶炼废水污泥与废塑料联合生产改性塑料制品，既解决了废料的安全处置，又充分利用了废物资源，是变废为宝、综合利用实现废物资源化的重要途径，具有良好的社会和环境效益。

6.5　有色冶金废水处理与回用

6.5.1　有色冶金废水治理方法概述

冶炼废水的特征是浓度高、波动大，废水中砷、镉、铅、锌等重金属以及有机物等浓度达几至几千毫克每升；组分杂，含有砷、镉、铅、锌、汞等多金属离子以及有机物和油类物质；水量大，企业废水日排放量可达 2 万 t 以上。

处理重金属废水的原理是利用各种技术，将污水中的污染物分离去除或将其转化为无害物质，达到净化污水的目的。目前废水处理方法主要有三种：①通过发生化学反应除去废水中重金属离子的方法，包括硫化物沉淀法、中和沉淀法、化学还原法、铁氧体共沉淀法、电化学还原法等；②在不改变其化学形态的条件下使废水中的重金属进行浓缩、吸附、分离的方法，包括溶剂萃取、吸附、离子交换等方法；③废水中重金属借助微生物或植物的絮凝、吸收、积累、富集等作用被去除的方法，包括生物吸附、生物絮凝、植物整治等。

6.5.1.1 化学法处理重金属废水

化学法主要包括化学沉淀法和电解法,适用于含较高浓度重金属离子废水的处理。化学沉淀法的原理是通过化学反应使废水中呈溶解状态的重金属转变为不溶于水的重金属化合物,经过滤和分离使沉淀物从水溶液中去除,包括中和沉淀法、硫化物沉淀法、铁氧体共沉淀法。由于受沉淀剂和环境条件的影响,沉淀法往往出水浓度达不到要求,需作进一步处理,产生的沉淀物必须很好地处理与处置,否则会造成二次污染。

(1)中和沉淀法

中和沉淀法通过加入碱至含有重金属的废水中进行中和反应,生成难溶于水的重金属氢氧化物进一步分离。这是一种操作简单方便的方法,因其只是将污染物转移,很容易造成二次污染。以下几个问题在操作中要注意:①中和沉淀后,若出水 pH 值高,则排放前需要中和处理;②如果废水中多种重金属共存,如当废水中含有锌、铝等两性金属时,若 pH 偏高,可能导致沉淀物再溶解,铝则可能有偏铝酸生成;③废水中有些阴离子,如 SO_4^{2-}、卤素、CN^-、腐殖质等,与重金属形成配合物可能性很大,故在中和之前需经过预处理;④有些不容易沉淀的小颗粒,需加入絮凝剂辅助生成沉淀;⑤对于低浓度的重金属处理效果较差。

(2)硫化物沉淀法

硫化物沉淀法是将重金属废水 pH 调节为一定碱性后,再通过向重金属废水中投加硫化钠或硫化钾等硫化物,或者硫化氢气体直接通入废水,使重金属离子同硫离子反应生成难溶的金属硫化物沉淀,然后过滤分离。硫化物沉淀法是废水中溶解性重金属离子用硫化物去除的一种有效方法。与氢氧化物沉淀法相比,硫化物沉淀法可以使金属在相对低的 pH 条件下(7~9 之间)高度分离,形成具有易于脱水和稳定等特点的金属硫化物,一般不需要再中和处理出水。硫化物沉淀法也存在着一些缺点,硫化物沉淀剂在酸性条件下易生成硫化氢气体,产生二次污染,另外颗粒较小的硫化物沉淀易形成胶体,会对沉淀和过滤造成不利影响。

(3)铁氧体法

铁氧体法是向废水中投加铁盐处理重金属废水,通过控制 pH、氧化、加热等条件,使重金属离子与铁盐在废水中生成稳定的铁氧体共沉淀物,然后采用固液分离的手段达到去除重金属离子的目的。该法首先是日本 NEC 公司提出的,用于处理重金属废水及实验室污水,取得了较好的效果。铁氧体共沉淀法一次可去除多种废水中重金属离子,形成大的沉淀颗粒,容易分离,颗粒不返溶,不会产生二次污染,而且形成的是一种优良的半导体材料。但是在操作中需要将温度控制在 70℃左右或更高,操作时间长,在空气中慢慢氧化,能量消耗多。

电解法是利用金属离子的电化学性质,使金属离子在电解时能够从相对高浓度的溶液中分离出来。电解法主要用于电镀废水的处理,这种方法的缺点是水中的重金属离子浓度不能降得很低。所以，电解法不适于处理较低浓度的含重金属离子的废水。

重金属废水化学处理法的主要原理及特点如表6-21所示。

表6-21 重金属废水的化学处理法

处理方法	主要原理	特点
中和法	中和沉淀、固液分离	操作简单、多种金属难回收
硫化法	硫化物沉淀、固液分离	可处理汞、固液分离难
铁氧体法	铁氧体沉淀、固液分离	需加热、设备操作复杂
钡盐沉淀法	钡盐沉淀、固液分离	需经二次处理
氧化还原法	氧化、还原	废渣量大
浮选法	沉淀、气浮	药剂毒性大
铁粉法	置换	药剂用量大
电解法	氧化还原	电耗大、投资成本高

6.5.1.2 物理化学法处理重金属废水

物理化学法包括还原法、离子交换法、吸附法和膜分离等。

（1）还原法

还原法是含重金属离子废水和还原剂接触反应，将重金属离子由高价还原至低价的一种废水处理方法。国内外使用的还原剂包括：二氧化硫、硫酸亚铁、亚硫酸氢钠、焦亚硫酸钠、亚硫酸钠、硼氢化钠、铁屑、连二亚硫酸钠等。目前废水处理的预处理方法一般使用还原法。

（2）离子交换法

离子交换法是利用离子交换树脂把废水中的重金属离子交换出来，在重金属离子通过 H 型离子交换树脂时被 H^+ 取代，从而除去重金属离子。树脂中可交换的 H^+ 被消耗离子交换法的处理效率会随之降低，需对树脂进行定期再生，离子交换法占地面积较大，再生废液会大量产生。

离子交换法在离子交换器中进行，此方法借助离子交换剂来完成。在交换器中按要求装有不同类型的交换剂，含重金属的液体通过交换剂时，交换剂上的离子同水中的重金属离子进行交换，达到去除水中重金属离子的目的。这种方法受交换剂品种、产量和成本的影响。几年来，国内外学者就离子交换剂的研制开发展开了大量的研究工作。随着离子交换剂的不断涌现，在电镀废水深度处理、高价金属盐类的回收等方面，离子交换法越来越展现出其优势。

（3）吸附法

吸附法是应用多孔吸附材料吸附处理废水中重金属的一种方法。传统吸附剂有活性炭和硫化煤等。近年来，人们逐渐开发出具有吸附能力的材料，包括泥煤、硅藻土、矿渣、麦饭石、浮石及各种改良型材料。目前废水中普遍采用的是活性炭吸附剂，其吸附能力强，比表面积大。利用活性炭的吸附和还原，可以处理电镀行业和矿山冶炼行业产生的重金属废水，但造价较高。

（4）膜分离法

膜分离技术是在压力作用下利用一种特殊的半透膜，在不改变溶液中离子化学形态的基础上，将溶剂和溶质进行分离或浓缩的方法。膜分离技术可分为电渗析、扩散渗析、反渗透、液膜、纳滤等。膜分离技术目前取得了较好的效果，可达99％以上的处理效率，但在运行中会遇到电极极化、结垢和腐蚀等问题。

电渗析法是在直流电场的作用下，溶液中的带电离子选择性地透过离子交换膜的过程，在电渗析膜装置中同时包含有一个阳离子交换膜和一个阴离子交换膜，在电渗析过程中金属离子通过膜而水仍保留在进料侧，依靠金属离子与膜之间的相互作用实现分离。

液膜是以浓度差或 pH 差为推动力的膜，界面膜由萃取与反萃取两个步骤构成。液膜过程的膜的两侧界面分别发生萃取与反萃取，从料液相溶质萃入膜相并扩散到膜相另一侧，再被反萃入接收相，由此实现萃取与反萃取的"内耦合"，非平衡传质过程是液膜的特点。

纳滤膜是由一层非对称性结构的高分子与微孔支撑体结合而成的表面，通过膜的物质不是离子而是水，这是纳滤与电渗析显著的不同点。从溶剂中分离高化合价离子和有机分子是纳滤膜的特点，纳滤膜有多孔膜和致密膜两种，多孔膜主要是无机膜，而致密膜主要是聚合物膜，在分离过程中纳滤膜溶质损失少，是一种很好的分离废水的方法。为进一步提高分离精度，还需研究和完善纳滤膜的传质机理。

膜分离由于去除率高，选择性强，用于处理重金属废水，已经受到了人们的广泛重视，并产生了很高的经济效益，因其优点是在常温下操作无相态变化，能耗低、污染小，自动化程度高等。渗透作用的逆过程是反渗透，一般指借助外界压力的作用，溶液中的溶剂透过半透膜而阻留某种或某些溶质的过程。实现反渗透有两个条件：①操作压力必须比溶液的渗透压大；②必须有一种半透膜具有高选择性、高透水性。在处理重金属废水时，反渗透主要是筛分机理和静电排斥的截留机理，因此重金属离子的价态与重金属离子的截留效果有关系。

隔膜电解是以膜隔开电解装置的阳极和阴极而进行电解的方法，实际上是把电渗析与电解组合起来的一种方法。

上述方法在运行中都遇到了电极极化、结垢和腐蚀等问题。

重金属废水物理化学处理法的主要原理及特点如表6-22所示。

表6-22　重金属废水的物理化学处理法

处理方法	主要原理	特点
离子交换法	离子交换	设备、药剂费用高
活性炭吸附法	物理吸附	重复利用率低
螯合树脂吸附法	树脂吸附	树脂再生难、不能处理高浓度废水
膜分离法	扩散渗析、电渗析、反渗透、超滤	运行费用高、渗透膜易堵塞
溶液萃取法	萃取分离	萃取剂毒性大
液膜法	液相分配	液膜稳定性差
蒸馏法	加热蒸馏	能量损耗大

6.5.1.3　生物法处理重金属废水

（1）微生物处理技术

微生物处理技术主要包括生物絮凝、生物化学等。生物絮凝法是利用微生物或微生物产生的代谢物，进行絮凝沉淀的一种除污方法。微生物絮凝剂是由微生物自身构成的，具有高效絮凝作用的天然高分子物，主要成分是糖蛋白、黏多糖、纤维素和核酸等。由于多数微生物具有一定线性结构，有的表面具有较高电荷或较强的亲水性，能与颗粒通过各种作用相结合，起到很好的絮凝效果。目前开发出具有絮凝作用的微生物有细菌、霉菌、放线菌、酵母菌和藻类等共17种。其中对重金属有絮凝作用的有12种。陈天等利用从多种微生物中提取的壳聚糖为絮凝剂回收模拟工业废水中Pb^{2+}、Cr^{3+}、Cu^{2+}，在离子浓度是100 mg/L的200 mL废水中加入10 mg壳聚糖，处理后溶液中Cr^{3+}、Cu^{2+}浓度都小于0.1 mg/L，Pb^{2+}浓度小于1 mg/L，得到了令人满意的结果。用微生物絮凝法处理废水安全方便无毒、无二次污染、絮凝效果好，且微生物生长快、易于实现工业化等特点。此外，微生物可以通过遗传工程、驯化或构造出具有特殊功能的菌株。因此微生物絮凝法具有广阔的发展前景。

（2）生物化学法

生物化学法是指通过微生物将可溶性离子转化为不溶性化合物而去除的处理含重金属废水的方法，如Cr(Ⅵ)复合功能菌。袁建军等利用构建的高选择型基因工程菌生物富集模拟电解废水中的汞离子，发现电解废水中重组菌富集汞离子的作用速率可以通过其他组分的存在增大，且该基因工程菌能在很宽的pH范围内有效地富集汞。但废水含重金属的浓度高，对微生物毒性大，此法有一定的局限性。不过，可以通过驯化、遗传工程或构造出具有特殊功能的菌株，使微生物处理重金属废水具有良好的应用前景。

（3）生物吸附法

近十年来，环境工程领域的一个研究热点是用生物经处理加工成生物吸附剂，用于处理含重金属的废水（这些生物如藻类、真菌、细菌、酵母等）。生物吸附法是利用生物体的成分特性及化学结构吸附溶于水中的金属离子。与其他方法相比具有以下优点：①生物吸附剂可以降解，不会发生二次污染。②容易获取、来源广泛且价格便宜。③生物吸附剂易解吸，可有效回收重金属离子。

生物吸附法是对于经过一系列生物化学作用使重金属离子被微生物细胞吸附的概括理解，这些作用包括配合、螯合、离子交换、吸附等。这些微生物从溶液中分离金属离子的机理有胞外富集、沉淀；细胞表面吸附或配合；胞内富集。其中细胞表面吸附或配合对死体或活性微生物都存在，而胞内和胞外的大量富集则往往要求微生物具有活性。许多研究表明活的微生物和死的微生物对重金属离子都有较大的吸附能力，作为生物吸附剂的生物源能够从低浓度的含重金属离子的水溶液中吸附重金属，且有实用价值的微生物容易获得。例如：发酵过程中的酵母菌是生物吸附剂很好的生物源，大量来自海洋中的藻类也是便宜的生物源。赵玲等用海洋赤潮生物原甲藻（ *Prorocentrum micans* ）的活体和甲醛杀死的藻体对 Cu^{2+}、Pb^{2+}、Ni^{2+}、Zn^{2+}、Ag^+、Cd^{2+} 的吸附能力进行研究，实验证明，金属离子混合液经原甲藻吸附 30 min 后，各离子的浓度显著下降且达到平衡，原甲藻的活体和死体对这六种金属离子具有相似的吸附能力。

利用载体通过物理或化学方法将微生物吸附剂预处理固定，吸附剂吸附机械强度和化学稳定性增强、使用周期延长、可以提高废水处理的深度和效率、减少吸附—解吸循环中的损耗。近年来，国内外很多学者开展了固定化细胞处理含重金属有毒废水的研究工作。生物吸附剂具有来源广、价格低、吸附能力强、易于分离回收重金属等特点，而且使用死的微生物作为生物源容易固定化，并可根据需要制成特殊的生物吸附剂并反复使用。因此，生物吸附法有很好的工业应用前景。现阶段我国的污水处理厂大多数采用活性污泥处理法，因此可以考虑在需进行重金属去除的地域，通过对活性污泥的驯化以及生物接种法接种相应的菌种，达到对含低浓度重金属污水的处理。

（4）生物修复法

在生物体内，重金属有累积、富集的现象，且一些生物对特殊的重金属元素有明显的耐受性。鉴于这种特性，用生物对重金属废水进行富集、分离回收。由于生物处理具有成本相对较低，易于管理等特点，在低浓度重金属废水领域，生物修复法被认为是最具有发展前景的重金属废水处理技术。由于废水含重金属浓度高对生物具有毒害作用，所以一般用生物法处理低浓度重金属废水。厌氧微生物表面带有一定的负电性,是微生物去除重金属的作用机理,对重金属有较强的吸附性。由于生物吸附作用,残余废水中有很低的重金属离子浓度,并且微生物去除重金属的产泥与化学法等其他方法相比较低。

微生物去除重金属离子是利用厌氧微生物菌群产生的 S^{2-} 与重金属离子反应生成难溶于水的硫化物沉淀,同时利用微生物的生物吸附及絮凝作用,可以有效去除废水中重金属离子。微生物菌群本身还有较强的生物絮凝作用,得以很好地沉淀废水中较难沉淀的金属硫化物,从而出水重金属离子浓度完全达标。

传统的重金属废水处理方法存在成本高、反应慢、易造成二次污染、对于低浓度的重金属难处理等缺点,生物法处理重金属废水不仅高效、低耗、处理效果好、成本低、无二次污染,还有利于实现废水回用和重金属回收,改善生态环境。

重金属废水生物处理法的主要原理及特点如表 6 – 23 所示。

表 6 – 23　重金属废水的生物处理法

处理方法	主要原理	特点
生物吸附法	被动吸附和主动运输	节能、处理效率高、选择性好
生物沉淀法	沉淀固定	去除率高、易于分离回收重金属
生物絮凝法	絮凝沉淀	范围广、絮凝活性高、易于实现工业化
植物修复法	植物萃取、植物稳定、植物挥发	实施较简便、成本低和对环境扰动少

6.5.1.4　植物整治技术处理重金属废水

植物对重金属的吸收富集机理主要为两个方面:①利用植物发达的根系对重金属废水的吸收过滤作用,达到对重金属的富集和积累。②利用微生物的活性原则和重金属与微生物的亲和作用,把重金属转化为较低毒性的产物。通过收获或移去已积累和富集了重金属的植物的枝条,降低水中的重金属浓度,达到治理污染、修复环境的目的。

在植物整治技术中能利用的植物很多,有藻类植物、草本植物、木本植物等。其主要特点是对重金属具有很强的耐毒性和积累能力,不同种类植物对不同重金属具有不同的吸收富集能力,而且其耐毒性也各不相同。

浩云涛等分离筛选获得了一株高重金属抗性的椭圆小球藻(*Chlorella ellipsoidea*),并研究了不同浓度的重金属铜、锌、镍、镉对该藻生长的影响及其对重金属离子的吸收富集作用。结果显示,该藻对 Zn^{2+} 和 Cd^{2+} 具有很高的耐受性。对四种重金属的耐受能力依次为锌 > 镉 > 镍 > 铜。该藻对重金属具有很好的去除效果,以 15 μmol/L Cu^{2+}、300 μmol/L Zn^{2+}、100 μmol/L Ni^{2+}、30 μmol/L Cd^{2+} 浓度处理 72 h,去除率分别达到 40.93%、98.33%、97.62%、86.88%。由此可见，此藻类可应用于处理重金属废水。

对重金属离子具有吸附作用的草本植物有凤眼莲(*Eichhoria crassipes Somis*)、香蒲(*Typhao rientalis Presl*)等。香蒲是国际上公认和常用的一种治理污染的植物，具有特殊的结构与功能，如叶片成肉质、栅栏组织发达等。香蒲植物长期生长在高浓度重金属废水中，形成特殊结构以抵抗恶劣环境，并能自我调节某些生理活动，以适应污染毒害。招文锐等研究了宽叶香蒲人工湿地系统处理广东韶关凡口铅锌矿选矿废水的稳定性。历时 10 年的监测结果表明，该系统能有效地净化铅锌矿废水。未处理的废水含有高浓度的有害金属铅、锌、镉，经人工湿地后，出水口水质明显改善，其中铅、锌、镉的净化率分别达到 99.0%，97.0% 和 94.9%。分析其 pH 和 Pb、Zn、Cd、Hg、As 质量分数的年份和月份变化趋势，发现经湿地处理的废水出水水质中的各指标的年份和月份变化幅度较小，且都在国家工业污水的排放标准之下，可见该湿地的污水净化具有很高的稳定性。

采用木本植物来处理污染水体，具有净化效果好，处理量大，受气候影响小，不易造成二次污染等优点，越来越受到人们的重视。胡焕斌等试验结果表明，芦苇和池杉两种植物对重金属铅和镉都有较强富集能力，而木本植物池杉比草本植物芦苇具有更好的净化效果。周青等研究了 5 种常绿树木对镉污染胁迫的反应，实验结果表明，在高浓度镉胁迫下，5 种树木叶片的叶绿素含量、细胞质膜透性、过氧化氢酶活性及镉富集量等生理生化特性均产生明显变化，其中，黄杨、海桐、杉木抗镉污染能力优于香樟和冬青。以木本植物为主体的重金属废水处理技术，能切断有毒有害物质进入人体和家畜的食物链，避免了二次污染，可以定向栽培，在治污的同时，还可以美化环境，获得一定的经济效益，是一种理想的环境修复方法。

植物修复技术不仅杜绝了二次污染，还有利于生态环境的改善，在治理污染的同时还可以获得一定的经济效益，但是废水的浓度、pH 等因素对植物修复的影响有待深入研究。

6.5.2　重金属废水处理技术

6.5.2.1　重金属废水生物制剂法深度处理与回用技术

重金属废水生物制剂法深度净化新工艺流程如图 6 - 9 所示。酸性高浓度重金属废水是冶炼企业最常见的工业废水，水量大，成分复杂。针对多金属复杂废水传统中和沉淀法稳定达标难、出水硬度高、回用难等问题，基于细菌代谢产物与功能基团嫁接技术，开发了深度净化铅、镉、汞、砷、锌等多金属离子的复合配位体水处理剂(生物制剂)，发明了重金属废水生物制剂深度净化与回用一体化工艺。通过超强配合、强化水解和絮凝分离三个工艺单元实现重金属离子和钙离子同时高效净化。净化后出水重金属离子浓度达到《地表水环境质量标准》(GB

3838—2002）中的 III 类标准限值，出水水质稳定达到国家新颁布的《铅、锌工业污染物排放标准》（GB 25466—2010）。废水回用率由传统石灰中和法的 50% 左右提高到 95% 以上。该技术具有抗冲击负荷强、无二次污染的特性，且投资及运行成本低、操作简便，可广泛应用于有色冶炼等各种含重金属离子的工业废水。

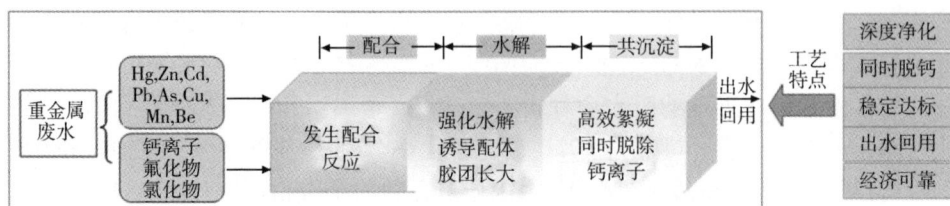

图 6-9　重金属废水生物制剂法深度净化新工艺

围绕废水回用的目标，有色行业重金属废水的处理技术得以进一步集成与推广。中金岭南韶关冶炼厂以废水全量回用为目标，采用重金属废水生物制剂法处理技术与膜法及高效蒸法的方法相结合，成功实现了冶炼废水的"零排放"。豫光金铅集团将中南大学开发的生物制剂处理重金属废水新技术与废水膜法工艺联合应用，使净化水满足低质回用或深度回用要求，废水回用率得到进一步提高，全年减少水资源消耗 53 万 m^3，日排水量由 3500 m^3 降至 900 m^3。生物制剂法处理重金属废水的技术已成功应用于亚洲最大的铅锌选矿厂中金岭南凡口铅锌矿，以及我国最大的锌生产基地株洲冶炼集团、最大的铅冶炼基地河南豫光金铅股份有限公司、最大的铜冶炼企业江西铜业集团，还有福建紫金铜业集团、中金岭南有色金属股份公司、西部矿业集团、湖南水口山有色金属公司以及郴州金贵银业股份公司、郴州宇腾有色金属股份公司等大型涉重金属企业 100 多个废水处理工程；并参与应急处理广西龙江镉污染、贺江铊污染等重大环境事件。实现年减排与回用重金属废水过亿立方米，直接减排铅、镉、汞、砷、锌等重金属 400 多吨。2009 年被列入《国家先进污染防治示范技术名录》，是我国有色行业污染治理的重点推广技术。

6.5.2.2　重金属废水高密度泥浆法处理技术

石灰中和法被广泛应用于冶炼重金属废水的处理，工艺流程短，设备简单、成本低；但是生成的金属沉淀物沉降速度慢、结垢严重、同时产生大量的硫酸钙沉淀，其处理处置困难。常见的沉淀法有石灰乳沉淀法、石灰 - 铁（铝）盐法等。

北京矿冶研究总院在引进的基础上研究出高浓度泥浆法（HDS）处理废水的技术，是常规低浓度石灰法（LDS）的革新和发展。与常规低密度石灰法（LDS）相比，高浓度泥浆法（HDS）具有以下特点：①高浓度泥浆法使石灰得到充分的利用,处理同体积量废水可减少石灰消耗 5% ~ 10%;②在原有废水处理设施基础上,将常规低浓度石灰法改为高浓度泥浆法,可提高水处理能力 1 ~ 3 倍,且技术改造简单,改造投资小;③高浓度泥浆法产生的污泥固含量高,通常污泥固含量可达 20% ~ 30%,同常规低浓度石灰法产生固含量约 1% 的污泥相比,污泥体积量大幅度减小,可节省大量的污泥处理处置费用或输送费用;④高浓度泥浆法能够大大减缓设备和管道结垢,常规低浓度石灰法通常一个月停产清垢一次,高浓度泥浆法一般一年清垢一次,可节省大量设备维护费用并提高了设备的运转率;⑤常规低浓度石灰法通常采用手动操作,高浓度泥浆法可实现全自动化操作,药剂的投加更加合理、准确,可有效降低运行费用。另外,高浓度泥浆法与电石渣－铁盐法配合使用,在高浓度泥浆法除去酸性废水中 80% 以上重金属离子后,加入电石渣乳液和铁盐可进一步除去废水中的砷、氟、重金属离子,处理后污水用过滤器过滤除去其中的悬浮物。北京矿冶研究总院已完成了多项 HDS 工艺工业试验、工程设计及项目实施,如江西铜业集团公司德兴铜矿废水处理站采用 HDS 工艺改造,铜化集团新桥铁矿废水处理站改造,新建葫芦岛锌厂污酸废水处理工程,德兴铜矿废水处理站改造等,废水处理系统净化水稳定达到《铅、锌工业污染物排放标准》(GB 25466—2010)的排放指标。

针对铅锌冶炼行业水资源调配控制、水重复利用、废水深度处理等需要,北京矿冶研究总院与中金岭南有色金属股份有限公司韶关冶炼厂共同成功研发出了成套的大型铅锌冶炼企业节水技术——酸性废水高浓度泥浆法处理技术和重金属废水膜法组合工艺深度处理技术,有效解决了我国在酸性重金属废水处理过程中污泥处理难、易结垢、操作维护不便、运行费用高、水回用率低等一系列共性问题。

高浓度泥浆法－膜法组合工艺的主要特点:①利用回流污泥粗颗粒化、晶体化能够增加底泥浓度、提高处理效率和防止管道设备结垢的机理,在国内首次进行了"高浓度泥浆法(HDS)"技术处理铅锌冶炼工业废水的研究和工程示范,开发出了相关的配套设备,同常规石灰法比较,可提高水处理能力 1 ~ 2 倍,缩小排泥体积 10 ~ 20 倍;②通过膜材料筛选和工艺集成优化,研发出了物化－膜法组合工艺深度处理铅锌冶炼废水技术,出水水质达到工业用新水要求;③采用"源头控制—过程调控—末端治理"相结合的方式,研究出大型铅锌冶炼企业"分质供水、水质安全保障和污水深度处理回用"综合节水集成技术,大幅提高了工业水重复利用率,显著地削减了污染物的排放量。

6.5.2.3　电絮凝法

絮凝是水处理过程最重要的物理化学过程之一,其中电絮凝是一种对环境二次污染较小的废水处理技术。以铝、铁等金属为阳极,在直流电的作用下,阳极被溶蚀,产生 Al、Fe 等离子,在经氧化过程,发展成为各种羟基配合物、多核羟基配合物以至氢氧化物，使废水中的胶态杂质、悬浮杂质凝聚沉淀而分离。电絮凝过程一般不需要添加化学药剂，设备体积小，占地面积少，操作简单灵活，污泥量少，后续处理简单。目前，对电镀及金属冶炼行业等产生重金属含量过高的废水可采用电絮凝法处理。电解处理过程中消耗电和极板，极板易于结垢，增加能耗；处理过程中会产生氧气和氢气，溶液 pH 升高；极板需要定期更换，极板使用率较低；产生的渣主要为氢氧化铁和氢氧化亚铁和重金属的沉淀。

电絮凝设备依据电解及电凝聚原理，对废水中污染物有氧化、还原、中和、凝聚、气浮分离等多种物理化学作用。重有色金属冶炼废水中不但含有多种重金属离子，而且还含有大量的硫酸根离子。废水进电絮凝装置前加入硫酸亚铁。硫酸亚铁是一种絮凝剂，在碱性条件下可以和其他重金属发生共沉淀，有利于其他重金属的去除。电凝聚设备保持一定的电压、电流，在铁极板表面产生 Fe^{2+}，进入电凝聚设备的水被电解，生成初生态氧和氢，初生态的氧有极强的氧化作用，可去除废水中有机物，降低废水的 COD，氢气可使污泥上浮。电凝聚设备阴极可以还原部分 Pb^{2+}、Cu^{2+}、Zn^{2+}；另外，Pb^{2+}、Cu^{2+}、Zn^{2+} 与水中 OH^- 生成氢氧化物析出沉淀。废水进入电凝聚设备前加入 $FeSO_4 \cdot 7H_2O$ 除起到还原剂作用外，还起到无机低分子絮凝剂的作用，水解过程的中间产物与不同离子结合形成羟基多核络合物或无机高分子化合物，沉降或悬浮。铁阳极电解过程中，Fe^{3+} 参与 $FeSO_4 \cdot 7H_2O$ 水解，羟基多核配合物生成，成为活性聚凝体，对污染物进行吸附凝聚作用。电解过程中，电压达到一定值时，使水电解，生成初生态氧和氢，除对水中正、负离子起氧化和还原作用外，小气泡能吸附废水中的小絮凝物，起到气浮作用。为克服电絮凝法的不足，电凝聚设备内设置有一套自动化高效除垢装置。在处理废水过程中，除垢装置连续运转，随时清除附着在极板上的污垢，保证极板表面清洁无垢，消除了极板极化（钝化）现象；同时搅动废水，保证了电解反应高效率进行。

6.5.3 烟气洗涤污酸处理技术

目前有色冶炼烟气洗涤污酸废水的净化处理多采用化学沉淀法，仅仅是基本实现达标排放。化学沉淀法除了产生大量中和渣以外，还存在重金属排放总量大、出水中钙及碱度升高、废水回用困难等问题。亟须研发污酸废水的资源化处理利用技术。双极膜电渗析技术作为一种新型的膜分离技术，可以实现资源利用的最大化并消除环境污染，在污酸废水回收有价金属领域表现出较大的应用潜力。

烟气制酸产生的污酸废水中砷的浓度高、危害性最大，污酸废水中的砷以亚砷酸为主，这也最难处理，因此国内污酸废水的处理工艺主要以除砷为目的。目前国内处理污酸废水的方法主要有中和法、硫化法 – 中和法、中和 – 铁盐共沉淀法。对含砷浓度极高的废水，采用硫化钠脱砷，再与厂内其他废水混合后一并中和处理，对含砷浓度较低的废水一般采用石灰 – 铁盐共沉淀法。

6.5.3.1　中和沉淀法

在污酸废水中投加碱中和剂，使污酸废水中重金属离子形成溶解度较小的氢氧化物或碳酸盐沉淀而去除，特点是在去除重金属离子的同时能中和污酸废水及其混合液。通常采用碱石灰（CaO）、消石灰[Ca(OH)$_2$]、飞灰（石灰粉，CaO）、白云石（CaO·MgO）等石灰类中和剂，价格低廉，可去除汞以外的重金属离子，工艺简单，处理成本低。目前污酸废水中和工艺主要有两段中和法和三段逆流石灰法，投加石灰乳反应时控制好酸度，可使产生的 CaSO$_4$ 质量达到用户要求，可以作为石膏出售。污酸废水中的氟以氢氟酸形态溶于水中，氢氟酸与石灰乳反应后以氟化钙的形式沉淀下来，从而除去氟。金属氢氧化物溶度积见表 6 – 24。

表 6 – 24　金属氢氧化物溶度积

金属氢氧化物	K_{sp}	pK_{sp}	金属氢氧化物	K_s	pK_s
Cd(OH)$_2$	2.5×10^{-44}	13.66	Cu(OH)$_2$	2.2×10^{-20}	19.30
Fe(OH)$_3$	4×10^{-38}	37.50	Fe(OH)$_2$	1.0×10^{-15}	15
Pb(OH)$_4$	3.2×10^{-66}	65.49	Pb(OH)$_2$	1.2×10^{-15}	14.93
Hg(OH)$_2$	3.0×10^{-26}	25.30	Mn(OH)$_2$	1.1×10^{-13}	12.96
Sn(OH)$_2$	1.4×10^{-28}	27.85	Zn(OH)$_2$	1.2×10^{-17}	16.92
Ni(OH)$_2$	2.0×10^{-15}	14.70	Sb(OH)$_3$	4×10^{-42}	41.4

中和法氢氧化物沉淀法处理含重金属废水是调整、控制 pH 的方法，由于影响因素较多，理论计算得到的值只能作为参考，处理单一重金属废水的 pH 要求见表 6 – 25。

表 6 – 25　处理单一重金属废水要求 pH

金属离子	Cd^{2+}	Co^{2+}	Cu^{2+}	Fe^{2+}	Fe^{3+}	Zn^{2+}	Pb^{2+}
pH	11 ~ 12	9 ~ 12	7 ~ 12	9 ~ 13	>4	9 ~ 10	8.5 ~ 11

单一的石灰中和法不能将污酸废水中砷和汞脱除到国家排放标准，尤其是污酸废水中存在多种重金属离子的情况下，中和沉淀法更难以使多种重金属脱除到稳定达标程度，因此一般采用中和法与硫化法或铁盐沉淀法联用。

6.5.3.2 硫化—中和法

硫化法是利用可溶性硫化物与重金属反应，生成难溶硫化物，将其从污酸废水中除去。硫化渣中砷、镉等含量大大提高，在去除污酸废水中有毒重金属的同时实现了重金属的资源化。硫化剂包括硫化钠、硫氢化钠、硫化亚铁等，李亚林等[32]研究利用硫化亚铁在酸性条件下生成硫化氢气体和二价的铁离子，硫化氢气体在酸性条件下与水中的砷及重金属离子生成硫化物沉淀，Fe^{2+} 在调节 pH 过程中形成氢氧化物絮体进一步吸附和絮凝水中的硫化物沉淀，有利于硫化物的沉降分离。污酸废水中的砷酸能与石灰乳反应生成砷酸钙沉淀。金属硫化物溶度积见表 6 - 26。

表 6 - 26 金属硫化物溶度积

金属硫化物	溶度积 K_{sp}	pK_{sp}	金属硫化物	溶度积 K_s	pK_{sp}
CdS	8.0×10^{-27}	26.10	Cu_2S	2.5×10^{-48}	47.60
HgS	4.0×10^{-53}	52.40	CuS	6.3×10^{-36}	35.20
Hg_2S	1.0×10^{-45}	45.00	ZnS	2.93×10^{-25}	23.80
FeS	6.3×10^{-18}	17.50	PbS	8.0×10^{-28}	27.00
CoS	7.9×10^{-21}	20.40	MnS	2.5×10^{-13}	12.60

硫化—中和法脱除重金属离子的机理如下所示：

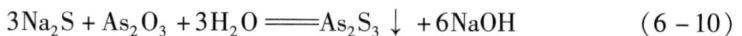

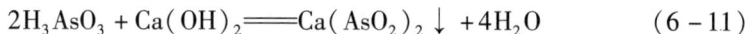

$$Me^{n+} + S^{2-} =\!=\!= MeS_{n/2} \downarrow \qquad (6-9)$$

$$3Na_2S + As_2O_3 + 3H_2O =\!=\!= As_2S_3 \downarrow + 6NaOH \qquad (6-10)$$

$$2H_3AsO_3 + Ca(OH)_2 =\!=\!= Ca(AsO_2)_2 \downarrow + 4H_2O \qquad (6-11)$$

6.5.3.3 铁盐—中和法

利用石灰中和污酸废水并调节 pH，利用砷与铁生成较稳定的砷酸铁化合物，氢氧化铁与砷酸铁共同沉淀这一性质将砷除去。铁的氢氧化物具有强大的吸附和絮凝能力的特性，可达到去除污酸废水中砷、镉等有害重金属的目的。提高 pH 将污酸废水的重金属离子以氢氧化物的形式脱除。

$$Fe^{3+} + AsO_3^{3-} =\!=\!= FeAsO_3 \downarrow \qquad (6-12)$$

$$Fe^{3+} + AsO_4^{3-} =\!=\!= FeAsO_4 \downarrow \qquad (6-13)$$

铁离子与砷除生成砷酸铁外，氢氧化铁可作为载体与砷酸根离子和砷酸铁共同沉淀。

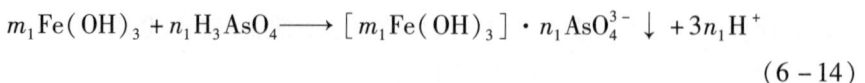

$$m_1Fe(OH)_3 + n_1H_3AsO_4 \longrightarrow [m_1Fe(OH)_3] \cdot n_1AsO_4^{3-} \downarrow + 3n_1H^+$$

$$(6-14)$$

$$m_2 Fe(OH)_3 + n_2 FeAsO_4 \longrightarrow [m_2 Fe(OH)_3] \cdot n_2 FeAsO_4 \downarrow \qquad (6-15)$$

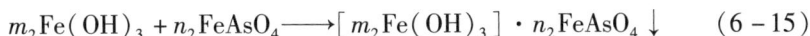

$FeAsO_4$ 较稳定，但当 pH > 10 时会产生返溶反应，所以一般 pH 控制为 6~9 为宜。返溶反应式如下：

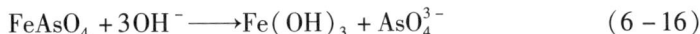

$$FeAsO_4 + 3OH^- \longrightarrow Fe(OH)_3 + AsO_4^{3-} \qquad (6-16)$$

6.5.3.4　铁盐—氧化—中和法

利用 $FeAsO_4$ 比 $FeAsO_3$ 更稳定的性质，当废水中的砷含量较高，超过 200 mg/L，甚至达到 1000 mg/L 以上，且砷在废水中又以三价为主时，通常采用氧化法将三价砷氧化成五价砷，常用的氧化药剂有漂白粉、次氯酸钠，常用的氧化方法有鼓入空气氧化等方法，再利用铁盐生成砷酸铁共沉淀法除砷。氧化反应分别使 Fe^{2+} 氧化成 Fe^{3+}，As^{3+} 氧化成 As^{5+}，然后生成铁盐共沉淀。

$$4Fe(OH)_2 + O_2 + 2H_2O \Longrightarrow 4Fe(OH)_3 \qquad (6-17)$$

$$2AsO_3^{3-} + O_2 \Longrightarrow 2AsO_4^{3-} \qquad (6-18)$$

$$4Fe(OH)_2 + O_2 + 2H_2O \Longrightarrow 4Fe(OH)_3 \qquad (6-19)$$

$$2Fe(OH)_3 + 3As_2O_3 \Longrightarrow 2Fe(AsO_2)_3 \downarrow + 3H_2O \qquad (6-20)$$

$$Fe(OH)_3 + H_3AsO_4 \Longrightarrow FeAsO_4 + 3H_2O \qquad (6-21)$$

$$Fe(OH)_3 + H_3AsO_3 \Longrightarrow FeAsO_3 + 3H_2O \qquad (6-22)$$

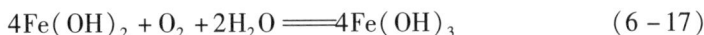

6.5.3.5　我国冶炼企业污酸废水处理工艺

(1) 贵溪铜冶炼厂(贵冶)污酸废水处理工艺

贵冶硫酸车间对含砷酸性污水处理采用了硫化—中和—硫酸亚铁—氧化—中和工艺，主要采用硫化法工艺，污酸废水加入硫化钠脱砷后再采用硫酸亚铁盐进一步除砷工艺，在中和工序一次中和槽中加 $FeSO_4$，加电石泥浆调整 pH 为 7~9 后进入氧化槽，在氧化槽内鼓空气将 Fe^{2+} 氧化为 Fe^{3+}，As^{3+} 氧化为 As^{5+}，然后进入二次中和槽，在二次中和槽中添加电石泥调整 pH 为 9~11，完成污酸废水处理。处理后净化水中 As 能基本达到国家排放标准，但镉离子难以稳定达到国家排放标准。

(2) 铜陵有色金属(集团)公司第一冶炼厂

污酸废水采用中和曝气加铁盐除砷工艺。中和曝气池内投加石灰乳调节 pH 为 8.0~8.5，再根据废水中砷化物含量投加硫酸亚铁除砷剂，曝气至废水呈棕褐色，并微调 pII 至 8.5 左右，然后用泵将废水打入戈尔过滤器进行过滤，滤液(清水)返回系统，滤液(清水)返回系统或排放。

(3) 云南铜业股份有限公司

硫酸净化工序排放的高砷污酸废水和提炼金、银产出的酸性废水和选矿废水以及处理烟尘产出的酸性废水采用先硫—中和—铁盐共沉淀工艺处理。

(4) 金隆铜业公司

金隆铜业公司污酸废水处理采用了中和—硫化—氧化工艺，将硫化法的砷去除率提高到95%以上，剩下的5%仍采用铁盐—石灰法处理。

(5)烟台鹏晖铜业有限公司

污酸废水采用硫化钠—电石渣—铁盐化学沉淀工艺处理，污酸废水中的杂质与加入的硫化钠发生反应生成难溶盐从而被除去。

(6)金昌冶炼厂

污酸废水首先通过 Larox 压滤机压滤后通过 SO_2 脱气塔，经两级石灰石乳中和除去其中大部分 H_2SO_4、HF 等杂质生成石膏浆，石膏滤液采用"石膏—分步硫化—石灰铁盐共沉淀"的工艺流程。向石膏滤液加入 Na_2S 溶液，与其中的铜、砷生成硫化物沉淀，由于铜、砷硫化物溶度积不同，通过控制一、二级反应的 pH 和氧化还原电极电位，其中铜、砷被先后沉淀，其他的重金属离子，如锌、镉等也沉淀分离。

(7)大冶有色金属有限公司冶炼厂

大冶有色金属有限公司冶炼厂采用三段石灰—铁盐法工艺处理污酸废水。一次中和除硫酸和 SO_2 以及去除固体 $PbSO_4$，加入硫酸亚铁鼓空气氧化除砷，通过两段加入硫酸亚铁和石灰乳中和。除去重金属离子和砷、氟等有害杂质。但存在工艺流程长、渣浆泵叶轮磨蚀、管道堵塞、砷渣无出路、处理费用高等问题。

(8)葫芦岛有色金属集团有限公司

污酸废水处理工艺流程为先石灰中和后硫化处理的三级中和流程，第一级为石膏的生成及回收，第二级为重金属离子的去除，第三级为砷、氟的进一步去除。改造采用了北京矿冶研究总院的高浓度泥浆法(HDS)两级中和、铁盐除砷处理工艺。该工艺的特点：一是处理同体积的酸性废水可减少10%的石灰消耗，可大大减缓设备、管道的结垢；二是产生的污泥固含量高，质量分数可达20%~30%。

(9)河南豫光金铅集团

污酸废水处理工艺采用"铁盐沉—鼓风氧化—石灰中和"。污酸废水脱出 SO_2 后进行两级石灰石乳中和生成石膏浆，石膏浆经浓密机沉降，底液经压滤机脱水，浓密机上清液和压滤机滤液汇入石膏滤液槽，与硫化钠反应生成硫化物沉淀，硫化物沉淀经浓密机沉降，底流经陶瓷过滤机过滤，滤液和浓密机上清液自流到污水处理工序进一步处理。来自污酸废水处理工序和各车间的污水混合后进行一级石灰乳中和、硫酸亚铁除砷、二级石灰乳中和处理。

(10)株洲冶炼集团

株洲冶炼集团污酸废水采用"生物制剂配合—水解"工艺处理，铅锌冶炼的污水进入配合槽，在配合槽内添加生物制剂和脱汞剂，脱汞剂与污酸废水中的原子态的汞反应，其产物沉淀在配合槽内形成汞含量大于22%的配合渣；生物制剂的多功能基团与污酸废水中的砷、汞、镉等重金属离子进行配合反应，进一步通过投加石灰或液碱调节污酸废水的 pH 到8~9，污酸废水经过处理后重金属离子浓度稳定，达到国家新的排放标准。

6.5.3.6　有色冶炼烟气洗涤污酸废水治理与资源化利用新技术

基于循环经济及资源回收的理念,在实现污酸废水铜砷、铜锌分离的基础之上,结合污酸废水的特点,采用双极膜电渗析法回收污酸废水中的酸,通过回收酸的过程来调节污酸废水的 pH,为后续污酸废水中锌的回收提供条件,以实现废水中的重金属硫化物选择性沉淀,从而达到减少重金属排放量,回收有价资源以及减少渣量,消除二次污染的目的。

针对我国污酸废水产生量大、处理困难、污染严重的问题,经过多年的研究,中南大学开发出有色冶炼烟气洗涤污酸废水治理与资源化利用新技术。①含汞污酸生物制剂处理新技术。废水处理后出水中重金属离子浓度优于《铅、锌工业污染物排放标准》(GB 25466—2010),Ca^{2+} 浓度可控脱除低于 50 mg/L,净化水回用率大于 95%,解决了传统石灰中和法难以稳定达标及回用的技术瓶颈。②污酸废水梯级硫化—电渗析处理技术。此外,针对国内有色冶炼企业污酸处理过程中设备设施简陋、自动化水平低,缺乏配套的集成装备的问题,基于气液强化反应梯级硫化技术和双极膜电渗析技术,研发了污酸废水梯级硫化—电渗析处理集成技术与装备。采用模块化组合方式,由电渗析—生物物化—双膜工艺组成,以实现废水中酸与重金属的分离,重金属的回收及净化水的全面回用,解决了传统设备与工艺采用中和沉淀法处理成本高、渣量大、存在二次污染、废水无法回用的难题。

新技术创新点:①突破了气液相多金属离子废水梯级硫化的关键技术,实现了铜、砷、锌的高效分离与富集,无中和渣二次污染,渣含金属均超过 60%,有害元素砷有效开路,实现了有价资源的回收和二次污染的控制,且成本与传统工艺相比可降低 30%。②基于流体力学湍动能研究,通过计算机模拟仿真设计研发了高效气液反应器,提高了反应效率,反应时间 10 min,硫元素利用接近理论值,废水处理直接达到国家排放标准。③发明了溶度积相近元素(如铜、砷)分离新工艺,实现铜砷分离率由原有的 80% 提高至 99% 以上,锌的分离效率达 95%。④针对传统硫化法沉淀颗粒细小,难以分离的难点,发明了重金属非生物颗粒污泥颗粒强化固液分离新方法,促进了重金属硫化物颗粒的长大与分离,沉降速率达 3.5 cm/s,污泥含水率降低了 4%,污泥体积压缩至原来的 1/5。⑤首次将双极膜电渗析技术应用于有色冶炼烟气洗涤污酸废水的处理过程,突破了电渗析直接应用于高酸复杂重金属废水膜材料优选的关键技术,实现了稀硫酸的高效分离与回收,酸的回收率达 90% 以上。

与同类技术的对比:新技术突破了气液强化多金属离子废水梯级硫化富集分离的关键技术,通过对膜材料的选择和设备集成,实现选择性电渗析技术直接应用于高酸复杂重金属废水中酸的分离和浓缩,通过新技术能够实现污酸废水中有价元素的富集、有害元素的分离,酸分离浓缩后回收及净化水全面回用。与国内

表 6 - 27 污酸废水处理技术比较

处理方法	能否稳定达标	渣量	渣中重金属浓度	有价金属单独分离	重金属、酸资源综合利用	二次污染	处理成本	回收效益	适应范围	成熟度
石灰中和	难	中和渣大于 40 kg/m³	小于 5%	无	中和渣中重金属含量低，难以综合利用，酸被中和	有	20 元/m³	中和渣无有价金属回收，无效益	适应范围广	工业规模
硫化中和	难	硫化渣和中和渣大于 30 kg/m³	小于 25%	无	硫化渣可回收，但存在铜砷共存，酸被中和	有	65 元/m³	硫化渣回收难度大，无效益	适应范围广	工业规模
混凝-中和沉淀	难	中和渣大于 40 kg/m³	小于 5%	无	中和渣中重金属含量低，难以综合利用，酸被中和	有	45 元/m³	中和渣无有价金属回收，无效益	适应范围广	工业规模
蒸发	能	1~2 kg/m³	小于 30%	无	渣可回收，渣中重金属与砷共存，回收难度大，酸无回收	有	200 元/m³	残渣回收难度大，无效益	限制因素多	工业扩大试验
梯级硫化+电渗析	能	2~3 kg/m³	50%~60%	有	渣中重金属含量高，可直接作原料回收，砷单独开路，酸回收利用	无	27 元/m³	梯级硫化渣回收金属，酸浓缩回收。回收总价值大 30 元/m³	适应范围广	工程示范

外同类技术比较，具有如下优势：①气液强化，反应高效。通过研发的气液强化高效反应器，对于污酸废水中高浓度的重金属离子，能够在 10 min 内实现重金属离子的高效富集分离，抗冲击负荷强，净化高效。②过程可控，实现有价元素的富集和有害元素的分离。通过对反应过程电位 pH 和投加硫化剂量的控制，可以很好地实现污酸中铜、锌、铅、镉的分类富集分离，富集的渣中有价元素含量在50%以上，便于资源化。有害元素砷富集的砷渣中含量50%以上，实现单独开路。③酸高效分离浓缩，污酸无需中和，渣量小。通过对双极膜进行优化组合集成，采用选择性电渗析技术，实现污酸中酸与重金属的分离，同时对酸进行浓缩回用。污酸处理无需中和，产生的渣量不到传统工艺的5%。④工艺控制简单，便于全自动化控制。新技术参数控制简单，参数控制条件宽松。可通过压力控制、电位 pH 控制、流量控制、在线自动检测等手段集成，实现污酸处理全过程自动化控制，大大降低劳动强度。⑤处理技术经济，成本低。与传统的硫化技术相比，新技术工艺过程硫元素充分循环利用，降低了硫化剂的消耗，且无二次污染。无需中和，大幅减少中和剂的成本。新技术综合处理成本比传统技术低30%以上。污酸废水处理技术比较见表 6 - 27。

6.5.4 氧化铝生产污水循环利用技术

氧化铝生产具有巨大的水循环系统，为废水的处理提供了重要条件。应通过排水系统的改造，把生产过程中的各种污水进行分类处理：①生活污水集中排入中水处理系统经处理后再循环使用；②较高碱浓度的生产污水应根据碱浓度的高低，分类回收入生产流程；③较低碱浓度的污水可进入循环水系统，可采用适当方式进行利用。

氧化铝工业废水以碱污染为主，对生产废水设置循环水系统，各种小型、分散设备间接冷却排水均作为净循环水系统的补充水，循环水系统的排污水排入污水处理厂处理，处理后的水用于拜尔法种子分解中间的降温和热电厂锅炉冲渣、除尘，可以使氧化铝工业生产的工业用水和排水实现封闭循环，实现废水零排放，避免碱的流失和污染。

6.5.5 有色工业综合节水管理技术

目前有色企业在污染治理方面存在以下问题：一是对环境污染没有统筹考虑来制订系统的调控治理方案；二是对区域性污染如何进行系统优化管理缺乏指导思想、技术路线和工作程序，即缺乏有色企业节水治污优化管理方法学，造成了大量水资源的浪费，并增加了末端处理负荷。通过系统工程理论和清洁生产审核方法研究冶炼企业"用水—回水—排水"节水途径和最佳方案，为企业综合节水治污提供依据。有色工业综合节水管理技术根据清洁生产的原理，从源头削减废水的产生、减少废水的排放并提高综合废水利用率，提出了废水优化管理方法，包括技术路线和工作程序。该技术体现从源头抓起，全过程控制，统筹集成的思想，与目前单纯治理、局部利用的方法有根本性的区别。废水优化管理技术路线框架主要包括5个部分，即：主要污染状况分析；制订污染物系统优化调控的整体研究框架；节水治污优化集成技术研究，即优化管理技术—处理技术—回用技术的全过程系统研究；确定工程措施和方案；对工程实施后效果进行技术、经济和工程质量等系统评价。这5个部分各自独立，又互相联系，由前至后构成了一个完整的技术网络体系。

6.6 有色冶金烟气治理与资源化

有色冶炼行业每年排放大量富含粒径小于 $1~\mu m$ 的挥发尘和低浓度 SO_2 烟气。随着国家环保政策的日趋严格，特别是最新颁布的《铅锌工业污染物排放标准》（GB 25466—2010），大幅度降低了铅、汞等排放标准限值，使得现存的技术方法难以满足要求，亟待技术改进和新技术的开发。

6.6.1 有色冶金烟气治理方法概述

有色冶金烟气治理技术一般有吸收法、吸附法和催化转化法。

吸收法是利用物质的溶解性不同来分离烟气中气态污染物的方法。吸收净化法是使混合气体与吸收液接触，利用吸收液使不同溶解度的污染物组分被选择性吸收，从而使气体得以净化的方法。吸收法具有效率高、设备简单、一次性投资低等特点，因此广泛用于气态污染物的控制中。但吸收法也存在需对吸收液体进行处理、设备易腐蚀等缺点。吸收过程可分为物理吸收和化学吸收。物理吸收的主要分离原理是根据气态污染物在吸收剂中的不同溶解能力而实现选择性吸收分离，而化学吸收的主要分离原理是根据气态污染物与吸收剂中活性组分的选择性反应能力而实现分离净化。常用的吸收设备主要有填料塔、板式塔、喷淋塔、鼓泡塔等。

吸附法根据吸附剂表面与吸附质之间作用力的不同，可分为物理吸附和化学吸附。物理吸附是一种可逆过程，是吸附质与吸附剂之间由定向力、诱导力和逸散力等分子间作用力引起的、不发生化学作用的结果。化学吸附是由于固体表面与被吸附物质间化学键力起作用的结果。化学吸附需要一定的活化能，故又称活化吸附。吸附法在应用于工业生产时，吸附剂的选择是关键。吸附剂必须具有巨大的内表面积和较大的吸附容量，吸附剂应是极其疏松的固体泡沫；吸附剂必须具有良好的选择性，以便能达到净化某种或某几种污染物的目的；同时，吸附剂还应该来源广泛，成本低廉，具有良好的再生特性和耐磨能力，对酸、碱、水、高温有较强的适应性。目前，工业上广泛使用的吸附剂有活性炭、分子筛、硅胶、硅藻土、活性氧化铝及合成沸石、天然沸石等。由吸附剂在设备内的工作状态不同，可将吸附器分为固定床吸附器、流化床吸附器和移动床吸附器。其中，以固定床吸附器的应用最为广泛。

催化转化法是利用催化剂将废气中有害的污染物转化成无害的物质，或转化成更易处理和回收利用的物质。在气体与催化剂接触过程中，反应物和产物无需与主气流分离，因而避免了其他方法可能产生的二次污染，使操作过程大为简化。同时，催化法对不同浓度的污染物均具有较高的去除率。但催化净化法所用的催化剂价格较高，废气预热需要消耗一定的能量。工业上常见的气固相催化反应器分为固定床和流化床两大类，而以颗粒状固定床应用最为广泛。

6.6.2　有色冶金烟气治理与资源化

6.6.2.1　低浓度 SO_2 烟气吸收法处理技术

火法炼铜厂低浓度 SO_2 烟气包括炉窑（如干燥窑、阳极炉）烟气、制酸尾气和环集烟气等，这些废气中 SO_2 一般在 400～5000 mg/m^3。《铜、镍、钴工业污染物排放标准（GB 25467—2010）》规定，这些废气 SO_2 ≤ 400 mg/m^3、硫酸雾 ≤40 mg/m^3 才能达标排放。因此，低浓度 SO_2 烟气治理技术在铜冶炼企业节能减排中具有重要作用。

低浓度 SO_2 烟气（3% 以下）具有分布广、治理困难等特点。目前，在我国石灰石/石膏法脱硫技术应用最为广泛，但其副产物为利用价值不高的石膏，造成硫资源的浪费和二次污染。苛性碱法吸收速度快、效率高、无二次污染、低温催化转化，可降低成本且易工业实施。与国际先进水平比较，我国铜冶炼行业 SO_2 减排还有一定潜力，目前我国各炼铜厂硫的总捕集率平均为 99.0%，按年冶炼 400 万 t 矿铜计算，将硫的总捕集率提升至国际先进水平的 99.9%，则吨铜减排 SO_2 19 kg，全国铜冶炼产业每年可减排 SO_2 7.6 万 t。SO_2 减排除采用"双闪"等先进的冶炼工艺外，最关键的措施就是加强环境集烟，采用高效的吸收技术，处理含低浓度 SO_2 的炉、窑和环集烟气及制酸尾气。

低浓度 SO_2 烟气治理主要采用吸收法，达数十种。我国铜冶炼行业应用的处理低浓度 SO_2 烟（尾）气的方法有活性焦法、新型催化剂法、氨酸法、有机胺法（Cansolv）、亚硫酸镁清液法、苛性碱法等，这些方法各有利弊，在我国部分铜冶炼企业已有应用，技术成熟，应进一步推广。

（1）活性焦法

1）工艺流程

制酸尾气活性焦脱硫原则工艺流程如图 6-10 所示。该工艺催化吸附脱硫材料为圆柱体状活性焦。二吸塔出来的低浓度 SO_2 气体与水蒸气混合，于 $60 \sim 70℃$ 下进入脱硫塔，在活性焦的催化作用下，生成硫酸吸附于活性焦微孔中。脱硫后的尾气达标排放。

$$2SO_2 + O_2 + 2H_2O \Longrightarrow 2H_2SO_4 \qquad (6-23)$$

吸附了硫酸的活性焦进入再生塔中，加热至 $400 \sim 500℃$ 时，积蓄于其中的硫酸或硫酸盐分解脱附，活性焦得到再生。

$$2H_2SO_4 + C \Longrightarrow 2SO_2 + 2H_2O \qquad (6-24)$$

再生的活性焦进入脱硫塔循环使用，含高浓度 SO_2 的再生烟气由风机送入制酸净化系统进行回收。

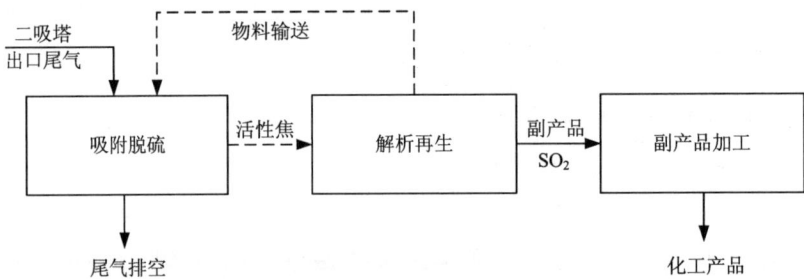

图 6-10 活性焦法原则工艺流程

某大型炼铜厂制酸一系列活性焦脱硫系统脱硫塔入口及出口烟气量与成分、脱硫系统主要原料及公用工程消耗、所用活性焦规格性能等（设计值），分别列于表 6-28 ~ 表 6-31。

表 6-28 脱硫塔入口烟气量及成分

烟气流量 /$(m^3 \cdot h^{-1})$	温度/℃	SO_2 /$(mg \cdot m^{-3})$	O_2/%	H_2O/%	粉尘 /$(mg \cdot m^{-3})$
180000	60	1200	10.8	—	—

表 6-29 脱硫塔出口烟气成分等指标设计值（括号内为实际运行值）

脱硫效率 /%	温度/℃	SO_2 /$(mg \cdot m^{-3})$	系统压降 /kPa	粉尘 /$(mg \cdot m^{-3})$	再生气 SO_2/%
≥80（70）	<70(64)	≤300	<3(1.5)	<30	>15(16)

表 6 - 30　脱硫系统主要原料及公用工程消耗

活性焦 /(kg·h⁻¹)	电耗 /(kW·h·h⁻¹)	循环冷水 /(m³·h⁻¹)	压缩空气 /(m³·h⁻¹)	氮气 /(m³·h⁻¹)	低压蒸汽 /(m³·h⁻¹)
10.8	150	5	60	15	8

表 6 - 31　脱硫系统用活性焦性能规格

直径 /mm	高度 /mm	装填密度 /(kg·m⁻³)	燃点 /℃	H_2O /%	耐压强度 /(kg·cm⁻²)	耐磨强度 /%
9	10～12	550～700	400	≤3	>37	99

2）主要技术特点

脱硫效率较高，能满足现行环保标准要求；脱硫过程产品为高浓度 SO_2，便于利用，无二次污染物产生；脱硫尾气温度较高，无需进一步加热；技术较为成熟，适应大型化；一次投资及运行成本偏高，脱硫装置占地较大。

活性焦脱硫法在江西铜业公司贵溪冶炼厂得到应用。

（2）氨 - 酸法

1）工艺流程

硫酸尾气氨 - 酸法两级吸收工艺流程如图 6 - 11 所示。来自硫酸装置二吸塔出口含 SO_2 及少量 SO_3、温度为 60～80℃ 的尾气，进入第一尾气吸收塔，被亚硫酸铵和亚硫酸氢铵溶液吸收：

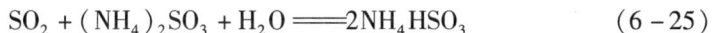

$$SO_2 + (NH_4)_2SO_3 + H_2O \Longrightarrow 2NH_4HSO_3 \tag{6-25}$$

$$SO_3 + 2(NH_4)_2SO_3 + H_2O \Longrightarrow 2NH_4HSO_3 + (NH_4)_2SO_3 \tag{6-26}$$

吸收反应使溶液中硫酸氢铵浓度不断增高，溶液对 SO_2 吸收能力降低，为此，不断向循环液中加入氨气或氨水：

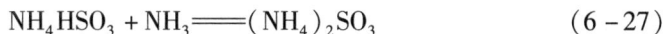

$$NH_4HSO_3 + NH_3 \Longrightarrow (NH_4)_2SO_3 \tag{6-27}$$

第一级吸收后，尾气进入第二级吸收，两级吸收反应一致，但条件控制略有区别。

如图 6 - 11 所示，两级吸收在结构上可设计为一个塔，分为上下两层，以使设备紧凑。

从第一级吸收塔循环泵出口设副线引出部分亚硫酸铵 - 亚硫酸氢铵母液，在混合槽中加浓硫酸将其转化为硫酸铵：

$$(NH_4)_2SO_3 + H_2SO_4 \Longrightarrow (NH_4)_2SO_4 + H_2O + SO_2 \tag{6-28}$$

$$2NH_4HSO_3 + H_2SO_4 \Longrightarrow (NH_4)_2SO_4 + 2H_2O + 2SO_2 \tag{6-29}$$

为使亚硫酸盐转化完全，需加入过量硫酸，在中和槽中用氨气或氨水中和：

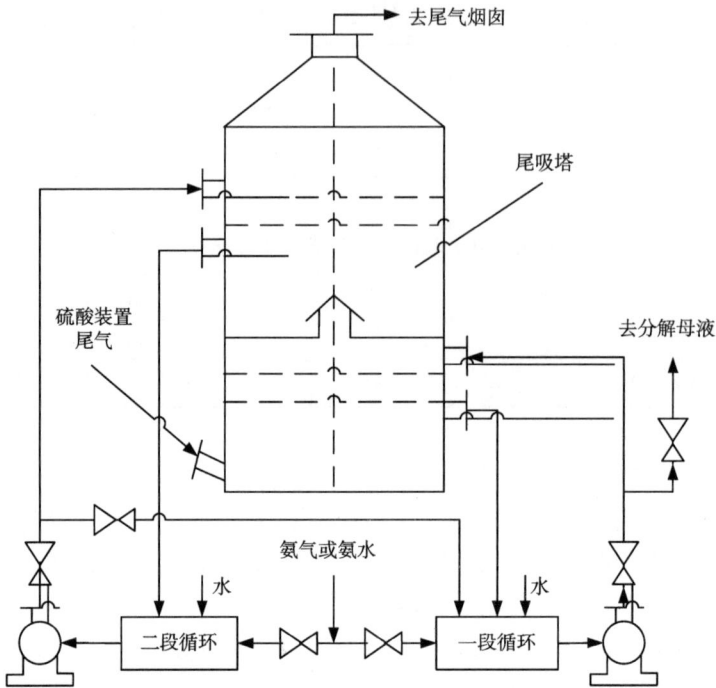

图 6-11　硫酸法尾气氨 - 酸法两级吸收工艺流程

$$H_2SO_4 + 2NH_3 \Longrightarrow (NH_4)_2SO_4 \qquad\qquad (6-30)$$

混合槽放出含水蒸气的纯 SO_2 ，分解液中含有已分解释放而又溶解于分解液中的 SO_2 ，在分解塔中利用负压抽入空气脱吸 SO_2 ，分解塔出口 SO_2 浓度 5% ，与混合槽 SO_2 气体混合后送制酸系统，也可单独处理生产液体 SO_2 。

母液分解得到的硫酸铵溶液，质量浓度 400 g/L ，可直接或结晶成固态作为农肥销售。

第一尾气吸收塔亚硫酸盐质量浓度 360 ~ 380 g/L ，S/C = 0.8 （S/C 指溶液酸度，即吸收液中亚硫酸氢铵与亚硫酸铵的比例），密度 1.18 g/cm³ 。

第二吸收塔进一步吸收 SO_2 ，使尾气中 SO_2 浓度达到 100 mg/m³ 左右。其吸收液 S/C = 0.82 ，亚硫酸盐浓度比第 1 吸收塔稍低。

2）技术特点

氨 - 酸法技术成熟，操作简单，设备维修方便，装置占地面积小，工程投资如按 300 万 t/a 制酸规模估算约需 750 万元。系统阻力小，脱硫效率高，能确保达标排放。原料氨来源方便，产品硫酸铵可作为农肥利用。

氨 - 酸法的主要缺点是若操作不当，易造成烟囱冒白烟，因此，要做到系统密封，严格执行操作规程，硫酸装置生产操作稳定，转化、吸收率比较高。氨 -

酸法尾气含有水蒸气，烟囱材质宜采用铝材或硬聚氯乙烯塑料等，外用钢材或玻璃钢加强，也可以采用玻璃钢烟囱。

氨-酸法在云南铜业公司得到应用。

（3）苛性碱液吸收法

1）工艺流程

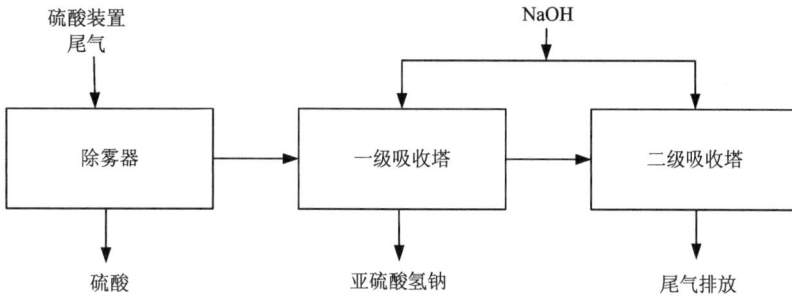

图 6-12　苛性碱液吸收法工艺流程图

苛性碱液吸收法工艺流程图如图 6-12 所示。来自制酸二吸塔的尾气，经过一级和二级吸收塔与 NaOH 溶液逆向接触，发生吸收反应：

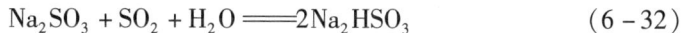

$$SO_2 + 2NaOH = Na_2SO_3 + H_2O \tag{6-31}$$

$$Na_2SO_3 + SO_2 + H_2O = 2Na_2HSO_3 \tag{6-32}$$

第一级吸收塔在酸性条件下吸收，确保生成亚硫酸氢钠，第二级吸收塔在碱性条件下吸收，确保尾气达标排放。

质量分数为 20% 的 NaOH 溶液由二级吸收塔加入，控制循环液 pH 约为 9.5，确保尾气达标排放；当一级循环液 pH 降为 4.5 ~ 5.0 时，排出亚硫酸氢钠溶液，并由二级吸收塔循环槽引入部分循环液进入一级吸收塔循环槽。由于亚硫酸氢钠易于氧化为硫酸钠，因此在储存运输中应充氮气保护。

2）技术特点

苛性碱液吸收法技术特点为：脱硫效率高，达 95% 以上，装置运行可靠；脱硫剂 20% NaOH 溶液来源有保障；脱硫产品亚硫酸氢钠可作为产品就近销售；主要缺点是脱硫剂苛性碱价格较高及运行成本较高。

该法在国外肯尼科特公司 Garfield 铜厂用于环集烟气脱硫，日本东予冶炼厂用于制酸尾气脱硫。在我国金川有色金属公司等多家企业也得到应用。

（4）新型催化法

1）工艺流程

图 6-13 为新型催化法工艺流程图。新型催化法采用炭材料为载体，负载非

钒低温活性催化成分,利用烟气中的水分、氧气、SO_2 和热量,将 SO_2 转化为一定浓度的硫酸。制酸尾气经过增湿管段添加蒸汽,使其湿度和温度满足 SO_2 催化转化要求,然后进入装有催化剂的固定床中,发生硫酸生成反应:

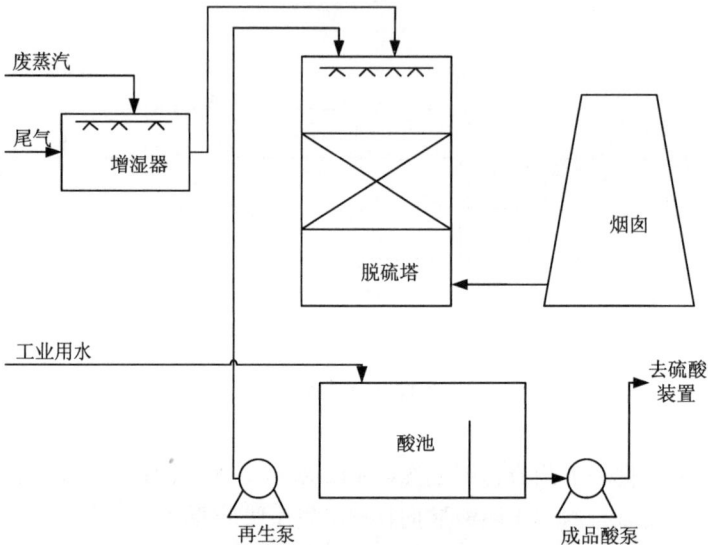

$$SO_2 + 1/2O_2 + H_2O \Longrightarrow H_2SO_4 \tag{6-33}$$

图 6 – 13　新型催化法工艺流程

生成的硫酸吸附在催化剂载体微孔中,脱硫后的尾气达标排放。当催化剂内硫酸达到饱和后进行再生。再生采用梯级循环方式,采用不同浓度的稀酸进行分级淋洗,将床层内的硫酸转移到再生液中,催化剂活性得以恢复。催化剂静置沥干一段时间后即可再次使用。催化剂再生获得的较高浓度稀酸(20% ~ 30%)经膜过滤后,返回硫酸系统作为补充水利用。

2)技术特点

工艺流程短,设备少,整个反应可在一个塔内完成,操作简单;适应范围广,温度在 50 ~ 200℃,SO_2 < 3% 的尾气均可适用;脱硫率高,净化后尾气 SO_2 < 200 mg/m^3,可满足严格的环保要求;脱除的硫以稀酸作为补充水进入硫酸生产系统,增加硫酸产量,有一定的经济效益;脱硫过程无"三废"产生,不会造成新的污染。

该法在大冶有色金属公司得到工业应用。

(5)有机胺法(Cansolv 工艺)

1)工艺流程

有机胺法工艺流程如图 6 – 14 所示。若烟气含有粉尘和 SO_2，则需对其进行洗净预处理。低浓度 SO_2 烟气进入到吸收塔中，与贫胺溶液逆向接触 SO_2 被吸收。

该法所用有机胺为一种二元胺，有 2 个氨基，一个为强碱性，一旦其与 SO_2 或强酸发生反应，则不可通过加热再生，而在脱硫过程中保持为胺盐形式，使得有机胺不会挥发或氧化分解：

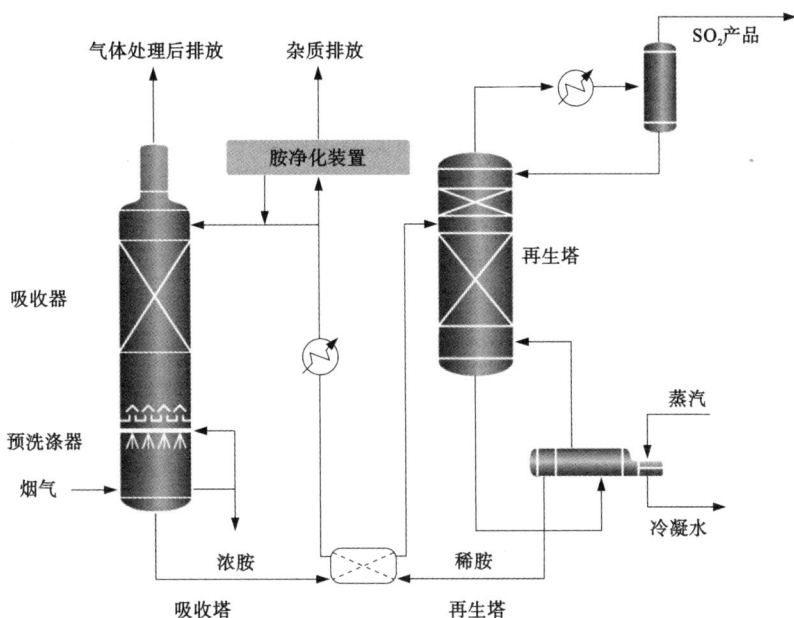

$$NR_1R_2R_3NR_4R_5 + HX \Longrightarrow H^+NR_1R_2NR_3R_4R_5N + X^- \qquad (6-34)$$

图 6 – 14 有机胺法工艺流程

第 2 个氨基碱性较第 1 个弱，称之为"吸收氮"，在脱硫中促进 SO_2 的吸收：

$$SO_2 + H_2O \Longrightarrow H^+ + HSO_3^- \qquad (6-35)$$

$$H^+NR_1R_2NR_3R_4R_5N + H^+ \Longrightarrow H^+NR_1R_2NR_3R_4R_5NH^+ \qquad (6-36)$$

吸收了 SO_2 的富胺液，进入再生塔中，与低压蒸汽逆流接触，在蒸汽的加热和携带作用下，脱除 SO_2：

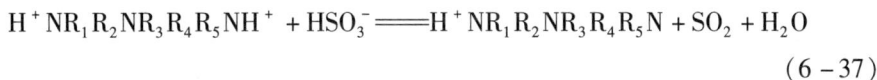

$$H^+NR_1R_2NR_3R_4R_5NH^+ + HSO_3^- \Longrightarrow H^+NR_1R_2NR_3R_4R_5N + SO_2 + H_2O$$
$$(6-37)$$

脱吸得到的含饱和水蒸气的纯 SO_2 气体，可进入制酸系统生产硫酸，也可转化为液体 SO_2 等产品。

SO_2 烟气中一般含有 SO_3 等，吸收过程中会生成不能脱吸的硫酸等强酸，因此要定期抽出部分贫胺液，采用电渗析法净化脱除。

2）技术特点：脱吸的 SO_2 纯度高，可多方案回收利用；脱硫效率高，可达 99% 以上，可满足严格的环保标准；在弱酸性环境下运行，溶液腐蚀性小，系统不易堵塞，装置可长周期稳定运行；装置规模灵活，大小均可；吸收液有机胺挥发性低，热稳定性高，可长期使用，消耗较低。

有机胺法已在冶炼炉窑及制酸尾气脱硫中得到广泛应用。我国祥光铜业公司采用这一技术脱除阳极炉尾气中 SO_2，脱吸的 SO_2 进入制酸系统制酸，提高了硫的利用率。

（6）亚硫酸镁清液法

1）工艺流程

亚硫酸镁清液法工艺流程如图 6-15 所示。该工艺采用亚硫酸镁和亚硫酸钠混合溶液，在吸收塔中与烟气逆流接触吸收 SO_2：

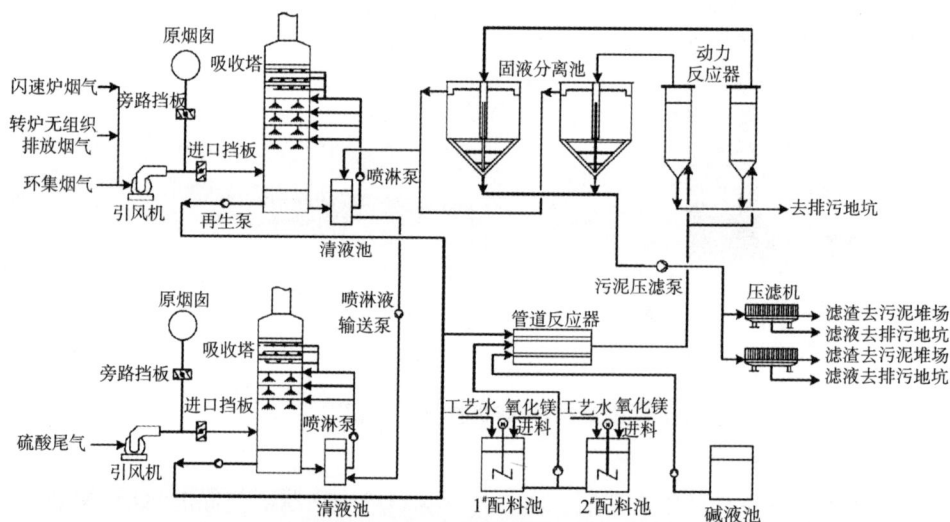

图 6-15　亚硫酸镁清液法工艺流程

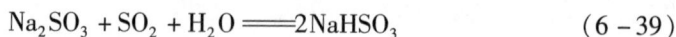

$$MgSO_3 + SO_2 + H_2O \Longrightarrow Mg(HSO_3)_2 \qquad (6-38)$$

$$Na_2SO_3 + SO_2 + H_2O \Longrightarrow 2NaHSO_3 \qquad (6-39)$$

溶液再生反应为：

$$MgO + Mg(HSO_3)_2 \Longrightarrow 2MgSO_3 + H_2O \qquad (6-40)$$

$$MgO + 2NaHSO_3 \Longrightarrow MgSO_3 + Na_2SO_3 + H_2O \qquad (6-41)$$

再生系统由再生泵、管道反应器、动力反应器和液固分离槽组成。来自配料系统的质量分数 30% 的苛性碱液和氧化镁浆液，在管道反应器中与吸附后液反应，生成高溶解性的亚硫酸镁和亚硫酸钠，然后在动力反应器中继续反应，氧化镁中的大颗粒杂质及反应结晶出的亚硫酸镁晶体，从动力反应器底部分离出来，进入固液分离槽。再生溶液返回吸收，分离出的亚硫酸镁污泥，在外排水氧化系统中将其氧化为硫酸镁，同时起到净水作用。

2）技术特点

脱硫率较高，脱硫剂为高浓度、高吸收活性的亚硫酸镁溶液，其脱硫效率高于 95%，能将烟气 SO_2 浓度降低至 50 mg/m³；投资较低，采用高 pH 的清液循环体系，无腐蚀性，设备材质为普通碳钢，因此投资较普通的氧化镁法低 10% 以上；运行成本低，由于吸收液活性好，气液比为 1500~2000，较其他湿法脱硫技术高，吸收液循环量小，脱硫塔阻力小，电耗低；运行可靠性高，烟气量波动适应性强；脱硫产物易于处理，但不能利用。

亚硫酸镁清液法在金隆铜业公司得到工业应用。

（7）我国铜冶炼厂应用较广的几种脱硫技术比较

国内某公司 SO_2 无组织排放环集烟气量为 1×10^6 m³/h；烟气 SO_2 浓度波动在 1500~2000 mg/m³，最高 10000 mg/m³；烟气含有一定烟尘。以此条件为依据，对国内炼铜厂常用的几种脱硫技术方案进行了比较，结果如表 6-32 所示。

表 6-32　国内炼铜厂常用的几种脱硫技术比较

项目	活性焦法	新型催化剂法	氨-酸法	亚硫酸镁清液法	苛性碱法
总投资/万元	9200	8500	5900	2750	1150
运行成本/(万元·a⁻¹)	1100（含 7% 维修折旧费，不考虑催化剂寿命）	750（含 7% 维修折旧费，不考虑催化剂寿命）	2100（用废氨水，不含维修折旧费）	1300（含 13% 维修折旧费）	3700（含 7% 维修折旧费）
占地面积/m²	约 1800	约 1000	约 1000	约 1600	约 1000
优点	可回收 SO_2，无废水排放	可回收稀硫酸，运行成本低，维护简单	结构紧凑，脱硫效率高，阻力小	运行成本低，处理能力大，阻力小，系统稳定	投资少，占地少，脱硫效率高
缺点	投资大，运行费用高（系统阻力大，电耗较高）	投资大，烟气条件要求高（不适应高含尘），系统阻力大	投资较大，管理复杂，副产品难处理	投资较大，对烟气含氧量有一定要求，占地面积大	运行成本高，系统阻力大

6.6.2.2 低浓度 SO_2 自氧化还原综合回收资源化技术

低浓度 SO_2 烟气无法直接用于制酸工艺，只能进行净化处理。目前国内外普遍采用的是石灰法、氨法等，存在二次污染、硫资源无法回收、成本高等问题。中南大学成功开发了含重金属低浓度 SO_2 烟气治理新技术。该技术针对铅锌冶炼中气型污染物含尘量大、颗粒细、重金属成分复杂、SO_2 浓度波动大等特点，开发设计新型滤料滤膜和气固分离装置，高效回收重金属烟气中的有价成分，同时发明的低浓度 SO_2 的碱液吸收—自氧化还原新工艺可将烟气中硫转化为硫磺和硫酸氢钠，实现硫资源的回收利用。

最新开发的低浓度 SO_2 综合回收利用技术（见图 6-16）采用工艺为"Na_2S 溶液吸收—自氧化还原回收单质硫—Na_2S 再生"，此技术可处理 0.01% ~3% 的低浓度二氧化硫烟气，通过自氧化还原生成硫磺和硫酸氢钠两种价值高的产品。本技术已经在郴州建立了 10000 m^3/h 含重金属低浓度 SO_2 烟气的处理示范工程。

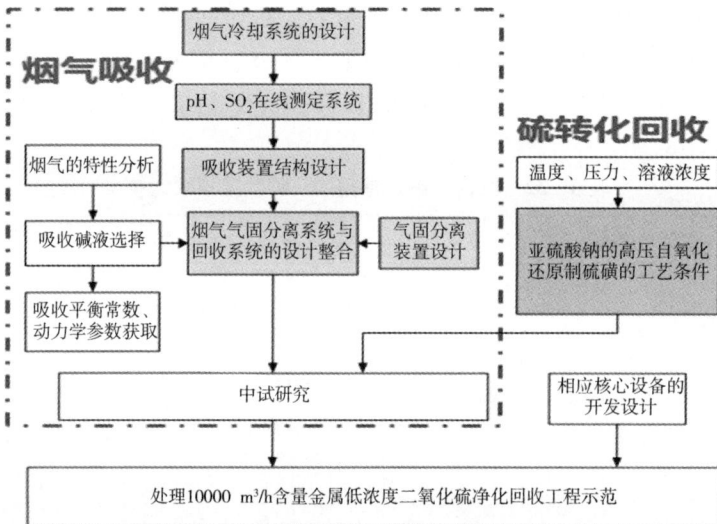

图 6-16　低浓度 SO_2 烟气综合回收利用技术

6.6.2.3 烟气脱硫脱硝脱汞协同治理技术

脱硫脱硝脱汞多污染物协同处理是大气污染物治理的重要研究方向。目前在世界范围内，有不少单一完成脱硫、脱硝、或脱汞技术；有机催化技术是当前世界范围内唯一已经成功商用的，在同一脱硫塔内能同时完成脱硫、脱硝、脱汞的三效合一烟气减排系统；有机催化三效合一技术的核心是采用了有机催化剂——一种专利生产的含有亚硫酰基（>S=O）官能团的一类非常稳定的乳状液有机化合物。图 6 - 17 是脱硫脱硝协同处理技术示意图。

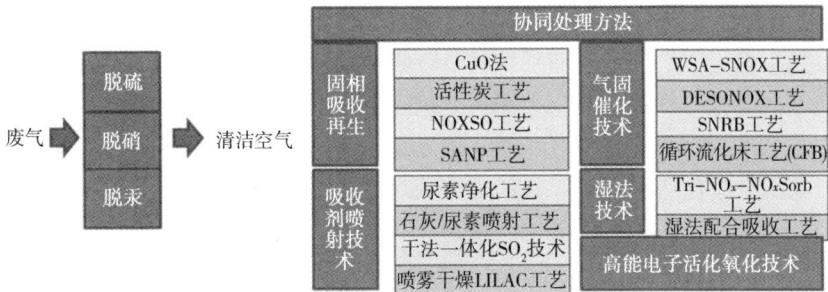

图 6 - 17　脱硫脱硝脱汞协同处理技术

6.6.2.4　铝电解沥青烟治理技术

目前国内外治理沥青烟气主要有 4 种方法：焚烧法、吸附法、电除尘法、淋洗法，在工业上都已有一定的应用。

燃烧法是利用废气中高分子物质可以氧化燃烧的特性，将其变成无害气体排出。该法投资少、除烟较彻底，尤其适合浓度较高的沥青烟气治理，但对较低浓度的沥青烟不太适用。

吸附法主要是利用多孔性固体吸附剂吸附废气中的有害物质，使废气得到净化。该法净化装置简单，净化效率高，无废水处理，一次性投资较少，是一种较好的净化沥青烟的方法。但处理沥青烟后难以脱附，吸附剂不能再生，造成二次污染和运行成本高等问题。

高压静电法是用高压静电捕集焦油，是当今使用比较广泛的方法，分为干式和湿式两种，目前世界上有 85% 的焙烧炉烟气采用电捕法处理。但是其不足之处是投资和运行成本很高，运行安全控制十分苛刻。

液体洗涤法是利用液体(水或溶剂)来吸收废气中的有害物质。该法处理设备简单、净化效率较高，但却存在污水、污泥处理及油再生等问题，一般不宜单独采用。

目前，我国所有铝电解企业均配置了烟气净化系统，对铝电解废烟气进行净化。铝电解清洁生产技术主要应体现在铝电解节能和烟气的无害化排放上。烟气的无害化排放体现在应用先进的控制系统，降低阳极效应系数，缩短阳极效应时间。因此控制技术及快速熄灭阳极效应的技术是一项极为重要的减排技术。其次，铝电解烟气的集气和净化系统也决定了排放烟气是否达标。因此，应优化铝电解槽密闭集气的结构设计，减少电解槽直接外排烟气量，同时从烟气净化系统的结构优化和氧化铝质量的提高等方面，增加铝电解烟气的净化效率，开发应用烟气脱硫的技术，减少和杜绝不合格烟气的排放。

6.6.2.5 铝电解含氟烟气处理技术

据美国统计，在排出氟化物的各工业部门中，电解铝占 15.6%。含氟废气的治理目前主要有三类方法，即稀释法、吸收法(湿法)、吸附法(干法)。其中，稀释法就是向含氟气体的厂房送新鲜空气或将含氟废气向高空排放进行自然稀释；这种方法虽然投资和运行费用低廉，但不是一种根本的治理手段。根据国内外有关资料介绍，综合利用含氟废气的方法很多。

（1）含氟烟气的湿法处理

目前国内外由含氟废气制冰晶石达到含氟烟气净化的目的，主要是用氨或碳酸钠分解氟硅酸钠或氟硅酸制冰晶石的方法。

① 氨法吸收制取冰晶石

用氨水作吸收液，吸收氟化氢和四氟化硅生成氟硅酸铵：

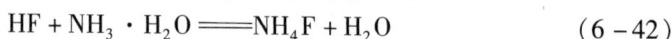

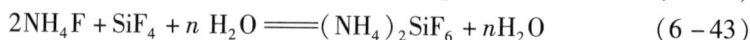

$$HF + NH_3 \cdot H_2O =\!=\!= NH_4F + H_2O \tag{6-42}$$

$$2NH_4F + SiF_4 + n\,H_2O =\!=\!= (NH_4)_2SiF_6 + nH_2O \tag{6-43}$$

氟硅酸铵与氨水反应生成氟化铵：

$$(NH_4)_2SiF_6 + 4NH_3 \cdot H_2O + nH_2O =\!=\!= 6NH_4F + SiO_2 \cdot nH_2O \tag{6-44}$$

若用水吸收得到氟硅酸，再与氨水反应也可获得氟化铵溶液：

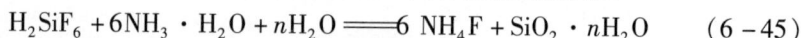

$$H_2SiF_6 + 6NH_3 \cdot H_2O + nH_2O =\!=\!= 6\,NH_4F + SiO_2 \cdot nH_2O \tag{6-45}$$

氟化铵溶液脱硅后与硫酸铝反应，生成铵冰晶石：

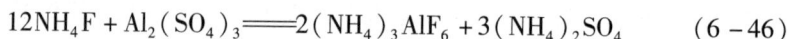

$$12NH_4F + Al_2(SO_4)_3 =\!=\!= 2(NH_4)_3AlF_6 + 3(NH_4)_2SO_4 \tag{6-46}$$

再与硫酸钠进行转换反应，得冰晶石和硫酸铵：

$$2(NH_4)_3AlF_6 + 3Na_2SO_4 =\!=\!= 2Na_3AlF_6 + 3(NH_4)_2SO_4 \tag{6-47}$$

② Na_2CO_3 吸收制取冰晶石

由电解槽密闭罩收集的烟气用 5% 的纯碱溶液吸收，反应方程式为：

$$HF + Na_2CO_3 =\!=\!= NaF + NaHCO_3 \tag{6-48}$$

同时烟气中的二氧化碳与碳酸钠反应生成碳酸氢钠：

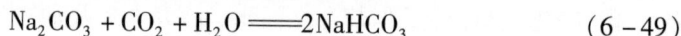

$$Na_2CO_3 + CO_2 + H_2O =\!=\!= 2NaHCO_3 \tag{6-49}$$

将含有氟化钠和碳酸氢钠的吸收液循环到一定浓度后与制备好的铝酸钠反应生成冰晶石。

$$6NaF + NaAlO_2 + 4NaHCO_3 =\!=\!= Na_3AlF_6 + 4Na_2CO_3 + H_2O \tag{6-50}$$

对铝联合企业，铝酸钠可由氧化铝厂供应，否则要自行制备铝酸钠。所需原料是氢氧化钠和氢氧化铝，先将氢氧化钠溶液加热到 90℃，边搅拌边加入氢氧化铝，可制得铝酸钠溶液，反应方程式为：

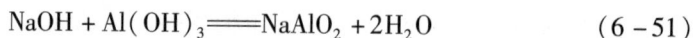

$$NaOH + Al(OH)_3 =\!=\!= NaAlO_2 + 2H_2O \tag{6-51}$$

（2）含氟烟气的干法处理

法国 Pechincy 公司的专利提出用活性氧化铝吸附工业废气中的氟化氢可制得氟化铝。该法提出在立式吸附塔中装填粒度为 3~12 mm 和比表面 150~250 m²/g 的活性氧化铝，在 323~373℃的操作温度下，气体由塔的下部进入，吸附剂层自下而上地移动，进行吸附脱氟化氢。我国电解行业以铝电解生产的原料工业氧化铝作吸附剂，其中 γ-氧化铝占 40%~50%。它具有微细孔多、比表面积大、吸附能力强等特点。烟气中的氟化氢与其中 γ-型氧化铝产生表面吸附反应，生成氟和铝的化合物。该法主要适用于预焙窑烟气净化。氧化铝对 HF 的吸附主要是化学吸附，同时伴有物理吸附，吸附的结果是在氧化铝表面上生成表面化合物。

$$Al_2O_3 + 6HF = 2AlF_3 + H_2O \qquad (6-52)$$

三氟化铝经袋式除尘器捕集分离后，送至电解槽使用。干法净化效率高，流程简单，无二次废水污染。但要注意选择好除尘设备及材质。该技术采用新鲜氧化铝作载体，用于吸附烟气中的氟化物和粉尘，净化后的烟气达标排放，而氧化铝作为铝电解原料进入电解槽。净化效果取决于净化系统的设计以及氧化铝质量。

6.6.2.6　高效减排多氟化碳技术

降低阳极效应系数和 PFC（多氟化碳）排放量是铝电解工业实现减排的主攻方向。表 6-33 列出了铝电解 PFC 减排技术的发展方向和应予开发的关键技术。铝电解槽减排 PFC 的主要目标是减少阳极效应系数、减少局部炭阳极瞬间过电压。所采用的主要方法是提高铝电解槽计算机控制水平、提高铝电解槽内的氧化铝浓度的均匀性、快速熄灭阳极效应。

表 6-33　铝电解 PFC 减排技术的发展方向

技术需求	技术应用目标	所需开发的关键技术
减排铝电解过程的 PFC	保持槽内氧化铝浓度的均匀性和下料的稳定性	改进氧化铝加料装置
	达到最佳的热平衡、氧化铝分布、合适的温度分布以及阳极效应预报	优化计算机控制系统
	更稳定的操作运行，以达到几乎没有沉淀	采用高质量的阳极和砂状氧化铝

6.6.2.7　含铅烟气处理技术

在冶炼工业生产加工过程中形成的含铅烟气或废气主要是含铅粒子形成的气溶胶，它多是由熔融物质在蒸发后形成的气态物质的冷凝物，在形成过程中常伴有氧化反应。铅烟的粒子很小，粒径一般在 0.01~1 μm 范围内。

（1）醋酸吸收法

铅加热到 400～500℃ 时即产生大量的铅蒸气（俗称铅烟）而逸入空气中。在不同温度下，铅蒸气可以与氧反应生成 PbO 和 PbO$_2$。熔铅烟中铅主要以 PbO 的形式存在，尤其是当熔铅温度较高时更是如此。该物质不溶于水，难溶于稀的碱性溶液，但易溶于酸生成铅盐，若采用醋酸水溶液作吸收剂，其反应式如下：

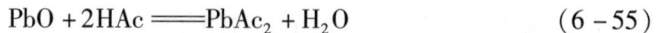

$$2Pb + O_2 = 2PbO \qquad (6-53)$$

$$Pb + 2HAc = PbAc_2 + H_2 \qquad (6-54)$$

$$PbO + 2HAc = PbAc_2 + H_2O \qquad (6-55)$$

该方法若配合物理除尘效果更好，一般第一级用袋式滤尘器去除较大颗粒，第二级用化学吸收。这种方法具有装置简单，操作方便，净化率高，生成的醋酸铅可用于生产颜料、催化剂和药剂等。但醋酸有较强的腐蚀性，因此对设备的防腐要求较高，其工艺流程图见图 6-18。

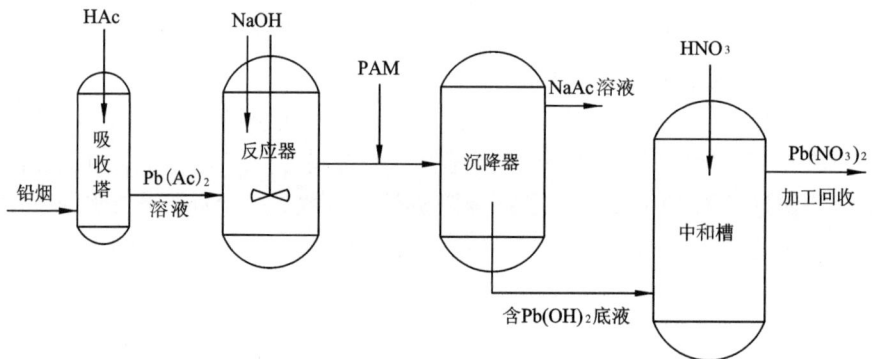

图 6-18　醋酸吸收法工艺流程图

（2）碱吸收法

以 1% NaOH 水溶液作吸收剂，其化学吸收反应为：

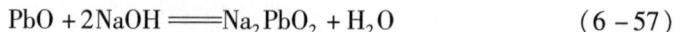

$$2Pb + O_2 = 2PbO \qquad (6-56)$$

$$PbO + 2NaOH = Na_2PbO_2 + H_2O \qquad (6-57)$$

生产工艺可控制气流量为 800～1000 m^3/h，喉口气速为 15～20 m/h，吸收温度为 30～40℃，其净化效率为 85%～99%。该净化方法及工艺为在同一净化器内同时进行除尘和吸收，净化率高，设备简单，操作方便。此外，可同时除油，因此特别适用于印刷行业和化铅锅排出的烟气。其缺点是气相接触时间较短，当烟气中铅含量小于 0.5 mg/m^3 时，净化效率较低（<80%），吸收液挥发较大，需不断补充，并存在二次污染问题。

（3）掩盖法

掩盖法主要是针对铅的二次熔化工艺中铅大量向空气中蒸发污染环境而采取的一种物理隔挡方法。具体做法是在熔融的铅液液面上撒上一层覆盖粉末来防止铅的蒸发。所用的覆盖剂有碳酸钙粉、氯盐、石墨粉及 SRQF 覆盖剂等。

新型覆盖剂 SRQF 主要以多种硅酸盐（K_2O、Na_2O、MgO、CaO、Al_2O_3、SiO_2 等）经特殊处理而成，无味，耐 1000℃以上高温，对人体无害。SRQF 覆盖剂分三层覆盖：底层为淡红色粉末层 5 cm，起与铅液隔挡的作用；中层为灰色细粒层厚 8 cm，对铅蒸气起吸收和抑制作用；上层为褐黄色小块，厚约 10 cm，对铅蒸气起吸附和抑制作用。

某钢丝绳厂在钢丝铅浴热处理工艺流程中，为防治生产车间的含铅废气污染，采用了新型 SRQF 覆盖剂来抑制铅锅表面铅蒸气对生产车间环境的污染。SRQF 覆盖剂与传统木炭覆盖剂相比具有方法简单、投资低、防治铅污染效果明显的优点。

此外，还可以用电除尘、布袋过滤和气动脉冲除尘等方法对含铅烟气进行处理。

6.7　有色冶金工业发展面临的资源与环境问题

我国已成为有色金属生产、消费均居世界第一的大国。但是，还存在着资源、能源和环境等制约其发展的重大问题。如矿产资源危机日趋严重，行业整体综合利用率不高，能耗高，环境污染严重等。因此，资源、环境、能源是中国有色金属工业可持续发展必须解决的问题。

6.7.1　有色冶金矿产资源的制约

随着我国能源、资源和生态环境要素制约日趋强化，有色金属产业规模的扩大，国内资源能源短缺的瓶颈日益突出；国家大力建设资源节约型、环境友好型社会，有色金属工业面临的节能减排、生态保护压力日趋增加。冶金过程的节能降耗与减排对缓解这种矛盾具有非常重要的意义。资源的严重短缺和低质化使我国有色金属工业及相关产业面临生存竞争的危机，同时促进了节能减排与环境保护技术的发展。

国内铝土矿资源短缺，对外依存度高，进口国集中。我国人均探明储量仅占世界平均水平的 14.2%，资源保障能力不足。近十年来，我国氧化铝工业整体对外依存度一直保持在 50% 左右。我国进口铝土矿及氧化铝来源国家较为单一。铝土矿出口国国家政治形势、出口政策等的变化，会对中国氧化铝产业造成严重的冲击，进一步加大了我国铝土矿资源供给风险。

　　我国贫细杂难选冶铝土矿脉石矿物含量高、组成复杂，氧化铝生产过程中的原材料消耗增加，技术难度加大，氧化铝企业利润空间减小，竞争力大大削弱。高硫矿开采利用过程中出现了设备腐蚀、赤泥沉降性能变差、产品氧化铁含量超标、碱耗增加等一系列问题，这是中国氧化铝工业未来将要面对的新的技术难题。鉴于我国铝土矿资源大部分是中低品位一水硬铝石矿，因此氧化铝工业节能减排的压力特别大。但是改进型拜耳法和高效强化拜耳法等技术的开发、优化和大规模推广应用为节能减排目标的实现提供了重要的技术基础。我国电力紧张的形势和高价格，给铝电解工业带来了不利影响，但也促使我国铝电解节能减排技术的开发应用。目前我国铝电解平均直流电耗处于世界先进水平，但是电流效率受到了不利影响。

　　国内高品位铅精矿供应紧张，对外依存度日益提高，原料价格的倒挂给国内铅冶炼企业的生存带来了巨大挑战。同时电子铅玻璃、锌湿法浸出渣等低品位含铅二次资源的社会积存量则急剧增加，如，未来十年间我国淘汰的显像管电子铅玻璃将超过 100 万 t，总含铅量超过 30 万 t；历年来堆存的含铅 5% ~ 8% 的锌湿法浸出渣已接近 1000 万 t，并仍在以每年约 400 万 t 的速度增加。适应低品位铅物料处理的清洁生产新技术和建设铅 - 锌 - 铅酸蓄电池联合企业是铅、锌冶炼行业的技术发展方向。

　　我国拥有丰富的白云石资源和煤炭等能源，为发展热法炼镁工业提供了良好的机遇。应进一步开发应用节能减排技术，优化改进型热法炼镁工艺，以提高竞争力。

　　面对我国不断加剧的资源环境双重约束，不管是从节能减排还是从有色金属产业自身发展需要出发，都要求提升再生有色金属利用的战略地位，大力推进再生有色金属产业的发展。充分利用废旧有色金属是有色金属工业实现节能减排目标的有效手段，但再生有色金属行业技术装备水平落后，环保形势严峻。综合能耗、污染物排放、资源回收利用率等关键指标与发达国家差距明显。再生铜行业，大部分中小企业仍采用落后的传统固定式阳极炉或反射炉工艺；再生铅行业，小企业产能占 50%，冶炼工艺及设备落后，铅膏、铅栅未实现分类熔炼，带来环境污染隐患。今后发展应进一步提高再生有色金属技术装备和清洁生产水平，提高金属熔炼回收率，优化产品结构，促进一批原生矿产冶炼龙头企业加快进入再生有色金属领域，快速拉升产业整体发展水平及再生有色金属利用水平，推动建立全国有色金属循环利用体系。有色金属再生利用在未来节能中的作用将更加突出，按照目前的技术状况，2015 年有色金属再生利用的年节能量将超过 2000 万 t 标准煤；通过多产业协同发展可以实现节约能源和提高经济效益的双重效果，循环经济的节能潜力巨大。有色金属再生利用和发展循环经济是未来有色金属行业节能的重要途径。

6.7.2　有色冶金工业环境污染的制约

目前我国部分大企业技术装备水平明显提高，而且依靠科技进步，节能减排等主要技术经济指标得到改明显善。但是污染问题仍然比较突出，如：氧化铝工业赤泥的综合利用率过低；氧化铝生产产生的粉尘及含碱蒸汽净化难度大；铝电解烟气净化达标率较低。铝电解槽废槽衬的无害化处理及综合利用技术未得到开发应用；铜铅锌冶炼污酸采用硫化或石灰中和沉淀法处理泥量大，砷无法开路；重金属废水的处理目前仍有中和沉淀法，废水处理后难以稳定达标、回用困难；冶炼砷渣、汞渣等危险废物缺乏安全处置技术，成为砷、汞主要污染源。部分镁冶炼企业的还原渣还未充分利用，不得不就地堆放；部分高温烟气尚未得到余热利用和充分净化就排放。因此，大力研究开发冶金行业污染控制技术，整合国内该领域污染治理的现有技术已迫在眉睫。

6.7.3　有色金属工业急需新技术开发与升级

我国有色金属行业的经济规模不断扩大，综合实力明显提高，在国际同行业中的影响力和竞争力日益增强，然而在产业发展中仍面临资源综合利用水平不高，部分中小企业技术装备落后，企业自主创新能力不强，无法支撑节能发展需求，高端产品和资源综合利用上缺乏核心技术，新材料、高新技术和先进装备上还依赖进口等问题。另外，我国再生有色金属工业技术落后，急需技术创新；重金属污染控制技术急需开发与升级。以污染预防为重点，以提升科技水平为切入点，以工艺清洁化、设备密封化、运行自动化、计量精准化为突破口，可实现有色冶金工业的节能降耗与减排。

能耗高仍然是我国氧化铝工业急需解决的重大技术难题。在我国一水硬铝石矿品位持续下降的情况下，应尽快开发出高效、低耗又节能的重大技术，这是保证我国氧化铝工业可持续发展的重要基础。提高产出率与氧化铝产品质量之间的矛盾也需要开发出切合我国资源和工艺流程特点的技术。赤泥的综合利用技术正处于开发阶段，大规模利用赤泥的技术还不太成熟。必须加快新技术的推广应用力度，确保氧化铝生产成本具有核心竞争力。我国铝电解工业电流效率与国际领先水平相差 2 ~ 3 个百分点；电流密度低，造成电解槽产出率低，也影响了电流效率。部分炭阳极产品质量未达标，造成吨电解铝阳极消耗高 20 ~ 40 kg。阳极效应系数较高，各企业控制也不平衡，综合比较国际上未来发展目标仍有差距。

我国的铅冶炼以氧气底吹为主导，年产能接近 300 万 t。在 SKS 法基础上开发的液态渣直接还原技术，正作为鼓风炉还原的替代技术在各地推广。但由于没能从根本上改变铅的生成途径，SKS + 高铅渣直接还原工艺存在的主要问题是处理能力相对较小，对入炉的铅精矿品位要求较高。国内高品位铅精矿的供应非常紧张，对外依存度超过60%，并由此导致铅精矿和金属铅价格倒挂，对企业经济性有影响。但同时，我国的电子铅玻璃、锌浸出渣等低品位含铅二次资源的社会积存量近年来则呈急剧增加的态势，潜在的环境污染问题亟待解决，因此，迫切需要开发适应于中低品位铅物料处理的清洁、高效、综合利用好的新技术来增强企业的盈利能力。

湿法炼锌工艺成熟，操作简单，且进行了大量技术研发工作，在综合回收和环保方面进行了诸多改进，是国内外锌冶炼技术的主流，将来很长一段时间内仍将具有强大的生命力。锌精矿富氧直接浸出技术具有锌回收率高、过程中无 SO_2 产出、环境友好、原料适应性强等优点，近些年，我国针对锌精矿加压浸出技术进行了大量研究工作，在加压浸出技术处理高铁、高硅物料，及铟、镓、锗综合回收方面也取得了一定的进展，但仍然存在投资、运营成本较高的弊端，制约了该方法的大规模推广。我国铅锌的冶炼能力巨大，但单一的铅、锌冶炼企业多，大型铅锌联合生产企业少，低附加值锌冶炼渣的无害化经济处置也一直没有取得实质性突破，这是我国铅锌冶金工业技术发展存在的另一个问题。

尽管热法炼镁的节能工作已取得了重要进展，但进一步节能仍然是重中之重。还原过程仍然是间断操作，还存在扒渣操作困难、生产效率低、产能较低等问题。热法炼镁的废渣综合利用技术没有大规模推广应用，同时需要发展热法炼镁的还原剂及光卤石电解镁技术。

6.7.4　有色冶金工业仍需进一步淘汰落后产能

我国"十一五"期间累计淘汰了落后冶炼能力铜50万t、电解铝84万t和铅40万t。2010年综合能耗氧化铝508 kgce/t、铜347 kgce/t、铅376 kgce/t、镁5 tce/t，比2005年分别下降41.6%、43.7%、15.1%、38%，铝锭综合交流电耗为14013 kW·h/t，比2005年下降620 kW·h。SO_2 回收率由2005年的90%提高到2010年的95%。同时，节能降耗仍存在一些突出问题：①产业结构调整进展缓慢，高耗能行业增长过快，工业能源消耗增速过高；②行业间和企业间发展不平衡，先进生产能力和落后生产能力并存，总体技术装备水平不高，单位产品能耗水平参差不齐；③企业技术创新能力不强，无法支撑节能发展需求；④市场化节能机制尚待完善，企业节能内生动力不足；⑤节能管理基础薄弱，节能服务能力与市场需求发展不相适应。因此，我国必须继续加快产业结构调整，落实淘汰落后产能任务。通过完善落后产能退出机制，加强淘汰落后产能监督检查力度，确保淘汰落后工作按期完成。同时严格新建项目节能准入，从源头把好节能准入关，严格控制高耗能、低水平项目重复建设和产能过剩行业盲目发展。

我国铅锌冶炼的主流工艺技术已经处于世界先进水平，但从全国铅锌冶炼（包括铅锌再生）行业整体上看，仍然存在"落后产能比例高，技术相对落后，装备水平低，清洁生产推行缓慢"等问题。铅锌冶炼业应加大产业结构调整和产品优化升级的力度，加快淘汰低水平落后产能，即加快淘汰不符合行业准入条件的年产铅 5 万 t、锌 10 万 t 以下的低水平落后产能；铅锌产业集中区或敏感区"实行产能等量或减量置换"。2002 年以前，我国铅冶炼一直采用传统的烧结—鼓风炉工艺，污染严重。2002 年，富氧底吹—鼓风炉还原炼铅工艺率先在豫光金铅应用，随后在全国推广。2010—2013 年，国家要求淘汰的铅(含再生铅)落后产能累计完成约 354 万 t，相当于目前冶炼总产能的 80%。淘汰的锌(含再生锌)落后产能累计完成约 112 万 t，相当于目前冶炼总产能的 17.2%。有效推动了铅锌冶炼行业工艺技术和装备水平的提升，显著提高了行业的清洁生产水平。《铅锌冶炼工业污染防治技术政策》的原则是注重保障生态安全和人体健康，促进铅锌冶炼工业生产工艺和污染治理技术进步，推进铅锌冶炼产业升级与产能控制，推动铅锌冶炼业开展清洁生产，实施污染综合防治技术路线，合理设置防护距离，严格环境管理要求。在环境敏感区及其防护区内，要严格限制新(改、扩)建铅锌冶炼和再生项目；区域内存在现有企业的，应适时调整规划，促使其治理、转产或迁出。通过产业结构调整、重视源头控制、实行清洁生产、促进冶炼技术与污染治理技术进步，以期望通过《铅锌冶炼工业污染防治技术政策》的实施和国家产业宏观政策调控不断深入，落后技术、工艺和小规模企业将不断被淘汰，整个铅锌冶炼行业污染物排放总量将会得到进一步削减，行业污染治理水平也将会得到较大提高，走上可持续发展道路。

6.7.5　再生有色金属工业急需技术创新

从全球观点看，矿产资源是有限的和不可再生的，人类不应该也不可能只是不断地向地球索取资源，建立资源循环利用系统是一种必然的趋势。长期以来，我国大宗有色资源主要依靠进口，如 2011 年铝、铜的对外依存度分别达到 47%、70%。有色金属具有很强的重复利用特性，废旧有色金属经过回收加工再处理可以实现有色金属的再生使用。充分利用废旧有色金属资源，实现有色金属再生利用是解决我国资源不足的重要途径。再生有色金属相对于原生金属能耗大幅下降，具有很强的节能效果。2011 年我国再生有色金属总产量为 835 万 t，约占有色金属总消费量的 24%，而一些发达国家有色金属总消费量 50% 以上来自于循环利用。

按照《再生有色金属产业发展推进计划》(工信部联节[2011]51 号)，到 2015年，我国再生铝占铝的总产量比例将提高到 30%。按照《有色金属工业中长期科技发展规划(2006—2020 年)》，到 2020 年，我国再生铝占铝的总产量比例将提高到 40%。2013 年，中国再生有色金属工业运行总体平稳，产业结构调整取得新进展，产业集中度及规范化程度有较大提高，科技创新取得一定成效，节能减排、保护环境不断增强。2013 年中国再生有色金属工业主要品种(铜、铝、铅、锌)总产量约为 1075 万 t，同比增长 3.5%。2013 年中国再生铝行业的主要特点如下：①市场集中度较低。我国的铝再生利用处于初级发展阶段，目前，全国已有再生铝企业约 2000 家，其中，生产规模在年产 1 万 t 以上的再生铝企业只有 30 家左右，年产 10 万 t 以上的只有少数几家公司，其他的均为小型企业甚至家庭作坊。我国再生铝行业市场集中度较低，不利于再生资源的规模化和集约化的利用。同时，由于小规模再生铝生产企业在环保方面的投入和技术水平有限，生产过程经常存在环保不达标的情况，给环境保护带来了较大压力。预计未来我国会有大量的不符合条件的小型再生铝生产企业退出市场，市场的集中度会逐步提高。②产业政策支持力度加大。再生金属行业属于资源再生行业和循环经济范畴，行业的良好发展具有重大的经济、社会、环境效益，是国家鼓励大力发展的行业，并在产业政策上给予了强有力的支持。近年来，国家先后在《国民经济和社会发展第十一个五年规划纲要》《有色金属产业调整和振兴规划》《国家中长期科学和技术发展规划纲要(2006—2020 年)》《国务院关于加快发展循环经济的若干意见》《"十一五"资源综合利用指导意见》《有色金属工业中长期科技发展规划(2006—2020 年)》《外商投资产业指导目录(2007 年修订)》《产业结构调整指导目录(2011 年本)》等国家产业政策和产业发展规划中，明确提出大力发展资源再生产业和循环经济。③行业处在快速发展阶段。由于我国目前再生铝占铝产量的比例较低，只有 21% 左右，远低于 33% 的全球平均水平，发展前景广阔。在国家相关政策的指导和支持下，铝资源的再生利用越来越受到社会的重视，同时废铝供应也在逐渐增加，再生铝行业在我国目前处于快速发展阶段。④地域分布特征明显。目前，我国废铝回收、分类、集散及再生铝加工利用区域主要分布在广东南海、清远、浙江台州、永康、江苏太仓、河北保定、上海和天津外围地区，这些地区靠近铝消费市场，同时具备利用国外废铝资源的便利条件。国家环境保护部已经批准建设的再生资源加工区共有十家，第一批五家园区所在地包括：浙江的宁波和台州、江苏太仓、天津子牙、福建漳州，怡球资源是江苏太仓再生资源加工区内最大的再生铝企业；2006 年批准的第二批五家园区所在地包括：山东烟台、河北文安、广西梧州、广东的江门和肇庆。由此可看出，我国的再生铝产业主要分布在珠江三角洲、长江中下游和环渤海地区三大经济较为发达的区域，具有明显的区域性集中的特征。⑤整体技术水平有待提高。再生铝生产是从回收、分选到熔炼等过程的系统工程，生产效率、资源利用率和环保水平是企业发展的关键技术要素。目前我国再生铝行业大部分中小企业存在设备简陋、技术落后的问题，行业的整体技术水平不高，在生产过程中的烧损大，铝金属的回收率较低；生产产品均一性不高，性能不达标，产品质量无法保证；技术水平低导致生产过程中对环境的污染比较严重。因此，我国再生铝行业内的大部分企业急需提高生产技术和节能降耗水平，从而使整个行业的技术水平得到提高，促进行业良性发展。

作为一个铜资源较为缺乏的国家，目前我国的铜消费占比已接近40%，而资源占有率仅为5.5%，铜冶炼企业的原料自给率不足20%，需要从国外大量进口铜精矿和废杂铜。当前我国铜产品进口构成中，原料比重较大，主要包括精炼铜、粗铜、废杂铜和铜精矿。铜出口量较少，且以半成品、加工品为主。再生铜前景好，可以循环利用的废杂铜正逐步成为铜冶炼原料的重要补充。在主要发达国家，再生铜产量占比非常高，美国约占60%，日本约占45%，德国约占80%。要解决我国铜资源问题，除加强国内外铜矿资源拓展外，也要大力发展可再生铜的路径。2011年，我国再生铜产量从2003年的28.8万t快速发展至181万t，而再生精铜占整个精炼铜产量的比重也从2003年的16.3%扩大到35%。目前在建和拟建的再生铜产能有60~80万t，这些产能如建成并投产，我国再生铜的产能将超过300万t。由于目前国内消费领域大量有色金属产品尚未进入报废高峰期，国内所回收的废金属还无法满足日益增长的再生有色金属产业的原料需求，进口废金属仍然是我国再生有色金属产业的重要原料来源。目前，国内年回收废铜仅60~70万t，进口约400万t。

2000年起，西方发达国家的重有色冶炼一直维持原有工程的生产能力。但是，再生铅在国外铅总产量中的占有率却由2001年的58.7%提高到2011年的71.1%。而2011年，我国再生铅占铅总产量的比重仅为30.2%。主要原因是：①我国铅的社会积存总量相对偏低，循环二次铅量自然偏低；②我国原生铅产量太大，以2011年计，我国总产量达到324.4万t，是国外的2.08倍；③我国铅出口量大，减少了铅在国内的循环总量，反之，国外进口铅，增大了铅的总循环量。与原生铅相比，再生铅冶炼的流程更短、能耗更少，能实现资源循环利用。再生铅的主要原料是废旧铅酸电池，但我国的废旧铅酸电池回收利用仍然存在无序状态，点多、规模小、技术落后、污染严重等是这一行业的突出问题。在进行废旧铅酸电池回收利用时，不仅要重视铅的回收，更不能忽视废酸和酸泥的处置，否则会带来严重的二次污染。在这方面，豫光金铅经过改进创新，形成可处理各种废旧铅酸电池的新工艺。这一系统将废旧铅酸电池破碎分离成塑料、硬橡胶、铅栅和铅膏等4种物质，开创了再生铅与原生铅相结合的资源利用新模式，成为我国再生铅利用行业的样本。受高品位铅原料的限制，加上铅的二次物料，没有经济环保的独立回收工艺。所以，绝大多数铅冶炼厂都大量搭配处理铅酸电池的酸泥、锌浸渣、高炉或电炉铅锌尘等二次物料，综合回收其中的锌、铅、铜、银等有价元素。这是我国铅冶炼厂发展的大趋势，也是世界铅冶炼发展的大趋势。

再生有色金属资源和原矿资源有许多不同之处，处理方法也不尽相同。例如，再生资源的破碎、分选等预处理过程就大不相同，通常更复杂；由于再生资源成分复杂、波动范围大，分离和提纯金属较困难；处理"城市矿山"的企业大多在城市或者城市周边，为避免二次污染，一定要对有害元素进行无害化处理。这些问题都是再生有色金属产业必须攻克的技术难题，是产业实现可持续发展必须面对的挑战。近些年，我国再生有色金属产业在发展过程中也涌现出了一些具有一定规模和技术实力的企业，提升了再生资源的利用水平。但整体而言，我国再生有色金属产业集中度较低、生产工艺和技术装备落后、再生产品附加值低、存在二次污染，与发达国家水平差距明显。另外，缺乏行业准入制度和再生产品标准，造成行业发展水平参差不齐，市场竞争无序，需加以规范。

"十二五"期间随着我国废旧有色金属量的增加，加之相关政策的完善，再生有色金属进入了快速发展阶段。《2009—2015年再生有色金属利用专项规划》指出2015年我国再生有色金属总产量将达到1100万t，再生精炼铜、再生铝和再生铅产量分别达到当年精炼铜、电解铝、精铅产量比例的40%、30%和30%以上。按照2009年的水平，届时再生有色金属相比原生金属年节能量将超过2000万tce，即使考虑到原生金属能耗降低因素，2015年再生有色金属年贡献节能量也应在1500万tce左右。可见，再生有色金属将成为"十二五"乃至更长时期有色金属工业节能降耗的重要力量，其整体贡献随着我国废旧金属大量进入循环阶段而日益突出。

当前，制约中国再生有色金属产业发展的突出矛盾是技术创新能力不足，缺乏核心竞争力，产品结构不能满足市场需求，主要反映在新材料开发、技术装备研发、产品转化三个方面，因此企业转型升级十分紧迫。

6.7.6 有色冶金行业急需先进污染控制技术

有害重金属污染有致畸、致癌、致突变的"三致效应"，在气、水、固体"三相"中迁移转化与扩散。在我国，有色金属矿（含伴生矿）采选、有色金属冶炼、含铅蓄电池、皮革及其制品、化学原料及化学品制造等五大行业重金属排放量占重金属排放总量的95%以上，成为重点防控行业。在涉及重金属行业中，相当一部分工业企业投产年代已久，设备老化严重；企业规模小、技术落后情形普遍存在。解决当前重金属污染问题，必须实施清洁生产与污染全过程控制。以污染预防为重点，以提升科技水平为切入点，以工艺清洁化、设备密封化、运行自动化、计量精准化为突破口。

铝镁工业冶炼过程的污染控制技术、废气、废水和废渣的排放和综合利用技术基本上还处于开发阶段，氧化铝生产的赤泥、铝电解生产排放的废槽衬、热法炼镁工业的废渣是铝镁工业最重要的固体废物，目前这些废物的利用率很低，尚未找到普遍有效的综合利用方法。

在处理铅锌混合精矿时，精矿烧结过程中的铊大部分以气态挥发进入烟尘中，由于烧结烟尘的无组织排放，随烟尘外排的铊在环境中日益积累，会严重污染地表水。氧气浸出技术(包括氧压浸出和常压富氧浸出)仅仅解决了 SO_2 的产生和由此导致的 SO_2 污染问题，并没有从根本上解决浸出渣中伴生铅、银、汞的回收和无害化处置问题。考虑铅锌矿物相互伴生而且还有汞、砷、镉等有毒物质的特点，为便于综合回收，减少副产品中间贮、运过程的能耗及污染，鼓励企业采取铅锌联合冶炼、配套综合回收、产品关联延伸等措施，提高铅锌冶炼各工序中铅、汞、砷、镉、铊、铍和硫等元素的回收率，最大限度地减少排放量，废铅产品及含铅、锌、砷、汞、镉、铊等有害元素的物料，应就地回收。

开发有色冶炼过程重金属污染控制技术，针对我国有色冶炼行业重金属污染形势紧迫的现状，建立我国有色金属冶炼重点行业的重金属污染源清单及防控技术清单；提出适合重金属污染防治的环境监督和管理方案与建议，为我国有色金属冶炼重点行业重金属污染控制与管理提供技术支撑。在行业内，全面推广应用生物制剂法和膜法等先进的重金属废水处理技术，实现有色金属工业企业的"零排放"，解决重金属工业废水污染问题。

另外，保障有色金属工业减排工作的顺利实施，关键在于清洁工艺的全面推广应用，如世界上技术领先、环保、节能、高效的"双闪"(闪速熔炼、闪速吹炼)铜冶炼技术和装备，三段炉炼铅新工艺、铅闪速熔炼新工艺，硫化锌精矿直接加压氧浸炼锌工艺等。这些先进工艺，可从根本上解决传统重金属冶炼中的低空污染问题，实现清洁生产，降低环境污染负荷。

6.8　有色冶金节能减排措施

6.8.1　淘汰高能耗、高污染的落后生产能力

加强落实《产业结构调整指导目录(2011 年)》，严格执行铝冶炼、铜冶炼、铅锌冶炼、镁冶炼、再生铅等行业准入条件和相关有色金属产品能耗限额标准，按照国家节能减排约束性指标的有关要求，对各级工业主管部门和相关企业进行监督考核。制订年度淘汰计划，并逐级分解落到实处；完善落后产能退出机制，对未完成淘汰任务的地区和企业，依法落实惩罚措施。鼓励各地区制定更严格的能耗和排放标准，加大淘汰落后产能力度。《产业结构调整指导目录(2014 年)》中更加注重对产能过剩行业的限制和引导。按照国家政策要求的时间进度，落实《部分工业行业淘汰落后生产工艺装备和产品指导目录(2010 年)》，坚决淘汰高能耗、高污染的落后生产能力，确保"十二五"期间淘汰电解铝 100 kA 及以下预焙槽等落后产能 90 万 t，铜(含再生铜)冶炼鼓风炉、电炉、反射炉炼铜工艺及设备等 80 万 t，铅(含再生铅)冶炼采用烧结锅、烧结盘、简易高炉等落后方式炼铅

工艺及设备，未配套建设制酸及尾气吸收系统的烧结机炼铅工艺等130万t，锌（含再生锌）冶炼采用马弗炉、马槽炉、横罐、小竖罐等进行焙烧、简易冷凝设施进行收尘等落后方式炼锌或生产氧化锌工艺装备等65万t。

加快推动产业结构优化调整，积极构建产业技术升级机制。"十一五"期间我国有色金属工业淘汰落后产能工作取得了良好的效果，但主要是依靠政府的行政手段。淘汰落后产能属于产业技术升级的范畴，具有长期性和动态性的特点，从长远来看需要完善的机制加以保障。未来一段时期内，在继续完善行业准入、产品能耗限额、出口退税、能源价格及相关税收政策同时，还应着力完善市场竞争机制，优化产业组织结构、打破行政性垄断，形成公平竞争的市场环境，充分发挥市场的基础作用，逐步形成由法律手段和市场机制共同作用的产业技术自发升级机制。通过严格产业准入标准，控制国内有色金属冶炼能力的过快增长，在缺乏资源及资源没有保障的地区不能盲目建设冶炼项目；禁止新建并完全淘汰工艺落后、污染大、规模小的冶炼能力；确定有发展优势的地区，在资源保障可靠的前提下，按照规范的核准程序，可适度新增冶炼能力。

6.8.2 建立资源紧缺防控战略体系

有色金属矿产资源短缺的矛盾突出，节能减排、淘汰落后的任务艰巨，自主创新能力不强，关键技术自给率较低，困扰着我国有色金属工业持续发展。须建立资源紧缺防控战略体系，增加有色冶金抗风险能力。我国有色金属矿产资源特别是常用的大宗有色金属铜、铝、铅、锌等资源紧缺，现已探明的储量不能满足2020年国民经济发展的需求。《有色金属工业"十二五"发展规划》指出，"十二五"期间，资源综合利用水平要明显提高，国际合作取得明显进展，主要有色金属资源保障程度进一步增强。这些年国内资源勘探力度不够，海外资源开发又屡屡受阻，资源使用效率不高，浪费严重。提高资源控制力，一是资源开发和集约利用；二是资源回收和综合利用。

近几年来，随着有色金属产量快速增长，矿产资源短缺局面日趋严重，原料对外依存度不断上升，短期内难以从根本上改变。所以，要加大国内矿产资源的勘探力度，进一步加强对可能成矿地带的普查与勘探，增加后备储量。要依托现有生产矿山，扩大边部和深部找矿，延长矿山寿命，增加资源量。提高资源保障能力和资源开发工程。以铝为例，在广西、贵州、山西适度发展具有资源保障的氧化铝产能。到2015年新增铝土矿生产氧化铝的产能达800万t/a。

6.8.3 实施资源国际化战略，严控原料进口关

开展有色金属资源国际化战略研究，加快实施"走出去"战略，同时通过地质勘探、并购重组等多种方式运作矿权，形成长期稳定有效的矿产资源基地，提高

短缺资源的保障能力，解决现行冶炼资源紧缺瓶颈问题。严格执行进口原料有毒有害元素的限量标准，把好原料进口关，从源头降耗减排。

大力开发海外矿产资源，提高资源保障能力。必须坚持境内外资源开发和利用并重。积极推动境外资源勘探和形成一批境外矿产基地。在有条件的地区增加再生铝的产能。加快内蒙古高铝粉煤灰的资源开发与利用。要依靠技术创新，研发低品位铝土矿资源化、粉煤灰生产氧化铝综合利用产业化技术及煤下层铝土矿开发技术等，扩大资源量。

21 世纪初期氧化铝价格暴涨的事实表明，受我国铝土矿资源禀赋的制约，大力开发和利用境外资源是提高我国铝工业竞争力的迫切需要和必然选择；而加大开发利用国内铝资源，特别是低品位铝土矿资源，是确保我国已有庞大规模铝工业战略安全的迫切需要和必然选择，两者必须并重。但对于进口的铝土矿、铜精矿以及铅锌精矿一定要严把质量关，特别是有害元素一定要符合限量标准。进一步规范矿产原料、废金属进口通关秩序，严禁进口"洋垃圾"，完善废金属进口通关的检测场地、设备和标准。砷是伴生于铜精矿中、对铜冶炼过程及环境保护极其有害的元素之一。我国铜精矿行业标准（YS/T 318—2007）将铜精矿分为 5 级，1 级至 5 级铜精矿 As 含量分别限定为不大于（%）：0.1、0.2、0.2、0.3、0.4。国家强制性标准《重金属精矿产品有害元素限额规范》规定，铜精矿中 As 含量不得大于 0.5%。中国国家质量监督检验检疫总局发布的关于进口铜精矿中有害元素的限量，具体限量标准规定如下：砷（As）含量不得大于 0.5%，铅（Pb）含量不得大于 6%，氟（F）含量不得大于 0.1%，镉（Cd）含量不得大于 0.05%，汞（Hg）含量不得大于 0.01%。

6.8.4　积极推进清洁生产，促进节能减排与全过程污染控制

遵循源头预防、清洁生产、末端治理的全过程综合防控原则。针对汞、铅、镉、砷等重金属污染物产生的关键领域和环节，以重金属冶炼生产过程控制为重点，实施清洁生产技术改造，从源头消减汞、铅、镉、砷等污染物的产生量，降低末端治理难度和压力。重点支持重金属冶炼企业采用先进成熟的技术实施清洁生产技术改造、治污设施升级改造、污染源环境风险防控设施建设和污染治理项目等。《节能减排"十二五"规划》指出以汞、铬、铅等重金属污染防治为重点，在重点行业实施技术改造。示范和推广一批无毒无害或低毒低害原料（产品），对高耗能、高排放企业及排放有毒有害废物的重点企业开展强制性清洁生产审核。

发展循环经济，开展固体废物的综合利用。如氧化铝生产产生的赤泥，不仅可能污染地下水源，而且存在造成严重安全事故的隐患。最近几年，我国企业通过自主技术创新，初步实现了赤泥的综合利用，从中回收了大量的铁、碱等有价元素，综合利用量达到产生量的 25% 以上。

加强清洁生产关键技术研发。为落实《工业清洁生产推行"十二五"规划》提出的消减铅尘、氨氮等污染的目标，有色金属行业要积极开发锌冶炼清洁生产新工艺，消减锌冶炼有害废渣的产生；研发赤泥大规模资源化清洁利用技术，解决赤泥长期堆存问题；重点研究铝电解重大节能技术、连续炼铜高效开发利用技术、镁冶炼还原新工艺及节能减排技术、一步炼铅成套工艺技术、以低铝硅比铝土矿为原料生产氧化铝技术，为实现"十二五"目标奠定基础。

积极推行清洁生产。认真实施铜冶炼、铅锌冶炼清洁生产技术推行方案，组织编制和实施电解铝、氧化铝清洁生产推行方案和评价指标体系。切实提高有色金属企业清洁生产水平，降低污染物产生的排放强度。积极支持和鼓励有色金属大中型企业编制清洁生产规划，组织开展清洁生产审核。到 2015 年年底，有色金属大中型企业均达到国内先进水平。要以重金属污染防治、节能减排适用技术推广应用等为重点，开展科研攻关，重点支持低能耗铝电解综合技术及装备研究、一步炼铜（铅）清洁冶炼技术研究、镁冶炼自动化控制技术研究、废电池铅膏和铅废料回收电池级氧化铅等二次资源综合回收利用技术研究等，争取取得突破，进一步推动产业节能减排。

加强节能减排与资源综合利用关键技术研发。开发锌冶炼清洁生产新工艺，削减锌冶炼有害废渣的产生。研发赤泥大规模资源化利用技术，解决赤泥长期堆存问题。以尾矿、废石、冶炼渣等固体废物的综合利用，以及矿山、冶炼废水中的重金属治理等为重点，推进企业技术改造，全面提升产业绿色发展水平。重点研究连续炼铅清洁生产技术、镁冶炼还原新工艺及节能减排技术、一步炼铅成套工艺技术、以低铝硅比铝土矿为原料生产氧化铝技术等一批重大、关键、共性的节能减排技术。重点培育产业节能技术创新环境。充分调动有色金属科技型企业、大型有色金属生产企业、有色金属设备制造企业以及相关科研院校的积极性和主动性，建立多个专门的有色金属节能技术研究基地，加强自主创新，积极开展国际合作，全面提升我国有色金属工业节能技术创新能力，为行业能源技术的持续发展奠定坚实的基础；创新技术应用推广模式，鼓励设立专门性的能源服务公司，积极拓展节能新技术的应用渠道。

推动节能减排先进适用技术应用示范。重点推广新型铝电解节能技术、铜冶炼先进熔池熔炼技术、铅冶炼液态高铅渣直接还原技术、新型蓄热竖罐还原炉炼镁技术，锌精矿焙烧烟气净化除汞技术等一批先进适用的节能减排技术，组织实施一批二氧化硫、重金属污染物防治工程，有效降低能源消耗，减少有害气体、重金属和氨氮污染物排放。

对涉重金属企业建立"污染物全生命周期"防控体系，企业不仅要实现达标排放与清洁生产，还需要对整个生产周期内重金属的去向进行统计，将重金属在原料、加工、废料、转移各个环节的数量确立数据、建立台账，并以此制订可操作的风险防范方案。我国有色金属行业实施全过程污染防控以重金属污染防治工作为主线，限期淘汰落后产品和工艺、加强环境监管、建立污染防治长效机制、建立相关部门联合考评机制等，保障各项措施的有效实施。另外，全生命周期防控还包括原材料替代、绿色产品替代、废物回收与综合利用体系建设等措施。

6.8.5　扎实推进金属再生循环利用举措

强化有色金属再生，逐渐形成以大型企业为龙头的产业格局。进一步规范有色金属再生行业管理，通过多项产业政策的发布实施，加强企业技术改造的动力，进一步加大落后产能的淘汰，关停或改造装备水平不符合条件的再生金属企业，推动生产要素向优势企业集中。日益严格环保监管，对再生金属产业绿色健康发展提出更高要求。

中国再生有色金属产业政策环境进一步优化。2014 年，通过《再生铅行业准入条件》《铝行业规范条件》《铜冶炼行业规范条件》的实施，进口废物管理许可证下放和即将发布的《再生有色金属工业污染物排放标准》等重要政策法规的实施，对引导产业规范发展，提高产业规模化水平，促进产业转型升级发挥了积极作用。中国再生有色金属产业结构调整正在逐步走向深化。再生铅产业结构优化调整已见成效，行业前 10 名产量所占比重达到 60% 以上，产业集中度得到了大幅提高，先进工艺技术装备快速推广，企业生产作业环境持续改善，污染物排放数量和血铅事故发生率显著下降，产业已经由劳动密集型转向技术和资本密集型。再生铝、再生铜产业结构正在积极调整，产能更新速度加快，先进成套工艺技术装备普及率快速提高，落后产能淘汰速度和数量均超出预期。以上三个品种的产业结构调整，有效带动了再生金属材料和专业装备制造等相关产业的发展，极大地促进了这些产业体系的结构升级。

进一步扩大再生有色金属的规模，建立多个再生有色金属生产基地。鼓励有色金属企业发展资源再生项目；加快再生资源拆解分离技术、再生资源冶炼技术的研发及应用；完善有色金属废物回收、预处理体系，健全有色金属废物价格机制，增强废金属原料国内供应能力；进一步严格行业准入标准，增强再生有色金属行业整体技术水平；适度提高产业集中度，优化产业组织结构，鼓励产业向高端产品领域延伸。2015 年年底前，再生有色金属产量达到 1200 万 t，其中再生铜、再生铝、再生铅产量占当年铜、铝、铅产量的比例分别达到 40%、30%、40%左右。再生有色金属示范工程的建设是贯彻落实《再生有色金属产业发展推进计划》的主要举措。建议尽快出台政策文件及配套措施，支持重点再生有色金属企业和园区建设试点示范项目，推动行业重大关键技术推广应用，促进再生有色金属产业高效循环发展，逐步提高再生有色金属行业综合竞争力，提高产业发展质量。研究制订支持再生有色金属产业发展、赤泥综合利用的相关财政税收政策。

6.8.6　大力发展"铝电联营"和"煤铝电一体化"模式

调整优化现有不合理的空间产业布局,提高产业竞争力,实现产业与资源、能源、环境、社会和谐发展。以满足内需为主,严格控制能源资源不具备条件地区的氧化铝和电解铝产能。在总量控制前提下,积极引导能源短缺地区电解铝产能向能源资源丰富的西部地区有序转移。依托内蒙古高铝煤炭资源,有序推进高铝粉煤灰资源开发利用。选择条件合适的区域,充分利用国内外废杂铝资源建设若干规模化的再生铝基地。鼓励加快在境外建设氧化铝及电解铝产业园区。按照循环经济发展模式,支持建设若干资源基础雄厚、产业链完整、特色鲜明、资源高效利用、环境友好的铝新型工业化示范基地。支持建设优势互补、合作双赢的东(中)西铝产业转移合作示范区。

推进企业联合重组,支持优势大型骨干企业开展跨地区、跨所有制联合重组。支持区域内企业联合重组,提高产业集中度。鼓励煤(水)电铝加工一体化,提高产业竞争力。充分发挥大型企业带动作用,形成若干个有核心竞争力和国际影响力的企业集团。建立重大工程,完善高电价地区电解铝产能退出机制,积极引导能源短缺地区电解铝产能向能源丰富的西部地区有序转移。逐步推进城市铝冶炼企业转型或环保搬迁。电解铝力争在 2015 年完成 1500 万 t 的节能改造,直流电耗达到 12500 kW·h/t Al 或以下,氧化铝综合能耗低于 500 kgce/t。电解铝、氧化铝和铝加工积极采用先进实用技术进行改造,提高产业装备水平,降低物耗和能耗,增加品种和改善质量。

大力发展"铝电联营"和"煤铝电一体化"模式,全面解决中国铝产业面临电价不断上涨的问题。电解铝工业与电力工业有着极高的相关度,为了增强竞争优势和抗风险能力,近年来煤电企业进入铝行业,对中国铝工业快速发展起到了重要作用,逐步形成了一批规模较大的铝–电、煤–电–铝联合企业,构建更加合理和更具竞争力的产业链。铝电联营是我国电解铝工业发展的必然道路,水电铝联营、热电铝联营、煤电铝联营的优势更为明显,是我国铝工业产业结构调整的重要内容。解决我国电解铝生产稳定、廉价电力供应的根本途径就是调整产业结构,实现铝电联营。但是铝电联营有多种形式,根据企业的自身情况,进行企业组织结构调整是实现铝电联营的必然要求。近年来,我国有色金属工业管理体制和电力工业管理体制的变化,已经为创立新型铝电联营企业提供了条件。根据我国的电力市场供需情况,新建电解铝生产企业必须具备铝电联营条件,特别是新建大型电解铝生产企业,大型氧化铝生产企业新建电解铝项目除外,应该实现水电铝联营、热电铝联营、煤电铝联营,只有这样电解铝生产才可能具备国际市场竞争能力,电解铝生产企业才有发展空间。不具备铝电联营条件的电解铝项目不应批准建设,对大型电解铝项目更应如此。为了实现铝电联营,促进产业结构调整，必须发挥市场机制的调节作用，减少行政性干预和政策性倾斜。完善市场退出机制，位于电力生产成本较高地区的电解铝生产企业应该逐步关闭或转产为铝加工企业。在产业结构调整中，应特别重视大型电解铝生产企业的铝电联营，采取多种方式，积极推动大型电解铝生产企业实现铝电联营。

6.8.7　针对不同品种有色金属特点，制订节能减排的对策和目标

有色金属品种多，特点各异，生产流程不同。铝、镁、硅冶炼能耗高，温室气体排放量占有色金属工业总量的 80%，应将节能放在首位，降低能耗，温室气体排放量也相应减少；铜、铅、锌冶炼则不同，由于其原料大都是硫化矿，单位产品的能耗比铝、镁、硅冶炼低得多，加之原料成分复杂，常常含有害元素，因此铜、铅、锌冶炼的减排比节能更为重要。

国家对氧化铝工业的节能、清洁生产和赤泥堆存都有明确的要求，对赤泥综合利用也有新的目标，这将使氧化铝节能减排技术的开发应用得到强有力的推动。国家对电解铝工业的节能和烟气排放提出了更高的标准，并列入行业科技发展规划，这将推动五个铝电解节能及烟气净化技术的发展。废槽内衬将是一个重大的环境问题，也是一个资源综合利用问题。2010—2013 年，国家要求淘汰的铅（含再生铅）落后产能累计完成约 354 万 t，相当于目前冶炼总产能的 80%；淘汰的锌（含再生锌）落后产能累计完成约 112 万 t，相当于目前冶炼总产能的 17.2%，有效推动了铅锌冶炼行业工艺技术和装备水平的提升，显著提高了行业的清洁生产水平。国内镁冶炼工业的节能、烟气排放和还原渣综合利用也应尽快规划，以实现国家对镁冶炼工业的环保目标。

6.8.8　切实推行清洁生产审核与环境管理

坚守生态环境保护红线，把实现产业化与生态环境协调发展放在第一位，通过制订负面清单，推进"红名单"制度，严格行业准入条件及相关产业发展政策。进一步提高冶炼行业准入门槛，严格行业准入管理。加强有色金属产业政策与财税、金融、贸易、土地、环境保护和安全生产等政策的衔接，对新建项目实现环境保护一票否决制。

开展有色金属冶炼行业重金属污染防治的战略研究，重点推行采用先进成熟技术实施清洁生产技术改造、治污设施升级改造、污染源环境风险防控设施建设。实施强制性推行有色冶炼行业清洁生产审核计划，全面促进清洁生产与全过程节能减排，实现重金属污染的源头防控。建立完善的有色冶炼行业技术政策与标准体系，促进科技进步与自主创新，提升节能减排技术水平。推行有色冶炼企业能源合同管理与污染治理第三方运营模式，实现节能减排。

完善技术政策、标准及管理体系，保障行业健康可持续发展。"十一五"期间

针对特定行业的特征，我国已制订了一些相应的法规、技术政策、标准等，同时制订了一系列典型行业的最佳可行技术，对典型企业选择清洁生产技术、污染物达标排放技术路线和工艺方法提供了依据，起到了良好的作用。但目前制定的都是一些针对单一行业的重金属管理政策、标准和规范等，缺乏以典型涉重金属行业生产过程源头减排、过程控制及末端治理为主线构建的重金属污染综合防治技术管理体系。我国日益严格的环保标准和技术政策有力地推动了有色金属工业发展节能减排技术的需求。《铅锌冶炼工业污染防治技术政策》规定铅锌冶炼业新建、扩建项目应优先采用一级清洁生产标准或更先进的清洁生产工艺，改建项目的生产工艺不宜低于二级清洁生产标准。企业排放污染物应稳定达标，重点区域内企业排放的废气和废水中铅、砷、镉等重金属量应明显减少，到 2015 年，固体废物综合利用或无害化处置率要达到 100%。

建立健全节能减排工作管理体系。各级工业主管部门和相关企业要高度重视有色金属工业节能减排工作，按照国务院《"十二五"节能减排综合性工作方案》，结合本地区、本企业实际，制订节能减排专项方案，提出明确的发展目标、重点任务和有效措施。推进有色金属行业节能减排监测体系建设，定期组织节能减排形势分析。加快研究制订有色金属工业改扩建项目节能评估审查办法，从严控制有色金属企业盲目扩张。定期公告淘汰落后产能涉及企业名单，进一步完善落后产能退出的政策措施和长效机制。

修订完善节能减排标准体系。对有色金属产品能耗标准进行深入研究，制订发展战略和规划，进而建立和完善科学合理的有色金属能耗标准体系，并适时制订出一批能耗标准，确定各能耗标准的框架内容和各项技术指标，建立和完善有色金属能耗标准体系。积极会同有关部门研究制订铝、铜、铅、锌等金属品种节能、环保设计规范，组织各地节能监察机构加强对各地区有色金属企业能耗限额标准执行情况的监督检查，开展有色金属企业国家强制性能耗限额标准、机电设备、能源计量器具配备、能源计量数据及使用、特种设备等专项检查活动。

建议加快相关法律法规、标准的制定和修订。加强重金属污染的环境影响后评价、行业污染治理技术评估体系的建立；转变环境治理模式，环境治理区域化、社会化，污染典型区域环境综合整治和全社会统筹安排的治理模式；污染治理注重全过程控制和必要的末端处理，实现"工艺、环保一体化"；行业污染治理技术管理嵌入环境管理制度。及时开展我国重金属污染防治技术水平调研与评估，分析现有重金属污染技术潜力及政策，形成相应技术政策建议，对于加强我国重金属污染防治工作具有非常重要的现实意义，可为涉重金属行业企业的污染控制提供指导，为政府部门重金属污染防治政策制订提供科学支撑。

加快推行合同能源管理，促进节能服务产业发展。扎实推进国务院办公厅转发发展改革委等部门《关于加快推行合同能源管理促进节能服务产业发展意见的通知》(国办发[2010]25 号)的贯彻落实。建议国家或行业层面认定一批有色冶炼行业专业节能服务公司与环境合同服务公司。组织开展能源审计、电力需求管理、合同能源管理、节能项目融资等一系列节能减排服务。探索建立有色冶金企业节能减排自愿协议制度，实施节能减排自愿协议的有色金属企业的相关激励措施。支持重点用能单位采用合同能源管理方式实施节能改造。积极指导、督促有色金属企业开展行业能效对标活动，组织行业协会不断完善行业能效对标信息平台和对标指标体系；督促有色金属企业建立能源管理负责人制度；组织开展能源审计及能源管理体系认证试点工作。建立有色冶炼企业污染治理第三方运营示范及相关财税减免等激励政策。《通知》指出，到 2015 年建立比较完善的节能服务体系，节能服务公司发展到 2000 多家，其中龙头骨干企业达到 20 家；节能服务产业总产值达到 3000 亿元，从业人员达到 50 万人。"十二五"时期形成 6000 万 t 标准煤的节能能力。

6.8.9　加大有色冶金节能降耗与减排科技投入

加大有色金属(铝、铜、铅、锌、镁)冶金节能减排关键技术与共性技术的攻关力度，进一步完善节能减排技术创新体系，重点支持成熟的节能减排关键、共性技术与装备产业化示范及应用。加强政府引导，推动建立以企业为主体、市场为导向、多种形式的产学研合作战略联盟。加强节能减排领域国际交流合作，加快国外先进适用技术的引进吸收和推广应用。今后科技创新的主要任务：一是着力研究资源高效勘察开发和综合利用技术，努力缓解资源短缺矛盾；二是研发节能减排、清洁生产共性技术，突破制约行业发展的能源和环境瓶颈；三是推进循环经济发展，提高资源综合利用和再生利用水平，研发低碳技术，实现绿色发展；四是加强对关键、重大装备的研制，增强对大型高效节能的冶炼装备的自主研发能力，提高行业整体技术装备水平。

当今有色金属已成为决定一个国家经济、科学技术、国防建设等发展的重要物质基础，是提升国家综合实力和保障国家安全的关键性战略资源。"十三五"我国有色金属产业发展战略为基于资源循环利用与污染综合防治的有色金属增值化的发展。为了确保我国有色金属行业的可持续发展，需要大力研究开发清洁生产技术和装备，着重技术集成创新；对"三废"实行减量化，从源头减少固体废物、废水、废气的产生量和排放量，加快"三废"的治理和资源化步伐；加强循环经济共性技术研究，提高 SO_2 利用率，工业用水循环利用率，尾矿及冶炼渣综合利用率，全面推进清洁生产，制订和发布有色行业清洁生产标准和评价指标体系，加大实施清洁生产审核力度，广泛开展节能减排国际科技合作，与有关国际组织和国家建立环保合作机制，积极引进国外先进节能环保技术和管理经验，不断拓宽节能环保国际合作的领域和范围。

参考文献

[1] 齐立强. 冶金行业烟气特性及其除尘器的选型研究[D]. 华北电力大学, 2013.

[2] 彭容秋. 重金属冶金工厂环境保护[M]. 长沙：中南大学出版社, 2006.

[3] 钱小青. 冶金过程废水处理与利用[M]. 北京：冶金工业出版社, 2008.

[4] 林世英. 有色冶金环境工程学[M]. 长沙：中南工业大学出版社, 1991.

[5] 唐谟堂, 李洪桂. 无污染冶金[M]. 长沙：中南大学出版社, 2006.

[6] 赵晋, 陈春丽. 铜冶炼企业固废产生节点分析及处置措施建议[J]. 有色冶金设计与研究, 2013, 34(3)：75 – 78.

[7] 陈为亮, 王君, 焦志良, 等. 炼铜烟尘综合利用技术与实践[C]. 第十六届中国科协年会——全国重有色金属冶金技术交流会会议论文集, 20140524, 中国云南昆明.

[8] 任觉世. 工业矿产资源开发利用手册[M]. 武汉：武汉工业大学出版社, 1993.

[9] 张琰. 从铜转炉烟灰中回收铜锌铅的研究[D]. 兰州理工大学, 2011.

[10] 刘庆丽. 炼铜电收尘烟尘的综合利用[D]. 江西理工大学, 2010.

[11] 王智友. 炼铜烟尘湿法处理回收有价金属的新工艺研究[D]. 昆明理工大学, 2010.

[12] 许国洪, 朱朝辉. 关于用铜烟灰酸浸渣生产三盐基硫酸铅的研究[J]. 浙江冶金, 1992, (3)：38 – 43.

[13] 姚根寿. 从烟灰铅渣中提取三盐基硫酸铅的实践[J]. 安徽冶金, 2002(3)：45 – 46.

[14] 李琼娥. 从炼铜烟尘中提取三盐基硫酸铅的生产实践[J]. 有色冶炼, 1991(4)：37 – 39.

[15] 雷兴国. 氯化物水冶法处理铜转炉电收尘烟灰的试验[J]. 有色冶炼, 1987(11)：40 – 43.

[16] 贾荣. 铜冶炼含铅废料集中处理方案[J]. 有色冶金节能, 2005, 22(1)：22 – 25.

[17] 李晋生. 中条山冶炼厂铜转炉烟尘的综合利用[J]. 有色金属(冶炼部分), 1996 (6)：27 – 28.

[18] 付运康. 粗铜冶炼电收尘烟灰的湿法处理[J]. 四川有色金属, 2000(3)：47 – 48.

[19] 东胜. 佐贺关冶炼厂转炉烟尘的湿法处理[J]. 有色冶炼, 1985(10)：27 – 29.

[20] 佟永顺. 铜转炉烟灰处理工艺研究[J]. 有色矿冶, 1999, 15(1)：44 – 47.

[21] 余忠珠. 铜转炉烟灰综合利用[J]. 有色冶炼, 1997(1)：37 – 40.

[22] 阮元寿, 路永锁. 浅议从炼铜电收尘烟灰中综合回收有价金属[J]. 有色冶炼, 2003(6)：41 – 44.

[23] Jia – Jun Ke, Rui – Yun Qiu. Recovery of metal values from copper smelter flue dust[J]. Hydrometallurgy, 1984, 12(2)：217 – 224.

[24] 姚芝茂, 徐成, 赵丽娜. 铅冶炼工业综合固体废物管理研究[J]. 中国有色冶金, 2010 (3)：40 – 45.

[25] 杨飔, 李宏煦, 李超. 铅冶炼烟尘的物性分析及浸出性研究[J]. 化工环保, 2014, 34 (5)：493 – 498.

[26] Martins F M, dos Reis Neto J M, da Cunha C J. Min – eral phases of weathered and recent electric arc furnace dust[J]. Journal of Hazardous Materials, 2008, 154(1/2/3)：417 – 425.

[27] 雷力, 周兴龙, 文书明, 等. 我国铅锌矿资源特点及开发利用现状[J]. 矿业快报, 2007 (9): 1 - 4.

[28] Gomes G M F, Mendes T F, Wada K. Reduction in toxicity and generation of slag in secondary lead process[J]. Journal of Clean Production, 2011, 19(9/10): 1096 - 1103.

[29] Chen Weisheng, Shen Yunhwei, Tsai Minshing, et al. Removal of chloride from electric arc furnace dust[J]. Journal of Hazardous Materials, 2011, 190(1/2/3): 639 - 644.

[30] Jha M K, Kumar V, Singh R J, Review of hydrometallurgical recovery of zinc from industrial wastes[J]. Resource Conservation Recycle, 2001, 33(1): 1 - 22.

[31] Turan M D, Altundo·an H S, Tümen F. Recovery of zinc and lead from zinc plant residue [J]. Hydrometallurgy, 2004, 75(1/2/3/4): 169 - 176.

[32] 佟志芳, 杨光华, 李红超, 等. 氨浸出含锌烟尘制取活性氧化锌[J]. 化工环保, 2009, 29 (6): 534 - 537.

[33] 王树立, 高雪, 赵奇, 等. 铅银渣中多种元素提取工艺路线的研究[J]. 现代化工, 2015, 35(1): 80 - 83.

[34] 马永涛, 王凤朝, 铅银渣综合利用探讨[J]. 中国有色冶金, 2008(3): 44 - 49.

[35] 魏威, 陈海清, 陈启元, 等. 湿法炼锌浸出渣处理技术现状[J]. 湖南有色金属, 2012, 28 (6): 37 - 39.

[36] 张盈, 余国林, 郑诗礼, 等. 锌湿法冶炼硫渣中硫磺化学富集工艺[J]. 过程工程学报, 2014, 14(1): 56 - 63.

[37] 马进, 何国才, 程亮, 等. 湿法炼锌净化镍钴渣全湿法回收新工艺[J]. 有色金属(冶炼部分), 2013(12): 11 - 14.

[38] 肖力光, 王思宇, 雒锋. 镁渣等工业废渣应用现状的研究及前景分析[J]. 吉林建筑工程学院学报, 2008, 25(1): 1 - 7.

[39] 肖力光, 雒锋, 黄秀霞. 利用镁渣配制胶凝材料的机理分析[J]. 吉林建筑工程学院学报, 2009, 26(5): 1 - 5.

[40] 李经宽. 镁渣脱硫剂活化性能的试验研究[D]. 太原: 太原理工大学, 2008.

[41] 袁润章. 胶凝材料学[M]. 武汉: 武汉工业大学出版社, 1996.

[42] 杨南如, 曾燕伟. 研究和开发化学激发胶凝材料的必要性和可行性[J]. 建材发展导向, 2006(2): 42 - 46.

[43] 崔自治, 倪晓, 孟秀莉. 镁渣膨胀性机理试验研究[J]. 粉煤灰综合利用, 2006 (2): 8 - 10.

[44] 赵爱琴. 利用镁渣研制新型墙体材料[J]. 山西建筑, 2003(17): 48 - 49.

[45] 王羡德. 对镁渣使用效果的探讨[J]. 四川水泥, 1997(6): 30 - 31.

[46] 郭春军. 用金属镁渣替代部分矿渣生产水泥[J]. 水泥, 2005(6): 24 - 25.

[47] 黄从运, 柯劲松, 张明飞. 镁渣替代石灰石配料烧制硅酸盐水泥熟料[J]. 新世纪水泥导报, 2005(5): 27 - 28.

[48] 乔晓磊, 金燕. 金属镁冶炼还原渣脱硫性能的实验研究[J]. 科技情报开发与经济, 2007, 17(7): 185 - 188.

[49] 陈恩清，吴连平. 镁还原渣和粉煤灰生产加气混凝土工艺研究[J]. 三峡大学学报，2006，12(6)：522 - 525.

[50] 南峰，伍永华，李国新，等. 利用镁渣制备混凝土膨胀剂[J]. 混凝土世界，2010，13：52 - 54.

[51] 徐晓虹. 利用镁渣制备环保陶瓷滤料的方法[P]. 中国专利：101428187A，20090513.

[52] 张习贤，梁全富. 工业废料镁矿渣的路用研究[J]. 中南公路工程，1997，2(22)：35 - 40.

[53] 邵曰剑，贾志琦，陈健. 山西省镁工业固体废弃物的开发利用[J]. 中国金属通报，2008(9)：6 - 8.

[54] 王华，谢华. 铅锌冶炼厂废水处理工艺优化探讨[J]，科技创业家，2013，10：203.

[55] 黄霞，张旭，胡洪营，等. 环境工程原理[M]. 北京：高等教育出版社，2005.

[56] Kim D S. The removal by crab shell of mixed heavy metal ions in aqueous solution[J]. Bioresource Technology, 2003, 87：355 - 357.

[57] 削邦定，刘剑彤. 曝气混一体法去除碱性废水中砷的研究[J]. 中国环境科学，1997，17(2)：148 - 187.

[58] 雷鸣，铁柏清，廖柏寒，秦普丰，田中干也. 硫化物沉淀法处理含 EDTA 的重金属废水[J]. 环境科学研究. 2008，21(1)：150 - 154.

[59] Fu F., Wang Q., Removal of heavy metal ions from wastewaters：A review[J]. Journal of Environmental Management. 2011. 92：407 - 418.

[60] 来风习，杨玉华，王九思. 铁氧体法处理重金属废水研究[J]. 甘肃联合大学学报(自然科学版). 2006，20(3)：64 - 66.

[61] 辻俊朗. 铁氧体共沉淀工艺处理含重金属污水[J]. 电子材料. 1973. 9：70.

[62] 钱勇. 工业废水中重金属离子的常见处理方法[J]. 广州化工. 2011，39(5)：130 - 138.

[63] 杨文进，陈友岚. 药剂还原法处理含铬污水的试验研究[J]. 工程科技. 2009. 9：123 - 124.

[64] 光建新. 铁屑还原法处理含铬废水的研究[J]. 污染治理. 2007，27(3)：42 - 43.

[65] 夏士朋. 利用硼氢化钠从含银废液中回收银[J]. 化学世界. 1994，7：379 - 380.

[66] Rivera I., Roca A., Cruells M., Study of silver precipitation in thiosulfate solutions using sodium dithionite. Application to an industrial effluent[J]. Hydrometallurgy 2007. 89(1/2)，89 - 98.

[67] 李书申，吴开芬. 聚醚砜超滤膜的研究[J]. 环境化学，1993，12(6)：449 - 455.

[68] 孟紫强. 环境毒理学[M]. 北京：中国环境科学出版社，2000：312 - 313.

[69] 周正立. 反渗透水处理应用技术及膜水处理剂[M]. 北京：化学工业出版社，2005.

[70] Peng W, Escobar I C，Whi te D B . Effects of water chemistries and properties of membrane on the performance and fouling － a model development study[J]. Journal of Membrane Science，2004，238(1 - 2)：33 - 46.

[71] Yoon Y, Lueptow R M. Removal of organic contaminants by RO and NF membranes[J]. Journal of Membrane Science, 2005, 261(1 - 2)：76 - 86.

[72] 张小龙, 马前. 国内外重金属废水处理新技术的研究进展[J]. 环境工程学报, 2007, 1 (7): 10 - 13.

[73] 李福德. 微生物治理电镀废水方法[J]. 电镀与精饰, 2002, 24(2): 35 - 37.

[74] 卢英华, 袁建军. 高选择性重组基因工程菌治理含汞废水的研究[J]. 泉州师范学院学报, 2003, 21(6): 71 - 75.

[75] 张建梅. 重金属废水处理技术研究进展(综述)[J]. 西安联合大学学报, 2003, 6(2): 55 - 59.

[76] T. A. Kurniawan, G. Y. S. Chan, W. H. Lo, et al. Physico - chemical treatment techniques for wastewater laden with heavy metals[J]. Chemical Engineering Journal, 2006, 118(1 - 2): 83 - 98.

[77] 袁诗璞. 化学法处理电镀废水的几个问题[J]. 涂料涂装与电镀, 2005, 3(1): 39 - 43.

[78] 杨彤, 许耀生, 曹文海. 化学法处理重金属离子废水的改进[J]. 电镀与精饰, 1999, 21 (5): 38 - 40.

附　录

（1）有色冶金与环境保护相关政策

《国家环境保护"十二五"规划》国发（2011）42 号

《重金属污染综合防治"十二五"规划》国函（2011）13 号

《重点区域大气污染联防联控"十二五"规划》国函（2012）146 号

《环保装备"十二五"发展规划》工信部联规［2011］622 号

《大宗工业固体废物综合利用"十二五"规划》工信部规［2011］600 号

《"十二五"危险废物污染防治规划》环发［2012］123 号

《工业清洁生产推行"十二五"规划》工信部联规［2012］29 号

《工业节能"十二五"规划》工信部规［2012］3 号

《节能减排"十二五"规划》国发［2012］40 号

《有色金属工业"十二五"发展规划》2012

《有色金属工业"十二五"科技发展规划》2012

《有色金属工业节能减排的指导意见》工信部节［2013］56 号

《危险废物污染防治技术政策》环发［2001］199 号

《"十二五"我国铜产业发展规划》

《铅锌行业"十二五"专项规划》

《铝工业"十二五"发展专项规划》

《铅锌行业准入条件》（2011）

《镁行业准入条件》（2011）

《铝行业准入条件》（2012）

《再生铅行业准入条件》2012

《铜冶炼行业准入条件》（2013）

《铅锌行业规范条件》（2014）

（2）有色冶金与环境保护相关规范

《铝工业发展循环经济环境保护导则》国发（2005）21 号

《"十二五"节能减排综合性工作方案》国发（2011）26 号

《铅冶炼废气治理工程技术规范》环保部公告 2012 年 第 18 号

《铅锌冶炼工业污染防治技术政策》环保部公告 2012 年 第 18 号

《铝电解废气氟化物和粉尘治理工程技术规范》（HJ 2033—2013）

《粗铅冶炼企业环境风险等级划分方法》环发〔2013〕39 号

《2014—2015 年节能减排科技专项行动方案》国科发计（2014）45 号

《再生铅冶炼污染防治可行技术指南》环保部公告 2015 年 第 11 号

《铜冶炼污染防治可行技术指南（试行）》环保部公告 2015 年 第 24 号

（3）有色冶金与环境保护相关标准

《清洁生产标准 电解铝业》（HJ/T 187—2006）

《清洁生产标准 氧化铝业》（HJ 473—2009）

《清洁生产标准 粗铅冶炼业》（HJ 512—2009）

《清洁生产标准 铅电解业》（HJ 513—2009）

《铝工业污染物排放标准》（GB 25465—2010）

《铅、锌工业污染物排放标准》（GB 25466—2010）

《铜、镍、钴工业污染物排放标准》（GB 25467—2010）

《镁、钛工业污染物排放标准》（GB 25468—2010）

《清洁生产标准 铜冶炼业》（HJ 558—2010）

《清洁生产标准 铜电解业》（HJ 559—2010）

《锅炉大气污染物排放标准》（GB 13271—2014）

《锡、锑、汞工业污染物排放标准》（GB 30770—2014）

图书在版编目(CIP)数据

有色冶金与环境保护/邱定蕃,柴立元主编.
—长沙:中南大学出版社,2015.11
ISBN 978 - 7 - 5487 - 2019 - 5

Ⅰ.有...Ⅱ.①邱...②柴...Ⅲ.有色金属冶金－冶金工业－工业
企业－环境保护
Ⅳ.X756

中国版本图书馆 CIP 数据核字(2015)第 265162 号

有色冶金与环境保护

邱定蕃 柴立元 主编

□责任编辑	史海燕	
□责任印制	易建国	
□出版发行	中南大学出版社	
	社址:长沙市麓山南路	邮编:410083
	发行科电话:0731-88876770	传真:0731-88710482
□印　　装	湖南鑫成印刷有限公司	

□开　　本	720×1000　1/16	□印张 23.5	□字数 471 千字
□版　　次	2015 年 11 月第 1 版	□印次	2015 年 11 月第 1 次印刷
□书　　号	ISBN 978 - 7 - 5487 - 2019 - 5		
□定　　价	100.00 元